21世纪大学数学丛书

高等数学

（经管类）

下　册

主　编　孙　梅

编　者（按姓氏笔画为序）

丁占文　孙　梅　许　刚

肖　江　姚洪兴　高安娜

戴美凤

镇　江

图书在版编目(CIP)数据

高等数学：经管类. 下册 / 孙梅主编. —镇江：
江苏大学出版社，2014.1(2022.8 重印)
ISBN 978-7-81130-474-9

Ⅰ. ①高… Ⅱ. ①孙… Ⅲ. ①高等数学—高等学校—
教材 Ⅳ. ①O13

中国版本图书馆 CIP 数据核字(2014)第 007759 号

高等数学：经管类　下册
GAODENG SHUXUE：JINGGUANLEI　XIACE

主　　编/孙　梅
责任编辑/吴昌兴
出版发行/江苏大学出版社
地　　址/江苏省镇江市京口区学府路 301 号(邮编：212013)
电　　话/0511-84446464(传真)
网　　址/http://press.ujs.edu.cn
排　　版/镇江文苑制版印刷有限责任公司
印　　刷/广东虎彩云印刷有限公司
开　　本/787 mm×960 mm　1/16
印　　张/15
字　　数/310 千字
版　　次/2014 年 1 月第 1 版
印　　次/2022 年 8 月第 8 次印刷
书　　号/ISBN 978-7-81130-474-9
定　　价/36.00 元

目　录

9　常微分方程 …………………………………………………… (1)
9.1　微分方程的基本概念 ……………………………………… (1)
习题 9-1 ……………………………………………………………… (5)
9.2　一阶微分方程 ……………………………………………… (6)
9.2.1　可分离变量的微分方程 ……………………………… (6)
9.2.2　齐次方程 ………………………………………………… (8)
9.2.3　一阶线性微分方程……………………………………… (11)
9.2.4　伯努利方程……………………………………………… (14)
习题 9-2 ……………………………………………………………… (16)
9.3　可降阶的高阶微分方程……………………………………… (17)
9.3.1　$y^{(n)}=f(x)$型的微分方程 ……………………………… (17)
9.3.2　$y''=f(x,y')$型的微分方程 ……………………………… (17)
9.3.3　$y''=f(y,y')$型的微分方程 ……………………………… (19)
习题 9-3 ……………………………………………………………… (20)
9.4　高阶线性微分方程 ………………………………………… (20)
9.4.1　二阶线性微分方程的解的性质与结构………………… (21)
*9.4.2　高阶线性微分方程解的性质与结构………………… (24)
习题 9-4 ……………………………………………………………… (25)
9.5　二阶常系数线性微分方程…………………………………… (26)
9.5.1　二阶常系数齐次线性微分方程………………………… (26)
9.5.2　二阶常系数非齐次线性微分方程……………………… (30)
*9.5.3　振动方程………………………………………………… (34)
习题 9-5 ……………………………………………………………… (38)
本章小结………………………………………………………………… (38)
本章重要概念英文词汇………………………………………………… (40)
自我检测题 9 ………………………………………………………… (41)
复习题 9 ……………………………………………………………… (41)

10　向量代数与空间解析几何 …… (45)
10.1　空间直角坐标系 …… (45)
10.1.1　空间直角坐标系的建立 …… (45)
10.1.2　空间点的直角坐标 …… (46)
10.1.3　空间两点间的距离 …… (47)
习题 10-1 …… (49)
10.2　向量代数 …… (49)
10.2.1　向量的概念 …… (49)
10.2.2　向量的线性运算 …… (50)
10.2.3　向量的坐标 …… (52)
10.2.4　两向量的数量积 …… (56)
10.2.5　两向量的向量积 …… (59)
习题 10-2 …… (61)
10.3　平面与空间直线 …… (61)
10.3.1　平面及其方程 …… (61)
10.3.2　两平面的夹角 …… (64)
10.3.3　点到平面的距离 …… (65)
10.3.4　空间直线及其方程 …… (65)
10.3.5　两直线的夹角 …… (67)
10.3.6　直线与平面的夹角 …… (68)
习题 10-3 …… (69)
10.4　曲面与空间曲线 …… (70)
10.4.1　空间曲面的方程 …… (70)
10.4.2　空间曲线的方程 …… (73)
10.4.3　二次曲面 …… (76)
习题 10-4 …… (78)
本章小结 …… (79)
本章重要概念英文词汇 …… (81)
自我检测题 10 …… (82)
复习题 10 …… (82)
11　多元函数微分法及其应用 …… (86)
11.1　多元函数的概念 …… (87)
11.1.1　平面点集及 n 维空间 …… (87)
11.1.2　多元函数的概念 …… (89)

11.1.3 多元函数的极限 …… (93)
11.1.4 多元函数的连续性 …… (95)
习题 11-1 …… (97)
11.2 多元函数微分法 …… (98)
11.2.1 偏导数 …… (98)
11.2.2 全微分及其应用 …… (109)
11.2.3 多元复合函数微分法 …… (116)
11.2.4 隐函数的求导公式 …… (126)
习题 11-2 …… (132)
11.3 方向导数与梯度 …… (134)
11.3.1 方向导数 …… (134)
11.3.2 梯度 …… (137)
习题 11-3 …… (140)
11.4 多元函数微分学的几何应用 …… (140)
11.4.1 空间曲线的切线与法平面 …… (140)
11.4.2 曲面的切平面与法线 …… (144)
习题 11-4 …… (147)
11.5 多元函数的极值与最值 …… (147)
11.5.1 多元函数的极值及其求法 …… (147)
11.5.2 多元函数的最值 …… (150)
11.5.3 条件极值 拉格朗日乘数法 …… (151)
习题 11-5 …… (153)
*11.6 二元函数的泰勒公式 …… (154)
11.6.1 二元函数的泰勒公式 …… (154)
11.6.2 二元函数极值存在的充分条件的证明 …… (157)
*习题 11-6 …… (159)
本章小结 …… (159)
本章重要概念英文词汇 …… (163)
自我检测题 11 …… (163)
复习题 11 …… (164)
12 重积分 …… (168)
12.1 二重积分的概念及性质 …… (168)
12.1.1 引例 …… (168)
12.1.2 二重积分的定义 …… (170)

12.1.3 二重积分的性质 …… (171)
习题 12-1 …… (173)
12.2 二重积分的计算 …… (173)
12.2.1 利用直角坐标计算二重积分 …… (173)
12.2.2 利用极坐标计算二重积分 …… (179)
12.2.3 二重积分在经济管理中的应用 …… (183)
*12.2.4 二重积分的变量代换 …… (185)
习题 12-2 …… (187)
12.3 三重积分及其计算法 …… (190)
12.3.1 三重积分的概念及性质 …… (190)
12.3.2 利用直角坐标计算三重积分 …… (191)
12.3.3 利用柱面坐标计算三重积分 …… (194)
12.3.4 利用球面坐标计算三重积分 …… (196)
习题 12-3 …… (198)
12.4 重积分的应用 …… (199)
12.4.1 几何方面的应用 …… (199)
12.4.2 物理方面的应用 …… (202)
习题 12-4 …… (209)
*12.5 含参变量的积分 …… (209)
*习题 12-5 …… (214)
本章小结 …… (214)
本章重要概念英文词汇 …… (217)
自我检测题 12 …… (217)
复习题 12 …… (219)
习题参考答案 …… (222)
参考文献 …… (234)

9 常微分方程

函数关系是客观事物的内部联系在数量方面的反映，利用函数关系可以对客观事物的规律性进行研究. 在实际问题中，通常需要根据问题的条件寻找相应的函数关系. 不过在许多问题中，往往不能直接得到所需要的函数关系，但是根据问题的条件，有时可以建立自变量、未知函数及函数的导数（或微分）满足的关系式. 这样的关系式便是微分方程. 在讨论量与量之间关系的实际问题中，大量存在需要使用微分方程进行数学表示的情形，微分方程是解决这些实际问题的重要工具. 本章主要介绍微分方程的一些基本概念和一些常用的微分方程的求解方法.

9.1 微分方程的基本概念

下面我们通过两个具体例子来说明微分方程的基本概念.

例 1 已知一曲线通过点(2,3)，且该曲线上任意一点(x,y)处的切线的斜率等于该点横坐标的 3 倍，求此曲线的方程.

解 设所求曲线的方程为 $y=f(x)$，则由导数的几何意义知，函数 $y=f(x)$ 应满足关系式

$$\frac{\mathrm{d}y}{\mathrm{d}x}=3x. \tag{1}$$

此外，$y=f(x)$还满足如下条件：

$$y|_{x=2}=3. \tag{2}$$

根据式(1)及不定积分的知识，可知

$$y=\frac{3}{2}x^2+C \tag{3}$$

再把条件(2)代入(3)，得 $C=-3$. 于是求得曲线的方程为

$$y=\frac{3}{2}x^2-3. \tag{4}$$

例 2 设质量为 m 的物体在离地面高度 s_0 处由静止开始自由落下（空气阻力忽略不计），过了时间 t 后物体距离地面的高度记为 $s(t)$. 求函数 $s(t)$的表达式.

解　物体的运动是直线运动. 以向上的方向为 s 轴的正向建立坐标系(见图 9-1)，则该直线运动物体受到的力 $f=-mg$. 根据牛顿第二定律 $f=ma$，可知 $a=-g$. 而加速度 $a=\frac{\mathrm{d}^2 s}{\mathrm{d}t^2}$，所以有

$$\frac{\mathrm{d}^2 s}{\mathrm{d}t^2}=-g. \tag{5}$$

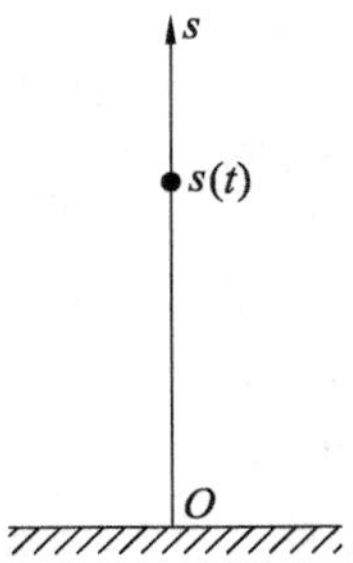

图 9-1

此外，$s(t)$ 还满足条件：

$$\begin{cases} \left.\frac{\mathrm{d}s}{\mathrm{d}t}\right|_{t=0}=0, \\ s\big|_{t=0}=s_0. \end{cases} \tag{6}$$

根据式(5)及不定积分的知识，可知

$$\frac{\mathrm{d}s}{\mathrm{d}t}=-gt+C_1, \tag{7}$$

$$s=-\frac{1}{2}gt^2+C_1 t+C_2, \tag{8}$$

再由条件(6)得到 $C_1=0, C_2=s_0$. 所以，求得函数 $s(t)$ 的表达式为

$$s(t)=-\frac{1}{2}gt^2+s_0. \tag{9}$$

上述两个例子中的关系式(1)和(5)都含有未知函数的导数，它们都是微分方程. 一般地，表示未知函数、未知函数的导数及自变量之间关系的方程称为微分方程. 只有一个自变量的微分方程又称为常微分方程. 本章只讨论常微分方程的相关问题.

微分方程中出现的未知函数的最高阶导数的阶数称为微分方程的阶. 例如例 1中的方程(1)为一阶微分方程，例 2 中的方程(5)为二阶微分方程. 又如，方程

$$xy'''+3x^2y''-x^3yy'=4x^2+1$$

为三阶微分方程；方程

$$x^2y^{(4)}-x^3y=\sin 2x$$

为四阶微分方程.

一般地，n 阶微分方程的形式是

$$F(x,y,y',\cdots,y^{(n)})=0. \tag{10}$$

需要指出的是，在 n 阶微分方程(10)中，$y^{(n)}$ 是必须出现的(否则微分方程的阶数就不是 n 阶)，而 $x,y,y',\cdots,y^{(n-1)}$ 等变量可以出现也可以不出现.

如果函数 $y=\varphi(x)$ 代入微分方程能够使该方程成为恒等式，则称函数 $y=\varphi(x)$ 为该微分方程的解. 确切地讲，设函数 $y=\varphi(x)$ 在区间 I 上有 n 阶导数，如果在区间 I 上有

$$F[x,\varphi(x),\varphi'(x),\cdots,\varphi^{(n)}(x)]\equiv 0,$$

则 $y=\varphi(x)$ 就叫做微分方程(10) 在区间 I 上的解.

例如,函数(3)是微分方程(1)的解,函数(8)是微分方程(5)的解. 需要注意的是,函数(3)中包含一个任意常数 C,函数(8)中包含两个任意常数 C_1 和 C_2. 所以微分方程的解存在时,其解并不唯一,而是有无穷多个.

若微分方程的解中含有相互独立的任意常数,并且这些任意常数的个数与微分方程的阶数相同,则称这样的解为微分方程的通解. 例如,函数(3)是微分方程(1)的通解,函数(8)是微分方程(5)的通解. 尽管函数(4)是微分方程(1)的解,函数(9)是微分方程(5)的解,但它们不是相应的微分方程的通解,因为函数(4)和(9)中不含任意常数.

又如,对于二阶微分方程

$$y''+y=0, \tag{11}$$

容易验证:

$$y=C_1\sin x+C_2\cos x$$

是它的解. 因为该解中包含两个独立的任意常数并且微分方程(11)是二阶的,所以 $y=C_1\sin x+C_2\cos x$ 是微分方程(11)的通解. 另外,可以验证 $y=C\sin x$ 也是微分方程(11)的解. 不过需要注意的是,尽管函数 $y=C\sin x$ 中包含任意常数,但它不是(11)通解,因为它包含的任意常数的个数少于微分方程的阶数.

由于通解中含有任意常数,所以它还不能完全确定地反映客观事物的规律性. 一旦能够确定这些常数的取值,客观事物的规律性就明确了. 在通解中,如果任意常数取特定值,便得到微分方程的一个确定的解,该解就不再含有不确定的任意常数了. 微分方程的不含有不确定的常数的解称为微分方程的特解.

例如,函数(4)是微分方程(1)的特解,函数(9)是微分方程(5)的特解. 函数 $y=C\sin x$ 不是微分方程(11)的特解,因为它含有不确定的任意常数;而且如前所述,它也不是(11)的通解,因为它只含有一个任意常数.

为了从通解中得到微分方程的一个特解,需要确定通解中的任意常数的取值,所以需要给出确定这些常数的条件. 设满足微分方程的函数为 $y=\varphi(x)$,如果微分方程是一阶的,那么通常用来确定任意常数的条件是

$$y\big|_{x=x_0}=y_0;$$

如果微分方程是二阶的,那么通常用来确定任意常数的条件是

$$y\big|_{x=x_0}=y_0,\ y'\big|_{x=x_0}=y_0^1;$$

一般地,如果微分方程是 n 阶的,那么通常用来确定任意常数的条件是

$$y\big|_{x=x_0}=y_0,\ y'\big|_{x=x_0}=y_0^1,\ \cdots,\ y^{(n-1)}\big|_{x=x_0}=y_0^{n-1},$$

其中 $x_0,y_0,y_0^1,\cdots,y_0^{n-1}$ 都是给定的值. 按上述方式给出的条件称为微分方程的初

始条件.

微分方程的解是一个函数，其图形是一条曲线，所以又叫做微分方程的积分曲线. 求一阶微分方程满足初始条件

$$y|_{x=x_0}=y_0$$

的解，就是求微分方程的通过点(x_0,y_0)的那条积分曲线；求二阶微分方程满足初始条件

$$y|_{x=x_0}=y_0,\ y'|_{x=x_0}=y_0^1$$

的解，就是求微分方程的通过点(x_0,y_0)且在该点处的切线斜率为y_0^1的那条积分曲线.

例 3　验证函数$y=C_1e^{2x}+C_2e^{-2x}$是二阶微分方程

$$y''-4y=0$$

的通解，并求满足初始条件

$$y|_{x=0}=0,\ y'|_{x=0}=1$$

的特解.

解　对函数$y=C_1e^{2x}+C_2e^{-2x}$，可得

$$y'=2C_1e^{2x}-2C_2e^{-2x},$$
$$y''=4C_1e^{2x}+4C_2e^{-2x},$$

于是

$$y''-4y=4C_1e^{2x}+4C_2e^{-2x}-4(C_1e^{2x}+C_2e^{-2x})=0.$$

所以函数

$$y=C_1e^{2x}+C_2e^{-2x}$$

是方程$y''-4y=0$的解. 又因为它含有两个独立的任意常数，所以它是微分方程的通解. 再由始条件$y|_{x=0}=0$，$y'|_{x=0}=1$得

$$\begin{cases}C_1+C_2=0,\\2C_1-2C_2=1,\end{cases}$$

解得

$$C_1=\frac{1}{4},\ C_2=-\frac{1}{4}.$$

于是，所求特解为

$$y=\frac{1}{4}e^{2x}-\frac{1}{4}e^{-2x}.$$

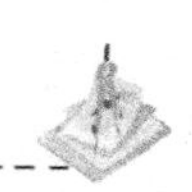

习题 9-1

1. 指出下列微分方程的阶数：

(1) $x\dfrac{dy}{dx}+y^2\sin x=3x$；

(2) $y''+2(y')^2y+2x^3=1$；

(3) $xy'''+2y''+x^2y'+3y=0$；

(4) $x^2dy=2ydx$；

(5) $\dfrac{d^3x}{dt^3}+t\left(\dfrac{d^2x}{dt^2}\right)^3+2x=t^3$；

(6) $\sin\left(\dfrac{d^2y}{dx^2}\right)+e^y\dfrac{dy}{dx}=x$.

2. 判断下表中左列函数是否为右列对应微分方程的解？是通解还是特解？

函数	微分方程	答
$y=e^{-3x}+\dfrac{1}{3}$	$y'+3y=1$	
$y=5\cos 3x+\dfrac{x}{9}+\dfrac{1}{8}$	$y''-9y=x+\dfrac{1}{2}$	
$y^2(1+x^2)=C$	$xydx+(1+x^2)dy=0$	
$y=x+\int_0^x e^{-t^2}dt$	$y''+2xy'=x$	
$y=C_1e^{2x}+C_2e^{3x}$	$y''-5y'+6y=0$	

3. 验证下列各函数是相应微分方程的解：

(1) $y=\dfrac{\sin x}{x}-x$，$xy'+y=\cos x$；

(2) $y=2+C\sqrt{1-x^2}$（C为任意常数），$(1-x^2)y'+xy=2x$；

(3) $y=e^x$，$y''-3y'+2y=0$；

(4) $y=x^2+1$，$y'=y^2-(x^2+1)y+2x$；

(5) $y=-\dfrac{g(x)}{f(x)}$，$y'=\dfrac{f'(x)}{g(x)}y^2-\dfrac{g'(x)}{f(x)}$.

4. 给定一阶微分方程$\dfrac{dy}{dx}=2x$，求：

(1) 它的通解；

(2) 满足条件 $y\big|_{x=1}=4$ 的解；

(3) 与直线 $y=2x+3$ 相切的解；

(4) 满足条件 $\int_0^1 ydx=2$ 的解.

5. 有一质量为 m 的质点做直线运动，假定有一个和时间成正比的力作用于该质点，同时它又受到与速度成正比的阻力，试建立质点的速度随时间变化的微分方程.

6. 曲线上任一点的切线与横轴交点的横坐标等于切点横坐标的一半，试建立曲线所满足的微分方程.

9.2　一阶微分方程

本节讨论一阶微分方程

$$y'=F(x,y) \tag{1}$$

的一些类型及相应的求解方法.

9.2.1　可分离变量的微分方程

在微分方程(1)中，若函数 $F(x,y)$ 可以分解成函数 $f_1(y)$ 和函数 $f_2(x)$ 的乘积，则有

$$\frac{\mathrm{d}y}{\mathrm{d}x}=f_1(y)f_2(x).$$

又若 $f_1(y)\neq 0$，则由上式可得

$$\frac{\mathrm{d}y}{f_1(y)}=f_2(x)\mathrm{d}x.$$

如果记 $g(y)=\dfrac{1}{f_1(y)}$，$f(x)=f_2(x)$，则有

$$g(y)\mathrm{d}y=f(x)\mathrm{d}x.$$

一般地，如果一个一阶微分方程能写成

$$g(y)\mathrm{d}y=f(x)\mathrm{d}x \tag{2}$$

的形式，那么原方程就称为可分离变量的微分方程，方程(2)称为已分离变量的微分方程. 原微分方程的通解可通过解已分离变量的微分方程(2)而求得.

下面讨论微分方程(2)的解法. 设可微函数 $y=\varphi(x)$ 是方程(2)的解，将它代入方程(2)得到恒等式

$$g[\varphi(x)]\varphi'(x)\mathrm{d}x=f(x)\mathrm{d}x.$$

假设函数 $g(y)$ 和 $f(x)$ 都是连续的，则可将上式两端积分：由变量代换 $y=\varphi(x)$ 引进变量 y，得

$$\int g(y)\mathrm{d}y=\int f(x)\mathrm{d}x.$$

设 $g(y)$，$f(x)$ 的原函数分别为 $G(y)$，$F(x)$，于是有

$$G(y)=F(x)+C. \tag{3}$$

因此，方程(2)的解 $y=\varphi(x)$ 满足关系式(3). 反之，如果 $y=\psi(x)$ 是由关系式(3)确定的隐含数，将其代入(3)并两端微分，得

$$G'[\psi(x)]\mathrm{d}\psi(x)=F'(x)\mathrm{d}x.$$

注意到 $G(y)$，$f(x)$ 分别是 $g(y)$，$f(x)$ 的原函数，所以有

$$g[\psi(x)]\mathrm{d}\psi(x)=f(x)\mathrm{d}x.$$

也就是说，$y=\varphi(x)$满足

$$g(y)\mathrm{d}y=f(x)\mathrm{d}x,$$

所以 $y=\varphi(x)$是微分方程(2)的解.

这就表明，对于已分离变量的微分方程(2)，将两端积分后，得到的关系式(3)就用隐式的形式给出了(2)的解，式(3)就叫做微分方程(2)的隐式解. 又由于式(3)中含有一个任意常数，故该式确定的隐函数是微分方程(2)的通解，所以称式(3)为微分方程(2)的隐式通解. 如果能从式(3)中将 y 解出而将 y 表示成 x 的函数(或者将 x 解出而表示成 y 的函数)，则得到微分方程(2)的显式通解.

例 1 求微分方程

$$\frac{\mathrm{d}y}{\mathrm{d}x}=x^2y$$

的通解.

解 这是一个可分离变量的微分方程，分离变量后得

$$\frac{\mathrm{d}y}{y}=x^2\mathrm{d}x,$$

两端积分

$$\int\frac{\mathrm{d}y}{y}=\int x^2\mathrm{d}x,$$

得

$$\ln|y|=\frac{1}{3}x^3+C_1.$$

从而

$$y=\pm e^{C_1}e^{\frac{1}{3}x^3}.$$

因为$\pm e^{C_1}$是任意非零常数，而且 $y=0$ 显然也是微分方程的解，故方程的通解为

$$y=Ce^{\frac{1}{3}x^3},\ C\text{ 为任意常数}.$$

例 2 求微分方程

$$2y\mathrm{d}y=3(x-1)^2(1+y^2)\mathrm{d}x$$

满足初始条件 $y|_{x=0}=0$ 的解.

解 这也是一个可分离变量的微分方程，分离变量后得

$$\frac{2y}{1+y^2}\mathrm{d}y=3(x-1)^2\mathrm{d}x,$$

两端积分

$$\int\frac{2y}{1+y^2}\mathrm{d}y=3\int(x-1)^2\mathrm{d}x,$$

得

$$\ln(1+y^2)=(x-1)^3+C.$$

将初始条件 $y|_{x=0}=0$ 代入，得 $C=1$. 于是求得原微分方程的特解为

$$\ln(1+y^2)=(x-1)^3+1.$$

例 3 在商品销售预测中，销售量 x 是时间 t 的函数. 如果销售量 x 与时间 t 满足如下微分方程

$$\frac{1}{x}\frac{\mathrm{d}x}{\mathrm{d}t}=k(B-x),$$

其中，k 和 B 都是大于零的常数(B 称为市场的饱和水平)，求销售量随时间的变化规律.

解　x 与 t 满足的方程是可分离变量的微分方程，分离变量后得

$$\frac{\mathrm{d}x}{x(B-x)}=k\mathrm{d}t,$$

上式变形为

$$\left[\frac{1}{x}+\frac{1}{(B-x)}\right]\mathrm{d}x=Bk\mathrm{d}t,$$

两端积分得

$$\ln\left|\frac{x}{B-x}\right|=Bkt+C_1,$$

即

$$\frac{x}{B-x}=C_2\mathrm{e}^{Bkt}\quad(C_2=\pm\mathrm{e}^{C_1}),$$

从而可得

$$x=\frac{BC_2\mathrm{e}^{Bkt}}{1+C_2\mathrm{e}^{Bkt}}=\frac{B}{1+C\mathrm{e}^{-Bkt}}\quad\left(C=\frac{1}{C_2}\right).$$

由此可见，

$$\lim_{t\to+\infty}x(t)=\lim_{t\to+\infty}\frac{B}{1+C\mathrm{e}^{-Bkt}}=B.$$

即随着时间的推移，销售量将趋于市场的饱和水平.

9.2.2　齐次方程

如果一个一阶微分方程可以化成

$$\frac{\mathrm{d}y}{\mathrm{d}x}=f\left(\frac{y}{x}\right)\tag{4}$$

的形式，那么就称该方程为齐次方程. 下面介绍齐次方程的解法.

引入新的未知函数

$$u=\frac{y}{x},$$

从而有

$$y=ux,\ \frac{\mathrm{d}y}{\mathrm{d}x}=x\frac{\mathrm{d}u}{\mathrm{d}x}+u.$$

将这些表达式代入方程(4)，得可分离变量的微分方程

$$x\frac{\mathrm{d}u}{\mathrm{d}x}=f(u)-u,$$

将它分离变量后再两端积分，得

$$\int\frac{1}{f(u)-u}\mathrm{d}u=\int\frac{1}{x}\mathrm{d}x.$$

求出不定积分后，再以 $\frac{y}{x}$ 代替 u，便得到原微分方程的通解.

例 4 求方程$\frac{\mathrm{d}y}{\mathrm{d}x}=\frac{y}{x}+\tan\frac{y}{x}$的通解.

解 这是齐次方程. 令$u=\frac{y}{x}$,则

$$y=ux,\ \frac{\mathrm{d}y}{\mathrm{d}x}=x\frac{\mathrm{d}u}{\mathrm{d}x}+u.$$

于是原方程变为
$$x\frac{\mathrm{d}u}{\mathrm{d}x}+u=u+\tan u,$$

即
$$x\frac{\mathrm{d}u}{\mathrm{d}x}=\tan u.$$

分离变量,得
$$\cot u\mathrm{d}u=\frac{1}{x}\mathrm{d}x,$$

两端积分,得
$$\ln|\sin u|=\ln|x|+C_1,$$

或写为
$$\sin u=Cx\ (C=\pm\mathrm{e}^{C_1}),$$

再以$\frac{y}{x}$代替上式中的u,便得原方程的通解为

$$\sin\frac{y}{x}=Cx.$$

例 5 求微分方程$(y^2-3x^2)\mathrm{d}x+2xy\mathrm{d}y=0$的通解.

解 方程可改写为

$$\frac{\mathrm{d}y}{\mathrm{d}x}=\frac{3x^2-y^2}{2xy},$$

再将右端的分子、分母同除以x^2,则方程变形为

$$\frac{\mathrm{d}y}{\mathrm{d}x}=\frac{3-\left(\frac{y}{x}\right)^2}{2\frac{y}{x}},$$

这就化成$y'=f\left(\frac{y}{x}\right)$的形式了,可以通过令$u=\frac{y}{x}$的变量替换方法求得其通解(剩下的求解过程留给读者完成).

之所以称本小节介绍的方程为齐次方程,是因为如例 4、例 5 所看到的那样,该类型的方程中x与y次数是相等的,所以才具有或者可以化为$y'=f\left(\frac{y}{x}\right)$的形式.

例 6 探照灯的反光镜面是一个旋转曲面,它的形状由xOy坐标面上的一条曲线L绕x轴旋转而成. 按照探照灯的性能要求,在其旋转轴(x轴)上的点光源处发出的所有光线,经它反射后都与旋转轴平行. 求曲线L的方程.

解　将光源所在的点取作坐标原点 O(见图 9-2)，且曲线 L 位于上半平面($y\geqslant 0$).

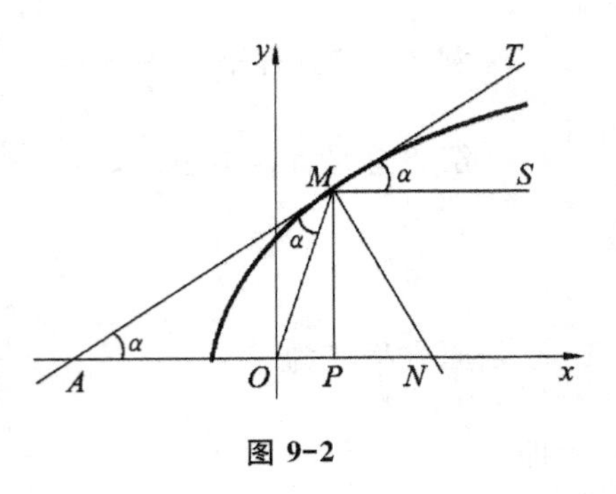

图 9-2

设点 $M(x,y)$ 为 L 上的任意一点，点 O 发出的某条光线从点 M 反射后是一条平行于 x 轴的直线 MS. 又设过点 M 的切线 AT 与 x 轴的夹角为 α，则也有 $\angle SMT=\alpha$. 另一方面，$\angle OMA$ 是入射角 $\angle OMN$ 的余角，$\angle SMT$ 是反射角 $\angle SMN$ 的余角，从而根据光线的反射定律有 $\angle OMA=\angle SMT=\alpha$. 所以 $AO=OM$，而

$$AO=AP-OP=PM\cot\alpha-OP=\frac{y}{y'}-x,\ OM=\sqrt{x^2+y^2},$$

于是得到微分方程

$$\frac{y}{y'}-x=\sqrt{x^2+y^2}.$$

把 x 看作因变量，y 看作自变量，该方程也可写为

$$y\frac{\mathrm{d}x}{\mathrm{d}y}=x+\sqrt{x^2+y^2},$$

当 $y>0$ 时，上式即为

$$\frac{\mathrm{d}x}{\mathrm{d}y}=\frac{x}{y}+\sqrt{\left(\frac{x}{y}\right)^2+1}.$$

这也是一个齐次微分方程. 令 $\frac{x}{y}=v$，则

$$x=yv,\ \frac{\mathrm{d}x}{\mathrm{d}y}=y\frac{\mathrm{d}v}{\mathrm{d}y}+v,$$

代入上式，得

$$y\frac{\mathrm{d}v}{\mathrm{d}y}=\sqrt{v^2+1}.$$

分离变量，得
$$\frac{\mathrm{d}v}{\sqrt{v^2+1}}=\frac{\mathrm{d}y}{y}.$$

两端积分，得
$$\ln\left(v+\sqrt{v^2+1}\right)=\ln y-\ln C$$

或
$$v+\sqrt{v^2+1}=\frac{y}{C}.$$

从而有
$$\left(\frac{y}{C}-v\right)^2=v^2+1,$$

亦即
$$\frac{y^2}{C^2}-\frac{2yv}{C}=1.$$

将 $yv=x$ 代入上式，得

$$y^2=2C\left(x+\frac{C}{2}\right).$$

所以曲线 L 是一条以 x 轴为轴、焦点在坐标原点的抛物线.

9.2.3 一阶线性微分方程

形如

$$\frac{\mathrm{d}y}{\mathrm{d}x}+P(x)y=Q(x) \tag{5}$$

的微分方程称为一阶线性微分方程. 如果方程(5)中 $Q(x)\equiv 0$，则称方程(5)为一阶齐次线性微分方程；如果(5)中 $Q(x)\not\equiv 0$，则称方程(5)为一阶非齐次线性微分方程.

如果方程(5)为一阶线性非齐次微分方程，为了求出它的解，我们先把 $Q(x)$ 换为零再写出微分方程

$$\frac{\mathrm{d}y}{\mathrm{d}x}+P(x)y=0. \tag{6}$$

方程(6)称为非齐次线性方程(5)对应的齐次线性方程.

齐次线性方程(6)是可分离变量的微分方程，分离变量后，得

$$\frac{\mathrm{d}y}{y}=-P(x)\mathrm{d}x.$$

两端积分，得

$$\ln|y|=-\int P(x)\mathrm{d}x+C_1,$$

其中，$\int P(x)\mathrm{d}x$ 表示 $P(x)$ 的某个确定的原函数. 从上式解出 y，得

$$y=C\mathrm{e}^{-\int P(x)\mathrm{d}x}\ (C=\pm\mathrm{e}^{C_1}).$$

又注意到 $y=0$ 也是方程(6)的解，所以齐次线性方程(6)的通解可以表示为

$$y=C\mathrm{e}^{-\int P(x)\mathrm{d}x}, \tag{7}$$

其中，C 是可取任意值的常数.

为了求非齐次线性方程(5)的通解，可以使用所谓的常数变易法，即求得它对应的齐次方程(6)的通解(7)后，将式(7)中的函数换成 x 的函数 $u(x)$，而假设非齐次方程(5)的解为

$$y=u\mathrm{e}^{-\int P(x)\mathrm{d}x}. \tag{8}$$

再将

$$y=u(x)\mathrm{e}^{-\int P(x)\mathrm{d}x}$$

代入原方程(5)，即可求得 $u(x)$. 事实上，当 $y=u(x)\mathrm{e}^{-\int P(x)\mathrm{d}x}$ 时，

$$\frac{\mathrm{d}y}{\mathrm{d}x}=u'(x)\mathrm{e}^{-\int P(x)\mathrm{d}x}-u(x)P(x)\mathrm{e}^{-\int P(x)\mathrm{d}x}.$$

代入方程(5)，得

$$u'(x)\mathrm{e}^{-\int P(x)\mathrm{d}x}-u(x)P(x)\mathrm{e}^{-\int P(x)\mathrm{d}x}+P(x)u(x)\mathrm{e}^{-\int P(x)\mathrm{d}x}=Q(x),$$

即
$$u'(x)\mathrm{e}^{-\int P(x)\mathrm{d}x}=Q(x),$$

也就是
$$u'(x)=Q(x)\mathrm{e}^{\int P(x)\mathrm{d}x},$$

所以
$$u(x)=\int Q(x)\mathrm{e}^{\int P(x)\mathrm{d}x}\mathrm{d}x+C.$$

代入式(8)，得非齐次线性方程(5)的通解：

$$y=\mathrm{e}^{-\int P(x)\mathrm{d}x}\left(\int Q(x)\mathrm{e}^{\int P(x)\mathrm{d}x}\mathrm{d}x+C\right). \tag{9}$$

下面分析一阶线性非齐次微分方程的通解的结构. 在式(9)中，当取 $C=0$ 时，得到线性非齐次方程(5)的一个特解，记为 y^*，即

$$y^*=\mathrm{e}^{-\int P(x)\mathrm{d}x}\cdot\int Q(x)\mathrm{e}^{\int P(x)\mathrm{d}x}\mathrm{d}x.$$

而式(9)又可以写成

$$y=C\mathrm{e}^{-\int P(x)\mathrm{d}x}+\mathrm{e}^{-\int P(x)\mathrm{d}x}\cdot\int Q(x)\mathrm{e}^{\int P(x)\mathrm{d}x}\mathrm{d}x,$$

其中，第一项是对应的齐次线性方程的通解，第二项是线性非齐次方程的特解 y^*. 于是一阶非齐次线性微分方程(5)的通解可以表示为

$$y=\bar{y}+y^*,$$

其中，$\bar{y}$ 是对应的齐次方程(6)的通解，y^* 是非齐次方程(5)的一个特解.

根据上面的讨论，对一阶非齐次线性方程，既可以使用常数变易法求其通解，也可以直接使用非齐次方程的通解公式(9)进行求解.

例 7　求 $y'+\frac{1}{x}y=\frac{\mathrm{e}^x}{x}$ 的通解.

解法 1　使用常数变易法. 该方程对应的齐次方程为

$$y'+\frac{1}{x}y=0,$$

分离变量，得
$$\frac{\mathrm{d}y}{y}=-\frac{\mathrm{d}x}{x}.$$

两边积分后再化简，得
$$y=\frac{C}{x}.$$

把上式中的 C 变易成 x 的函数 $u(x)$，即设原方程的解为 $y=\frac{u}{x}$，则 $y'=\frac{u'}{x}-\frac{u}{x^2}$.

代入原方程，得

$$\frac{u'}{x}-\frac{u}{x^2}+\frac{1}{x}\cdot\frac{u}{x}=\frac{e^x}{x},$$

即

$$u'(x)=e^x,$$

得

$$u(x)=e^x+C.$$

所以原方程得通解为

$$y=\frac{e^x+C}{x}.$$

解法 2　使用通解公式. 由式(9)，得

$$\begin{aligned} y &= e^{-\int\frac{1}{x}dx}\left(\int\frac{e^x}{x}e^{\int\frac{1}{x}dx}dx+C\right) \\ &= e^{-\ln x}\left(\int\frac{e^x}{x}\cdot e^{\ln x}dx+C\right) \\ &= \frac{1}{x}\left(\int e^x dx+C\right) \\ &= \frac{1}{x}(e^x+C). \end{aligned}$$

例 8　求微分方程$(x^2-1)y'+2xy-\cos x=0$的通解.

解　将方程变形为

$$y'+\frac{2x}{x^2-1}y=\frac{\cos x}{x^2-1},$$

于是$P(x)=\frac{2x}{x^2-1}$，$Q(x)=\frac{\cos x}{x^2-1}$，代入公式(9)，得

$$\begin{aligned} y &= e^{-\int\frac{2x}{x^2-1}dx}\left(\int\frac{\cos x}{x^2-1}e^{\int\frac{2x}{x^2-1}dx}dx+C\right) \\ &= \frac{1}{x^2-1}\left(\int\cos x dx+C\right)=\frac{\sin x+C}{x^2-1}. \end{aligned}$$

例 9　求微分方程$y\ln y dx+(x-\ln y)dy=0$的通解.

解　将所给方程变形为

$$\frac{dx}{dy}+\frac{1}{y\ln y}x=\frac{1}{y}.$$

把y看作自变量，x看作因变量，上式即为一阶线性方程，其中$P(y)=\frac{1}{y\ln y}$，$Q(y)=\frac{1}{y}$. 因此利用公式(9)，得

$$\begin{aligned} x &= e^{-\int\frac{1}{y\ln y}dy}\left(\int\frac{1}{y}e^{\int\frac{1}{y\ln y}dy}dy+C\right) \\ &= e^{-\ln\ln y}\left(\int\frac{1}{y}e^{\ln\ln y}dy+C\right) \end{aligned}$$

$$=\frac{1}{\ln y}\left(\int\frac{\ln y}{y}\mathrm{d}y+C\right)$$
$$=\frac{1}{2}\ln y+\frac{C}{\ln y}.$$

下面再举一个利用微分方程解决具体问题的例子.

例 10 设某种商品的需求量 D 与供给量 S 都是价格 p 的函数，需求函数 $D(p)=b-ap\ (a,b>0)$，供给函数 $S(p)=cp-d(c,d>0)$. 又设价格 p 是时间 t 的函数，并且满足方程

$$\frac{\mathrm{d}p}{\mathrm{d}t}=k[D(p)-S(p)].$$

试求价格函数 $p(t)$ 的表达式及 $\lim\limits_{t\to+\infty}p(t)$.

解 将 $D(p)=b-ap,S(p)=cp-d$ 代入价格 $p(t)$ 满足的方程，得

$$\frac{\mathrm{d}p}{\mathrm{d}t}=-k(a+c)p+k(b+d),$$

再利用一阶线性非齐次方程的通解公式(9)，得

$$p=\mathrm{e}^{-\int k(a+c)\mathrm{d}t}\left[\int k(b+d)\mathrm{e}^{\int k(a+c)\mathrm{d}t}\mathrm{d}t+C\right]$$
$$=\mathrm{e}^{-k(a+c)t}\left[\frac{b+d}{a+c}\mathrm{e}^{k(a+c)t}+C\right]$$
$$=\frac{b+d}{a+c}+C\mathrm{e}^{-k(a+c)t}.$$

由此可知，

$$\lim_{t\to+\infty}p(t)=\frac{b+d}{a+c}.$$

满足供需平衡的价格称为市场的均衡价格，由 $S(p)=D(p)$ 可得

$$cp-d=b-ap,$$

即得均衡价格 $p_e=\dfrac{b+d}{a+c}$. 所以本例的分析结果表明，市场的价格将逐步趋向均衡价格.

9.2.4 伯努利方程

形如

$$\frac{\mathrm{d}y}{\mathrm{d}x}+P(x)y=Q(x)y^n \tag{10}$$

的微分方程称为伯努利(Bernoulli)方程. 当 $n=0$ 或 $n=1$ 时，这是一阶线性微分方程. 当 $n\neq0,n\neq1$ 时，这种方程虽然不是线性的，但通过变量代换，可以把它化为一阶线性方程. 事实上，用 y^n 除方程(10)的两端，得

$$y^{-n}\frac{dy}{dx}+P(x)y^{-n+1}=Q(x),$$

若令 $z=y^{-n+1}$，因为$\frac{dz}{dx}=(1-n)y^{-n}\frac{dy}{dx}$，于是上面的方程就化为

$$\frac{1}{1-n}\frac{dz}{dx}+P(x)z=Q(x)$$

或

$$\frac{dz}{dx}+(1-n)P(x)z=(1-n)Q(x).$$

这便是个一阶线性微分方程．求出该方程的通解后，以 y^{1-n} 代替 z，即得到伯努利方程的通解．

例 11 求方程$\frac{dy}{dx}+\frac{1}{x}y=a(\ln x)y^2$ 的通解．

解 以 y^2 除方程的两端，得

$$y^{-2}\frac{dy}{dx}+\frac{1}{x}y^{-1}=a\ln x,$$

即

$$-\frac{d(y^{-1})}{dx}+\frac{1}{x}y^{-1}=a\ln x.$$

令 $z=y^{-1}$，则上述方程成为

$$\frac{dz}{dx}-\frac{1}{x}z=-a\ln x.$$

这是一个线性方程，它的通解为

$$z=x\left[C-\frac{a}{2}(\ln x)^2\right].$$

以 y^{-1}代 z，得所求方程的通解为

$$yx\left[C-\frac{a}{2}(\ln x)^2\right]=1.$$

在 9.2.2 介绍的齐次方程及上面介绍的伯努利方程的求解过程中，都使用了变量代换的方法．在求解微分方程时，变量代换是常用的手段．对于某些微分方程，利用合适的变量代换可将它化为已知类型的方程，然后再利用相应的方法对其求解．

例 12 求微分方程 $2y\frac{dy}{dx}+\frac{1}{x}y^2=x^2$ 的通解．

解 这是一个非线性微分方程，但注意到$\frac{dy^2}{dx}=2y\frac{dy}{dx}$，它可写成

$$\frac{dy^2}{dx}+\frac{1}{x}y^2=x^2.$$

如果引入代换 $z=y^2$，则方程化为一阶线性微分方程

$$\frac{\mathrm{d}z}{\mathrm{d}x}+\frac{1}{x}z=x^2,$$

其通解为

$$z=\frac{C}{x}+\frac{1}{4}x^3.$$

于是原方程的通解为

$$y^2=\frac{C}{x}+\frac{1}{4}x^3.$$

例 13　将$\frac{1}{y}y'-\frac{1}{x}\ln y=x^2$ 化为一阶线性微分方程.

解　原方程可改写为

$$(\ln y)'-\frac{1}{x}\ln y=x^2,$$

令 $z=\ln y$,则有

$$z'-\frac{1}{x}z=x^2,$$

这是一个一阶线性微分方程.

习题 9-2

1. 求下列微分方程的通解或满足初始条件的特解：

(1) $y'=3x^2(1+y)^2$；　　(2) $y^2\mathrm{d}x+(x+1)\mathrm{d}y=0, y(0)=1$；

(3) $yy'+\mathrm{e}^{y^2+3x}=0$；　　(4) $\mathrm{d}y=x(2y\mathrm{d}x-x\mathrm{d}y), y(1)=4$.

2. 求下列微分方程的通解或满足初始条件的特解：

(1) $\frac{\mathrm{d}y}{\mathrm{d}x}=\frac{y-x}{y+x}, y(1)=0$；　　(2) $y'=\frac{x}{y}+\frac{y}{x}, y(1)=0$；

(3) $(x^2-y^2)\mathrm{d}x+xy\mathrm{d}y=0$；　　(4) $x(\ln y-\ln x)\mathrm{d}y+y\mathrm{d}x=0$.

3. 求下列微分方程的通解或满足初始条件的解：

(1) $\frac{\mathrm{d}y}{\mathrm{d}x}-\frac{2y}{x+1}=(x+1)^3$；　　(2) $\frac{\mathrm{d}y}{\mathrm{d}x}+\frac{1-2x}{x^2}y-1=0$；

(3) $y'-2xy=x-x^3, y(0)=1$；　　(4) $x\frac{\mathrm{d}y}{\mathrm{d}x}+y=x^3, y(1)=\frac{5}{4}$；

(5) $y'-y\tan x+y^2\cos x=0$；　　(6) $y'=\frac{y}{x+y^3}$.

4. 求微分方程 $y=\mathrm{e}^x+\int_0^x y(t)\mathrm{d}t$ 的解.

5. 求一曲线,使它在任意点(x,y) 处的切线斜率等于 $2x+y$,并且通过原点.

6. 作适当的变量代换来求解下列方程：

(1) $\frac{\mathrm{d}y}{\mathrm{d}x}=(x+y)^2$；　　(2) $\frac{\mathrm{d}y}{\mathrm{d}x}=\frac{1}{(x+y)^2}$；

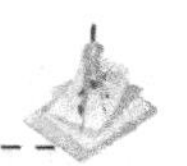

(3) $\frac{dy}{dx}=\frac{x-y+5}{x-y-2}$.

9.3 可降阶的高阶微分方程

二阶及二阶以上的微分方程称为高阶微分方程.对于某些高阶微分方程,可以通过代换将其化为较低阶的微分方程,从而得以利用相应的低阶微分方程的求解方法对其求解.例如,对于二阶微分方程,如果能够将其化为一阶微分方程,那么就有可能应用9.2中介绍的一阶微分方程的求解方法来求出它的解.本节主要讨论三种可降阶的高阶微分方程的求解方法.

9.3.1 $y^{(n)}=f(x)$型的微分方程

微分方程

$$y^{(n)}=f(x) \tag{1}$$

的特点是右端仅含有自变量 x. 因此,只要把 $y^{(n-1)}$ 作为新的未知函数,那么方程(1)就是新未知函数的一阶微分方程. 两端积分,就得新的未知函数 $y^{(n-1)}$ 的通解:

$$y^{(n-1)}=\int f(x)dx+C_1.$$

上式是一个 $n-1$ 阶的微分方程,同理可得

$$y^{(n-2)}=\int\left[\int f(x)dx+C_1\right]dx+C_2.$$

依此继续进行,共积分 n 次,便得方程(1)的含有 n 个任意常数的通解.

例1 求 $y^{(3)}=xe^x$ 的通解.

解 对所给方程接连积分三次,得

$$y''=\int xe^x dx=(x-1)e^x+C_1,$$

$$y'=(x-2)e^x+C_1x+C_2,$$

$$y=(x-3)e^x+Cx^2+C_2x+C_3\quad\left(C=\frac{C_1}{2}\right).$$

9.3.2 $y''=f(x,y')$型的微分方程

微分方程

$$y''=f(x,y') \tag{2}$$

的特点是方程中不显含未知函数 y. 如果令 $y'=p$,那么 $y''=p'$,则方程(2)就化为一阶微分方程

$$p'=f(x,p).$$

如果从中能求出解 $p=\varphi(x,C_1)$,则由 $y'=p$,又得一个一阶微分方程

$$y'=\varphi(x,C_1).$$

两端积分，便得微分方程(2)的通解为

$$y=\int\varphi(x,C_1)\mathrm{d}x+C_2.$$

例 2　求微分方程

$$(1-x^2)y''-xy'=0$$

满足初始条件 $y|_{x=0}=1, y'|_{x=0}=3$ 的特解.

解　令 $y'=p$，得

$$(1-x^2)p'-xp=0.$$

分离变量，得

$$\frac{\mathrm{d}p}{p}=\frac{x}{1-x^2}\mathrm{d}x.$$

两端积分，得

$$\ln|p|=-\frac{1}{2}\ln|1-x^2|+C,$$

即

$$p=\frac{C_1}{\sqrt{1-x^2}}(C_1=\pm\mathrm{e}^C).$$

由 $y'|_{x=0}=3$，即 $p|_{x=0}=3$，得 $C_1=3$，所以有

$$y'=\frac{3}{\sqrt{1-x^2}}.$$

两端再积分，得

$$y=3\arcsin x+C_2.$$

又由条件 $y|_{x=0}=1$，得 $C_2=1$. 于是所求的特解为

$$y=3\arcsin x+1.$$

例 3　证明：曲率恒为非零常数的曲线一定是圆.

证　设曲线的方程为 $y=\varphi(x)$，它在任意点处的曲率恒为常数 $\frac{1}{a}(a>0)$，则根据曲率计算公式，有

$$\frac{[1+(y')^2]^{3/2}}{|y''|}=a,$$

即

$$\frac{[1+(y')^2]^{3/2}}{y''}=\pm a.$$

这是不显含未知函数 y 的二阶方程. 令 $y'=p$，上述方程变成

$$(1+p^2)^{3/2}=\pm ap'.$$

分离变量，得

$$\pm a\frac{1}{(1+p^2)^{3/2}}\mathrm{d}p=\mathrm{d}x.$$

两端积分，得

$$\pm a\frac{p}{\sqrt{1+p^2}}=x+C_1.$$

从中解出 p，再以 y' 代替 p，得

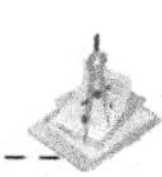

$$y'=\pm\frac{x+C_1}{\sqrt{a^2-(x+C_1)^2}}.$$

再积分一次，得

$$y+C_2=\mp\sqrt{a^2-(x+C_1)^2},$$

即

$$(x+C_1)^2+(y+C_2)^2=a^2.$$

这是半径为 a 的圆的方程.

9.3.3　$y''=f(y,y')$型的微分方程

微分方程

$$y''=f(y,y') \tag{3}$$

的特点是方程中不显含自变量 x. 若令 $y'=p$，并利用符合函数的求导法则把 y'' 化为对 y 的导数，即

$$y''=\frac{\mathrm{d}y'}{\mathrm{d}x}=\frac{\mathrm{d}p}{\mathrm{d}x}=\frac{\mathrm{d}p}{\mathrm{d}y}\cdot\frac{\mathrm{d}y}{\mathrm{d}x}=\frac{\mathrm{d}p}{\mathrm{d}y}\cdot p,$$

则方程(3)就化为

$$p\frac{\mathrm{d}p}{\mathrm{d}y}=f(y,p).$$

这是以 y 为自变量的函数 $p(y)$ 所满足的一阶微分方程. 设它的通解为

$$p=\varphi(y,C_1),$$

即得

$$y'=\varphi(y,C_1).$$

分离变量并积分，便得方程(3)的通解为

$$\int\frac{\mathrm{d}y}{\varphi(y,C_1)}=x+C_2.$$

例 4　求方程 $y''+\dfrac{2}{1-y}y'^2=0$ 的通解.

解　这是不显含自变量 x 的二阶微分方程. 令 $y'=p$，则 $y'=p\dfrac{\mathrm{d}p}{\mathrm{d}x}$，于是有

$$p\frac{\mathrm{d}p}{\mathrm{d}y}+\frac{2}{1-y}p^2=0.$$

分离变量，积分并化简，得

$$p=C_1(1-y)^2,$$

即

$$y'=C_1(1-y)^2.$$

再分离变量并积分，得所求通解为

$$\frac{1}{1-y}=C_1x+C_2.$$

习题 9-3

1. 求下列微分方程的解：

(1) $y''=\ln x$；　　(2) $y''=y'+x$；

(3) $y^3y''-1=0$；　　(4) $yy''+(y')^2=0$.

2. 求下列微分方程满足初始条件的特解：

(1) $y'''=e^{2x}, y(1)=y'(1)=y''(1)=0$；　　(2) $(1+x^2)y''-2xy'=0, y(0)=1, y'(0)=3$；

(3) $y''-a(y')^2=0, y(0)=0, y'(0)=-1$；　　(4) $y^3y''+1=0, y(1)=1, y'(1)=0$.

3. 试求 $y''=x^2$ 经过点(1,3)且在此点与直线 $y=\frac{x}{2}+\frac{5}{2}$ 相切的积分曲线.

9.4　高阶线性微分方程

形如

$$\frac{d^n y}{dx^n}+a_1(x)\frac{d^{n-1}y}{dx^{n-1}}+\cdots+a_n(x)y=f(x)$$

的方程称为n阶线性微分方程. 当 $n=1$ 时，方程就是 9.2.3 讨论的一阶线性微分方程；当 $n\geqslant 2$ 时，方程称为高阶线性微分方程. 当 $f(x)\equiv 0$ 时，方程称为齐次的；当 $f(x)\neq 0$ 时，方程称为非齐次的. 当 $a_i(x)$ 为常数$a_i(i=1,2,\cdots,n)$时，方程称为线性常系数微分方程.

例 1　设一个弹簧的上端固定，下端挂一个质量为 m 的物体. 当物体处于静止状态时，物体受到的重力与弹性力大小相等、方向相反，即受到的合力为零. 这个位置称为物体的平衡位置. 如果将物体沿竖直方向适当拉离平衡位置后松手，则物体将在平衡点附近做上下振动. 选取平衡点为坐标原点，建立坐标系如图 9-3 所示，求物体的位移函数 $x(t)$满足的微分方程.

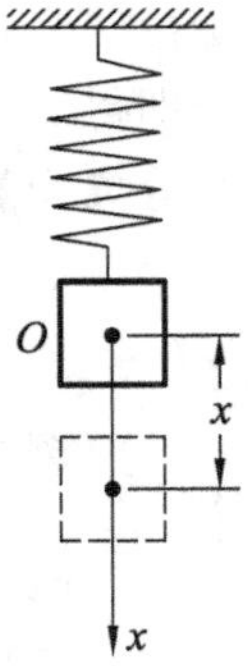

解　物体离开平衡位置的位移为 x 时(见图 9-3)，弹簧要产生使物体回到平衡位置的弹性恢复力 f，由胡克定律可得

$$f=-cx,$$

图 9-3

其中，c 为弹簧的弹性系数，负号表示恢复力的方向与物体离开平衡位置的位移方向相反.

另外，物体在运动过程中还受到阻尼介质(如空气、油等)的阻力作用. 由实验知道，阻力 R 的方向与运动方向相反，其大小与物体的运动速度成正比，设比例系数为 μ，则有

$$R=-\mu\frac{dx}{dt}.$$

根据上述关于物体受力情况的分析及牛顿第二定律，得

$$m\frac{d^2x}{dt^2}=-cx-\mu\frac{dx}{dt}.$$

将上式移项，并记 $2n=\frac{\mu}{m}, k^2=\frac{c}{m}$，则上式化为

$$\frac{d^2x}{dt^2}+2n\frac{dx}{dt}+k^2x=0.$$

这就是物体在运动过程中其位移函数 $x(t)$ 满足的微分方程，它是一个二阶线性齐次微分方程，称作自由振动方程. 当 $n=0$（即 $\mu=0$）时，方程称作无阻尼自由振动方程；当 $n\neq0$（即 $\mu\neq0$）时，方程称作有阻尼自由振动方程.

如果物体在振动过程中，还受到铅直外力

$$F=H\sin pt$$

的作用，则有

$$\frac{d^2x}{dt^2}+2n\frac{dx}{dt}+k^2x=h\sin pt,$$

其中，$h=\frac{H}{m}$. 这就是弹簧振动所满足的强迫振动方程.

9.4.1 二阶线性微分方程的解的性质与结构

下面以二阶线性微分方程为例，讨论高阶线性微分方程的解的性质与解的结构. 同一般高阶线微分方程一样，二阶线性齐次微分方程也分为非齐次的与齐次的两种情形. 二阶线性非齐次微分方程的形式是

$$y''+P(x)y'+Q(x)y=f(x); \tag{1}$$

二阶线性齐次微分方程的形式是

$$y''+P(x)y'+Q(x)y=0. \tag{2}$$

若将非齐次方程(1)右端的函数 $f(x)$ 换为零，就得到它对应的齐次方程，其形式如方程(2)所示.

定理 1 线性微分方程(1)与(2)的解具有如下性质：

(1) 如果 $y_1(x)$ 与 $y_2(x)$ 是齐次方程(2)的两个解，那么

$$y=C_1y_1(x)+C_2y_2(x) \tag{3}$$

也是齐次方程(2)的解，其中 C_1 与 C_2 为任意常数.

(2) 如果 $y_1(x)$ 是齐次方程(2)的一个解，$y_2(x)$ 是非齐次方程(1)的一个解，那么

$$y=y_1(x)+y_2(x) \tag{4}$$

是非齐次方程(1)的解.

(3) 如果 $y_1(x)$ 与 $y_2(x)$ 是非齐次方程(1)的两个解，那么

$$y=y_1(x)-y_2(x) \tag{5}$$

是齐次方程(2)的解.

证　(1) 将函数(3)代入齐次方程(2)的左端，得

$$[C_1y_1''+C_2y_2'']+P(x)[C_1y_1'+C_2y_2']+Q(x)[C_1y_1+C_2y_2]$$
$$=C_1[y_1''+P(x)y_1'+Q(x)y_1]+C_2[y_2''+P(x)y_2'+Q(x)y_2].$$

由于 $y_1(x)$ 与 $y_2(x)$ 是齐次方程(2)的两个解，上式右端两个中括号内的表达式都等于零，因而整个式子恒等于零，所以 $y=y_1(x)+y_2(x)$ 是方程(2)的解.

(2) 将函数(4)代入非齐次方程(1)的左端，得

$$(y_1''+y_2'')+P(x)(y_1'+y_2')+Q(x)(y_1+y_2)$$
$$=[y_1''+P(x)y_1'+Q(x)y_1]+[y_2''+P(x)y_2'+Q(x)y_2].$$

由于 $y_1(x)$ 与 $y_2(x)$ 分别是齐次方程(2)与非齐次方程(1)的解，上式右端第一个中括号内的表达式与第二个中括号内的表达式分别等于零与 $f(x)$，因而整个式子恒等于 $f(x)$，所以 $y=y_1(x)+y_2(x)$ 是非齐次方程(1)的解.

类似地可证性质(3)，证明过程留给读者自己完成.

利用定理 1 的性质(1)可以讨论齐次线性微分方程的通解的结构. 定理 1 的性质(1)告诉我们，如果能求得齐次方程(2)的两个特解 $y_1(x)$ 与 $y_2(x)$，那么可以将这两个解乘上任意常数并相加而得到更为一般化的解

$$y=C_1y_1(x)+C_2y_2(x). \tag{3}$$

从形式上看，这个解含有 C_1 与 C_2 两个任意常数，但它却不一定是方程(2)的通解. 例如，设 $y_1(x)$ 是方程(2)的解，则由性质(1)可知 $y_2(x)=2y_1(x)$ 也是方程(2)的解. 此时，由式(3)表示的解 $y=C_1y_1(x)+C_2y_2(x)$ 可以改写为 $y=Cy_1(x)$，其中 $C=C_1+2C_2$. 也就是说，在这种情况下，表达式(3)中的两个常数并不相互独立，而是可以合并成为一个常数，所以它不能成为方程(2)的通解. 那么在什么情况下式(3)才是方程(2)的通解呢? 要回答这个问题，需要引入函数的线性相关与线性无关的概念.

设 $y_1(x),y_2(x),\cdots,y_n(x)$ 为定义在区间 I 上的函数，如果存在 n 个不全为零的常数 $k_1,k_2,\cdots,k_n$，使得当 $x\in I$ 时有恒等式

$$k_1y_1(x)+k_2y_2(x)+\cdots+k_2y_2(x)\equiv 0$$

成立，那么称这 n 个函数在区间 I 上线性相关；否则称它们在区间 I 上线性无关.

例如，$y_1=1,y_2=x,y_3=2+3x$ 这三个函数在 $(-\infty,+\infty)$ 内线性相关，因为取 $k_1=-2,k_2=-3,k_3=1$，就有恒等式 $k_1y_1+k_2y_2+k_3y_3\equiv 0$ 在 $(-\infty,+\infty)$ 内成立. 又如，函数 $1,x,x^2$ 这三个函数在任何区间 (a,b) 内是线性无关的，因为如果 k_1,k_2,k_3 不全为零，在该区间内最多存在两个 x 值能使二次三项式 $k_1+k_2x+k_3x^2=0$；要使该二次三项式恒等于零，必须 k_1,k_2,k_3 全为零.

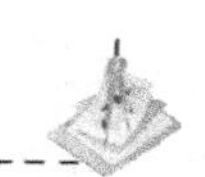

从上述概念容易看出，对于两个函数的情形，它们线性相关与否，只要看它们的比是否为常数：如果比为常数，那么它们就线性相关；如果比不为常数，那么它们就线性无关.

如果方程(2)的两个解 $y_1(x)$ 与 $y_2(x)$ 是线性无关的，那么在由(3)式表示的解

$$y=C_1y_1(x)+C_2y_2(x)$$

中，两个任意常数 C_1 与 C_2 就不能合并成一个常数，而是两个相互独立的任意常数. 所以我们有如下关于二阶齐次线性微分方程的通解结构的定理.

定理 2 如果 $y_1(x)$ 与 $y_2(x)$ 是二阶齐次线性微分方程(2)的两个线性无关的特解，那么

$$y=C_1y_1(x)+C_2y_2(x)\ (C_1, C_2 \text{ 是任意常数})$$

是方程(2)的通解.

例 2 求微分方程 $y''+y=0$ 的通解.

解 将方程改写成

$$y''=-y,$$

它表明，方程的解的二阶导数与其本身相差一个负号. 显然 $y_1=\sin x$ 与 $y_2=\cos x$ 都满足这个要求，所以它们是所给方程的两个特解. 又因为

$$\frac{y_1}{y_2}=\frac{\sin x}{\cos x}=\tan x\neq \text{常数},$$

所以它们是线性无关的. 于是根据定理 2，得所求方程的通解为

$$y=C_1\sin x+C_2\cos x.$$

例 3 方程 $(x-1)y''-xy'+y=0$ 也是二阶齐次线性微分方程(将它的两端同时除以 $x-1$ 就可以化为标准形式，其中 $p(x)=-\frac{x}{x-1}$，$Q(x)=\frac{1}{x-1}$). 容易验证 $y_1=x$，$y_2=\mathrm{e}^x$ 是所给方程的两个解，且 $\frac{y_1}{y_2}=\frac{x}{\mathrm{e}^x}\neq$ 常数，即它们线性无关. 因此方程 $(x-1)y''-xy'+y=0$ 的通解为 $y=C_1x+C_2\mathrm{e}^x$.

下面来讨论非齐次线性方程的解的结构问题.

如前所述，非齐次方程

$$y''+P(x)y'+Q(x)y=f(x) \tag{1}$$

对应的齐次方程为

$$y''+P(x)y'+Q(x)y=0. \tag{2}$$

如果已经求出齐次方程(2)的通解 $Y(x)$ 以及非齐次方程(2)的一个特解 $y^*(x)$，那么根据定理 1 的性质(2)可知，将 $Y(x)$ 与 $y^*(x)$ 相加后得到的函数

$$y(x)=Y(x)+y^*(x) \tag{6}$$

一定是非齐次方程(1)的解．而且因为$Y(x)$是齐次方程(2)的通解，它包含了两个相互独立的任意常数，所以函数(6)也包含两个相互独立的任意常数，从而函数(6)就是非齐次方程(1)的通解．于是，我们有如下定理：

定理 3　如果$y^*(x)$是非齐次线性微分方程(1)的一个特解，$Y(x)$是它所对应的齐次线性微分方程(2)的通解，那么

$$y(x)=Y(x)+y^*(x)$$

是非齐次线性微分方程(1)的通解．

例 4　求微分方程$y''+y=4x+1$的通解．

解　由例 2 可知，它所对应的齐次方程$y''+y=0$的通解为

$$Y=C_1\sin x+C_2\cos x.$$

又容易看出，$y^*=4x+1$是所给方程的一个特解，所以

$$y=C_1\sin x+C_2\cos x+4x+1$$

是所给方程的通解．

为了求出非齐次微分方程(1)的特解，有时需要用到下述定理的结论．

定理 4　设非齐次线性微分方程(1)的右端函数$f(x)$是两个函数之和，即方程(1)的形式为

$$y''+P(x)y'+Q(x)y=f_1(x)+f_2(x), \tag{7}$$

而$y_1^*(x)$与$y_2^*(x)$分别是

$$y''+P(x)y'+Q(x)y=f_1(x)$$

与

$$y''+P(x)y'+Q(x)y=f_2(x)$$

的特解，那么$y_1^*(x)+y_2^*(x)$就是原方程(7)的特解．

该定理的证明与定理 1 类似，证明过程从略，请读者自行完成．

*9.4.2　高阶线性微分方程解的性质与结构

对于一般的n阶线性微分方程

$$y^{(n)}+a_1(x)y^{(n-1)}+a_2(x)y^{(n-2)}+\cdots+a_n(x)y=0, \tag{8}$$

$$y^{(n)}+a_1(x)y^{(n-1)}+a_2(x)y^{(n-2)}+\cdots+a_n(x)y=f(x) \tag{9}$$

与

$$y^{(n)}+a_1(x)y^{(n-1)}+a_2(x)y^{(n-2)}+\cdots+a_n(x)y=f_1(x)+f_2(x), \tag{10}$$

其解的性质与解的结构也有与前述二阶线性微分方程完全类似的结论．

定理 1′ n 阶线性微分方程(8)与(9)的解具有如下性质：

(1) 如果 $y_1(x),y_2(x),\cdots,y_n(x)$是齐次方程(8)的 n 个解,那么

$$y=C_1y_1(x)+C_2y_2(x)+\cdots+C_ny_2(x)$$

也是齐次方程(8)的解,其中 $C_1,C_2,\cdots,C_n$ 为任意常数.

(2) 如果 $y_1(x)$是齐次方程(8)的一个解,$y_2(x)$是非齐次方程(9)的一个解,那么

$$y=y_1(x)+y_2(x)$$

是非齐次方程(9)的解.

(3) 如果 $y_1(x)$与 $y_2(x)$是非齐次方程(9)的两个解,那么

$$y=y_1(x)-y_2(x)$$

是齐次方程(8)的解.

定理 2′ 如果 $y_1(x),y_2(x),\cdots,y_n(x)$是齐次方程(8)的 n 个线性无关的解,那么

$$y=C_1y_1+C_2y_1+\cdots+C_ny_n$$

是齐次方程(8)的通解.

定理 3′ 如果 $y^*(x)$是非齐次方程(9)的一个特解,$Y(x)$是它所对应的齐次方程(8)的通解,那么

$$y(x)=Y(x)+y^*(x)$$

是非齐次方程(9)的通解.

定理 4′ 如果 $y_1^*(x)$和 $y_2^*(x)$分别是方程

$$y^{(n)}+a_1(x)y^{(n-1)}+\cdots+a_n(x)y=f_1(x)$$

与

$$y^{(n)}+a_1(x)y^{(n-1)}+\cdots+a_n(x)y=f_2(x)$$

的特解,那么

$$y^*(x)=k_1y_1^*(x)+k_2y_2^*(x)$$

是方程(10)的特解.

这几个定理的证明与二阶的情形完全类似,感兴趣的读者可自行完成.

习题 9-4

1. 指出下列函数组哪些是线性相关的,哪些是线性无关的?

(1) x,x^2；

(2) e^{2x},e^{3x}；

(3) $5\sin 2x,\cos x\sin x$；

(4) $\cos^2 x,1+\cos 2x$；

(5) $e^x\cos x, e^x\sin x$.

2. 验证 $y_1=e^{x^2}$ 及 $y_2=xe^{x^2}$ 都是齐次线性方程 $y''-4xy'+(4x^2-2)y=0$ 的解,并写出该方程的通解.

3. 验证 $x_1=\cos 2t, x_2=\sin 2t$ 都是二阶齐次线性方程 $\frac{d^2x}{dt^2}+4x=0$ 的解,写出该方程的通解,并求满足初始条件 $x(0)=1, x'(0)=1$ 的解.

4. 验证 $y=C_1x^2+C_2x^2\ln x$ (C_1, C_2 为任意常数)是方程 $x^2y''-3xy'+4y=0$ 的通解.

5. 验证 $y=C_1\cos 3x+C_2\sin 3x+\frac{1}{32}(4x\cos x+\sin x)$ (C_1, C_2 是任意常数)是方程 $y''+9y=x\cos x$ 的通解,并求满足初始条件 $y(0)=1, y'(0)=1$ 的特解.

9.5　二阶常系数线性微分方程

9.5.1　二阶常系数齐次线性微分方程

当 p,q 为两个常数时,方程

$$y''+py'+qy=0 \tag{1}$$

称为二阶常系数齐次线性微分方程. 从上节的讨论可知,如果能够求出微分方程(1)的两个线性无关解 $y_1(x), y_2(x)$,那么就可以得到它的通解

$$y=C_1y_1(x)+C_2y_2(x).$$

从方程(1)的构成可以看出,未知函数 $y(x)$ 与其导函数 $y'(x), y''(x)$ 之间存在常数倍关系. 由于指数函数 $y=e^{rx}$ 和它的各阶导函数之间都只差一个常数因子,因此我们可以用 $y=e^{rx}$ 来尝试,看能否选取适当的常数 r,使得 $y=e^{rx}$ 满足方程(1).

将 $y=e^{rx}, y'=re^{rx}, y''=r^2e^{rx}$ 代入方程(1),得

$$e^{rx}(r^2+pr+q)=0.$$

由于 $e^{rx}\neq 0$,所以上式等价于

$$r^2+pr+q=0. \tag{2}$$

由此可见,只要 r 是代数方程(2)的根,则 $y=e^{rx}$ 就是微分方程(1)的解. 我们称代数方程(2)为微分方程(1)的特征方程.

特征方程(2)是一个二次代数方程,其中 r^2, r 及常数项恰好是微分方程(1)中 y'', y' 及 y 的系数,它的根可以表示为

$$r_{1,2}=\frac{-p\pm\sqrt{p^2-4q}}{2}.$$

下面就 $p^2>4q, p^2=4q$ 及 $p^2<4q$ 三种不同的情形分别讨论微分方程(1)的通解的表达形式.

① $p^2>4q$.

此时，特征方程(2)有两个不相等的实根 r_1 与 r_2. 由上面的讨论知道，$y_1=e^{r_1x}$与 $y_2=e^{r_2x}$是方程(1)的两个解. 又因为$\frac{y_1}{y_2}=e^{(r_1-r_2)x}$不是常数，所以它们是方程(1)的两个线性无关解. 于是微分方程(1)的通解可以表示为

$$y=C_1e^{r_1x}+C_1e^{r_2x}.$$

② $p^2=4q$.

此时，特征方程(2)有两个相等的实根 $r_1=r_2$，记为 r，即 r 为特征方程(2)的二重根，则由它可得到微分方程(1)的一个解

$$y_1=e^{rx}.$$

下面求方程(1)的另一个解 y_2，并使 y_2 与 y_1 线性无关. 要保证 y_2 与 y_1 线性无关，也就是要使$\frac{y_2}{y_1}$不为常数，那么可以假设$\frac{y_2}{y_1}=u(x)$，即

$$y_2=u(x)y_1=u(x)e^{rx},$$

其中 $u(x)$不为常数. 对 y_2 求导，得

$$y_2'=e^{rx}(u'+ru),$$

$$y_2''=e^{rx}(u''+2ru'+r^2u).$$

将 y_2''，y_2'和 y_2 代入微分方程(1)，可得

$$e^{rx}[(u''+2ru'+r^2u)+p(u'+ru)+qu]=0.$$

因为 $e^{rx}\neq0$，所以有

$$u''+(2r+p)u'+(r^2+pr+q)u=0.$$

又因为 r 是特征方程(2)的二重根，所以 $r^2+pr+q=0$，且 $2r+p=0$，于是有

$$u''=0.$$

由于这里只要得到一个不为常数的 $u(x)$就可以了，所以不妨选取 $u(x)=x$，由此得到微分方程(1)的另一个解

$$y_2=xe^{rx}.$$

从而微分方程(1)的通解可以表示为

$$y=C_1e^{rx}+C_2xe^{rx},$$

即

$$y=(C_1+C_2x)e^{rx}.$$

③ $p^2<4q$.

此时，特征方程(2)有一对共轭复根：$r_1=\alpha+\mathrm{i}\beta$，$r_2=\alpha-\mathrm{i}\beta$，其中

$$\alpha=-\frac{p}{2},\ \beta=\frac{\sqrt{4q-p^2}}{2}.$$

这时，得到微分方程(1)的两个解：

$$\tilde{y}_1=e^{(\alpha+\mathrm{i}\beta)x},\ \tilde{y}_2=e^{(\alpha-\mathrm{i}\beta)x}.$$

利用 Euler 公式 $e^{\mathrm{i}\theta}=\cos\theta+\mathrm{i}\sin\theta$，得 $e^{\pm\mathrm{i}\beta x}=\cos\beta x\pm\mathrm{i}\sin\beta x$，于是可把 $\tilde{y}_1$，$\tilde{y}_2$ 改写为

$$\tilde{y}_1=e^{(\alpha+i\beta)x}=e^{\alpha x}\cdot e^{i\beta x}=e^{\alpha x}(\cos\beta x+i\sin\beta x),$$
$$\tilde{y}_2=e^{(\alpha-i\beta)x}=e^{\alpha x}\cdot e^{-i\beta x}=e^{\alpha x}(\cos\beta x-i\sin\beta x).$$

由于这两个解中含有虚数 i,它们不是实值函数. 利用上节介绍的线性微分方程解的性质,可知

$$y_1=\frac{1}{2}(\tilde{y}_1+\tilde{y}_2)=e^{\alpha x}\cos\beta x,$$

$$y_2=\frac{1}{2i}(\tilde{y}_1-\tilde{y}_2)=e^{\alpha x}\sin\beta x$$

也是微分方程(1)的两个解,而且显然它们是两个线性无关的实值函数. 于是微分方程(1)的通解可以表示为

$$y=C_1e^{\alpha x}\cos\beta x+C_2e^{\alpha x}\sin\beta x,$$

即
$$y=e^{\alpha x}(C_1\cos\beta x+C_2\sin\beta x).$$

综上所述,求二阶常系数齐次线性微分方程

$$y''+py'+qy=0 \tag{1}$$

的通解,其步骤如下：

第 1 步　写出微分方程(1)的特征方程

$$r^2+pr+q=0. \tag{2}$$

第 2 步　求出特征方程(2)的两个根 r_1,r_2.

第 3 步　根据特征方程(2)的两个根的不同情形,按照下列表格写出微分方程(1)的通解：

特征方程 $r^2+pr+q=0$ 的两个根 r_1,r_2	微分方程 $y''+py'+qy=0$ 的通解
两个不相等的实根 r_1,r_2	$y=C_1e^{r_1x}+C_2e^{r_2x}$
两个相等的实根 $r_1=r_2$,记为 r	$y=(C_1+C_2x)e^{rx}$
一对共轭复根 $r_{1,2}=\alpha\pm i\beta$	$y=e^{\alpha x}(C_1\cos\beta x+C_2\sin\beta x)$

例 1　求方程 $y''-5y'+6y=0$ 的通解.

解　所给微分方程的特征方程为

$$r^2-5r+6=0.$$

它有两个不等的实根 $r_1=3,r_2=2$,故该方程的通解为

$$y=C_1e^{3x}+C_2e^{2x}.$$

例 2　求方程 $y''-4y'+4y=0$ 的通解.

解　所给微分方程的特征方程为

$$r^2-4r+4=0.$$

它有相同的根 $r_1=r_2=2$,故该方程的通解为

$$y=(C_1+C_2x)e^{2x}.$$

例 3 求方程 $y''+y'+y=0$ 的通解.

解 所给微分方程的特征方程为

$$r^2+r+1=0.$$

它有一对共轭复根

$$r_1=\frac{-1+\sqrt{3}\mathrm{i}}{2},\ r_2=\frac{-1-\sqrt{3}\mathrm{i}}{2}.$$

所以,该方程的通解为

$$y=\mathrm{e}^{-\frac{x}{2}}\left(C_1\cos\frac{\sqrt{3}}{2}x+C_2\sin\frac{\sqrt{3}}{2}x\right).$$

最后指出,对于一般的高阶常系数齐次线性微分方程

$$y^{(n)}+a_1y^{(n-1)}+a_2y^{(n-2)}+\cdots+a_{n-1}y'+a_ny=0, \tag{3}$$

也有与二阶情形相类似的结果.此处不再对微分方程(3)进行详细讨论,而将相应结果简述如下.

微分方程(3)的特征方程为

$$r^n+a_1r^{n-1}+a_2r^{n-2}+\cdots+a_{n-1}r+a_n=0. \tag{4}$$

根据特征方程(4)根的不同情况,可以按如下对应关系给出微分方程(3)的解:

① 每一个实的单根 r,对应一个解:e^{rx}.

② 每一个 k 重实根 r,对应 k 个线性无关的解:$\mathrm{e}^{rx},x\mathrm{e}^{rx},x^2\mathrm{e}^{rx},\cdots,x^{k-1}\mathrm{e}^{rx}$.

③ 每一对复共轭单根 $\alpha\pm\mathrm{i}\beta$(n 次代数方程的复根必共轭成对出现),对应两个线性无关的解:$\mathrm{e}^{\alpha x}\cos\beta x,\mathrm{e}^{\alpha x}\sin\beta x$.

④ 每一对 k 重复共轭根 $\alpha\pm\mathrm{i}\beta$,对应 $2k$ 个线性无关的解:

$$\mathrm{e}^{\alpha}\cos\beta x,x\mathrm{e}^{\alpha x}\cos\beta x,x^2\mathrm{e}^{\alpha x}\cos\beta x,\cdots,x^{k-1}\mathrm{e}^{\alpha x}\cos\beta x,$$
$$\mathrm{e}^{\alpha}\sin\beta x,x\mathrm{e}^{\alpha x}\sin\beta x,x^2\mathrm{e}^{\alpha x}\sin\beta x,\cdots,x^{k-1}\mathrm{e}^{\alpha x}\sin\beta x.$$

从代数学知道,n 次代数方程所有的实根与复根共 n 个(k 重根算作 k 个),于是按上述方法总共对应微分方程(3)的 n 个线性无关的解.由这 n 个解,就可以得到方程(3)的通解的表达式.

例 4 求微分方程 $y^{(5)}+2y'''+y'=0$ 的通解.

解 所给微分方程的特征方程为

$$r^5+2r^3+r=0,$$

即

$$r(r^2+1)^2=0.$$

它有一个单根 $r=0$,对应的一个解为

$$\mathrm{e}^{0x}=1;$$

它还有一对二重复根 $r=\pm\mathrm{i}$,对应的四个解为

$$\cos x,x\cos x,\sin x,x\sin x.$$

所以,得到该微分方程的通解为

$$y=C_1+(C_2+C_3x)\cos x+(C_4+C_5x)\sin x.$$

9.5.2 二阶常系数非齐次线性微分方程

下面讨论求二阶常系数非齐次线性微分方程

$$y''+py'+qy=f(x) \tag{5}$$

的求解问题. 根据线性微分方程解的结构可知，为了求出非齐次方程(5)的通解，需要求出方程(5)本身的一个特解以及它对应的齐次方程

$$y''+py'+qy=0 \tag{6}$$

的通解. 由于常系数线性齐次方程的通解在前面已经解决，所以这里只需讨论求非齐次线性微分方程(5)一个特解 y^* 的方法. 下面只介绍方程(5)中的 $f(x)$ 取两种常见形式时求 y^* 的方法. 这种方法的特点是用比较多项式系数的代数方法求 y^*，又叫做待定系数法. $f(x)$的两种常见形式是：

① $f(x)=P_m(x)e^{\lambda x}$，其中 λ 是常数，$P_m(x)$是 x 的一个 m 次多项式；

② $f(x)=e^{\alpha x}[P_l(x)\cos\beta x+P_n(x)\sin\beta x]$，其中 α,β 是常数，$P_l(x)$，$P_n(x)$分别是 x 的 l 次和 n 次多项式，$P_n(x)$与 $P_l(x)$中有一个可以为零.

1) $f(x)=P_m(x)e^{\lambda x}$ 型

因为多项式与指数函数 $e^{\lambda x}$ 之乘积的一阶与二阶导数，仍是多项式与指数函数的乘积，所以微分方程(5)可能有如下形式的解：

$$y^*=Q(x)e^{\lambda x},$$

其中，$Q(x)$是一个多项式. 下面分析，该怎样选取适当的多项式 $Q(x)$才能使得 $y^*=Q(x)e^{\lambda x}$ 成为方程(5)的解. 为此，将

$$\begin{aligned} y^* &=Q(x)e^{\lambda x}, \\ y^{*\prime} &=e^{\lambda x}[Q'(x)+\lambda Q(x)], \\ y^{*\prime\prime} &=e^{\lambda x}[Q''(x)+2\lambda Q'(x)+\lambda^2 Q(x)] \end{aligned}$$

代入方程(5)并约去 $e^{\lambda x}$，得

$$Q''(x)+(2\lambda+p)Q'(x)+(\lambda^2+p\lambda+q)Q(x)=P_m(x). \tag{7}$$

① 如果 λ 不是齐次方程(6)的特征方程

$$r^2+pr+q=0$$

的根，即 $\lambda^2+p\lambda+q\neq 0$，则由式(7)可知，多项式 $Q(x)$与 $P_m(x)$的次数相同. 所以 $Q(x)$需要取为一个 m 次多项式：

$$Q_m(x)=b_0x^m+b_1x^{m-1}+\cdots+b_m,$$

其中，$b_0,b_1,\cdots,b_m$ 是待定系数. 将 $Q_m(x)$代入式(7)，比较两端 x 同次幂的系数，就可以得到以 $b_0,b_1,\cdots,b_m$ 为未知数的 $m+1$ 个方程的联立方程组. 从这个方程组可以确定这些系数 $b_i(i=0,1,\cdots,m)$，并得到所求得特解 $y^*=Q_m(x)e^{\lambda x}$.

② 如果 λ 是特征方程 $r^2+pr+q=0$ 的单根，则 $\lambda^2+p\lambda+q=0$，但

$$2\lambda+p\neq 0.$$

于是根据式(7)，$Q'(x)$必须是一个 m 次多项式. 从而可取

$$Q(x)=xQ_m(x),$$

代入式(7)后用同样的方法可以确定多项式 $Q_m(x)$.

③ 如果 λ 是特征方程 $r^2+pr+q=0$ 的二重根，则 $\lambda^2+p\lambda+q=0$，且

$$2\lambda+p=0.$$

那么由式(7)可知，$Q''(x)$必须是一个 m 次多项式. 从而可取

$$Q(x)=x^2Q_m(x),$$

代入式(7)后也用同样的方法可确定多项式 $Q_m(x)$.

综上所述，如果 $f(x)=P_m(x)e^{\lambda x}$，则二阶常系数非齐次线性微分方程(5)具有形如

$$y^*=x^kQ_m(x)e^{\lambda x}$$

的解，其中，$Q_m(x)$是与 $P_m(x)$同次(m 次)的多项式，k 按照 λ 不是特征方程的根、是特征方程的单根或者是特征方程的二重根依次取为 0,1 或 2.

例 5 求方程 $y''-2y'-3y=3x+1$ 的通解.

解 所给方程对应的齐次方程为

$$y''-2y'-3y=0,$$

它的特征方程

$$r^2-2r-3=0$$

有两个不同的实根 $r_1=3, r_2=-1$，于是该齐次方程的通解为

$$y=C_1e^{3x}+C_2e^{-x}.$$

由于所给方程中 $f(x)=3x+1=e^{0x}(3x+1)$为 $P_m(x)e^{\lambda x}$ 型，其中 $P_m(x)$是一个一次多项式，$\lambda=0$ 不是特征方程的根，所以设特解

$$y^*=(b_0x+b_1)e^{0x}=b_0x+b_1.$$

代入所给方程，得

$$-3b_0x-3b_1-2b_0=3x+1.$$

比较等式两端 x 同次幂的系数，得

$$\begin{cases}-3b_0=3,\\-3b_1-2b_0=1,\end{cases}$$

解得

$$b_0=-1,\ b_1=\frac{1}{3}.$$

于是求得所给方程的一个特解为

$$y^*=-x+\frac{1}{3},$$

从而所求的通解为

$$y=C_1\mathrm{e}^{3x}+C_2\mathrm{e}^{-x}-x+\frac{1}{3}.$$

例 6　求方程 $y''-5y'+6y=x\mathrm{e}^{2x}$ 的通解.

解　对应齐次方程的特征方程为

$$r^2-5r+6=0,$$

它有两个不同的根 $r_1=2,r_2=3$,于是求得齐次方程的通解为

$$y=C_1\mathrm{e}^{2x}+C_2\mathrm{e}^{3x}.$$

由于所给非齐次方程右端的函数 $f(x)$ 中的 $P_m(x)$ 是一个一次多项式,$\lambda=2$ 是特征方程的单根,所以设特解

$$y^*=x(b_0x+b_1)\mathrm{e}^{2x}.$$

代入所给方程,得

$$-2b_0x+2b_0-b_1=x.$$

比较等式两端 x 同次幂的系数,得

$$\begin{cases}-2b_0=1,\\ 2b_0-b_1=0,\end{cases}$$

解得

$$b_0=-\frac{1}{2},\ b_1=-1.$$

于是求得所给方程的一个特解为

$$y^*=x\left(-\frac{1}{2}x-1\right)\mathrm{e}^{2x},$$

从而所求的通解为

$$y=C_1\mathrm{e}^{2x}+C_2\mathrm{e}^{3x}-\frac{1}{2}(x^2+2x)\mathrm{e}^{2x}.$$

例 7　求方程 $y''+y'-2y=(x-2)\mathrm{e}^{5x}+(x^3-2x+3)\mathrm{e}^{-x}$ 的通解.

解　因为对应齐次方程的特征方程 $r^2+r-2=0$ 的根为 $r_1=-2,r_2=1$,所以相应的齐次方程的通解为

$$y=C_1\mathrm{e}^{-2x}+C_2\mathrm{e}^{x}.$$

下面来求所给非齐次方程的特解 y^*.由于方程右端的自由项 $f(x)$ 写成了两个函数 $f_1(x)$ 与 $f_2(x)$ 之和,其中

$$f_1(x)=(x-2)\mathrm{e}^{5x},$$
$$f_2(x)=(x^3-2x+3)\mathrm{e}^{-x}.$$

所以可以利用 9.4 中的定理 4,将要求解的方程分成以下两个方程来考虑:

① $y''+y'-2y=(x-2)\mathrm{e}^{5x}$;

② $y''+y'-2y=(x^3-2x+3)\mathrm{e}^{-x}$.

先求方程①的特解. 因为右端函数中的多项式为一次，$\lambda=5$ 不是特征方程的根，所以可设它的解 y_1^* 的形式为

$$y_1^*=(b_0x+b_1)e^{5x}.$$

代入方程①，得

$$11b_0+28(b_0x+b_1)=x-2.$$

由此可确定出

$$b_0=\frac{1}{28},\ b_1=-\frac{67}{784},$$

于是方程①有特解

$$y_1^*=\left(\frac{1}{28}x-\frac{67}{784}\right)e^{5x}.$$

再求方程②的特解. 因为右端函数中的多项式为三次，$\lambda=-1$ 也不是特征方程的根，所以可设它的解 y_2^* 的形式为

$$y_2^*=(d_0x^3+d_1x^2+d_2x+d_3)e^{-x}.$$

代入方程②，得

$$6d_0x+2d_1-(3d_0x^2+2d_1x+d_2)-2(d_0x^3+d_1x^2+d_2x+d_3)=x^3-2x+3.$$

比较两端多项式的系数，可得

$$d_0=-\frac{1}{2},\ d_1=\frac{3}{4},\ d_2=-\frac{5}{4},\ d_3=-\frac{1}{8}.$$

于是得到方程②的一个特解为

$$y_2^*=\left(-\frac{1}{2}x^3+\frac{3}{4}x^2-\frac{5}{4}x-\frac{1}{8}\right)e^{-x}.$$

然后利用 y_1^*，y_2^* 相加就得到原方程有一个特解：

$$y^*=y_1^*+y_2^*=\left(\frac{1}{28}x-\frac{67}{784}\right)e^{5x}+\left(-\frac{1}{2}x^3+\frac{3}{4}x^2-\frac{5}{4}x-\frac{1}{8}\right)e^{-x},$$

从而所给方程的通解为

$$y=C_1e^{-2x}+C_2e^{x}+\left(\frac{1}{28}x-\frac{67}{784}\right)e^{5x}+\left(-\frac{1}{2}x^3+\frac{3}{4}x^2-\frac{5}{4}x-\frac{1}{8}\right)e^{-x}.$$

2) $f(x)=e^{\alpha x}[P_l(x)\cos\beta x+P_n(x)\sin\beta x]$型

在这种情形下，二阶常系数非齐次线性微分方程的特解的形式可取为

$$y^*=x^k\cdot e^{\alpha x}[Q_m^{(1)}(x)\cos\beta x+Q_m^{(1)}(x)\sin\beta x],$$

其中，$Q_m^{(1)}(x)$与$Q_m^{(2)}(x)$都是 m 次的待定系数的多项式，次数 m 等于 $f(x)$中两个多项式的次数 l 和 n 中较大的一个，即 $m=\max\{l,n\}$；k 按照 $\alpha\pm i\beta$ 不是特征方程的根、是特征方程的根分别取为 0,1.

确定好非齐次方程的特解形式后，再将它代入方程，采用比较系数法就可以确定多项式 $Q_m^{(1)}(x)$与 $Q_m^{(2)}(x)$，从而得到非齐次方程的一个特解.

这里略去了二阶常系数非齐次线性微分方程的特解形式的推导，具体过程请读者自行完成或参阅相关参考文献.

例 8 求方程 $y''+3y'+2y=e^{-x}\sin x$ 的通解.

解 对应齐次方程的特征方程为

$$r^2+3r+2=0,$$

其特征根为

$$r_1=-1,\ r_2=-2,$$

故相应的齐次方程的通解为

$$\bar{y}=C_1e^{-x}+C_2e^{-2x}.$$

所给非齐次方程的自由项

$$f(x)=e^{-x}\sin x=e^{-x}(0\cdot\cos x+1\cdot\sin x),$$

这里 $m=\max\{0,0\}=0$，$\alpha\pm i\beta=-1\pm i$ 不是特征根，所以可设

$$y^*=(a\cos x+b\sin x)e^{-x},$$

则有

$$y^{*\prime}=e^{-x}[(b-a)\cos x-(a+b)\sin x],$$
$$y^{*\prime\prime}=e^{-x}(-2b\cos x+2a\sin x).$$

代入原微分方程，可得

$$(b-a)\cos x-(a+b+1)\sin x=0,$$

于是

$$b-a=0,\ a+b+1=0.$$

解得

$$a=b=-\frac{1}{2},$$

因此所给方程的一个特解为

$$y^*=-\frac{1}{2}e^{-x}(\cos x+\sin x),$$

从而所求的通解为

$$y=C_1e^{-x}+C_2e^{-2x}-\frac{1}{2}e^{-x}(\cos x+\sin x).$$

*9.5.3 振动方程

作为应用举例，下面来讨论曾在 9.4 建立的弹簧振动满足的微分方程(见 9.4 例 1)：无阻尼自由振动方程、有阻尼自由振动方程及强迫振动方程. 它们都是常系数线性微分方程，所以能够利用前面介绍的方法求得它们的解，从而可以分析物体振动的运动规律.

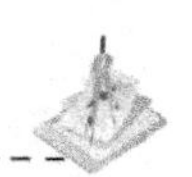

1）无阻尼自由振动方程

无阻尼自由振动方程

$$\frac{d^2x}{dt^2}+k^2x=0 \tag{8}$$

是一个二阶常系数线性齐次微分方程．其特征方程 $r^2+k^2=0$ 有一对共轭复根 $r=\pm ki$，所以它的通解是

$$x=C_1\cos kt+C_2\sin kt. \tag{9}$$

令

$$\sqrt{C_1^2+C_2^2}=A,\ \frac{C_1}{\sqrt{C_1^2+C_2^2}}=\sin\delta,\ \frac{C_2}{\sqrt{C_1^2+C_2^2}}=\cos\delta,$$

则式(9)又可写成

$$x=A\sin(kt+\delta). \tag{10}$$

由此可见，在不受到介质阻力的情况下，物体离开平衡点的位移按时间 t 的正弦函数呈周期变化，这种运动就是物体的简谐振动．该振动的振幅为 A，角频率为 k．由于 $k=\sqrt{\frac{c}{m}}$（见 9.4 例 1），它只与物体的质量 m 及弹簧的弹性系数 c 有关，从而完全由振动系统本身所确定．因此，k 又叫做系统的固有频率．

2）有阻尼自由振动方程

有阻尼自由振动方程

$$\frac{d^2x}{dt^2}+2n\frac{dx}{dt}+k^2x=0, \tag{11}$$

它仍是一个常系数齐次线性方程，其特征方程 $r^2+2nr+k^2=0$ 的两个根是

$$r_1=-n+\sqrt{n^2-k^2},\ r_2=-n-\sqrt{n^2-k^2}.$$

(1) 小阻尼情形：$n<k$．

此时，特征方程的根 r_1，r_2 是一对共轭复根

$$r_1=-n+i\omega,\ r_2=-n-i\omega,$$

其中，$\omega=\sqrt{k^2-n^2}$，从而微分方程(11)的通解为

$$x=e^{-nt}(C_1\cos\omega t+C_2\sin\omega t). \tag{12}$$

令

$$\sqrt{C_1^2+C_2^2}=A,\ \frac{C_1}{\sqrt{C_1^2+C_2^2}}=\sin\delta,\ \frac{C_2}{\sqrt{C_1^2+C_2^2}}=\cos\delta,$$

则式(12)可写成

$$x=Ae^{-nt}\sin(\omega t+\delta). \tag{13}$$

函数(13)的图形如图 9-4 所示．这表明，当介质的阻力作用较小时，物体也做往复振动．但是因为振幅 $Ae^{-\beta t}$ 随时间 t 的增加而逐渐趋于零，所以物体随时间增

加而逐渐回到平衡位置.

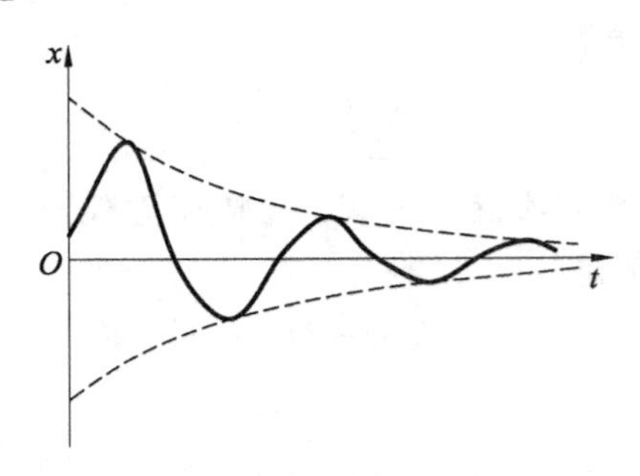

图 9-4

(2) 大阻尼情形：$n>k$.

此时，特征方程的根是两个不同的负实根

$$r_1=-n+\sqrt{n^2-k^2},\ r_2=-n-\sqrt{n^2-k^2},$$

从而微分方程(11)的通解是

$$x=C_1\mathrm{e}^{-r_1t}+C_2\mathrm{e}^{-r_2t}. \tag{14}$$

从式(14)看出，使 $x=0$ 的 t 值最多只有一个，即物体最多越过平衡点的位置一次，因此物体的运动不再有振动现象. 又当 $t\to+\infty$ 时，$x\to0$，所以物体随时间增加也逐渐回到平衡位置. 函数(14)的图形如图 9-5a 或9-5b所示（图形与方程的初始条件有关，读者可针对不同的初始条件自行分析）.

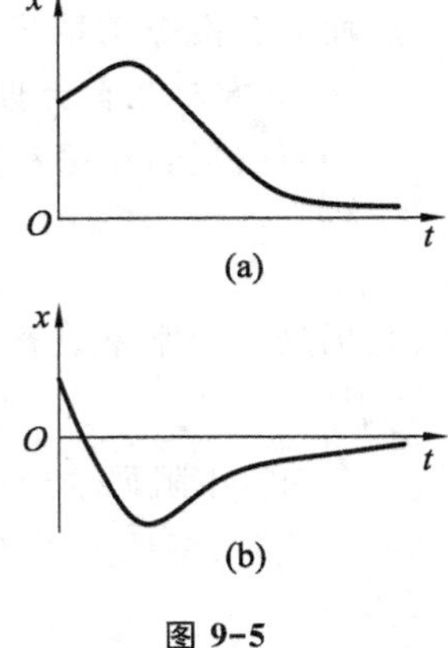

图 9-5

(3) 临界阻尼情形：$n=k$.

此时，特征方程的根 $r_1=r_2=-n$ 是两个相等的实根，所以微分方程(11)的通解是

$$x=\mathrm{e}^{-nt}(C_1+C_2t). \tag{15}$$

从式(15)看出，在临界阻尼的情形，使 $x=0$ 的 t 值也最多只有一个，所以系统也没有振动现象. 但当 $t\to+\infty$ 时，

$$\mathrm{e}^{-nt}(C_1+C_2t)\to0,$$

所以物体也逐渐回到平衡位置. 函数(14)的图形请读者自行绘出.

3) 强迫振动方程

强迫振动方程为

$$\frac{\mathrm{d}^2x}{\mathrm{d}t^2}+2n\frac{\mathrm{d}x}{\mathrm{d}t}+k^2x=h\sin pt. \tag{16}$$

为简单起见，这里只讨论无阻尼强迫振动的情形，即假设 $n=0$，而讨论如下方程

$$\frac{d^2x}{dt^2}+k^2x=h\sin pt. \tag{17}$$

这是一个二阶常系数非齐次线性微分方程，它对应的齐次方程就是在1)中已经讨论过的无阻尼自由振动方程(8)，其特征方程的根为一对共轭复根 $r=\pm ki$，其通解是

$$x=C_1\cos kt+C_2\sin kt=A\sin(kt+\delta).$$

下面来求非齐次方程(17)的一个特解. 将方程(17)的右端函数

$$f(t)=h\sin pt \text{ 与 } f(t)=e^{\alpha t}[P_l(t)\cos\beta t+P_n(t)\sin\beta t]$$

相比较，有 $\alpha=0,\beta=p,P_l(t)=0,P_n(t)=h$.

① 如果 $p\neq k$，则 $\alpha\pm i\beta$ 不是特征方程的根，故设

$$x^*=a\cos pt+b\sin pt.$$

代入方程(17)求得 $a=0,b=\frac{h}{k^2-p^2}$，于是

$$x^*=\frac{h}{k^2-p^2}\sin pt.$$

从而当 $p\neq k$ 时，微分方程(17)的通解为

$$x=A\sin(kt+\delta)+\frac{h}{k^2-p^2}\sin t. \tag{18}$$

式(18)表明，物体的运动由两部分组成，这两部分都是简谐振动. 式(18)的第一项表示自由振动，第二项表示的振动叫做强迫振动. 强迫振动是由系统受到的外力引起的，它的角频率即外力的角频率 p；当外力的角频率 p 与系统的固有频率 k 很接近时，它的振幅 $\left|\frac{h}{k^2-p^2}\right|$ 会很大.

② 如果 $p=k$，则 $\alpha\pm i\beta=\pm ip$ 是特征方程的根，故设

$$x^*=t(a\cos kt+b\sin kt).$$

代入方程(17)求得 $a=-\frac{h}{2k},b=0$，于是

$$x^*=-\frac{h}{2k}t\cos kt.$$

从而当 $p=k$ 时，微分方程(17)的通解为

$$x=A\sin(kt+\delta)-\frac{h}{2k}t\cos kt. \tag{19}$$

式(19)右端第二项表明，强迫振动的振幅 $\frac{h}{2k}t$ 随时间 t 的增加而无限增大. 这就发生所谓共振现象.

根据上述①、②讨论的结果，为了避免共振现象，应使外力的角频率 p 不要接近系统的固有频率 k；反之，如果要利用共振现象，则应使 $p=k$ 或使 p 与 k 尽量接近.

习题 9-5

1. 求下列微分方程的通解：

(1) $y''+6y'+5y=0$；　(2) $y''-4y=0$；

(3) $y''+4y'+4y=0$；　(4) $y''+2y'+5y=0$；

(5) $y''+9y=0$；　(6) $y^{(4)}-5y''+4y=0$.

2. 求下列微分方程满足初始条件的特解

(1) $y''-6y'+8y=0, y(0)=1, y'(0)=6$；　(2) $y''-6y'+9y=0, y(0)=1, y'(0)=2$；

(3) $y''+6y'+13y=0, y(0)=3, y'(0)=-1$.

3. 方程 $y''+9y=0$ 的一条积分曲线通过点$(\pi,-1)$，且在该点和直线 $y+1=x-\pi$ 相切，求此曲线.

4. 写出下列微分方程的特解形式：

(1) $y''+3y'+2y=(x+1)e^{x}$；　(2) $y''+3y'-4y=(2x^{2}+1)e^{x}$；

(3) $y''-4y'+4y=(3x+1)e^{2x}$；　(4) $y''-2y'+4y=e^{2x}(x\cos x+\sin x)$；

(5) $y''-2y'+5y=xe^{x}\sin 2x$.

5. 求下列微分方程的通解或满足初始条件的特解：

(1) $y''-2y'=x+2, y(0)=0, y'(0)=1$；　(2) $y''+3y'+2y=3xe^{-x}$；

(3) $y''-3y'+2y=5, y(0)=1, y'(0)=2$；　(4) $y''+y+\sin 2x=0, y(\pi)=y'(\pi)=1$；

(5) $y''+y=4\sin x$；　(6) $y''+y=e^{x}+\cos x$.

6. 已知 $f(0)=0, f'(x)=1+\int_{0}^{x}[3e^{t}-f(t)]dt$，求函数 $f(x)$.

7. 设函数 $\varphi(x)$ 连续，且满足 $\varphi(x)=e^{x}+\int_{0}^{x}t\varphi(t)dt-x\int_{0}^{x}\varphi(t)dt$，求 $\varphi(x)$.

8. 已知方程 $y''-5y'+6y=f(x)$，当 $f(x)=1, x, e^{x}$ 时，分别有特解$\frac{1}{6}$，$\frac{1}{6}x+\frac{5}{36}$，$\frac{1}{2}e^{x}$，求 $y''-5y'+6y=2-12x+6e^{x}$ 的通解.

本章小结

1. 主要内容

本章主要介绍微分方程的基本概念、一些主要类型的微分方程及其求解方法.

(1) 微分方程的基本概念：微分方程、微分方程的阶、微分方程的解、微分方程的特解、微分方程的通解、微分方程的初始条件.

(2) 常见的几类一阶微分方程及其求解方法：

① 可分离变量方程. 分离变量后得 $g(y)dy=f(x)dx$，两端积分即可求得通解.

② 齐次方程$\frac{\mathrm{d}y}{\mathrm{d}x}=f\left(\frac{y}{x}\right)$. 通过变量代换 $u=\frac{y}{x}$可将其化为可分离变量方程.

③ 一阶线性方程. 对一阶齐次线性微分方程$\frac{\mathrm{d}y}{\mathrm{d}x}+P(x)y=0$,可分离变量进行求解;对一阶非齐次线性微分方程$\frac{\mathrm{d}y}{\mathrm{d}x}+P(x)y=Q(x)$,求解时可利用常数变易法或通解公式

$$y=\mathrm{e}^{-\int P(x)\mathrm{d}x}\left(\int Q(x)\mathrm{e}^{\int P(x)\mathrm{d}x}\mathrm{d}x+C\right).$$

④ 伯努利方程$\frac{\mathrm{d}y}{\mathrm{d}x}+P(x)y=Q(x)y^n\ (n\neq 0,1)$. 利用变量代换 $z=y^{1-n}$可将其化为一阶线性方程.

(3) 可降阶的三类高阶微分方程: $y^{(n)}=f(x)$型, $y''=f(x,y')$型, $y''=f(y,y')$型. 利用变量代换可将它们化为一阶微分方程进行求解.

(4) 高阶线性微分方程的解的性质与解的结构. 二阶齐次线性微分方程的通解可以表示为 $y=C_1y_1(x)+C_2y_2(x)$,其中, $y_1(x)$与 $y_2(x)$为两个线性无关的特解. 非齐次线性方程的通解可以表示为 $y(x)=Y(x)+y^*(x)$,其中, $Y(x)$为所对应的齐次方程的通解, $y^*(x)$为非齐次方程的特解.

(5) 二阶常系数齐次线性微分方程 $y''+py'+qy=0$ 的通解的求法:

① 写出微分方程相应的特征方程

$$r^2+pr+q=0.$$

② 求出特征方程的两个根 r_1,r_2.

③ 根据特征方程的两个根的不同情形,按照下列表格写出微分方程的通解.

特征方程 $r^2+pr+q=0$ 的两个根 r_1,r_2	微分方程 $y''+py'+qy=0$ 的通解
两个不相等的实根 r_1,r_2	$y=C_1\mathrm{e}^{r_1x}+C_2\mathrm{e}^{r_2x}$
两个相等的实根 $r_1=r_2$,记为 r	$y=(C_1+C_2x)\mathrm{e}^{rx}$
一对共轭复根 $r_{1,2}=\alpha\pm \mathrm{i}\beta$	$y=\mathrm{e}^{\alpha x}(C_1\cos\beta x+C_2\sin\beta x)$

(6) 自由项为两种常见类型时二阶常系数非齐次线性微分方程的通解的求法:

① 求出所对应的齐次微分方程相应的通解 $Y(x)$.

② 求出非齐次方程的一个特解 $y^*(x)$.

如果右端自由项 $f(x)=P_m(x)\mathrm{e}^{\lambda x}$,则可求得特解

$$y^*=x^kQ_m(x)\mathrm{e}^{\lambda x},$$

其中, $Q_m(x)$是与 $P_m(x)$同次的多项式, k 按照 λ 不是特征方程的根、是特征方程的单根或者是特征方程的二重根依次取为 0,1 或 2.

如果 $f(x)=\mathrm{e}^{\alpha x}[P_l(x)\cos\beta x+P_n(x)\sin\beta x]$，则可求得特解

$$y^*=x^k\cdot\mathrm{e}^{\alpha x}[Q_m^{(1)}(x)\cos\beta x+Q_m^{(2)}(x)\sin\beta x],$$

其中，$Q_m^{(1)}(x)$ 与 $Q_m^{(2)}(x)$ 都是 m 次多项式，$m=\max\{l,n\}$；k 按照 $\alpha\pm\mathrm{i}\beta$ 不是特征方程的根、是特征方程的根分别取为 0，1.

③ 非齐次方程的通解为 $y=Y(x)+y^*(x)$.

*(7) 高阶线性微分方程的应用举例：振动方程.

2. 基本要求

(1) 理解解微分方程、微分方程的阶、微分方程的解、微分方程的通解、微分方程的特解、微分方程的初始条件等概念.

(2) 掌握变量可分离的方程及一阶线性方程的解法.

(3) 会求解齐次方程和伯努利(Bernoulli)方程，并从中领会变量代换法求解方程的思想.

(4) 会用降阶法解下列类型的方程：$y^{(n)}=f(x)$，$y''=f(x,y')$ 和 $y''=f(y,y')$.

(5) 理解二阶线性微分方程解的性质与解的结构.

(6) 掌握二阶常系数齐次线性微分方程的解法，并了解高阶常系数齐次线性微分方程的解法.

(7) 掌握自由项为 $P_m(x)\mathrm{e}^{\lambda x}$ 或 $\mathrm{e}^{\alpha x}[P_l(x)\cos\beta x+P_n(x)\sin\beta x]$ 的二阶常系数非齐次线性微分方程的特解的求法.

(8) 会用微分方程解一些简单的几何和物理问题.

本章重要概念英文词汇

(1) 微分方程	differential equation
(2) 可分离变量的	separable
(3) 一阶线性微分方程	first-order linear differential equation
(4) 二阶线性微分方程	second-order linear differential equation
(5) 齐次方程	homogeneous equation
(6) 非齐次方程	non-homogeneous equation
(7) 差分方程	difference equation
(8) 通解	general solution

自我检测题 9

1. 求下列微分方程的通解或满足初始条件的解：

(1) $\sqrt{1-y^2}\,\mathrm{d}x+y\sqrt{1-x^2}\,\mathrm{d}y=0$；

(2) $\dfrac{\mathrm{d}y}{\mathrm{d}x}=\dfrac{y}{x-\sqrt{xy}}$, $y(1)=1$；

(3) $x\dfrac{\mathrm{d}y}{\mathrm{d}x}+(1+x)y=3x^2\mathrm{e}^{-x}$, $y(1)=\dfrac{2}{\mathrm{e}}$；

(4) $\dfrac{\mathrm{d}y}{\mathrm{d}x}=\dfrac{y}{x}+\dfrac{y^2}{x^3}$；

(5) $y'=xy''+(y'')^2$；

(6) $y''=2yy'$, $y(0)=1$, $y'(0)=2$.

2. 已知可微函数 $f(x)$ 满足关系式

$$\int_1^x \frac{f(t)}{f^2(t)+t}\mathrm{d}t = f(x)-1,$$

求函数 $f(x)$ 的表达式.

3. 求下列微分方程的通解或满足初始条件的解：

(1) $y''-y'-6y=0$, $y(0)=1$, $y'(0)=-1$；

(2) $y''+6y'+9y=0$；

(3) $y''-a^2y=x+1$；

(4) $y''-2y'+y=x\mathrm{e}^x$, $y(0)=y'(0)=0$；

(5) $y''+4y=\cos 2x$；

(6) $y''-2y'+2y=4\mathrm{e}^x\cos x$.

复 习 题 9

1. 填空.

(1) $3xy'''+2x(y')^2+5x^4y=x^4+\sin x$ 是________阶微分方程.

(2) 设一阶线性微分方程为 $y'+P(x)y=Q(x)$，则

① 当 $Q(x)=0$ 时，它的通解是______________；

② 当 $Q(x)\neq 0$ 时，它的通解是______________.

(3) 设二阶线性微分方程 $y''+P(x)y'+Q(x)y=f(x)$（$f(x)$不恒为零）有两个解 $y_1(x)$，$y_2(x)$，若 $\alpha_1y_1(x)+\alpha_2y_2(x)$ 也是该方程的解，那么 $\alpha_1+\alpha_2=$__________.

(4) 已知 $y=1$，$y=x$，$y=x^2$ 是某二阶非齐次线性微分方程的三个解，则该方程的通解是__________.

2. 求下列微分方程的通解：

(1) $y\mathrm{d}x-x\mathrm{d}y=x^2y\mathrm{d}y$；

(2) $xy'+y=2\sqrt{xy}$；

(3) $(\mathrm{e}^{x+y}-\mathrm{e}^x)\mathrm{d}x+(\mathrm{e}^{x+y}+\mathrm{e}^y)\mathrm{d}y=0$；

(4) $y\sin x+\cos x\dfrac{\mathrm{d}y}{\mathrm{d}x}=1$；

(5) $(x-2)\dfrac{\mathrm{d}y}{\mathrm{d}x}-y=2(x-2)^3$；

(6) $y'+f'(x)y=f(x)f'(x)$；

(7) $xy'+y=y(\ln x+\ln y)$；

(8) $\dfrac{\mathrm{d}y}{\mathrm{d}x}+xy-x^3y^3=0$；

(9) $yy''-(y')^2-y^2y'=0$；

(10) $y'''+y''-2y'=x(\mathrm{e}^x+4)$；

(11) $y''+2y'+5y=\sin 2x$；

(12) $y''-4y'+4y=\mathrm{e}^x+\mathrm{e}^{2x}+1$.

3. 求下列微分方程满足所给初始条件的特解：

(1) $y^3\mathrm{d}x+2(x^2-xy^2)\mathrm{d}y=0, y(1)=1$；

(2) $y''-3y'+2y=\mathrm{e}^{3t}, y(0)=1, y'(0)=0$；

(3) $2y''-\sin 2y=0, x=0, y(0)=\frac{\pi}{2}, y'(0)=1$；

(4) $y''+2y'+y=\cos x, x=0, y(0)=0, y'(0)=\frac{3}{2}$.

4. 设可微函数 $f(x)$满足

$$f(x)\cos x+2\int_0^x f(t)\sin t\mathrm{d}t = x+1,$$

求 $f(x)$的表达式.

5. 设一质量为 m 的物体，在空气中由静止开始下落. 如果空气阻力为 $R=kv$(k 为常数，v 为物体的运动速度)，试求物体的下落距离 s 与时间 t 的函数关系.

6. 设 $y_1(x), y_2(x)$是二阶齐次线性方程 $y''+p(x)y'+q(x)y=0$ 的两个解，令

$$W(x)=y_1(x)y_2'(x)-y_1'(x)y_2(x),$$

证明：(1) $W(x)$ 满足方程 $W'+p(x)W=0$；(2) $W(x)=W(x_0)\mathrm{e}^{-\int_{x_0}^{x}p(x)\mathrm{d}x}$.

数学家简介

欧 拉

——数学家之英雄

欧拉(Euler),1707年4月15日生于瑞士巴塞尔,1783年9月18日卒于俄国圣彼得堡,他是18世纪最杰出的数学家和物理学家之一.

欧拉出生于牧师家庭,自幼聪敏,并受他父亲的影响而酷爱数学.1720年秋,年仅13岁的欧拉入读巴塞尔大学,当时著名的数学家约翰·伯努利(Johann Bernoulli)任该校数学教授,他每天讲授基础数学课程,同时还给少数高材生开设更高深的数学、物理学讲座,欧拉便是约翰·伯努利最忠实的听众.他勤奋地学习所有的科目,但仍不满足.欧拉后来在自转中写道:“不久,我找到了一个把自己介绍给著名的约翰·伯努利教授的机会……他确实太忙了,因此断然拒绝给我单独授课.但是,他给了我许多更加宝贵的忠告,使我开始独立学习更困难的数学著作,尽我所能努力去研究它们.如果我遇到什么障碍和困难,他允许我每星期六下午自由地去找他,他总是和蔼地为我解答一切疑难……无疑,这是在数学学科上获得成功的最好方法.”勤奋努力的欧拉15岁就获得了巴塞尔大学的学士学位,16岁获得该校的哲学硕士学位.1723年秋,为了满足他父亲的愿望,欧拉又入读该校的神学系,但他在神学和希腊语等方面的学习并不成功,两年后,他彻底放弃了当牧师的想法.

欧拉18岁开始了数学生涯.翌年,他就因研究巴黎科学院当年的有奖征文课题而获得荣誉提名.从1738至1772年,欧拉共获得过12次巴黎科学院奖金.

在瑞士,当时青年数学家的工作条件非常艰苦,而俄国新组建的圣彼得堡科学院正在网罗人才,欧拉接受了圣彼得堡科学院的邀请,于1727年4月5日告别了家乡,5月24日抵达了圣彼得堡.从那时起,欧拉的一生与他的科学工作都紧密地同圣彼得堡科学院和俄国联系在一起.他再也没有回过瑞士,但是,出于对祖国的深厚感情,欧拉始终保留了他的瑞士国籍.

在圣彼得堡的头14年里,欧拉以无可匹敌的工作效率在数学和力学等领域取得了许多辉煌的发现,研究硕果累累,声望与日俱增,赢得了各国科学家的尊敬.1738年,由于过度劳累,欧拉在一场疾病之后右眼失明,但他仍旧坚忍不拔地工作.1740年末,因俄国局势不稳,欧拉应邀前往柏林科学院工作,担任科学院数学部主任和院务委员等职,但在此期间,欧拉一直保留圣彼得堡科学院院士资格并领取年俸.1765年,欧拉重返圣彼得堡科学院.1766年,欧拉的左眼也失明了.但双目失明的科学老人依然奋斗不止,他的论著几乎有一半是1765年以后出版的.

欧拉是18世纪数学界的中心人物，他是继牛顿之后最杰出的数学家之一.欧拉的研究领域遍及力学、天文学、物理学、航海学、地理学、大地测量学、流体力学、弹道学、保险业和人口统计学等方面.但在欧拉的全部科学贡献中，其数学成就占据最突出的地位.欧拉是数学界最多产的科学家，一生共发表论文和专著500多种，到他逝世时，还有400种未发表的手稿.1909年瑞士科学院开始出版《欧拉全集》，共74卷，到20世纪的80年代还未出齐.

欧拉的多产还得益于他非凡的记忆力和心算能力.他70岁时还能准确地回忆起自己年轻时读过的荷马史诗《伊利亚特》每页的头行和末行，也能够背诵出当时数学领域的主要公式.有一个例子足以说明欧拉的心算本领：他的两个学生把一个颇为复杂的收敛级数的17项相加起来，算到第50位数字时因相差一个单位而产生了争执.为了确定谁正确，欧拉对整个计算过程仅凭心算即判明了他们的正误.1771年，一场无情的大火曾把欧拉的大部分藏书和手稿焚为灰烬，但晚年的欧拉凭借其非凡的毅力、超人的才智、惊人的记忆和心算能力，以由他口授、儿女笔录的形式进行着特殊的科学研究工作.

欧拉的著述浩瀚，不仅包含科学创见，而且富有科学思想，他给后人留下了极其丰富的科学遗产和为科学献身的精神.历史学家把欧拉同阿基米德、牛顿、高斯并列为数学史上的“四杰”.如今，在数学的许多分支中经常可以看到以他的名字命名的重要常数、公式和定理.

10　向量代数与空间解析几何

解析几何是研究"形""数"关系的一门数学学科.在中学数学中,已经学习过平面解析几何.平面解析几何建立在平面直角坐标系的基础上,把平面上的点与一组有序的实数对应起来,并以此为基础,将平面上的直线和曲线与方程对应,这就是"形"与"数"的结合,从而可以用代数的方法研究几何问题,也可以利用几何图形解释数量关系研究中的一些现象.从前面几章的学习中可以感受到,平面解析几何的知识对学习一元函数微积分是必不可少的.同样,要学习多元函数微积分,则必须掌握空间解析几何知识,即要建立空间图形与数量之间的关系.

平面解析几何是以数量代数为工具研究几何问题,而空间解析几何中研究平面和空间直线的"形""数"关系时,则是以向量代数为工具来建立平面和空间直线方程的.

本章首先建立空间直角坐标系和介绍向量代数知识,然后以向量代数为工具讨论平面与空间直线、曲面与空间曲线.

10.1　空间直角坐标系

10.1.1　空间直角坐标系的建立

在中学数学中,为了用代数的方法研究平面上的几何问题,建立了一维坐标系(数轴)和二维(平面)直角坐标系.为了用代数方法研究空间图形,首先必须建立空间直角坐标系.空间直角坐标系是平面直角坐标系的自然拓展.

在空间中,作三条互相垂直且相交于点 O 的数轴 Ox,Oy 和 Oz,它们都具有相同的长度单位.它们的交点 O 称为坐标原点,这三条轴分别称为 x 轴(横轴)、y 轴(纵轴)与 z 轴(竖轴),统称为坐标轴(见图 10-1).三个轴的正向按右手规则确定,即以右手握住 z 轴,当右手四指从 x 轴正向以 $\frac{\pi}{2}$ 角度转向 y 轴正向时,右手大拇指的指向就是 z 轴的正向(见图 10-2).这样的三条坐标轴就组成了一个空间直角坐标系，记作 $O\text{-}xyz$.

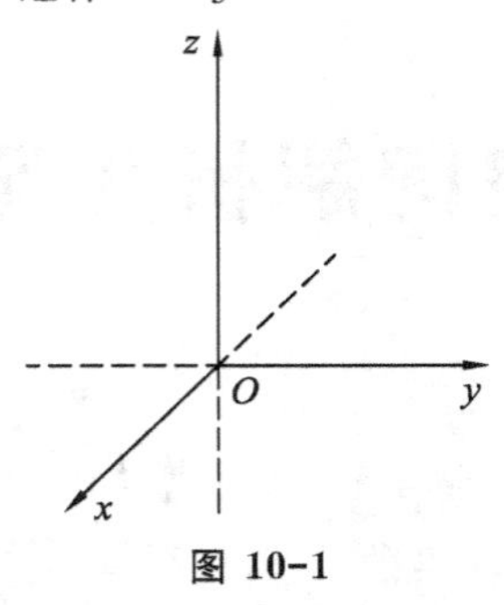

图 10-1

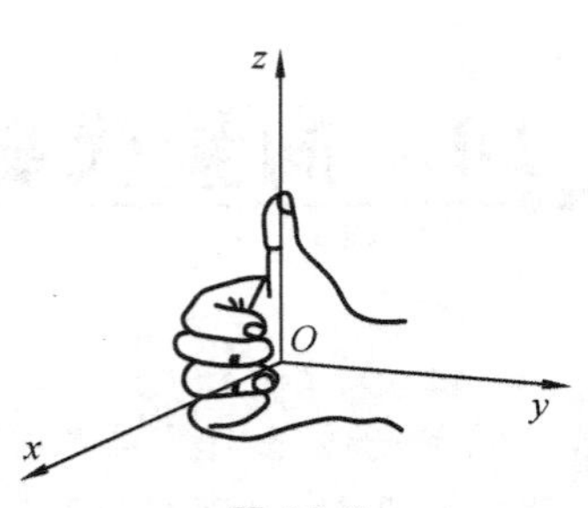

图 10-2

在空间直角坐标系中，任意两条坐标轴所确定的平面称为坐标面，显然有三个坐标面，分别称为 xOy 面、yOz 面和 xOz 面. 这三个坐标面把空间分成八个部分，每一部分称为一个卦限. 这八个卦限分别用字母 Ⅰ，Ⅱ，Ⅲ，Ⅳ，Ⅴ，Ⅵ，Ⅶ，Ⅷ表示(见图 10-3). 并规定Ⅰ，Ⅱ，Ⅲ，Ⅳ卦限在 xOy 面上方，含有 x 轴、y 轴、z 轴正半轴的那个卦限称为第Ⅰ卦限，其余依逆时针方向确定；Ⅴ，Ⅵ，Ⅶ，Ⅷ卦限在 xOy 面下方，与上面的四个卦限依次对应.

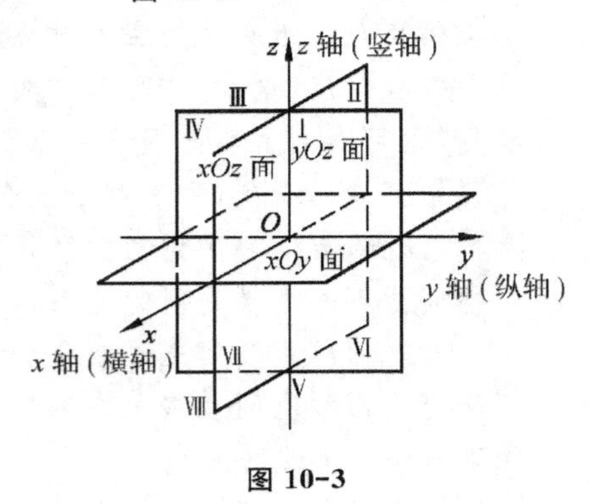

图 10-3

10.1.2　空间点的直角坐标

设 P 为空间直角坐标系中的任意一点，过点 P 分别作与 x 轴、y 轴和 z 轴垂直的平面，它们与三坐标轴的交点分别记作 P_x, P_y, P_z(见图 10-4). 这三个点在 x 轴、y 轴、z 轴上的坐标分别为 x, y, z，于是空间的点 P 就唯一确定了一个有序实数组 x, y, z.

反过来，任给一个有序数组 x, y, z，可以先分别在 x 轴、y 轴、z 轴上找到对应的点 P_x, P_y, P_z，然后过此三点分别作与 x 轴、y 轴、z 轴垂直的平面，这三个垂直平面必相交于唯一的一点 P(见图 10-4).

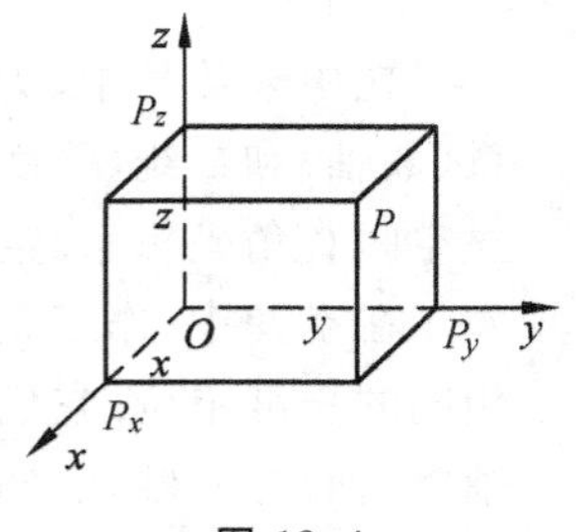

图 10-4

这样，通过直角坐标系就建立了空间的点 P 与一个有序数组 x, y, z 之间的一一对应关系. 这组有序实数 x, y, z 就称为空间点 P 的直角坐标，简称为 P 的坐标，通常记作 $P(x, y, z)$. x, y, z 分别称为点 P 的横坐标、纵坐标和竖坐标.

这样就建立了最基本的空间图形“点”与“数”(x, y, z)之间的关系，即给出空

间的点 P,就有一个有序数组(x,y,z)与之对应.例如,原点的坐标为 $O(0,0,0)$,三个坐标轴上正向单位点的坐标分别为$(1,0,0)$,$(0,1,0)$和$(0,0,1)$.坐标轴和坐标面上的点,其坐标也各有一定的特征:坐标轴上的点有两个坐标为零,如 x 轴上的点的坐标为$(x,0,0)$,有 $y=z=0$;坐标面上的点有一个坐标为零,如 yOz 面上点的坐标为$(0,y,z)$,有 $x=0$.反之,有两个坐标为零的点一定在坐标轴上,有一个坐标为零的点一定在坐标面上.此外,八个卦限中点的坐标的正负号也各不相同,并有一定的规律可循,各卦限中点的坐标的正负号参见下表.

卦限	Ⅰ	Ⅱ	Ⅲ	Ⅳ	Ⅴ	Ⅵ	Ⅶ	Ⅷ
符号	(+,+,+)	(−,+,+)	(−,−,+)	(+,−,+)	(+,+,−)	(−,+,−)	(−,−,−)	(+,−,−)

10.1.3 空间两点间的距离

建立了空间直角坐标系,规定了点的坐标之后,就可以推出空间中的两点间距离公式.

设 $P_1(x_1, y_1, z_1)$, $P_2(x_2, y_2, z_2)$为空间中的两个点,它们之间的距离记作 $d=|P_1P_2|$.

过 P_1, P_2 各作三个分别垂直于三条坐标轴的平面,这六个平面围成一个以 P_1, P_2 为对角线的长方体(见图 10-5).根据勾股定理容易求得长方体对角线的长度.

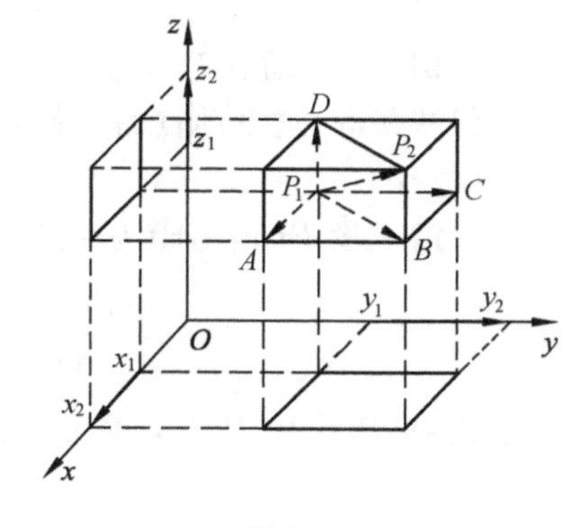

图 10-5

由图 10-5 可知,

$|P_1A|=|x_2-x_1|$, $|AB|=|y_2-y_1|$,

$|BP_2|=|z_2-z_1|$,

在 $\mathrm{Rt}\triangle P_1AB$ 中,

$$|P_1B|^2=|P_1A|^2+|AB|^2,$$

在 $\mathrm{Rt}\triangle P_1BP_2$ 中,

$$|P_1P_2|^2=|P_1B|^2+|BP_2|^2,$$

于是

$$\begin{aligned} d^2 &=|P_1P_2|^2=|P_1A|^2+|AB|^2+|BP_2|^2 \\ &=(x_2-x_1)^2+(y_2-y_1)^2+(z_2-z_1)^2, \end{aligned}$$

所以

$$d=|P_1P_2|=\sqrt{(x_2-x_1)^2+(y_2-y_1)^2+(z_2+z_1)^2}. \tag{1}$$

这就是空间中两点间距离公式,它是平面上距离公式的推广.

特别地,空间中任一点 $P(x, y, z)$到原点 $O(0,0,0)$的距离

$$d=|OP|=\sqrt{x^2+y^2+z^2}. \tag{2}$$

例 1　试证以 $A(4,1,9)$，$B(10,-1,6)$，$C(2,4,3)$ 为顶点的三角形是等腰直角三角形.

证　$|AB|^2=(10-4)^2+(-1-1)^2+(6-9)^2=49$,

$|AC|^2=(2-4)^2+(4-1)^2+(3-9)^2=49$,

$|BC|^2=(2-10)^2+(4+1)^2+(3-6)^2=98$.

因为

$$|AB|^2+|AC|^2=|BC|^2,\ |AB|=|AC|,$$

所以 $\triangle ABC$ 是等腰直角三角形.

例 2　求点 $P(1,2,4)$ 到各坐标轴的距离.

解　从点 P 向各坐标轴作垂线，垂足依次为 $A(1,0,0)$，$B(0,2,0)$，$C(0,0,4)$，因此，点 P 到三个坐标轴的距离依次为

$$d_x=|PA|=\sqrt{0^2+2^2+4^2}=2\sqrt{5},$$

$$d_y=|PB|=\sqrt{1^2+0^2+4^2}=\sqrt{17},$$

$$d_z=|PC|=\sqrt{1^2+2^2+0^2}=\sqrt{5}.$$

例 3　一动点 $P(x,\ y,\ z)$ 在运动时与两定点 $O(0,0,0)$ 和 $M(a,b,c)$ 的距离始终保持相等，这个动点的几何轨迹（几何图形）称为平面，求这个平面的数量表示式（方程）.

解　设 $P(x,y,z)$ 为轨迹上任一点，由条件有 $|PO|=|PM|$. 因为

$$|PO|=\sqrt{x^2+y^2+z^2},$$

$$|PM|=\sqrt{(x-a)^2+(y-b)^2+(z-c)^2},$$

于是由 $|PO|=|PM|$，推出

$$2ax+2by+2cz=a^2+b^2+c^2,$$

简写为

$$Ax+By+Cz=D,$$

其中，$A=2a$，$B=2b$，$C=2c$，$D=a^2+b^2+c^2$.

这是一个平面方程，称为线段 OM 的垂直平分面.

例 4　一动点 $P(x,\ y,\ z)$ 在运动时，它到定点 $P_0(x_0,\ y_0,\ z_0)$ 的距离 R 始终保持不变，这个动点的轨迹（几何图形）称为球面，求球面的方程.

解　设 $P(x,\ y,\ z)$ 为球面上任一点，那么根据球面的定义，

$$|P_0P|=R,$$

即

$$\sqrt{(x-x_0)^2+(y-y_0)^2+(z-z_0)^2}=R,$$

整理化简得球面方程为

$$(x-x_0)^2+(y-y_0)^2+(z-z_0)^2=R^2, \tag{3}$$

其中，$P_0(x_0,\ y_0,\ z_0)$ 称为球面的球心，R 称为球面半径.

特别地，以原点 $O(0,0,0)$ 为球心的球面方程为

$$x^2+y^2+z^2=R^2. \tag{4}$$

将球面方程(3)展开后得

$$x^2+y^2+z^2-2x_0x-2y_0y-2z_0z+(x_0^2+y_0^2+z_0^2-R^2)=0.$$

因此球面方程是一个所有平方项系数相等，不含交叉项的三元二次方程. 反过来，如果一个这样的三元二次方程经过配方可以化为方程(3)的形式，那么它的图形就是一个球面.

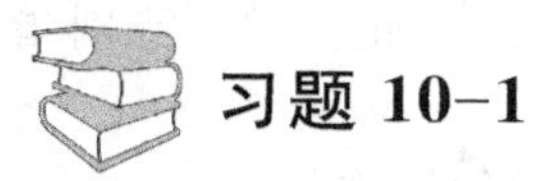

习题 10-1

1. 指出下列点的坐标所具有的特点：

(1) P 在坐标轴上；

(2) P 在坐标面上；

(3) P 在与 xOz 面平行且相距为 3 的平面上；

(4) P 在与 z 轴垂直且距原点为 5 的平面上.

2. 指出下列各点位置的特殊性：$A(3,0,1)$，$B(0,1,2)$，$C(0,0,1)$，$D(0,-2,0)$.

3. 在空间直角坐标系中，指出下列各点在哪个卦限：$A(1,-2,3)$，$B(2,3,-4)$，$C(2,-3,-4)$，$D(-2,-3,1)$.

4. 在空间直角坐标系下，求 $P(2,-3,-1)$，$M(a,b,c)$ 两点关于下列三种情况的对称点的坐标：(1) 各坐标面；(2) 各坐标轴；(3) 原点.

5. 试证以 $A(4,3,1)$，$B(7,1,2)$，$C(5,2,3)$ 为顶点的三角形是一个等腰三角形.

6. 在 yOz 面上，求与三点 $A(3,1,2)$，$B(4,-2,-2)$ 和 $C(0,5,1)$ 等距离的点.

7. 建立以点 $(1,3,-2)$ 为球心且通过坐标原点的球面方程.

8. 求球面 $x^2+y^2+z^2+2x-4y-4=0$ 的球心坐标和半径.

10.2 向量代数

10.2.1 向量的概念

人们在力学、物理学及日常生活中经常会遇到许多量. 除了像温度、时间、长度、面积、体积等一类只有大小、没有方向的量(称之为数量)外，还有一些比较复杂的量，例如力、位移、速度等，它们不但有大小，而且还有方向，这种量就是向量.

定义 1 既有大小又有方向的量称为向量或矢量.

用有向线段来表示向量，有向线段的长度表示向量的大小，从起点 P_1 到终点 P_2 的方向表示向量的方向，记作 $\overrightarrow{P_1P_2}$，这种表示法称为向量的几何表示法(见

图 10-6)．有时也用粗体字母或一个上面加箭头的字母表示向量，如 $\boldsymbol{a}$，$\boldsymbol{b}$，$\boldsymbol{x}$ 或$\vec{a}$，$\vec{b}$，$\vec{x}$等．在许多问题中，研究向量时只考虑它的大小和方向，而不考虑它的起点位置，这种向量称为自由向量．也就是说，自由向量可以任意自由平行移动，移动后的向量仍然代表原来的向量．在自由向量的意义下，相等的向量都看做是同一个自由向量．由于自由向量始点的任意性，可以按照需要选取某一点作为所研究的一些向量的公共始点．在这种场合，就说把那些向量归结到共同的始点．本章如果不是特别指明，所讨论的向量都是指自由向量．

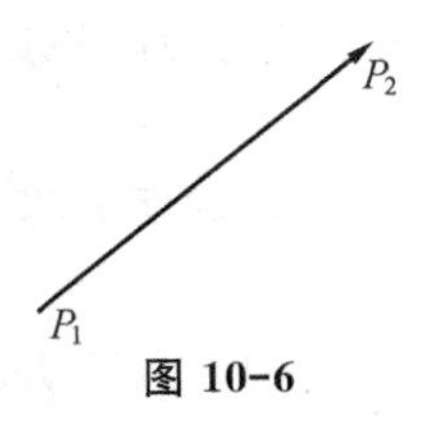

图 10-6

向量的大小称为向量的模，记作$|\overrightarrow{P_1P_2}|$或$|\boldsymbol{a}|$．模等于 1 的向量称为单位向量．模等于零的向量称为零向量，记作 $\mathbf{0}$，规定零向量的方向是任意的．如果两个向量 $\boldsymbol{a}$ 和 $\boldsymbol{b}$ 的模相等，方向相同，就称这两个向量是相等向量，记作 $\boldsymbol{a}=\boldsymbol{b}$．设 $\boldsymbol{a}$ 为一向量，和 $\boldsymbol{a}$ 的模相等而方向相反的向量称为 $\boldsymbol{a}$ 的负向量(或反向量)，记作$-\boldsymbol{a}$．两个非零向量如果方向相同或者相反，就称这两个向量平行或共线，记作 $\boldsymbol{a}/\!/\boldsymbol{b}$．平行于同一平面的一组向量称为共面向量．显然，零向量与任何共面的向量组共面；一组共线向量一定是共面向量；三个向量中如果有两个向量共线，那么这三个向量一定也是共面的．

10.2.2　向量的线性运算

1）向量的加减法

(1) 向量加法的平行四边形法则和三角形法则．

已给两个向量 $\boldsymbol{a}$ 和 $\boldsymbol{b}$，取定一点 O，作$\overrightarrow{OA}=\boldsymbol{a}$，$\overrightarrow{OB}=\boldsymbol{b}$，以$\overrightarrow{OA}$，$\overrightarrow{OB}$为邻边作平行四边形 $OACB$(见图 10-7)，则对角线向量$\overrightarrow{OC}=\boldsymbol{c}$ 称为向量 $\boldsymbol{a}$ 和 $\boldsymbol{b}$ 的和，记作

$$\boldsymbol{c}=\boldsymbol{a}+\boldsymbol{b}.$$

这样得到两向量和的方法称为向量加法的平行四边形法则．

已给两个向量 $\boldsymbol{a}$ 和 $\boldsymbol{b}$，取定一点 O，作$\overrightarrow{OA}=\boldsymbol{a}$，以$\overrightarrow{OA}$的终点 A 为起点作$\overrightarrow{AC}=\boldsymbol{b}$，连接$\overrightarrow{OC}$即得 $\boldsymbol{a}+\boldsymbol{b}=\boldsymbol{c}=\overrightarrow{OC}$(见图 10-8)，这种方法称为两个向量加法的三角形法则．

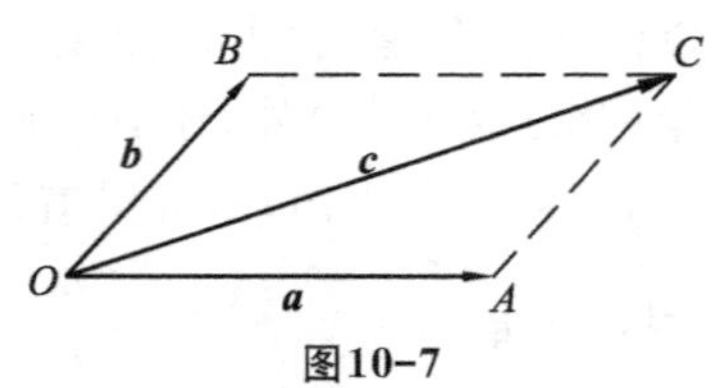

图10-7

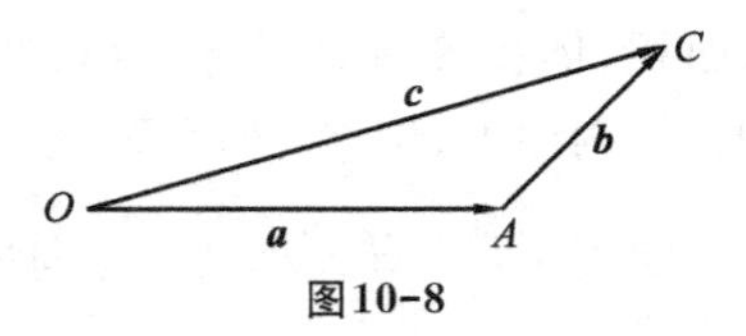

图10-8

向量的加法满足下列运算规律：

① 交换律　$\boldsymbol{a}+\boldsymbol{b}=\boldsymbol{b}+\boldsymbol{a}$；

② 结合律 $(\boldsymbol{a}+\boldsymbol{b})+\boldsymbol{c}=\boldsymbol{a}+(\boldsymbol{b}+\boldsymbol{c})$.

(2) 多个向量求和的多边形法则.

由于向量的加法满足交换律和结合律，三角形法则可以推广到有限个向量 $\boldsymbol{a}_1,\boldsymbol{a}_2,\cdots,\boldsymbol{a}_n$ 的和. 从任意点 O 开始，依次引

$$\overrightarrow{OA_1}=\boldsymbol{a}_1,\overrightarrow{A_1A_2}=\boldsymbol{a}_2,\cdots,\overrightarrow{A_{n-1}A_n}=\boldsymbol{a}_n,$$

得一折线 $OA_1A_2\cdots A_n$（见图 10-9），则向量 $\overrightarrow{OA_n}=\boldsymbol{a}$ 就是 n 个向量的和

$$\boldsymbol{a}=\boldsymbol{a}_1+\boldsymbol{a}_2+\cdots+\boldsymbol{a}_n.$$

这种求多个向量和的方法也称为多个向量求和的多边形法则.

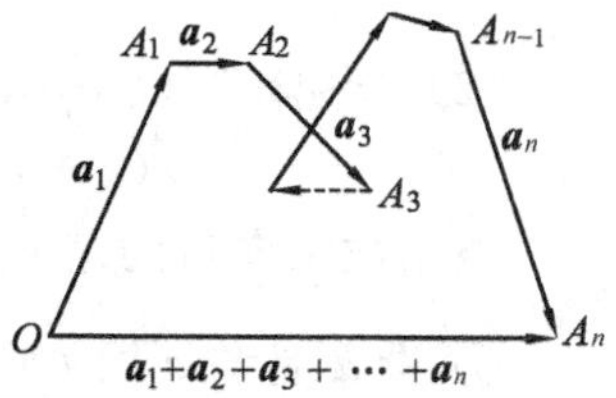

图 10-9

(3) 向量的减法.

利用负向量，可以规定两个向量的减法.

若 $\boldsymbol{b}+\boldsymbol{c}=\boldsymbol{a}$，则

$$\boldsymbol{c}=\boldsymbol{a}-\boldsymbol{b}=\boldsymbol{a}+(-\boldsymbol{b}).$$

利用向量的减法定义可以得到下面两个有用的结论：

① 任给向量 $\overrightarrow{AB}$ 及点 O（见图 10-10），有

$$\overrightarrow{AB}=\overrightarrow{AO}+\overrightarrow{OB}=\overrightarrow{OB}-\overrightarrow{OA};$$

② 若以 $\boldsymbol{a},\boldsymbol{b}$ 为邻边作平行四边形，则 $\boldsymbol{a}+\boldsymbol{b}$ 和 $\boldsymbol{a}-\boldsymbol{b}$ 是两对角线向量（见图 10-11).

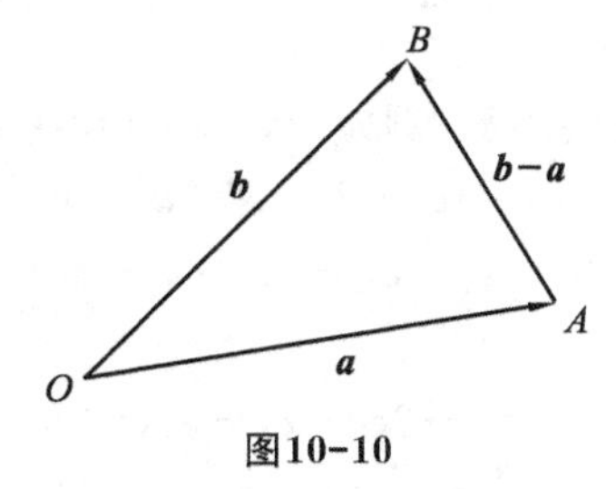

图10-10

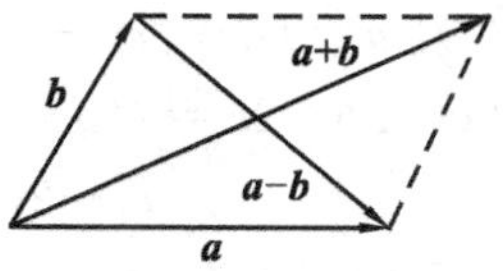

图10-11

由三角形两边之和大于第三边的原理，有

$$|\boldsymbol{a}+\boldsymbol{b}|\leqslant|\boldsymbol{a}|+|\boldsymbol{b}|,\ |\boldsymbol{a}-\boldsymbol{b}|\leqslant|\boldsymbol{a}|+|\boldsymbol{b}|,$$

其中，等号在 $\boldsymbol{b}$ 与 $\boldsymbol{a}$ 同向或反向时成立.

2) 数乘向量

设 k 是一个数量，规定向量 $\boldsymbol{a}$ 与数量 k 的乘积 $k\boldsymbol{a}$ 是一个向量. 它的模为

$$|k\boldsymbol{a}|=|k||\boldsymbol{a}|.$$

当 $k>0$ 时，$k\boldsymbol{a}$ 的方向与 $\boldsymbol{a}$ 相同；当 $k<0$ 时，$k\boldsymbol{a}$ 的方向与 $\boldsymbol{a}$ 相反. 当 $k=0$ 或 $\boldsymbol{a}=\boldsymbol{0}$ 时，$k\boldsymbol{a}=\boldsymbol{0}$.

数与向量的乘法满足下列运算规律：

(1) 结合律 $\lambda(\mu\boldsymbol{a})=\mu(\lambda\boldsymbol{a})=(\lambda\mu)\boldsymbol{a}$.

由向量与数的乘积的规定可知，向量 $\lambda(\mu\boldsymbol{a})$，$\mu(\lambda\boldsymbol{a})$，$(\lambda\mu)\boldsymbol{a}$ 都是平行的向量，它们的指向也是相同的，而且

$$|\lambda(\mu\boldsymbol{a})|=|\mu(\lambda\boldsymbol{a})|=|(\lambda\mu)\boldsymbol{a}|=|\lambda\mu||\boldsymbol{a}|,$$

所以

$$\lambda(\mu\boldsymbol{a})=\mu(\lambda\boldsymbol{a})=(\lambda\mu)\boldsymbol{a}.$$

(2) 分配律 $(\lambda+\mu)\boldsymbol{a}=\lambda\boldsymbol{a}+\mu\boldsymbol{a}$；

$\lambda(\boldsymbol{a}+\boldsymbol{b})=\lambda\boldsymbol{a}+\lambda\boldsymbol{b}$.

根据数乘向量的定义可知，$k\boldsymbol{a}$ 是与 $\boldsymbol{a}$ 平行的向量. 可以得到如下两个结论：

① 设 $\boldsymbol{a}^{\circ}$是与 $\boldsymbol{a}$ 同方向的单位向量，则 $\boldsymbol{a}=|\boldsymbol{a}|\boldsymbol{a}^{\circ}\left(\text{或 } \boldsymbol{a}^{\circ}=\dfrac{\boldsymbol{a}}{|\boldsymbol{a}|}\right)$；

② 设 $\boldsymbol{a}\neq\boldsymbol{0}$，则 $\boldsymbol{b}/\!/\boldsymbol{a}$ 的充要条件是存在唯一实数 k，使 $\boldsymbol{b}=k\boldsymbol{a}$.

证 条件的充分性是显然的，在这里只证明条件的必要性.

设 $\boldsymbol{b}/\!/\boldsymbol{a}$. 取 $|k|=\dfrac{|\boldsymbol{b}|}{|\boldsymbol{a}|}$，当 $\boldsymbol{b}$ 与 $\boldsymbol{a}$ 同向时 k 取正值，当 $\boldsymbol{b}$ 与 $\boldsymbol{a}$ 反向时 k 取负值，即有 $\boldsymbol{b}=k\boldsymbol{a}$. 这是因为 $\boldsymbol{b}$ 与 $k\boldsymbol{a}$ 同向，且

$$|k\boldsymbol{a}|=|k||\boldsymbol{a}|=\frac{|\boldsymbol{b}|}{|\boldsymbol{a}|}|\boldsymbol{a}|=|\boldsymbol{b}|.$$

再证数 k 的唯一性. 设 $\boldsymbol{b}=k\boldsymbol{a}$，又设 $\boldsymbol{b}=\lambda\boldsymbol{a}$，两式相减，得到

$$(\lambda-k)\boldsymbol{a}=\boldsymbol{0}\text{，即}|\lambda-k||\boldsymbol{a}|=0.$$

因 $|\boldsymbol{a}|\neq0$，故 $|\lambda-k|=0$，即 $\lambda=k$. 证毕.

向量的加减与数乘向量合称为向量的线性运算，例如：$2\boldsymbol{a}+3\boldsymbol{b}-4\boldsymbol{c}$，$k_1\boldsymbol{a}+k_2\boldsymbol{b}$ 等.

例 1 设 $\boldsymbol{a}=2\boldsymbol{e}_1+3\boldsymbol{e}_2+5\boldsymbol{e}_3$，$\boldsymbol{b}=-\boldsymbol{e}_1-\boldsymbol{e}_3$，$\boldsymbol{c}=4\boldsymbol{e}_2-2\boldsymbol{e}_3$，求 $2\boldsymbol{a}+3\boldsymbol{b}-2\boldsymbol{c}$.

解 $2\boldsymbol{a}+3\boldsymbol{b}-2\boldsymbol{c}=2(2\boldsymbol{e}_1+3\boldsymbol{e}_2+5\boldsymbol{e}_3)+3(-\boldsymbol{e}_1-\boldsymbol{e}_3)-2(4\boldsymbol{e}_2-2\boldsymbol{e}_3)$

$=\boldsymbol{e}_1-2\boldsymbol{e}_2+11\boldsymbol{e}_3$.

例 2 已知 $\boldsymbol{a}=\boldsymbol{e}_1+\boldsymbol{e}_2+2\boldsymbol{e}_3$，$\boldsymbol{b}=-\boldsymbol{e}_1+\boldsymbol{e}_3$，$\boldsymbol{c}=-2\boldsymbol{e}_1-\boldsymbol{e}_2-\boldsymbol{e}_3$，试证 $\boldsymbol{a},\boldsymbol{b},\boldsymbol{c}$ 构成三角形.

证 因为

$$\boldsymbol{b}-\boldsymbol{a}=(-\boldsymbol{e}_1+\boldsymbol{e}_3)-(\boldsymbol{e}_1+\boldsymbol{e}_2+2\boldsymbol{e}_3)=-2\boldsymbol{e}_1-\boldsymbol{e}_2-\boldsymbol{e}_3=\boldsymbol{c}\ (\text{或 } \boldsymbol{a}+\boldsymbol{c}=\boldsymbol{b}),$$

由向量加减法的三角形法则知 $\boldsymbol{a},\boldsymbol{b},\boldsymbol{c}$ 构成三角形.

10.2.3 向量的坐标

为了使向量的运算代数化，需要建立向量的代数表示法，为此先给出向量 $\boldsymbol{a}$ 的坐标的概念，并利用向量的坐标给出向量的模与方向的数量表示法. 首先引进向量在轴上的投影的概念.

1）向量在轴上的投影

给定一轴 u 和向量$\overrightarrow{AB}$，过 A，B 分别作轴 u 的垂直平面，平面和轴 u 的交点 A'，B'分别称为点 A 和点 B 在轴 u 上的投影（垂足）（见图 10-12），$\overrightarrow{A'B'}$称为$\overrightarrow{AB}$在轴 u 上的投影向量.

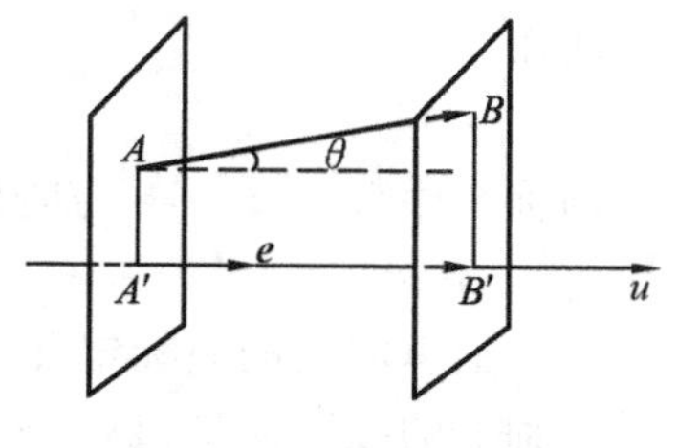

图 10-12

如果在轴 u 上取与轴同向的单位向量 $\boldsymbol{e}$，那么有

$$\overrightarrow{A'B'}\,/\!/\,\boldsymbol{e},\ \overrightarrow{A'B'}=x\boldsymbol{e},$$

这里的数量 x 称为向量$\overrightarrow{AB}$在轴 u 上的投影，记作

$$\mathrm{Prj}_u\,\overrightarrow{AB}=x. \tag{1}$$

当$\overrightarrow{A'B'}$与轴 u 方向一致时，$x>0$；当$\overrightarrow{A'B'}$与轴 u 方向相反时，$x<0$.

关于向量在轴上的投影，可以得到下面两个性质：

性质 1 向量$\overrightarrow{AB}$在轴 u 上的投影等于向量的模$|\overrightarrow{AB}|$和向量$\overrightarrow{AB}$与轴 u 正向夹角 φ 余弦的乘积（见图 10-12），即

$$\mathrm{Prj}_u\,\overrightarrow{AB}=|\overrightarrow{AB}|\cdot\cos\varphi. \tag{2}$$

性质 2 向量在轴上的投影保持线性运算（见图 10-13），即

$$\mathrm{Prj}_u(\boldsymbol{a}+\boldsymbol{b})=\mathrm{Prj}_u\boldsymbol{a}+\mathrm{Prj}_u\boldsymbol{b}, \tag{3}$$

$$\mathrm{Prj}_u(\lambda\boldsymbol{a})=\lambda\cdot\mathrm{Prj}_u\boldsymbol{a}. \tag{4}$$

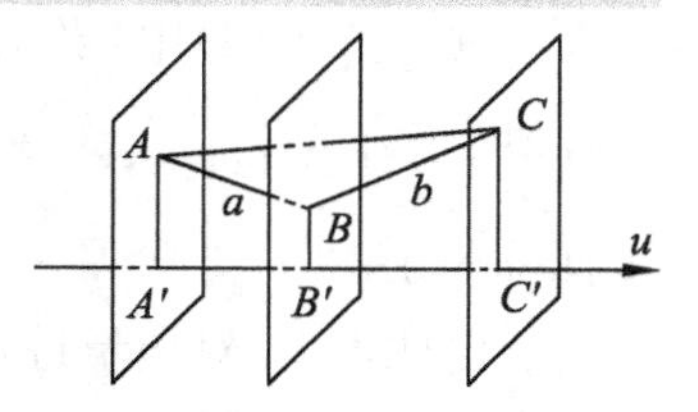

图 10-13

特别地，若向量$\overrightarrow{OA}$的点 O 位于轴 u 上时，只需过点 A 作轴 u 的垂足 A_0 即可.

2）向量的坐标

在空间直角坐标系 $O\text{-}xyz$ 的三个坐标轴上分别取单位向量 $\boldsymbol{i},\boldsymbol{j},\boldsymbol{k}$，将向量 $\boldsymbol{a}$ 的起点置于坐标原点 O，设向量 $\boldsymbol{a}$ 的终点为 P，即 $\boldsymbol{a}=\overrightarrow{OP}$.

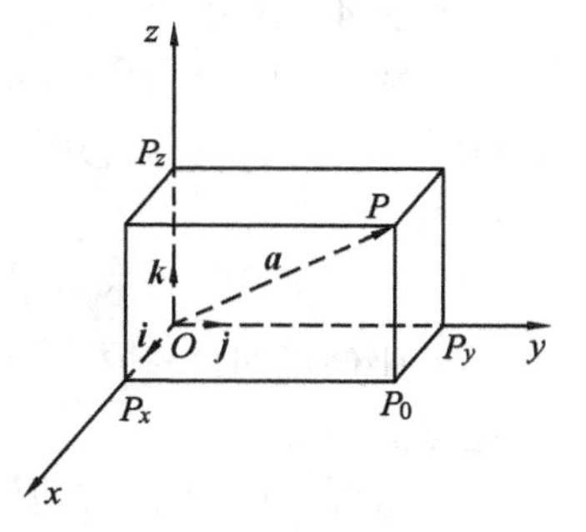

图 10-14

设点 P 在三个坐标轴上投影（垂足）分别为 P_x，P_y，P_z，P 在 xOy 面上的投影（垂足）为 P_0（见图 10-14），则有

$$\boldsymbol{a}=\overrightarrow{OP}=\overrightarrow{OP_x}+\overrightarrow{P_xP_0}+\overrightarrow{P_0P}=\overrightarrow{OP_x}+\overrightarrow{OP_y}+\overrightarrow{OP_z}.$$

因$\overrightarrow{OP_x}$和 $\boldsymbol{i}$ 平行，故存在唯一的 x，使$\overrightarrow{OP_x}=x\boldsymbol{i}$，类似可得存在唯一的 y，z，使$\overrightarrow{OP_y}=y\boldsymbol{j}$，$\overrightarrow{OP_z}=z\boldsymbol{k}$，

从而

$$\boldsymbol{a}=x\boldsymbol{i}+y\boldsymbol{j}+z\boldsymbol{k},$$

则称有序数组 x,y,z 为向量 $\boldsymbol{a}=\overrightarrow{OP}$ 的分量或坐标，记作

$$\boldsymbol{a}=x\boldsymbol{i}+y\boldsymbol{j}+z\boldsymbol{k}=(x,y,z).$$

根据向量的坐标定义过程不难看出，$\overrightarrow{OP_x}$，$\overrightarrow{OP_y}$ 和 $\overrightarrow{OP_z}$ 是向量 $\boldsymbol{a}=\overrightarrow{OP}$ 在三个坐标轴上的投影向量，x,y,z 是向量 $\boldsymbol{a}$ 在三个坐标轴上的投影，这就是直角坐标系下向量的三个坐标的几何意义．而且，根据 **10.1** 所给的空间点的直角坐标的定义可知，x,y,z 亦同时为空间点 P 的坐标，有 $P(x,y,z)$．这样就建立了空间中的点 P、向量 $\overrightarrow{OP}$ 与坐标 x,y,z 之间的一一对应关系．

3）利用坐标作向量的线性运算

设 $\boldsymbol{a}=(x_1,y_1,z_1)$，$\boldsymbol{b}=(x_2,y_2,z_2)$，利用向量加法的交换律、结合律，以及向量与数量乘法的结合律和分配律，可以得到如下运算关系：

（1）$\boldsymbol{a}+\boldsymbol{b}=(x_1+x_2)\boldsymbol{i}+(y_1+y_2)\boldsymbol{j}+(z_1+z_2)\boldsymbol{k}=(x_1+x_2,y_1+y_2,z_1+z_2)$；

（2）$\boldsymbol{a}-\boldsymbol{b}=(x_1-x_2)\boldsymbol{i}+(y_1-y_2)\boldsymbol{j}+(z_1-z_2)\boldsymbol{k}=(x_1-x_2,y_1-y_2,z_1-z_2)$；

（3）$\lambda\boldsymbol{a}=\lambda x_1\boldsymbol{i}+\lambda y_1\boldsymbol{j}+\lambda z_1\boldsymbol{k}=(\lambda x_1,\lambda y_1,\lambda z_1)$；

（4）$\boldsymbol{a}/\!/\boldsymbol{b}$ 的充分必要条件是 $\dfrac{x_1}{x_2}=\dfrac{y_1}{y_2}=\dfrac{z_1}{z_2}$.

注　关系(4)中，当 x_2,y_2,z_2 之中有一个为零，如 $x_2=0$ 时，应理解为 $x_1=0$ 且 $\dfrac{y_1}{y_2}=\dfrac{z_1}{z_2}$；当 x_2,y_2,z_2 之中有两个为零，如 $x_2=y_2=0$，$z_2\neq0$ 时，应理解为 $x_1=0$ 且 $y_1=0$.

由此可见，对向量进行加减和数乘的线性运算，只需对向量的各个坐标进行相应的数量运算即可．

例 3　设 $\boldsymbol{a}=(3,5,-1)$，$\boldsymbol{b}=(2,2,3)$，$\boldsymbol{c}=(2,-1,-3)$，求 $2\boldsymbol{a}-3\boldsymbol{b}+4\boldsymbol{c}$.

解　$2\boldsymbol{a}-3\boldsymbol{b}+4\boldsymbol{c}=2(3,5,-1)-3(2,2,3)+4(2,-1,-3)=(8,0,-23)$.

例 4　已知 $P_1(x_1,y_1,z_1)$，$P_2(x_2,y_2,z_2)$，求 $\overrightarrow{P_1P_2}$.

解　因为 $\overrightarrow{P_1P_2}=\overrightarrow{OP_2}-\overrightarrow{OP_1}$（见图 10-15），且 $\overrightarrow{OP_2}=(x_2,y_2,z_2)$，$\overrightarrow{OP_1}=(x_1,y_1,z_1)$，则由向量减法得

$$\overrightarrow{P_1P_2}=(x_2-x_1,y_2-y_1,z_2-z_1).\qquad(5)$$

此例说明向量 $\overrightarrow{P_1P_2}$ 的坐标等于终点的坐标减去起点的坐标．

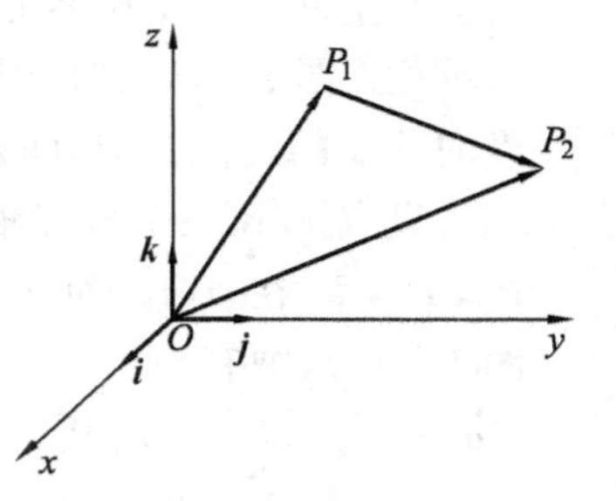

图 10-15

由例 4 知，若 $\boldsymbol{a}=\overrightarrow{P_1P_2}$，则 $\boldsymbol{a}$ 的三个投影为 x_2-x_1，y_2-y_1，z_2-z_1，为了方便，分别记为 $a_x=x_2-x_1$，$a_y=y_2-y_1$，$a_z=z_2-z_1$，所以 $\boldsymbol{a}$ 又可表示为 $\boldsymbol{a}=(a_x,a_y,a_z)$，称 a_x,a_y,a_z 为向量 $\boldsymbol{a}$ 的三

个坐标.

例 5　已知两点 $A(0,1,-4)$，$B(2,3,0)$，试用坐标表示向量 $\overrightarrow{AB}$ 及 $-2\overrightarrow{AB}$.

解　由例 4，得

$$\overrightarrow{AB}=(2-0,3-1,0+4)=(2,2,4),$$
$$-2\overrightarrow{AB}=(-4,-4,-8).$$

4) 定比分点公式

已知 $P_1(x_1,y_1,z_1)$，$P_2(x_2,y_2,z_2)$，如果直线 P_1P_2 上的点 P 满足 $\overrightarrow{P_1P}=\lambda\overrightarrow{PP_2}(\lambda\neq-1)$，则称点 P 为分 P_1P_2 成定比 λ 的定比分点，可求分点 P 的坐标 x,y 及 z.

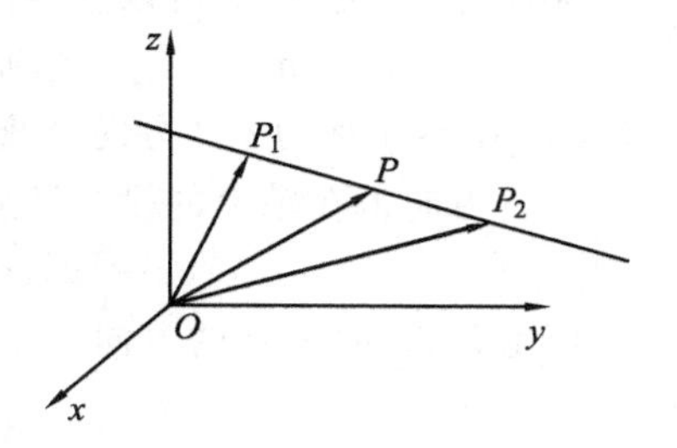

图 10-16

如图 10-16 所示，因为

$$\overrightarrow{P_1P}=\overrightarrow{OP}-\overrightarrow{OP_1},$$
$$\overrightarrow{PP_2}=\overrightarrow{OP_2}-\overrightarrow{OP},$$

所以有

$$\overrightarrow{OP}-\overrightarrow{OP_1}=\lambda(\overrightarrow{OP_2}-\overrightarrow{OP}),$$

解得

$$\overrightarrow{OP}=\frac{1}{1+\lambda}(\overrightarrow{OP_1}+\lambda\overrightarrow{OP_2}).$$

将坐标代入得

$$(x,y,z)=\frac{1}{1+\lambda}[(x_1,y_1,z_1)+\lambda(x_2,y_2,z_2)]$$
$$=\frac{1}{1+\lambda}(x_1+\lambda x_2,y_1+\lambda y_2,z_1+\lambda z_2),$$

从而得点 P 的坐标为

$$x=\frac{x_1+\lambda x_2}{1+\lambda},\ y=\frac{y_1+\lambda y_2}{1+\lambda},\ z=\frac{z_1+\lambda z_2}{1+\lambda}. \tag{6}$$

公式(6)称为空间的定比分点公式，它与平面上的定比分点公式类似.

特别地，当 $\lambda=1$ 时，P 为 P_1P_2 的中点，其坐标为

$$x=\frac{x_1+x_2}{2},\ y=\frac{y_1+y_2}{2},\ z=\frac{z_1+z_2}{2}. \tag{7}$$

5) 模与方向余弦公式

根据向量的坐标定义，设 $\boldsymbol{r}=(x,y,z)$，则 $|\boldsymbol{r}|=|\overrightarrow{OP}|$ 是长方体的对角线长，$|x|=|\overrightarrow{OP_x}|$，$|y|=|\overrightarrow{OP_y}|$，$|z|=|\overrightarrow{OP_z}|$，故得

$$|\boldsymbol{r}|^2=|\overrightarrow{OP}|^2=|\overrightarrow{OP_x}|^2+|\overrightarrow{OP_y}|^2+|\overrightarrow{OP_z}|^2=x^2+y^2+z^2,$$
$$|\boldsymbol{r}|=\sqrt{x^2+y^2+z^2}. \tag{8}$$

若已知向量的坐标，则代入公式(8)即可求出向量的模.

下面引入两向量的夹角的概念.

设有两个非零向量 $\boldsymbol{a},\boldsymbol{b}$，取得空间一点 O，作 $\overrightarrow{OA}=\boldsymbol{a}$，$\overrightarrow{OB}=\boldsymbol{b}$，规定不超过 π 的 $\angle AOB$（设 $\varphi=\angle AOB$，$0\leqslant\varphi\leqslant\pi$）称为向量 $\boldsymbol{a}$ 与 $\boldsymbol{b}$ 的夹角，记作 $(\widehat{\boldsymbol{a},\boldsymbol{b}})$ 或 $(\widehat{\boldsymbol{b},\boldsymbol{a}})$，即 $(\widehat{\boldsymbol{a},\boldsymbol{b}})=\varphi$. 如果向量 $\boldsymbol{a}$ 与 $\boldsymbol{b}$ 中有一个是零向量，规定它们的夹角可以在 0 与 π 之间取任意值. 类似地，可以规定向量与一轴的夹角或空间两轴的夹角，不再赘述.

一个向量 $\boldsymbol{a}$ 与三个坐标轴的夹角 α,β,γ 称为 $\boldsymbol{a}$ 的方向角；方向角的余弦值 $\cos\alpha$，$\cos\beta$，$\cos\gamma$ 称为 $\boldsymbol{a}$ 的方向余弦.

由向量在轴上的投影性质和向量的坐标定义可知，若 $\boldsymbol{a}=(x,y,z)$，则

$$x=|\boldsymbol{a}|\cos\alpha,\ y=|\boldsymbol{a}|\cos\beta,\ z=|\boldsymbol{a}|\cos\gamma.$$

再由公式(8)得 $\boldsymbol{a}$ 的方向余弦公式

$$\begin{cases}\cos\alpha=\dfrac{x}{|\boldsymbol{a}|}=\dfrac{x}{\sqrt{x^2+y^2+z^2}},\\[2ex]\cos\beta=\dfrac{y}{|\boldsymbol{a}|}=\dfrac{y}{\sqrt{x^2+y^2+z^2}},\\[2ex]\cos\gamma=\dfrac{z}{|\boldsymbol{a}|}=\dfrac{z}{\sqrt{x^2+y^2+z^2}}.\end{cases}\tag{9}$$

由公式(9)不难得到

$$\cos^2\alpha+\cos^2\beta+\cos^2\gamma=1,\tag{10}$$

$$\boldsymbol{a}^\circ=\frac{\boldsymbol{a}}{|\boldsymbol{a}|}=\frac{1}{\sqrt{x^2+y^2+z^2}}(x,y,z)=(\cos\alpha,\cos\beta,\cos\gamma).\tag{11}$$

例 6　求平行于向量 $\boldsymbol{a}=(6,7,-6)$ 的单位向量.

解　由题意得

$$|\boldsymbol{a}|=\sqrt{6^2+7^2+(-6)^2}=11,$$

所以与 $\boldsymbol{a}$ 平行的单位向量

$$\boldsymbol{a}^\circ=\pm\frac{\boldsymbol{a}}{|\boldsymbol{a}|}=\pm\frac{1}{11}(6,7,-6).$$

其中，$\frac{1}{11}(6,7,-6)$ 与 $\boldsymbol{a}$ 方向相同，$-\frac{1}{11}(6,7,-6)$ 与 $\boldsymbol{a}$ 方向相反.

10.2.4　两向量的数量积

在物理学中，一个物体在常力 $\boldsymbol{F}$ 作用下沿直线移动的位移为 $\boldsymbol{s}$，则力 $\boldsymbol{F}$ 所做的功

$$W=|\boldsymbol{F}|\,|\boldsymbol{s}|\cos\theta,$$

其中，θ 为 $\boldsymbol{F}$ 与 $\boldsymbol{s}$ 的夹角（见图 10-17）. 这里的功 W 是由向量 $\boldsymbol{F}$ 和 $\boldsymbol{s}$ 按上式确定的一个数量. 在实际问题中，有时也会

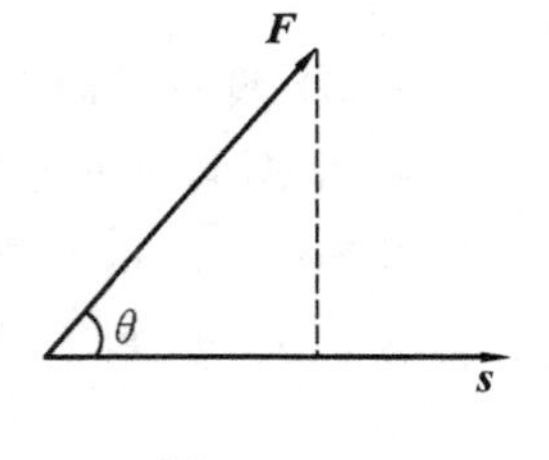

图 10-17

遇到这样的数量.

定义 2 两个向量 $\boldsymbol{a}$ 和 $\boldsymbol{b}$ 的模与它们夹角余弦的乘积称为向量 $\boldsymbol{a}$ 和 $\boldsymbol{b}$ 的数量积(也称内积、点积、数积等),记作$\boldsymbol{a}\cdot\boldsymbol{b}$,即

$$\boldsymbol{a}\cdot\boldsymbol{b}=|\boldsymbol{a}||\boldsymbol{b}|\cos(\widehat{\boldsymbol{a},\boldsymbol{b}}). \tag{12}$$

两向量的数量积是一个数量.由数量积的定义可以推得

(1) $\boldsymbol{a}\cdot\boldsymbol{b}=|\boldsymbol{a}|\cdot \mathrm{Prj}_{\boldsymbol{a}}\boldsymbol{b}=|\boldsymbol{b}|\cdot \mathrm{Prj}_{\boldsymbol{b}}\boldsymbol{a}$,特别地,若 $\boldsymbol{e}$ 为单位向量,则 $\boldsymbol{a}\cdot\boldsymbol{e}=\mathrm{Prj}_{\boldsymbol{e}}\boldsymbol{a}$.

(2) $\boldsymbol{a}\cdot\boldsymbol{a}=\boldsymbol{a}^2=|\boldsymbol{a}|^2$.

这是因为夹角 $\theta=0$,所以

$$\boldsymbol{a}\cdot\boldsymbol{a}=|\boldsymbol{a}||\boldsymbol{a}|\cos 0=|\boldsymbol{a}|^2.$$

(3) 两个非零向量 $\boldsymbol{a},\boldsymbol{b}$ 相互垂直的充要条件是 $\boldsymbol{a}\cdot\boldsymbol{b}=0$.

这是因为如果 $\boldsymbol{a}\cdot\boldsymbol{b}=0$,由于 $|\boldsymbol{a}|\neq 0$,$|\boldsymbol{b}|\neq 0$,所以 $\cos\theta=0$,从而 $\theta=\dfrac{\pi}{2}$,即 $\boldsymbol{a}\perp\boldsymbol{b}$;反之,如果 $\boldsymbol{a}\perp\boldsymbol{b}$,那么 $\theta=\dfrac{\pi}{2}$,$\cos\theta=0$,于是有 $\boldsymbol{a}\cdot\boldsymbol{b}=|\boldsymbol{a}||\boldsymbol{b}|\cos\theta=0$.

由此推出

$$\boldsymbol{i}\cdot\boldsymbol{j}=\boldsymbol{j}\cdot\boldsymbol{k}=\boldsymbol{k}\cdot\boldsymbol{i}=0,\ \boldsymbol{i}\cdot\boldsymbol{i}=\boldsymbol{j}\cdot\boldsymbol{j}=\boldsymbol{k}\cdot\boldsymbol{k}=1.$$

两个向量的数量积满足下列运算规律:

(1) 交换律 $\boldsymbol{a}\cdot\boldsymbol{b}=\boldsymbol{b}\cdot\boldsymbol{a}$.

根据定义有

$$\boldsymbol{a}\cdot\boldsymbol{b}=|\boldsymbol{a}||\boldsymbol{b}|\cos(\widehat{\boldsymbol{a},\boldsymbol{b}}),\ \boldsymbol{b}\cdot\boldsymbol{a}=|\boldsymbol{b}||\boldsymbol{a}|\cos(\widehat{\boldsymbol{b},\boldsymbol{a}}),$$

而

$$|\boldsymbol{a}||\boldsymbol{b}|=|\boldsymbol{b}||\boldsymbol{a}|,$$

且

$$\cos(\widehat{\boldsymbol{a},\boldsymbol{b}})=\cos(\widehat{\boldsymbol{b},\boldsymbol{a}}),$$

所以

$$\boldsymbol{a}\cdot\boldsymbol{b}=\boldsymbol{b}\cdot\boldsymbol{a}.$$

(2) 分配律 $(\boldsymbol{a}+\boldsymbol{b})\cdot\boldsymbol{c}=\boldsymbol{a}\cdot\boldsymbol{c}+\boldsymbol{b}\cdot\boldsymbol{c}$.

因为当 $\boldsymbol{c}=\boldsymbol{0}$ 时,上式显然成立;当 $\boldsymbol{c}\neq\boldsymbol{0}$ 时,有

$$(\boldsymbol{a}+\boldsymbol{b})\cdot\boldsymbol{c}=|\boldsymbol{c}|\ \mathrm{Prj}_{\boldsymbol{c}}(\boldsymbol{a}+\boldsymbol{b}),$$

由投影性质,可知

$$\mathrm{Prj}_{\boldsymbol{c}}(\boldsymbol{a}+\boldsymbol{b})=\mathrm{Prj}_{\boldsymbol{c}}\boldsymbol{a}+\mathrm{Prj}_{\boldsymbol{c}}\boldsymbol{b},$$

所以

$$(\boldsymbol{a}+\boldsymbol{b})\cdot\boldsymbol{c}=|\boldsymbol{c}|\mathrm{Prj}_{\boldsymbol{c}}(\boldsymbol{a}+\boldsymbol{b})=|\boldsymbol{c}|\mathrm{Prj}_{\boldsymbol{c}}\boldsymbol{a}+|\boldsymbol{c}|\mathrm{Prj}_{\boldsymbol{c}}\boldsymbol{b}=\boldsymbol{a}\cdot\boldsymbol{c}+\boldsymbol{b}\cdot\boldsymbol{c}.$$

(3) 数乘结合律 $(\lambda\boldsymbol{a})\cdot\boldsymbol{b}=\boldsymbol{a}\cdot(\lambda\boldsymbol{b})=\lambda(\boldsymbol{a}\cdot\boldsymbol{b})$.

这是因为当 $\boldsymbol{b}=\boldsymbol{0}$ 时,上式显然成立;当 $\boldsymbol{b}\neq\boldsymbol{0}$ 时,按投影性质,可得

$$(\lambda\boldsymbol{a})\cdot\boldsymbol{b}=|\boldsymbol{b}|\ \mathrm{Prj}_{\boldsymbol{b}}(\lambda\boldsymbol{a})=|\boldsymbol{b}|\lambda\mathrm{Prj}_{\boldsymbol{b}}\boldsymbol{a}=\lambda|\boldsymbol{b}|\mathrm{Prj}_{\boldsymbol{b}}\boldsymbol{a}=\lambda(\boldsymbol{a}\cdot\boldsymbol{b}).$$

下面在直角坐标系下,推导两个向量数量积的表示式.

设
$$\boldsymbol{a}=(a_x,a_y,a_z)=a_x\boldsymbol{i}+a_y\boldsymbol{j}+a_z\boldsymbol{k},$$
$$\boldsymbol{b}=(b_x,b_y,b_z)=b_x\boldsymbol{i}+b_y\boldsymbol{j}+b_z\boldsymbol{k}.$$

根据数量积的运算规律可得

$$\begin{aligned}\boldsymbol{a}\cdot\boldsymbol{b}&=(a_x\boldsymbol{i}+a_y\boldsymbol{j}+a_z\boldsymbol{k})\cdot(b_x\boldsymbol{i}+b_y\boldsymbol{j}+b_z\boldsymbol{k})\\&=a_xb_x\boldsymbol{i}\cdot\boldsymbol{i}+a_xb_y\boldsymbol{i}\cdot\boldsymbol{j}+a_xb_z\boldsymbol{i}\cdot\boldsymbol{k}+a_yb_x\boldsymbol{j}\cdot\boldsymbol{i}+a_yb_y\boldsymbol{j}\cdot\boldsymbol{j}+\\&\quad a_yb_z\boldsymbol{j}\cdot\boldsymbol{k}+a_zb_x\boldsymbol{k}\cdot\boldsymbol{i}+a_zb_y\boldsymbol{k}\cdot\boldsymbol{j}+a_zb_z\boldsymbol{k}\cdot\boldsymbol{k}\\&=a_xb_x+a_yb_y+a_zb_z.\end{aligned}\tag{13}$$

这就是两个向量的数量积的坐标表示式，即两个向量的数量积等于它们对应坐标乘积之和.

根据数量积的定义 $\boldsymbol{a}\cdot\boldsymbol{b}=|\boldsymbol{a}||\boldsymbol{b}|\cos(\widehat{\boldsymbol{a},\boldsymbol{b}})$，可以给出两个非零向量的夹角公式

$$\cos(\widehat{\boldsymbol{a},\boldsymbol{b}})=\frac{\boldsymbol{a}\cdot\boldsymbol{b}}{|\boldsymbol{a}||\boldsymbol{b}|}=\frac{a_xb_x+a_yb_y+a_zb_z}{\sqrt{a_x^2+a_y^2+a_z^2}\sqrt{b_x^2+b_y^2+b_z^2}}.\tag{14}$$

由公式(14)可以看出，$\boldsymbol{a}\perp\boldsymbol{b}$ 的充要条件是

$$a_xb_x+a_yb_y+a_zb_z=0.$$

例 7　已知 $|\boldsymbol{a}|=\sqrt{3}$，$|\boldsymbol{b}|=1$，$(\widehat{\boldsymbol{a},\boldsymbol{b}})=\frac{\pi}{6}$，求 $|\boldsymbol{a}+\boldsymbol{b}|$，$|\boldsymbol{a}-\boldsymbol{b}|$.

解　
$$\begin{aligned}|\boldsymbol{a}+\boldsymbol{b}|&=\sqrt{(\boldsymbol{a}+\boldsymbol{b})\cdot(\boldsymbol{a}+\boldsymbol{b})}=\sqrt{\boldsymbol{a}\cdot\boldsymbol{a}+2\boldsymbol{a}\cdot\boldsymbol{b}+\boldsymbol{b}\cdot\boldsymbol{b}}\\&=\sqrt{|\boldsymbol{a}|^2+2|\boldsymbol{a}||\boldsymbol{b}|\cos(\widehat{\boldsymbol{a},\boldsymbol{b}})+|\boldsymbol{b}|^2}=\sqrt{3+2\sqrt{3}\cdot\frac{\sqrt{3}}{2}+1}=\sqrt{7},\end{aligned}$$
$$\begin{aligned}|\boldsymbol{a}-\boldsymbol{b}|&=\sqrt{(\boldsymbol{a}-\boldsymbol{b})\cdot(\boldsymbol{a}-\boldsymbol{b})}=\sqrt{\boldsymbol{a}\cdot\boldsymbol{a}-2\boldsymbol{a}\cdot\boldsymbol{b}+\boldsymbol{b}\cdot\boldsymbol{b}}\\&=\sqrt{|\boldsymbol{a}|^2-2|\boldsymbol{a}||\boldsymbol{b}|\cos(\widehat{\boldsymbol{a},\boldsymbol{b}})+|\boldsymbol{b}|^2}=\sqrt{3-2\sqrt{3}\cdot\frac{\sqrt{3}}{2}+1}=1.\end{aligned}$$

例 8　已知 $A(-1,2,3)$，$B(1,1,1)$，$C(0,0,5)$，求证△ABC 是直角三角形，并求∠B.

证　如图 10-18 所示，$\overrightarrow{BA}=(-2,1,2)$，$\overrightarrow{BC}=(-1,-1,4)$，$\overrightarrow{AC}=(1,-2,2)$.

(1) 因为

$$\overrightarrow{BA}\cdot\overrightarrow{AC}=-2-2+4=0,$$

所以$\overrightarrow{BA}\perp\overrightarrow{AC}$，即△$ABC$ 是直角三角形.

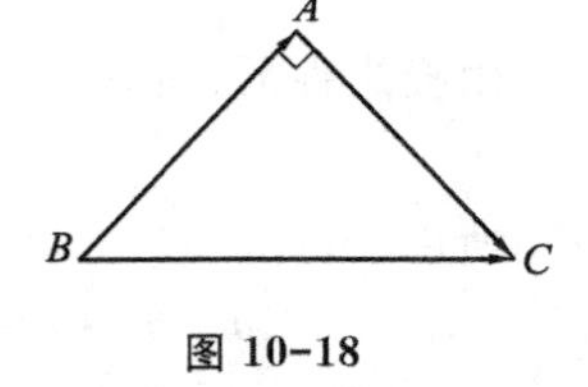

图 10-18

(2) 因为 $\cos\angle B=\frac{\overrightarrow{BA}\cdot\overrightarrow{BC}}{|\overrightarrow{BA}||\overrightarrow{BC}|}=\frac{2-1+8}{3\sqrt{18}}=\frac{1}{\sqrt{2}}$（注意向量方向及夹角），所以

$$\angle B=\frac{\pi}{4}.$$

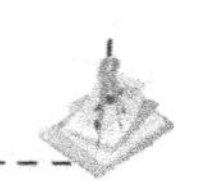

10.2.5 两向量的向量积

定义 3 两向量 $\boldsymbol{a}$ 和 $\boldsymbol{b}$ 的向量积（也称外积、叉积、矢量积等）是一个向量，记作 $\boldsymbol{a}\times\boldsymbol{b}$.

(1) $\boldsymbol{a}\times\boldsymbol{b}$ 的模：$|\boldsymbol{a}\times\boldsymbol{b}|=|\boldsymbol{a}||\boldsymbol{b}|\sin(\widehat{\boldsymbol{a},\boldsymbol{b}})$；

(2) $\boldsymbol{a}\times\boldsymbol{b}$ 的方向：与 $\boldsymbol{a},\boldsymbol{b}$ 都垂直，并且 $\boldsymbol{a},\boldsymbol{b},\boldsymbol{a}\times\boldsymbol{b}$ 构成右手系（见图 10-19）.

由两向量的向量积定义可得：

(1) $\boldsymbol{a}\times\boldsymbol{a}=\boldsymbol{0}$.

因为夹角 $\theta=0$，所以 $|\boldsymbol{a}\times\boldsymbol{a}|=|\boldsymbol{a}|^2\sin 0=0$.

(2) 两个非零向量 $\boldsymbol{a}/\!/\boldsymbol{b}$ 的充要条件是 $\boldsymbol{a}\times\boldsymbol{b}=\boldsymbol{0}$.

因为若 $\boldsymbol{a}\times\boldsymbol{b}=\boldsymbol{0}$，由于 $|\boldsymbol{a}|\neq 0$，$|\boldsymbol{b}|\neq 0$，故必有 $\sin\theta=0$，于是 $\theta=0$ 或 π，即 $\boldsymbol{a}/\!/\boldsymbol{b}$；反之，如果 $\boldsymbol{a}/\!/\boldsymbol{b}$，那么 $\theta=0$ 或 π，于是 $\sin\theta=0$，从而 $|\boldsymbol{a}\times\boldsymbol{b}|=0$，即 $\boldsymbol{a}\times\boldsymbol{b}=\boldsymbol{0}$.

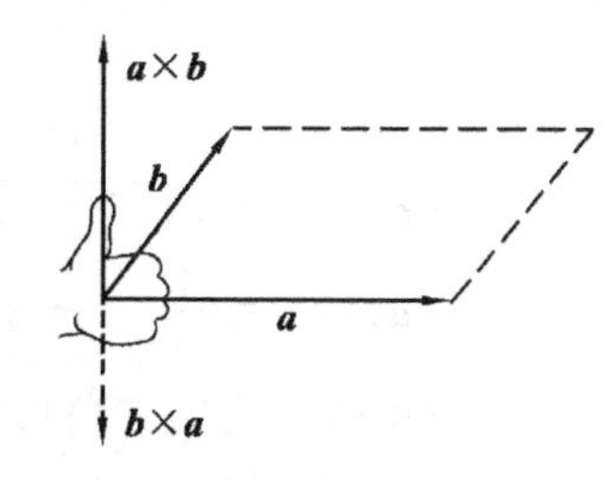

图 10-19

(3) 两向量 $\boldsymbol{a},\boldsymbol{b}$ 的向量积 $\boldsymbol{a}\times\boldsymbol{b}$ 的模的几何意义是 $|\boldsymbol{a}\times\boldsymbol{b}|$ 等于以 $\boldsymbol{a},\boldsymbol{b}$ 为边的平行四边形的面积，即 $|\boldsymbol{a}\times\boldsymbol{b}|=S_{\boldsymbol{a}\times\boldsymbol{b}}$.

两向量的向量积满足下列运算规律：

(1) 反交换律　$\boldsymbol{a}\times\boldsymbol{b}=-\boldsymbol{b}\times\boldsymbol{a}$.

按右手规则从 $\boldsymbol{b}$ 转向 $\boldsymbol{a}$ 定出的方向恰好与按右手规则从 $\boldsymbol{a}$ 转向 $\boldsymbol{b}$ 定出的方向相反. 它表明交换律对向量积不成立.

(2) 分配律　$(\boldsymbol{a}+\boldsymbol{b})\times\boldsymbol{c}=\boldsymbol{a}\times\boldsymbol{c}+\boldsymbol{b}\times\boldsymbol{c}$.

(3) 数乘结合律　$(\lambda\boldsymbol{a})\times\boldsymbol{b}=\boldsymbol{a}\times(\lambda\boldsymbol{b})=\lambda(\boldsymbol{a}\times\boldsymbol{b})$.

这两个规律的证明从略.

特别地，有

$$\boldsymbol{i}\times\boldsymbol{i}=\boldsymbol{j}\times\boldsymbol{j}=\boldsymbol{k}\times\boldsymbol{k}=\boldsymbol{0},\ \boldsymbol{i}\times\boldsymbol{j}=-\boldsymbol{j}\times\boldsymbol{i}=\boldsymbol{k},$$
$$\boldsymbol{j}\times\boldsymbol{k}=-\boldsymbol{k}\times\boldsymbol{j}=\boldsymbol{i},\ \boldsymbol{k}\times\boldsymbol{i}=-\boldsymbol{i}\times\boldsymbol{k}=\boldsymbol{j}.$$

下面在直角坐标系下，推导两向量的向量积的坐标表示式.

设

$$\boldsymbol{a}=(a_x,a_y,a_z)=a_x\boldsymbol{i}+a_y\boldsymbol{j}+a_z\boldsymbol{k},$$
$$\boldsymbol{b}=(b_x,b_y,b_z)=b_x\boldsymbol{i}+b_y\boldsymbol{j}+b_z\boldsymbol{k},$$

根据向量积的运算规律可得

$$\begin{aligned}\boldsymbol{a}\times\boldsymbol{b}&=(a_x\boldsymbol{i}+a_y\boldsymbol{j}+a_z\boldsymbol{k})\times(b_x\boldsymbol{i}+b_y\boldsymbol{j}+b_z\boldsymbol{k})\\&=a_xb_x\boldsymbol{i}\times\boldsymbol{i}+a_xb_y\boldsymbol{i}\times\boldsymbol{j}+a_xb_z\boldsymbol{i}\times\boldsymbol{k}+a_yb_x\boldsymbol{j}\times\boldsymbol{i}+a_yb_y\boldsymbol{j}\times\boldsymbol{j}+a_yb_z\boldsymbol{j}\times\boldsymbol{k}+\\&\quad a_zb_x\boldsymbol{k}\times\boldsymbol{i}+a_zb_y\boldsymbol{k}\times\boldsymbol{j}+a_zb_z\boldsymbol{k}\times\boldsymbol{k}\\&=(a_yb_z-b_ya_z)\boldsymbol{i}+(b_xa_z-a_xb_z)\boldsymbol{j}+(a_xb_y-b_xa_y)\boldsymbol{k}.\end{aligned}$$

利用三阶行列式，上式常写成容易记忆的形式

$$\boldsymbol{a}\times\boldsymbol{b}=\begin{vmatrix}\boldsymbol{i} & \boldsymbol{j} & \boldsymbol{k}\\ a_x & a_y & a_z\\ b_x & b_y & b_z\end{vmatrix}. \tag{15}$$

例 9 已知 $\boldsymbol{a}=(2,2,1)$，$\boldsymbol{b}=(4,5,3)$，求 $\boldsymbol{a}\times\boldsymbol{b}$，$|\boldsymbol{a}\times\boldsymbol{b}|$ 及其同向单位向量 $(\boldsymbol{a}\times\boldsymbol{b})^\circ$.

解 $\boldsymbol{a}\times\boldsymbol{b}=\begin{vmatrix}\boldsymbol{i} & \boldsymbol{j} & \boldsymbol{k}\\ 2 & 2 & 1\\ 4 & 5 & 3\end{vmatrix}=(2\times3-5\times1)\boldsymbol{i}+(1\times4-2\times3)\boldsymbol{j}+(2\times5-2\times4)\boldsymbol{k}$

$=(1,-2,2)$，

$|\boldsymbol{a}\times\boldsymbol{b}|=\sqrt{1^2+(-2)^2+2^2}=3$，

$(\boldsymbol{a}\times\boldsymbol{b})^\circ=\frac{1}{3}(1,-2,2)=\left(\frac{1}{3},-\frac{2}{3},\frac{2}{3}\right)$.

例 10 已知三角形的三个顶点 $A(1,2,3)$，$B(2,-1,5)$，$C(3,2,-5)$，试求：(1) $\triangle ABC$ 的面积 $S_{\triangle ABC}$；(2) $\triangle ABC$ 的 AB 边上的高.

解 (1) $S_{\triangle ABC}=\frac{1}{2}S_{\square ABCD}=\frac{1}{2}|\overrightarrow{AB}\times\overrightarrow{AC}|$（见图 10-20）.

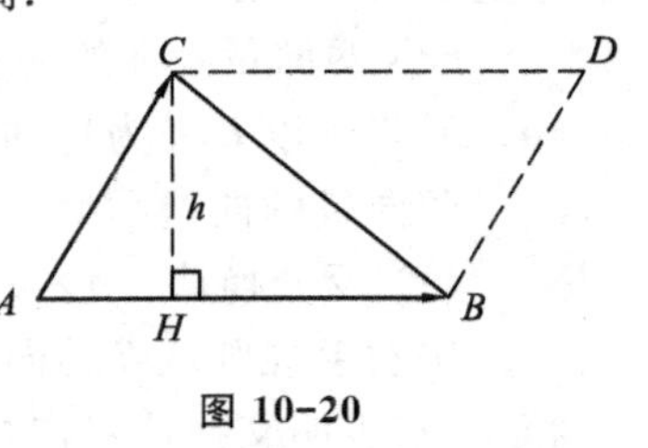

图 10-20

$\overrightarrow{AB}=(1,-3,2)$，$\overrightarrow{AC}=(2,0,-8)$，

$$\overrightarrow{AB}\times\overrightarrow{AC}=\begin{vmatrix}\boldsymbol{i} & \boldsymbol{j} & \boldsymbol{k}\\ 1 & -3 & 2\\ 2 & 0 & -8\end{vmatrix}=24\boldsymbol{i}+12\boldsymbol{j}+6\boldsymbol{k},$$

故

$$|\overrightarrow{AB}\times\overrightarrow{AC}|=\sqrt{24^2+12^2+6^2}=6\sqrt{21},$$

所以

$$S_{\triangle ABC}=\frac{1}{2}|\overrightarrow{AB}\times\overrightarrow{AC}|=3\sqrt{21}.$$

(2) 因为$\triangle ABC$ 的 AB 边上的高 CH 即$\square ABCD$ 的 AB 边上的高，所以

$$|\overrightarrow{CH}|=\frac{S_{\square ABCD}}{|\overrightarrow{AB}|}=\frac{|\overrightarrow{AB}\times\overrightarrow{AC}|}{|\overrightarrow{AB}|},$$

又因为

$$|\overrightarrow{AB}|=\sqrt{1^2+(-3)^2+2^2}=\sqrt{14},$$

所以

$$|\overrightarrow{CH}|=\frac{6\sqrt{21}}{\sqrt{14}}=3\sqrt{6}.$$

习题 10-2

1. 已知 $\boldsymbol{a}=\boldsymbol{e}_1+2\boldsymbol{e}_2-\boldsymbol{e}_3$，$\boldsymbol{b}=3\boldsymbol{e}_1-2\boldsymbol{e}_2+2\boldsymbol{e}_3$，求 $\boldsymbol{a}+\boldsymbol{b}$，$\boldsymbol{a}-\boldsymbol{b}$ 和 $3\boldsymbol{a}-2\boldsymbol{b}$.

2. 设 $\overrightarrow{AB}=\boldsymbol{a}+5\boldsymbol{b}$，$\overrightarrow{BC}=-2\boldsymbol{a}+8\boldsymbol{b}$，$\overrightarrow{CD}=3(\boldsymbol{a}-\boldsymbol{b})$，证明 A,B,D 三点共线.

3. 向量 $\overrightarrow{AB}=(-3,2,1)$，已知点 $A(1,2,-4)$，求点 B 的坐标.

4. 已知两点 $P_1(1,2,3)$，$P_2(-1,0,1)$，用坐标表示式表示向量 $\overrightarrow{P_1P_2}$ 及 $5\overrightarrow{P_1P_2}$.

5. 分别求出向量 $\boldsymbol{a}=\boldsymbol{i}+\boldsymbol{j}+\boldsymbol{k}$，$\boldsymbol{b}=2\boldsymbol{i}-3\boldsymbol{j}+5\boldsymbol{k}$ 及 $\boldsymbol{c}=-2\boldsymbol{i}-\boldsymbol{j}+2\boldsymbol{k}$ 的模与同向单位向量 $\boldsymbol{a}^\circ$，$\boldsymbol{b}^\circ$，$\boldsymbol{c}^\circ$，并分别用 $\boldsymbol{a}^\circ$，$\boldsymbol{b}^\circ$，$\boldsymbol{c}^\circ$ 表示向量 $\boldsymbol{a},\boldsymbol{b},\boldsymbol{c}$.

6. 已知线段 AB 被 $C(2,0,2)$ 和 $D(5,-2,0)$ 三等分，试求线段两端点 A,B 的坐标.

7. 设 $\boldsymbol{a}=3\boldsymbol{i}-\boldsymbol{j}-2\boldsymbol{k}$，$\boldsymbol{b}=\boldsymbol{i}+2\boldsymbol{j}-\boldsymbol{k}$，求：

(1) $\boldsymbol{a}\cdot\boldsymbol{b}$ 及 $\boldsymbol{a}\times\boldsymbol{b}$；　　(2) $(-2\boldsymbol{a})\cdot 3\boldsymbol{b}$ 及 $\boldsymbol{a}\times 2\boldsymbol{b}$；

(3) $\cos(\widehat{\boldsymbol{a},\boldsymbol{b}})$，$\sin(\widehat{\boldsymbol{a},\boldsymbol{b}})$ 及 $\tan(\widehat{\boldsymbol{a},\boldsymbol{b}})$.

8. 当 l 取何值时，向量 $\boldsymbol{a}=6\boldsymbol{i}-3\boldsymbol{j}+3\boldsymbol{k}$ 和 $\boldsymbol{b}=4\boldsymbol{i}+l\boldsymbol{j}+2\boldsymbol{k}$ 满足下列关系：(1) 垂直；(2) 平行.

9. 已知 $\boldsymbol{a}=2\boldsymbol{i}-3\boldsymbol{j}+\boldsymbol{k}$，$\boldsymbol{b}=\boldsymbol{i}-\boldsymbol{j}+3\boldsymbol{k}$，$\boldsymbol{c}=\boldsymbol{i}-2\boldsymbol{j}$，计算：

(1) $(\boldsymbol{a}\cdot\boldsymbol{b})\boldsymbol{c}-(\boldsymbol{b}\cdot\boldsymbol{c})\boldsymbol{b}$；　　(2) $(\boldsymbol{a}+\boldsymbol{b})\times(\boldsymbol{b}+\boldsymbol{c})$.

10. 已知 $\boldsymbol{a}=(2,3,1)$，$\boldsymbol{b}=(5,6,4)$. 试求：(1) 以 $\boldsymbol{a},\boldsymbol{b}$ 为边的平行四边形面积；(2) 平行四边形两边的高.

10.3　平面与空间直线

空间的平面和直线，曲面和曲线等几何图形都可以看成是一个动点按某种规律运动而形成的轨迹，即图形上的动点 $P(x,y,z)$ 可以看成是具有某种特征性质的点的集合. 这种特征性质（即动点运动的规律）用数量关系反映，即为几何图形上的动点（或称任意点）$P(x,y,z)$ 的三个坐标用数学公式 $F(x,y,z)=0$ 反映出来的一个约束条件，它也就是几何图形的数量表示式.

几何图形上点的特征性质，包含着两方面的含义：① 几何图形上的任意一点 $P(x,y,z)$，其坐标都要满足方程 $F(x,y,z)=0$；② 凡坐标满足方程 $F(x,y,z)=0$ 的点 $P(x,y,z)$ 都在几何图形上.

10.3.1　平面及其方程

空间平面是空间曲面最简单的图形. 确定空间平面的方法很多，如过不共线的三定点或过一点和一直线垂直等都可以确定一平面；又例如在 **10.1.3** 中例 3 和例 4 给出平面和球面的方程，它们就是按“动点到两定点的距离相等”和“动点到定点的距离不变”，得到平面上的点和球面上的点应满足的约束：$Ax+By+Cz=D$ 和

$(x-x_0)^2+(y-y_0)^2+(z-z_0)^2=R^2$.

如果在空间给定一点 P_0 和一个非零向量 $\boldsymbol{n}$，那么通过点 P_0 且与向量 $\boldsymbol{n}$ 垂直的平面也唯一地被确定，称与平面垂直的非零向量 $\boldsymbol{n}$ 为平面的法向量. 显然，平面上的任一向量均与该平面的法向量 $\boldsymbol{n}$ 垂直.

设平面 π 过已知点 $P_0(x_0,y_0,z_0)$，且平面的法向量是 $\boldsymbol{n}=(A,B,C)$（A,B,C 不全为 0），如图 10-21 所示. 设 $P(x,y,z)$ 为平面 π 上任一点，由上述分析可知，点 P 在平面 π 上的充要条件是向量 $\overrightarrow{P_0P}$ 与法向量 $\boldsymbol{n}$ 垂直，即

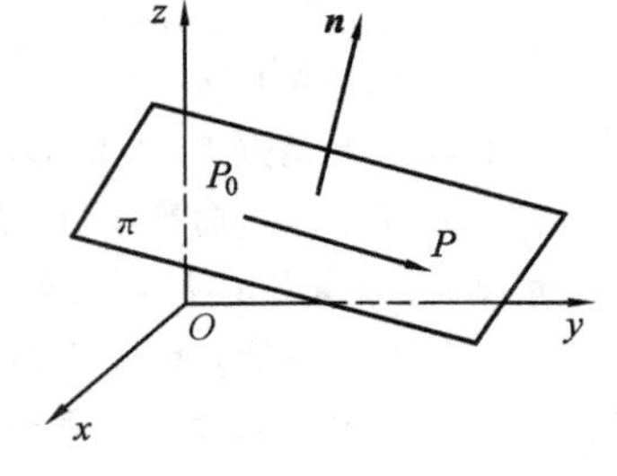

图 10-21

$$\boldsymbol{n}\cdot\overrightarrow{P_0P}=0.$$

由于 $\boldsymbol{n}=(A,B,C)$，$\overrightarrow{P_0P}=(x-x_0,y-y_0,z-z_0)$，所以有

$$A(x-x_0)+B(y-y_0)+C(z-z_0)=0. \tag{1}$$

这是一个 x,y,z 的三元一次方程. 显然，平面 π 上任一点的坐标必满足方程(1)，而不在平面 π 上的点，其坐标均不满足方程(1). 故方程(1)就是由点 P_0 和法向量 $\boldsymbol{n}$ 所确定的平面方程，称为平面 π 的点法式方程.

例 1　求过点$(-1,2,0)$且法向量为 $\boldsymbol{n}=(1,3,1)$ 的平面方程.

解　根据平面的点法式方程(1)，得所求的平面方程为

$$(x+1)+3(y-2)+(z-0)=0,$$

即

$$x+3y+z-5=0.$$

例 2　求过三点 $A(0,1,-1)$，$B(1,0,3)$，$C(-1,2,0)$ 的平面方程.

解　先求出平面的法向量 $\boldsymbol{n}$. 由于 $\boldsymbol{n}\perp\overrightarrow{AB}$，$\boldsymbol{n}\perp\overrightarrow{AC}$，因此由向量积定义知 $\boldsymbol{n}/\!/\overrightarrow{AB}\times\overrightarrow{AC}$，所以可取 $\boldsymbol{n}=k\overrightarrow{AB}\times\overrightarrow{AC}$，因为

$$\overrightarrow{AB}\times\overrightarrow{AC}=\begin{vmatrix}\boldsymbol{i}&\boldsymbol{j}&\boldsymbol{k}\\1&-1&4\\-1&1&1\end{vmatrix}=(-5,-5,0)=-5(1,1,0),$$

取 $\boldsymbol{n}=(1,1,0)$，代入平面的点法式方程(1)，可得

$$(x-0)+(y-1)+0(z+1)=0,$$

即

$$x+y-1=0.$$

在方程(1)中，如果记 $D=-(Ax_0+By_0+Cz_0)$，那么方程(1)就成为

$$Ax+By+Cz+D=0. \tag{2}$$

称方程(2)为平面 π 的一般式方程，它是 x,y,z 的三元一次方程.

在直角坐标系下，平面 π 的一般式方程(2)中的一次项系数 A,B,C 的几何意义是平面 π 的法向量 $\boldsymbol{n}$ 的三个坐标.

讨论平面的一般式方程(2)的几种特殊情况. 如果方程(2)中的系数 A,B,C

或 D 中有一个或几个等于零，那么对应的平面就具有某种特殊位置.

(1) $D=0$. 这时方程(2)变为 $Ax+By+Cz=0$，显然原点 $(0,0,0)$ 满足方程，所以该平面过原点；反之，若平面过原点，那么显然有 $D=0$.

(2) A,B,C 中有一个为零. 例如 $C=0$，方程(2)变为 $Ax+By+D=0$，平面的法向量 $\boldsymbol{n}=(A,B,0)$ 垂直于 z 轴，故方程表示一个平行于 z 轴或垂直于 xOy 坐标面的平面. 特别地，当 $C=D=0$ 时，方程表示过 z 轴的平面. 类似可得，当 $A=0$ 时，平面平行于 x 轴；当 $B=0$ 时，平面平行于 y 轴.

(3) A,B,C 中有两个为零. 例如 $A=B=0$，则方程变为 $Cz+D=0$ 或 $z=-\dfrac{D}{C}$，方程表示既平行于 x 轴同时又平行于 y 轴，即平行于 xOy 面的平面. 类似可得：当 $B=C=0$ 或 $A=C=0$ 时，平面平行于 yOz 面或 xOz 面.

特别地，$x=0$，$y=0$，$z=0$ 分别表示三个坐标面.

例 3 求平行于 y 轴且过点 $M_1(1,-5,1)$ 与 $M_2(3,2,-2)$ 的平面方程.

解 因为所求平面平行于 y 轴，故设所求平面方程为

$$Ax+Cz+D=0.$$

由于平面过点 $M_1(1,-5,1)$ 与 $M_2(3,2,-2)$，所以有

$$\begin{cases}A+C+D=0,\\ 3A-2C+D=0.\end{cases}$$

解得 $A=\dfrac{3}{2}C$，$D=\dfrac{5}{2}C$. 代入所设方程并除以 C $(C\neq 0)$，得所求平面方程为

$$3x+2z-5=0.$$

此例也可以先找出平面的法向量

$$\boldsymbol{n}=(0,1,0)\times(2,7,-3)=\begin{vmatrix}\boldsymbol{i} & \boldsymbol{j} & \boldsymbol{k}\\ 0 & 1 & 0\\ 2 & 7 & -3\end{vmatrix}=-3\boldsymbol{i}-2\boldsymbol{k},$$

得平面方程 $3x+2z-5=0$.

例 4 设平面过三坐标轴上 $P_1(a,0,0)$，$P_2(0,b,0)$，$P_3(0,0,c)$ 三点（其中 $abc\neq 0$）（见图 10-22），求平面的方程.

解 设所求平面的方程为

$$Ax+By+Cz+D=0.$$

由于平面过 P_1，P_2，P_3 三点，所以有

$$\begin{cases}aA+D=0,\\ bB+D=0,\\ cC+D=0,\end{cases}$$

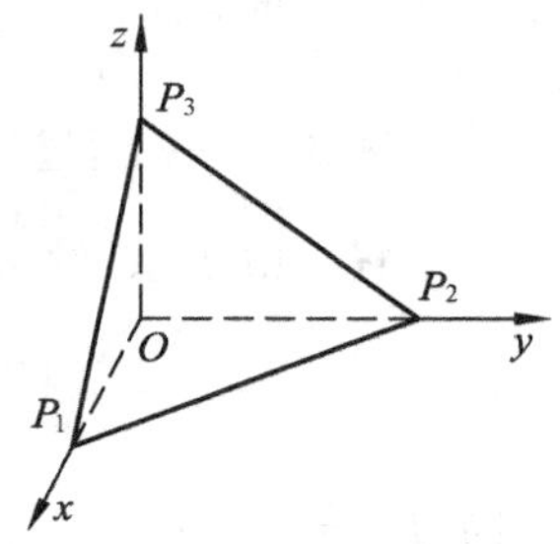

图 10-22

解得 $A=-\dfrac{D}{a}$，$B=-\dfrac{D}{b}$，$C=-\dfrac{D}{c}$. 代入所设方程并除以

$D\ (D\neq 0)$，得所求平面的方程为

$$\frac{x}{a}+\frac{y}{b}+\frac{z}{c}=1. \tag{3}$$

方程(3)称为平面的截距式方程，其中 a,b,c 分别称为平面在三坐标轴上的截距.

10.3.2　两平面的夹角

设两平面 π_1 和 π_2 为

$$\pi_1:\ A_1x+B_1y+C_1z+D_1=0,$$
$$\pi_2:\ A_2x+B_2y+C_2z+D_2=0,$$

则它们的法向量分别为

$$\boldsymbol{n}_1=(A_1,B_1,C_1),\boldsymbol{n}_2=(A_2,B_2,C_2).$$

设两平面 π_1 与 π_2 间的夹角用 θ 来表示(见图 10-23)，规定 $0\leqslant\theta\leqslant\frac{\pi}{2}$. 那么显然有：$\theta$ 和两平面法向量 $\boldsymbol{n}_1$ 与 $\boldsymbol{n}_2$ 的夹角相等，即 $\theta=(\widehat{\boldsymbol{n}_1,\boldsymbol{n}_2})$，或者与两平面法向量 $\boldsymbol{n}_1$ 与 $\boldsymbol{n}_2$ 的夹角互补，即

$$\theta=\pi-(\widehat{\boldsymbol{n}_1,\boldsymbol{n}_2}).$$

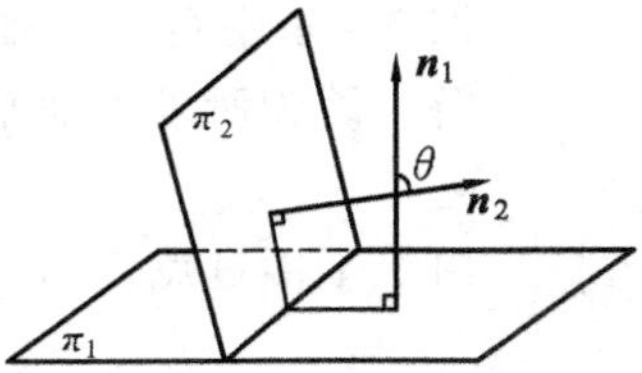

图 10-23

根据两向量的夹角公式可得

$$\cos\theta=|\cos(\widehat{\boldsymbol{n}_1,\boldsymbol{n}_2})|=\frac{|\boldsymbol{n}_1\cdot\boldsymbol{n}_2|}{|\boldsymbol{n}_1||\boldsymbol{n}_2|}=\frac{|A_1A_2+B_1B_2+C_1C_2|}{\sqrt{A_1^2+B_1^2+C_1^2}\sqrt{A_2^2+B_2^2+C_2^2}}, \tag{4}$$

公式(4)称为两平面的夹角公式.

从两向量垂直、平行的条件可得下列结论：

(1) 两平面 π_1,π_2 垂直的充要条件是 $A_1A_2+B_1B_2+C_1C_2=0$；

(2) 两平面 π_1,π_2 平行的充要条件是 $\frac{A_1}{A_2}=\frac{B_1}{B_2}=\frac{C_1}{C_2}$.

例 5　一平面过 x 轴且与平面 $x+y=0$ 的夹角为 $\frac{\pi}{3}$，求其方程.

解　由题意，设所求平面方程为 $By+Cz=0$，则

$$\cos\frac{\pi}{3}=\frac{|1\times 0+1\times B+0\times C|}{\sqrt{1^2+1^2+0^2}\sqrt{0^2+B^2+C^2}}=\frac{1}{2},$$

即 $|B|=\frac{\sqrt{2}}{2}\sqrt{B^2+C^2}$，解得 $B^2=C^2$，即 $C=\pm B$. 故所求平面方程为

$$y\pm z=0.$$

例 6 求过点 $A(1,1,-1)$ 且与 $x-y+z-7=0,3x+2y-12z+5=0$ 都垂直的平面.

解 设所求平面的法向量为 $\boldsymbol{n}=(A,B,C)$，$\boldsymbol{n}_1=(1,-1,1)$，$\boldsymbol{n}_2=(3,2,-12)$，由于 $\boldsymbol{n}\perp\boldsymbol{n}_1$，$\boldsymbol{n}\perp\boldsymbol{n}_2$，故 $\boldsymbol{n}/\!/\boldsymbol{n}_1\times\boldsymbol{n}_2$，所以可取 $\boldsymbol{n}=k\boldsymbol{n}_1\times\boldsymbol{n}_2$.

因为

$$\boldsymbol{n}_1\times\boldsymbol{n}_2=\begin{vmatrix}\boldsymbol{i} & \boldsymbol{j} & \boldsymbol{k}\\ 1 & -1 & 1\\ 3 & 2 & -12\end{vmatrix}=(10,15,5)=5(2,3,1),$$

则取 $\boldsymbol{n}=(2,3,1)$，代入平面的点法式(1)得所求平面方程为

$$2(x-1)+3(y-1)+(z+1)=0,$$

即

$$2x+3y+z-4=0.$$

10.3.3 点到平面的距离

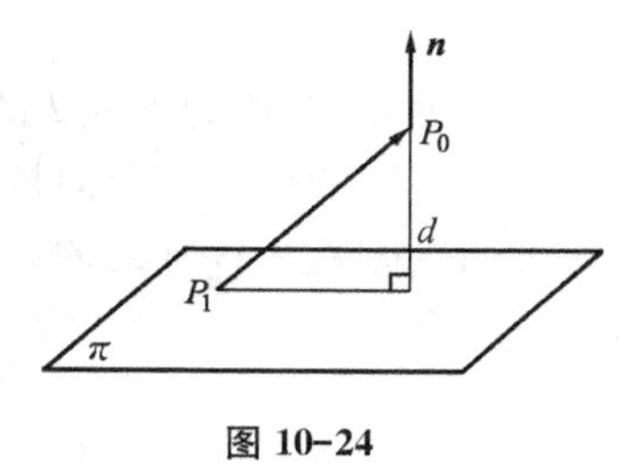

图 10-24

如图 10-24 所示，点 $P_0(x_0,y_0,z_0)$ 到平面 $Ax+By+Cz+D=0$ 的距离公式为

$$d=\frac{|Ax_0+By_0+Cz_0+D|}{\sqrt{A^2+B^2+C^2}}. \tag{5}$$

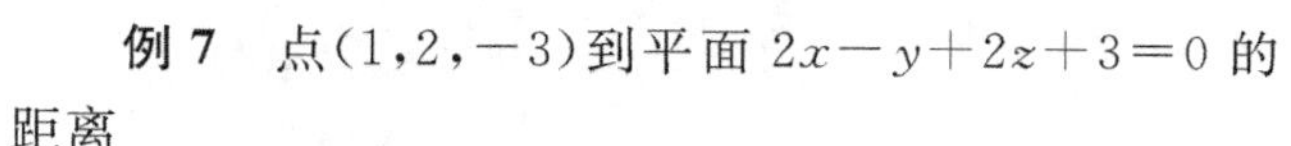

例 7 点 $(1,2,-3)$ 到平面 $2x-y+2z+3=0$ 的距离

$$d=\frac{|2\times1-1\times2+2\times(-3)+3|}{\sqrt{2^2+(-1)^2+2^2}}=1.$$

10.3.4 空间直线及其方程

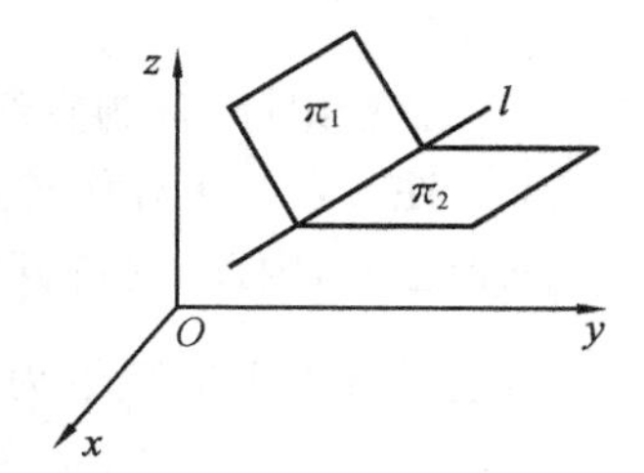

图 10-25

设空间直线 l 可看成两个平面 π_1 和 π_2 的交线(见图 10-25). 如果两个相交平面 π_1 和 π_2 的方程分别为 $A_1x+B_1y+C_1z+D_1=0$ 和 $A_2x+B_2y+C_2z+D_2=0$，则直线 l 上任意一点同时在两个平面上，所以它的坐标必须同时满足两平面的方程，即满足方程组

$$\begin{cases}A_1x+B_1y+C_1z+D_1=0,\\ A_2x+B_2y+C_2z+D_2=0.\end{cases} \tag{6}$$

反过来，坐标满足方程组(6)的点同时在两平面上，因而一定在两平面的交线即直线上，因此方程组(6)表示直线 l 的方程，称为直线 l 的一般式方程.

通过空间直线 l 的平面有无限多个，只要在这无限多个平面中任意选取两个，把这两个平面的方程联立起来，所得的方程组就表示空间直线 l. 这种表达式的缺点是从方程本身看不出空间直线的位置.

下面以向量为工具给出空间直线方程其他的表达式.

在空间,给定了一点 $P_0(x_0,y_0,z_0)$ 和一个非零向量 $\boldsymbol{s}=(m,n,p)$,那么通过点 P_0 且与向量 $\boldsymbol{s}$ 平行的直线 l 就唯一地被确定(见图 10-26),称向量 $\boldsymbol{s}$ 为直线 l 的方向向量. 显然,任何一个与直线 l 平行的非零向量都可以作为直线 l 的方向向量.

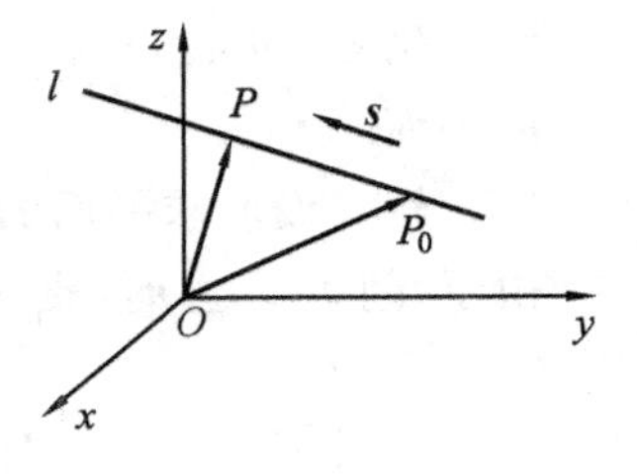

图 10-26

设 $P(x,y,z)$ 为直线 l 上任意一点,那么,点 P 在直线 l 上的充要条件是 $\overrightarrow{P_0P}$ 与 $\boldsymbol{s}(\neq\boldsymbol{0})$ 共线,即 $\overrightarrow{P_0P}/\!/\boldsymbol{s}$. 由两向量共线的充要条件可得 $\overrightarrow{P_0P}$ 与 $\boldsymbol{s}$ 的对应坐标(分量)成比例,即

$$\frac{x-x_0}{m}=\frac{y-y_0}{n}=\frac{z-z_0}{p}. \tag{7}$$

方程(7)称为直线 l 的对称式方程或点向式方程或标准式方程.

直线的任一方向向量 $\boldsymbol{s}$ 的坐标 m,n,p 称为该直线的一组方向数,而向量 $\boldsymbol{s}$ 的方向余弦称为该直线的方向余弦.

令

$$\frac{x-x_0}{m}=\frac{y-y_0}{n}=\frac{z-z_0}{p}=t,$$

得

$$\begin{cases}x=x_0+mt,\\ y=y_0+nt,\\ z=z_0+pt.\end{cases} \tag{8}$$

方程组(8)称为直线 l 的参数式方程,其中 t 为参数.

注　(1) 在对称式方程(7)中,形式分母 m,n,p 的几何意义是方向向量 $\boldsymbol{s}$ 的三个坐标,因此,允许其中一个或两个为 0. 当 m,n,p 中有一个为 0 时,例如 $n=0$,这时方程组应理解为 $\frac{x-x_0}{m}=\frac{z-z_0}{p}$, $y-y_0=0$;当 m,n,p 中有两个为 0 时,例如 $n=p=0$,方程组则应理解为 $y-y_0=0$, $z-z_0=0$.

(2) 直线的参数表示式中参数 t 的系数 m,n,p 是直线的方向向量的三个坐标.

例 8　求过点 $(1,3,-2)$,且与平面 $2x+y-3z+1=0$ 垂直的直线的对称式方程.

解　所给平面的法向量 $\boldsymbol{n}=(2,1,-3)$,由于直线与平面垂直,故 $\boldsymbol{n}$ 与所求直线平行,因此可取 $\boldsymbol{n}$ 作为直线的方向向量. 代入方程(7)得直线的对称式方程为

$$\frac{x-1}{2}=\frac{y-3}{1}=\frac{z+2}{-3}.$$

直线的对称式方程的几何意义比较明显,由对称式方程很容易得出直线的方向向量 $\boldsymbol{s}$ 及直线上的定点 P_0 的坐标.

例 9 化直线 l 的一般式方程 $\begin{cases}2x-3y+z-5=0,\\3x+y-2z-2=0\end{cases}$ 为对称式方程及参数式方程.

解 先求出直线上的一个点 $P_0(x_0,y_0,z_0)$. 例如,令 $x_0=1$,代入方程组,得

$$\begin{cases}-3y+z=3,\\y-2z=-1,\end{cases}$$

解得 $y_0=-1,z_0=0$,则$(1,-1,0)$为直线上的一个点.

再求出直线的方向向量 $\boldsymbol{s}$,由于 $\boldsymbol{s}\perp\boldsymbol{n}_1,\boldsymbol{s}\perp\boldsymbol{n}_2$,故 $\boldsymbol{s}/\!/\boldsymbol{n}_1\times\boldsymbol{n}_2$,其中,

$$\boldsymbol{n}_1=(2,-3,1),\ \boldsymbol{n}_2=(3,1,-2),$$

$$\boldsymbol{n}_1\times\boldsymbol{n}_2=\begin{vmatrix}\boldsymbol{i}&\boldsymbol{j}&\boldsymbol{k}\\2&-3&1\\3&1&-2\end{vmatrix}=(5,7,11).$$

取 $\boldsymbol{s}=(5,7,11)$,代入方程(7)便得直线的对称式方程为

$$\frac{x-1}{5}=\frac{y+1}{7}=\frac{z-0}{11},$$

参数式方程为

$$\begin{cases}x=1+5t,\\y=-1+7t,\\z=11t.\end{cases}$$

10.3.5 两直线的夹角

空间两直线 l_1 和 l_2 的夹角 θ 是用它们的方向向量间的夹角来定义的,但规定 $0\leqslant\theta\leqslant\frac{\pi}{2}$. 所以 $\theta=(\boldsymbol{s}_1\hat{,}\boldsymbol{s}_2)$ 或 $\theta=\pi-(\boldsymbol{s}_1\hat{,}\boldsymbol{s}_2)$.

设两直线 l_1 和 l_2 的方程为

$$l_1:\frac{x-x_1}{m_1}=\frac{y-y_1}{n_1}=\frac{z-z_1}{p_1},$$

$$l_2:\frac{x-x_2}{m_2}=\frac{y-y_2}{n_2}=\frac{z-z_2}{p_2}.$$

根据两向量之间的夹角公式可得

$$\cos\theta=|\cos(\boldsymbol{s}_1\hat{,}\boldsymbol{s}_2)|=\frac{|\boldsymbol{s}_1\cdot\boldsymbol{s}_2|}{|\boldsymbol{s}_1||\boldsymbol{s}_2|}=\frac{|m_1m_2+n_1n_2+p_1p_2|}{\sqrt{m_1^2+n_1^2+p_1^2}\sqrt{m_2^2+n_2^2+p_2^2}}.\tag{9}$$

从两向量垂直、平行的条件不难得到:

(1) 两直线 l_1,l_2 垂直的充要条件是 $m_1m_2+n_1n_2+p_1p_2=0$;

(2) 两直线 l_1,l_2 平行或重合的充要条件是 $\frac{m_1}{m_2}=\frac{n_1}{n_2}=\frac{p_1}{p_2}$.

例 10　求两直线 $l_1:\frac{x+3}{4}=\frac{y-2}{3}=\frac{z-5}{1}$ 和 $l_2:\frac{x}{1}=\frac{y-2}{-1}=\frac{z-5}{2}$ 之间的夹角.

解　由直线方程可知 $s_1=(4,3,1)$，$s_2=(1,-1,2)$，由公式(9)得

$$\cos\theta=\frac{|4\times1+3\times(-1)+1\times2|}{\sqrt{4^2+3^2+1^2}\sqrt{1^2+(-1)^2+2^2}}=\frac{3}{2\sqrt{39}}=\frac{\sqrt{39}}{26},$$

所求的两直线夹角为 $\theta=\arccos\frac{\sqrt{39}}{26}$.

10.3.6　直线与平面的夹角

当直线 l 和平面 π 不垂直时，直线和它在该平面上的投影直线 l_0 所构成的锐角 $\varphi\left(0\leqslant\varphi<\frac{\pi}{2}\right)$ 称为直线与平面的夹角(见图 10-27). 当直线垂直于平面时，规定直线与平面间的夹角 φ 为直角.

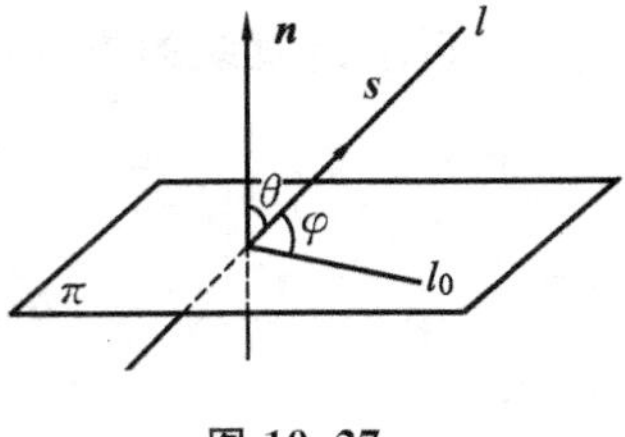

图 10-27

直线 l 与平面 π 间的夹角 φ 可以由直线的方向向量 $\boldsymbol{s}$ 和平面的法向量 $\boldsymbol{n}$ 来决定(见图 10-27). 如果设 $\boldsymbol{n}$ 和 $\boldsymbol{s}$ 之间的夹角为 $(\widehat{\boldsymbol{n},\boldsymbol{s}})=\theta(0\leqslant\theta<\pi)$，那么 $\varphi=\left|\frac{\pi}{2}-\theta\right|$，因此 $\sin\varphi=|\cos\theta|$.

设平面 π 的方程为

$$Ax+By+Cz+D=0,$$

直线 l 的方程为

$$\frac{x-x_0}{m}=\frac{y-y_0}{n}=\frac{z-z_0}{p},$$

则根据两向量的夹角公式得

$$\sin\varphi=|\cos(\widehat{\boldsymbol{n},\boldsymbol{s}})|=\frac{|\boldsymbol{n}\cdot\boldsymbol{s}|}{|\boldsymbol{n}||\boldsymbol{s}|}=\frac{|Am+Bn+Cp|}{\sqrt{A^2+B^2+C^2}\sqrt{m^2+n^2+p^2}}.\tag{10}$$

由于直线和平面平行相当于直线的方向向量 $\boldsymbol{s}$ 与平面法向量 $\boldsymbol{n}$ 垂直，所以直线与平面平行的充要条件是

$$Am+Bn+Cp=0.$$

类似可得直线与平面垂直的充要条件是

$$\frac{A}{m}=\frac{B}{n}=\frac{C}{p}.$$

例 11　求直线 $\frac{x-1}{1}=\frac{y}{-4}=\frac{z+3}{1}$ 与平面 $\pi:2x-2y-z+3=0$ 的夹角.

解　已知直线的方向向量 $\boldsymbol{s}=(1,-4,1)$，平面 π 的法向量 $\boldsymbol{n}=(2,-2,-1)$，则

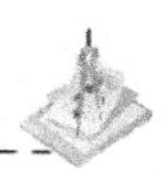

$$\sin\varphi=\frac{|1\times2+(-4)\times(-2)+1\times(-1)|}{\sqrt{1^2+(-4)^2+1^2}\sqrt{2^2+(-2)^2+(-1)^2}}=\frac{9}{\sqrt{18}\times3}=\frac{1}{\sqrt{2}},$$

所以 $\varphi=\frac{\pi}{4}$.

例 12　求过直线 $l:\frac{x-2}{5}=\frac{y+1}{2}=\frac{z-2}{4}$ 且垂直于平面 $\pi_0:x+4y-3z+7=0$ 的平面 π 的方程.

解　平面 π_0 的法向量为(1,4,−3),设所求平面的法向量 $\boldsymbol{n}=(A,B,C)$.因为所求平面过直线 l,故 $\boldsymbol{n}\perp\boldsymbol{s}$;又因为所求平面与已知平面垂直,故 $\boldsymbol{n}\perp\boldsymbol{n}_0$,从而

$$\boldsymbol{n}=\boldsymbol{n}_0\times\boldsymbol{s}=\begin{vmatrix}\boldsymbol{i}&\boldsymbol{j}&\boldsymbol{k}\\1&4&-3\\5&2&4\end{vmatrix}=22\boldsymbol{i}-19\boldsymbol{j}-18\boldsymbol{k}.$$

又由于平面过 $P_0(2,-1,2)$,由平面的点法式方程得所求平面的方程为

$$22(x-2)-19(y+1)-18(z-2)=0,$$

即

$$22x-19y-18z-27=0.$$

习题 10-3

1. 求过点(3,0,−1)且与平面 $3x-7y+5z-12=0$ 平行的平面方程.

2. 已知三点 $P_1(0,4,-5)$,$P_2(-1,-2,2)$,$P_3(4,2,1)$,求过这三点的平面方程.

3. 求通过点 $P_1(2,-1,1)$ 和 $P_2(3,-2,1)$,且分别平行于三坐标轴的三个平面.

4. 指出下列平面的特殊位置:

(1) $x-y+1=0$;　　(2) $4x-4y+7z=0$;

(3) $x+2=0$;　　(4) $x+5z=0$.

5. 求下列平面的单位法向量及其方向余弦:

(1) $2x+3y+6z-35=0$;　　(2) $x-2y+2z+21=0$.

6. 求下列各组平面间的夹角:

(1) $x+y-11=0$, $3x+8=0$;

(2) $2x-3y+6z-12=0$, $x+2y+2z-7=0$.

7. 确定 l,m 符合什么条件时,两个平面 $2x+my+3z-5=0$ 与 $lx-6y-6z+2=0$ 满足下列关系:(1) 互相垂直;(2) 互相平行.

8. 计算下列点到平面的距离:

(1) $P(-2,4,3)$, $\pi:2x-y+2z+3=0$;

(2) $P(1,2,-3)$, $\pi:5x-3y+z+4=0$;

(3) $P(3,-5,-2)$, $\pi:2x-y+3z+11=0$.

9. 求满足下列条件的直线方程:

(1) 过原点且与 $\boldsymbol{s}=(1,-1,1)$ 平行;

(2) 过两点(2,5,8),(−1,0,3)；

(3) 过点(2,−8,3)且垂直于平面 $x+2y-3z-2=0$；

(4) 过点 $P(1,0,-2)$ 且与两直线 $\frac{x-1}{1}=\frac{y}{1}=\frac{z+1}{-1}$ 和 $\frac{x}{1}=\frac{y-1}{-1}=\frac{z+1}{0}$ 垂直.

10. 化直线的一般方程 $\begin{cases}x-y+2z-6=0,\\2x+y+z-5=0\end{cases}$ 为对称式方程.

11. 求两直线 $\frac{x-1}{3}=\frac{y+2}{6}=\frac{z-5}{2}$ 与 $\frac{x}{2}=\frac{y-3}{9}=\frac{z+1}{6}$ 之间的夹角.

12. 求过点 $P(1,0,-2)$ 与平面 $3x-2y+2z-1=0$ 平行,且与直线 $\frac{x-1}{4}=\frac{y-3}{-2}=\frac{z}{1}$ 垂直的直线方程.

13. 求过点(2,0,−3)且与直线 $\begin{cases}x-2y+4z-7=0,\\3x+5y-2z+1=0\end{cases}$ 垂直的平面方程.

14. 求直线 l：$\frac{x}{-1}=\frac{y-1}{1}=\frac{z-1}{2}$ 和平面 π：$2x+y-z-3=0$ 之间的夹角.

15. 求过点 $P(4,0,-1)$ 且通过直线 $\frac{x-4}{5}=\frac{y+3}{2}=\frac{z}{1}$ 的平面方程.

16. 求过点(1,0,−1)且平行于两直线 $\frac{x-1}{2}=\frac{y-1}{1}=\frac{z+1}{1}$ 和 $\frac{x-2}{1}=\frac{y+1}{1}=\frac{z-3}{0}$ 的平面方程.

10.4　曲面与空间曲线

前面以向量为工具讨论了平面与空间直线,本节讨论曲面和空间曲线,进一步建立作为点的轨迹的曲面和空间曲线与其方程之间的联系,把研究曲面和空间曲线的几何问题归结为研究其方程的代数问题.

10.4.1　空间曲面的方程

就像在平面解析几何中,把任何平面曲线看做是动点按一定规律运动而得到的几何轨迹一样,在空间解析几何中,也把空间曲面看成是动点按一定规律运动而产生的几何轨迹.

1) 空间曲面的一般式方程

已知曲面 S 是由动点按一定规律运动的几何轨迹,曲面 S 就可表示为一个含有动点坐标 x,y,z 的三元方程

$$F(x,y,z)=0. \tag{1}$$

如果曲面 S 上的任一点的坐标都满足方程(1),反之,坐标不满足方程(1)的点都不在曲面 S 上,则称方程(1)为曲面 S 的方程,而曲面 S 称为方程(1)的图形(见图 10-28).

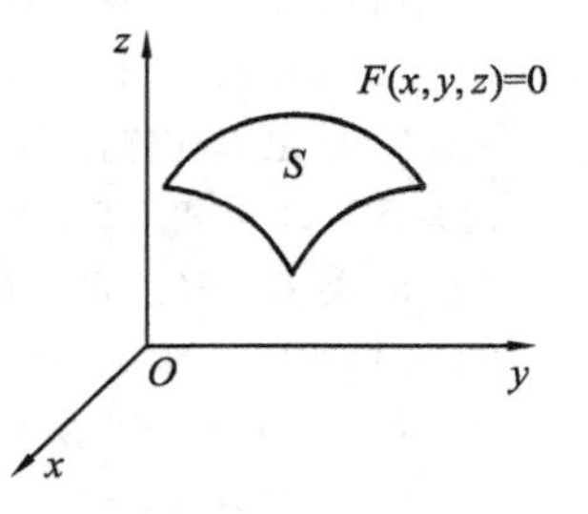

图 10-28

在 **10.1.3** 例 3 和例 4 中已见到，平面、球面都是动点的轨迹，且给出了这种轨迹的方程.下面介绍常用的两种曲面：柱面和旋转曲面.

2）柱面

所谓柱面是指一条直线 L 沿着一条曲线 C 平行移动而形成的轨迹，称曲线 C 是柱面的准线，直线 L 是柱面的母线.

今后遇到的柱面，其准线经常是坐标面上的平面曲线，而母线总是平行于坐标轴的直线.例如，求准线是 xOy 坐标面内的曲线 y，而母线是平行于 z 轴的直线的柱面方程.

设 $P(x,y,z)$是柱面上一点，它在 xOy 坐标面上的投影 $P_1(x_1,y_1,0)$必在曲线 C 上，即 $F(x_1,y_1)=0$（见图 10-29）.又因点 P_1 在空间的坐标是$(x_1,y_1,0)$，且点 $P_1(x_1,y_1,0)$的坐标也满足方程 $F(x,y)=0$，从而曲线 C 上的各点均在曲面 S 上.不仅如此，母线 P_1P 上任取一点 P，假定$|P_1P|=z_1$，那么点 P 的坐标是(x_1,y_1,z_1).容易知道(x_1,y_1,z_1)也满足方程 $F(x,y)=0$.反之，如果 $P'(x'_1,y'_1,z)$满足 $F(x',y')=0$，则点 P'一定在柱面上.

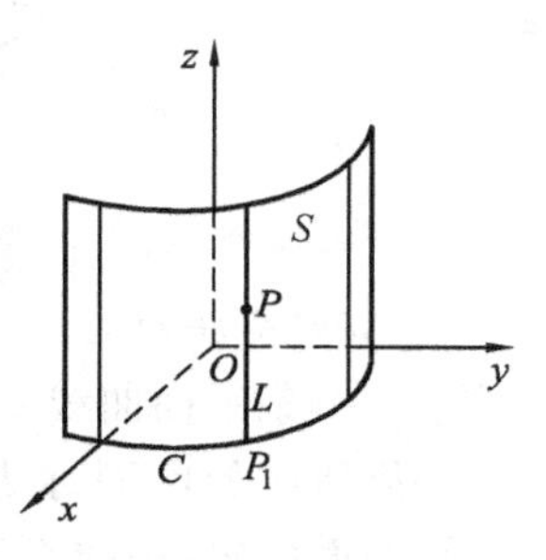

图 10-29

因此，空间方程 $F(x,y)=0$ 表示一个母线平行于 z 轴，准线为 xOy 面上的曲线 $F(x,y)=0$ 的柱面方程.

由此，注意到 $F(x,y)=0$ 在 xOy 坐标面上表示一条平面曲线，在空间则表示一个曲面——柱面.它的准线是 xOy 坐标面上的曲线 $F(x,y)=0$，母线是平行于 z 轴的直线.

同理，方程 $F(y,z)=0$ 与 $F(x,z)=0$ 在空间都表示柱面，它们的母线分别平行于 x 轴与 y 轴.

例如，方程 $x^2+y^2=R^2$ 表示准线为 xOy 坐标面上的圆，母线平行于 z 轴的圆柱面（见图 10-30），类似地，方程

$$\frac{x^2}{a^2}+\frac{y^2}{b^2}=1,\ \frac{x^2}{a^2}-\frac{y^2}{b^2}=1,\ x^2=2py,\ x-y=0$$

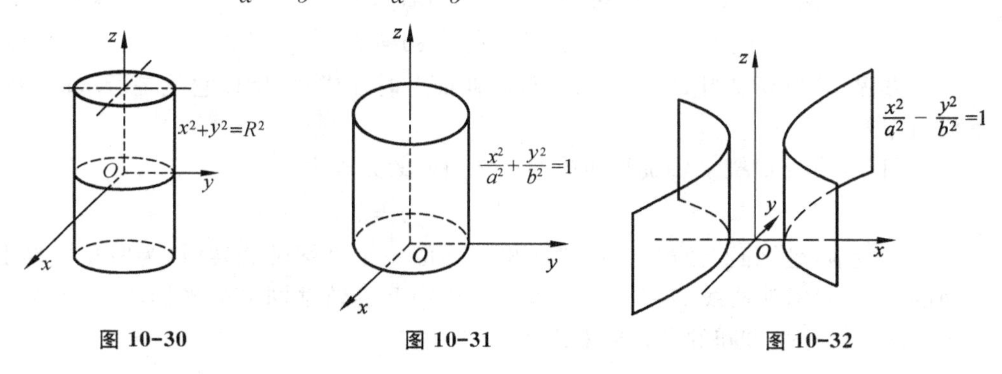

图 10-30　　图 10-31　　图 10-32

分别表示母线平行于 z 轴的椭圆柱面(见图 10-31)、双曲柱面(见图 10-32)、抛物柱面(见图 10-33)和平面(见图 10-34).

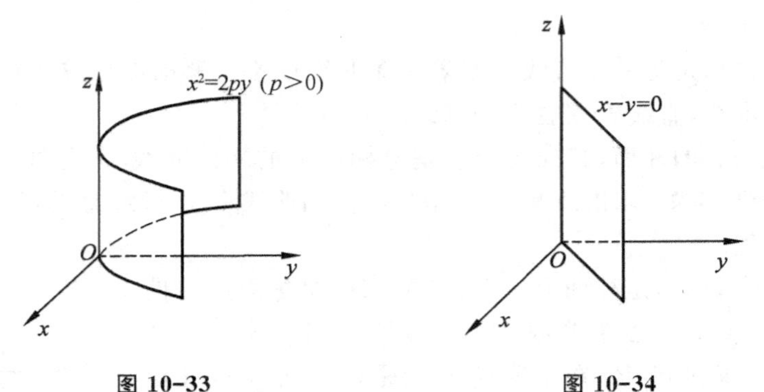

图 10-33　　　　图 10-34

3) 旋转曲面

一条平面曲线 C 绕该平面上的一条定直线旋转一周所成的曲面称为旋转曲面,这条定直线称为旋转曲面的轴,曲线 C 称为旋转曲面的母线. 今后所求的旋转曲面的母线是坐标平面内的曲线,旋转轴取成坐标轴.

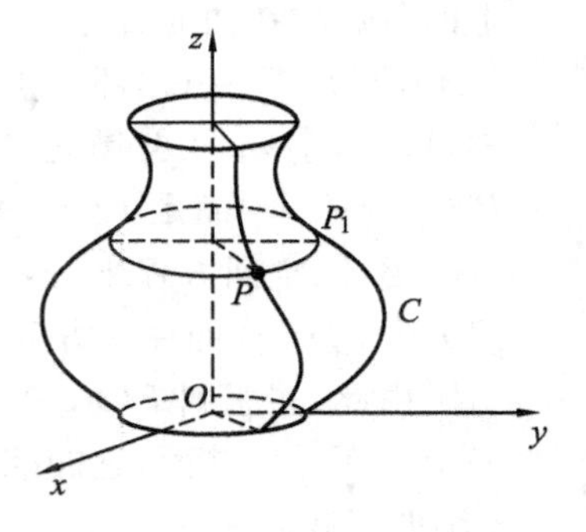

图 10-35

设在 yOz 坐标面上有一条已知曲线 C,其方程为 $f(y,z)=0$,使曲线 C 绕 z 轴旋转一周,便得到一个以 z 轴为旋转轴的曲面 S(见图 10-35),求该旋转曲面的方程.

当曲线 C 绕 z 轴旋转时,曲线 C 上任一点 $P_1(0,y_1,z_1)$ 旋转到 $P(x,y,z)$. 由于 P_1 点在曲线 C 上,故其坐标满足方程,即

$$f(y_1,z_1)=0. \tag{2}$$

同时,注意到曲线 C 在绕 z 轴旋转时,P_1 和 P 的坐标满足 $z_1=z$,且 $|y_1|=\sqrt{x^2+y^2}$ 即 $y_1=\pm\sqrt{x^2+y^2}$,将 y_1,z_1 代入方程(2)得

$$f(\pm\sqrt{x^2+y^2},z)=0. \tag{3}$$

方程(3)当且仅当 $P(x,y,z)$ 在旋转曲面上时才成立,所以它就是所求的旋转曲面方程.

同理,曲线 C 绕 y 轴旋转而成的旋转曲面的方程为

$$f(y,\pm\sqrt{x^2+z^2})=0.$$

一般地,坐标面上的曲线 C 绕此坐标面的一个坐标轴旋转时,为写出旋转曲面的方程,只需使曲线 C 在坐标面里的方程中和旋转轴同名的坐标不变,而另一个用两个坐标平方和的平方根来代替即可.

例 1　将 yOz 面上的下列曲线绕给定坐标轴旋转一周，求所得旋转曲面的方程：

(1) $\frac{y^2}{a^2}+\frac{z^2}{b^2}=1$ 绕 y 轴旋转；　　(2) $\frac{y^2}{a^2}-\frac{z^2}{b^2}=1$ 绕 y 轴旋转；

(3) $y^2=2pz\ (p>0)$绕 z 轴旋转；　(4) $z=ky(k>0)$绕 z 轴旋转.

解　(1) $\frac{y^2}{a^2}+\frac{z^2}{b^2}=1$ 绕 y 轴旋转的旋转曲面方程为$\frac{y^2}{a^2}+\frac{x^2+z^2}{b^2}=1$，称为旋转椭球面；

(2) $\frac{y^2}{a^2}-\frac{z^2}{b^2}=1$ 绕 y 轴旋转的旋转曲面方程为$\frac{y^2}{a^2}-\frac{x^2+z^2}{b^2}=1$，称为旋转双叶双曲面；

(3) $y^2=2pz(p>0)$绕 z 轴旋转的旋转曲面方程为 $x^2+y^2=2pz(p>0)$，称为旋转抛物面；

(4) $z=ky(k>0)$ 绕 z 轴旋转的旋转曲面方程为 $z=\pm k\sqrt{x^2+y^2}$ 或 $z^2-k^2(x^2+y^2)=0$，称为圆锥面. 此圆锥面的顶点在原点，以 z 轴为对称轴.

10.4.2　空间曲线的方程

1) 空间曲线的一般式方程

任何空间曲线 L，都可以看成过此曲线的两个曲面的交线. 设两个曲面的方程分别为 $F_1(x,y,z)=0$ 和 $F_2(x,y,z)=0$，它们相交于曲线 L(见图 10-36). 这样，曲线 L 上的任意点同时在两曲面上，所以应满足方程组

$$\begin{cases}F_1(x,y,z)=0,\\F_2(x,y,z)=0.\end{cases}\tag{4}$$

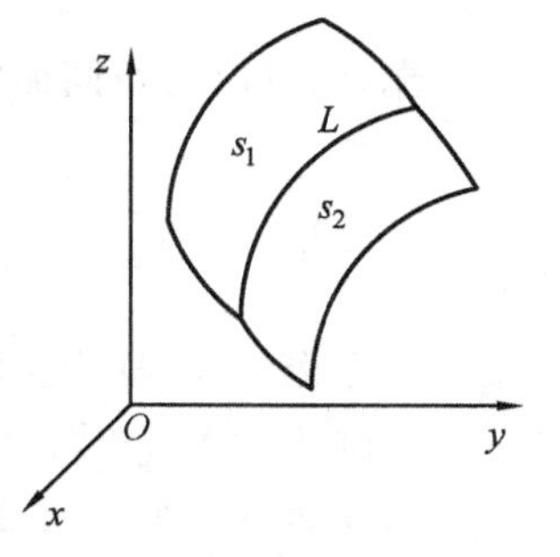

图 10-36

反过来，坐标满足方程组(4)的点，同时在两曲面上，即在两曲面的交线 L 上. 因此，方程组(4)表示空间曲线 L 的方程，称为空间曲线 L 的一般式方程.

由于过空间曲线 L 的曲面可以有无穷多个，所以曲线 L 的表达式不唯一.

例 2　写出 z 轴的方程.

解　由于 z 轴可以看成 yOz 面和 xOz 面的交线，故其方程为

$$\begin{cases}x=0,\\y=0.\end{cases}$$

由于该方程组与方程组

$$\begin{cases}x+y=0,\\x-y=0\end{cases}$$

同解，所以 z 轴的方程也可以用第二个方程组来表示(见图 10-37).

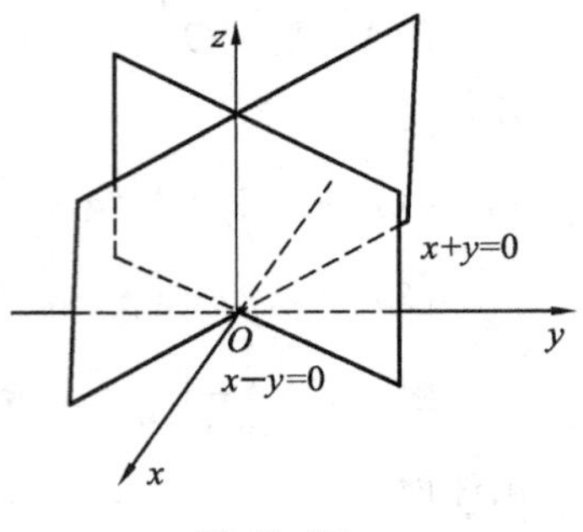

图 10-37

例 3　方程组 $\begin{cases} x^2+y^2+z^2=R^2, \\ z=0 \end{cases}$ 表示怎样的曲线？试写出此曲线的另外两种表示形式.

解　方程 $x^2+y^2+z^2=R^2$ 表示以原点为球心，半径为 R 的球面；$z=0$ 表示 xOy 面，方程组表示的是它们的交线，即 xOy 面上以原点为圆心，半径为 R 的圆. 此曲线还可以表示为以下两种形式

$$\begin{cases} x^2+y^2=R^2, \\ z=0 \end{cases} \text{或} \begin{cases} x^2+y^2+z^2=R^2, \\ x^2+y^2=R^2. \end{cases}$$

2) 空间曲线的参数式方程

空间曲线也可以像平面曲线那样，用它的参数式方程来表达，这是另一种表示空间曲线的常用方法. 特别是把空间曲线看作质点的运动轨迹时，一般常采用参数表示法.

在平面解析几何中，平面曲线的参数方程为

$$\begin{cases} x=x(t), \\ y=y(t) \end{cases} (t \text{ 为参数}).$$

同样，也可以将空间曲线上任意点的直角坐标 x,y,z 用同一参数 t 的函数来表示

$$\begin{cases} x=x(t), \\ y=y(t), \\ z=z(t) \end{cases} (t \text{ 为参数}). \tag{5}$$

方程组(5)称为空间曲线的参数式方程.

例 4　设圆柱面上点 P 沿圆柱面 $x^2+y^2=a^2$ 以等角速度 ω 绕 z 轴旋转，同时又以线速度 v 沿平行于 z 轴的正方向上升(其中 ω, v 都是常数)，则动点 P 的运动轨迹称为圆柱螺线或螺旋线. 试求圆柱螺线的参数方程.

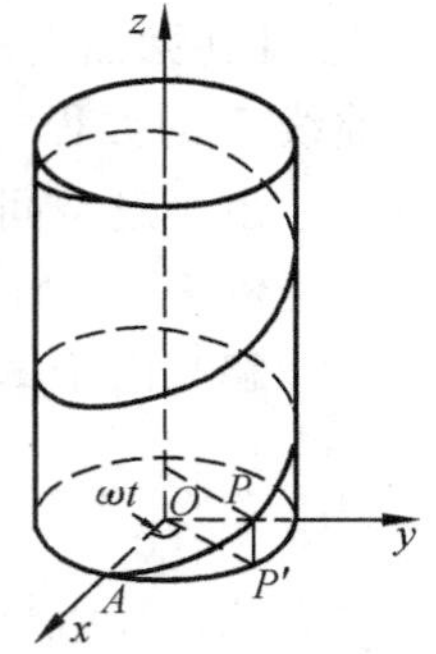

图 10-38

解　取坐标系如图 10-38 所示，并取时间 t 为参数，设当 $t=0$ 时，动点 P 在 $A(a,0,0)$ 处. 经过时间 t，动点运动到 $P(x,y,z)$. 点 P 在 xOy 面上的投影点为 $P'(x,y,0)$. 显然点 P' 在圆柱的底圆上，由于动点以角速度 ω 绕 z 轴旋转，所以 $\angle AOP'=\omega t$，从而

$$x=|OP'|\cos\angle AOP'=a\cos\omega t,$$
$$y=|OP'|\sin\angle AOP'=a\sin\omega t.$$

由于动点同时以线速度 v 沿平行于 z 轴的正方向上升，所以

$$z=P'P=vt.$$

因此圆柱螺线的参数方程为

$$\begin{cases} x=a\cos \omega t, \\ y=a\sin \omega t, \\ z=vt \end{cases} (0<t<+\infty).$$

如果采用 $\theta=\omega t$ 作为参数，并令 $b=\frac{v}{\omega}$，圆柱螺线的参数方程又可写成

$$\begin{cases} x=a\cos \theta, \\ y=a\sin \theta, \\ z=b\theta \end{cases} (0<\theta<\infty).$$

3）空间曲线在坐标面上的投影

设空间曲线 L 的方程为

$$\begin{cases} F_1(x,y,z)=0, \\ F_2(x,y,z)=0. \end{cases}$$

从这个方程组中消去 z 得一个过曲线 L 的柱面

$$F(x,y)=0. \tag{6}$$

这是因为空间曲线 L 上每一点坐标都满足方程(6)．从柱面的概念知，这是一个以 xOy 面上的曲线 $F(x,y)=0$ 为准线，母线平行于 z 轴的柱面方程．由于柱面包含曲线 L，称此柱面为曲线 L 对 xOy 面的投影柱面．投影柱面与 xOy 面的交线

$$\begin{cases} F(x,y)=0, \\ z=0, \end{cases} \tag{7}$$

称为曲线 L 在 xOy 面上的投影曲线．

同理，从曲线 L 的方程组中消去 x 或 y，得 $G(y,z)=0$ 或 $H(x,z)=0$，称为空间曲线 L 在 yOz 面及 xOz 面上的投影柱面．曲线 L 在 yOz 面及 xOz 面上的投影曲线分别为

$$\begin{cases} G(y,z)=0, \\ x=0, \end{cases} \quad \begin{cases} H(x,z)=0, \\ y=0. \end{cases}$$

例 5　求空间曲线 L：$\begin{cases} 2x^2+y^2+z^2=16, \\ x^2-y^2+z^2=0 \end{cases}$ 在三个坐标面上的投影曲线．

解　从曲线 L 的方程中消去 z，得对 xOy 面的投影柱面为

$$x^2+2y^2=16,$$

故曲线 L 在 xOy 面上的投影曲线为

$$\begin{cases} x^2+2y^2=16, \\ z=0. \end{cases}$$

类似可求得曲线在 yOz 面及 xOz 面上的投影曲线分别为

$$\begin{cases}3y^2-z^2=16,\\x=0,\end{cases}\quad\begin{cases}3x^2+2z^2=16,\\y=0.\end{cases}$$

如何求一条空间曲线 L 在坐标面上的投影曲线，是在后面重积分计算中必须掌握的.

10.4.3　二次曲面

前面介绍了一些动点按某规律运动时，其轨迹的方程是动点 $P(x,y,z)$ 中 x,y,z 必须满足的约束条件 $F(x,y,z)=0$.

下面讨论由三个变量 x,y,z 构成的二次方程. 三元二次方程 $F(x,y,z)=0$ 确定的曲面称为二次曲面，如球面、圆柱面、旋转抛物面等. 这里再简要介绍几种常见的二次曲面及其标准方程，并从二次曲面的标准方程来讨论二次曲面的形状.

1) 椭球面

在空间直角坐标系下，由方程

$$\frac{x^2}{a^2}+\frac{y^2}{b^2}+\frac{z^2}{c^2}=1\ (a,b,c>0) \tag{8}$$

所表示的曲面称为椭球面或椭圆面.

当 $a=b$ 或 $b=c$ 时，称为旋转椭球面. 特别地，当 $a=b=c$ 时，方程(8)变成 $x^2+y^2+z^2=a^2$，为一球面. 由此可知，旋转椭球面和球面都是椭球面的特例.

由椭球面的方程(8)可知，椭球面关于三坐标面、三坐标轴及原点对称，而且有

$$\frac{x^2}{a^2}\leqslant1,\ \frac{y^2}{b^2}\leqslant1,\ \frac{z^2}{c^2}\leqslant1, \tag{9}$$

即

$$|x|\leqslant a,\ |y|\leqslant b,\ |z|\leqslant c.$$

这说明椭球面位于由平面 $x=\pm a,y=\pm b,z=\pm c$ 所围的长方体内，曲面是有界的，这里 a,b,c 称为椭球面的半轴.

综合上面的讨论，可知椭球面的形状如图 10-39 所示.

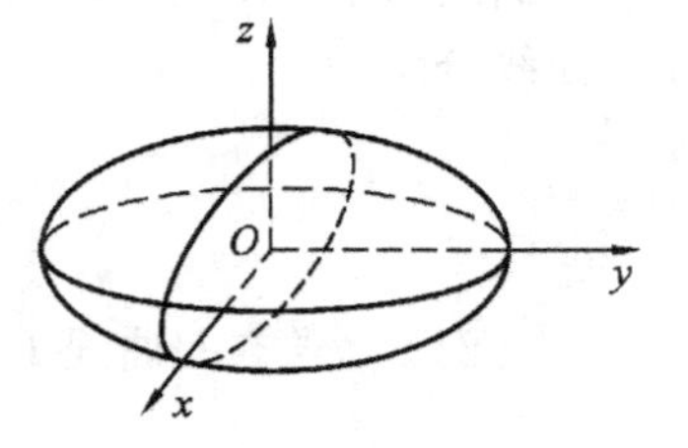

图 10-39

2) 双曲型曲面

(1) 在空间直角坐标系下，由方程

$$\frac{x^2}{a^2}+\frac{y^2}{b^2}-\frac{z^2}{c^2}=1\ (a,b,c>0) \tag{10}$$

所表示的曲面称为单叶双曲面.

由方程(10)可知，单叶双曲面关于三坐标面、三坐标轴和原点对称，其形状如图 10-40 所示.

(2) 在空间直角坐标系下，由方程

$$\frac{x^2}{a^2}+\frac{y^2}{b^2}-\frac{z^2}{c^2}=-1\ (a,b,c>0) \tag{11}$$

所表示的曲面称为双叶双曲面.

由方程(11)可知，双叶双曲面关于三坐标面、三坐标轴及原点对称，且曲面在 $-c<z<c$ 内无图形，在 $z=\pm c$ 时为一个点. 曲面位于 $z=c$ 之上和 $z=-c$ 之下，因而曲面是双叶的，其形状如图 10-41 所示.

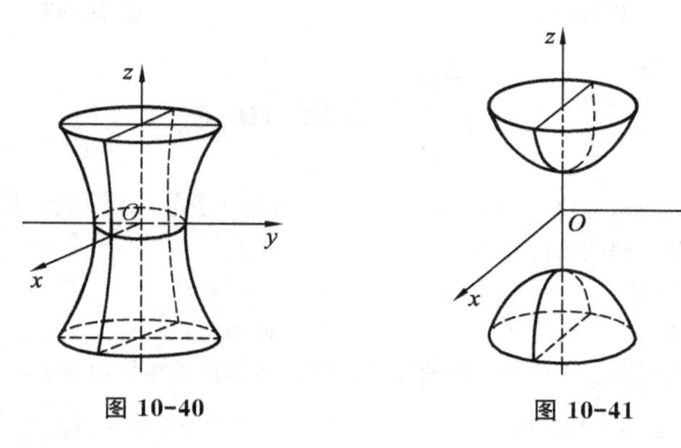

图 10-40　　图 10-41

3) 抛物型曲面

(1) 在空间直角坐标系下，由方程

$$\frac{x^2}{a^2}+\frac{y^2}{b^2}=2z\ (a,b>0) \tag{12}$$

所表示的曲面称为椭圆抛物面.

由方程(12)可知，椭圆抛物面关于 xOz 面、yOz 面及 z 轴对称，但关于 xOy 面、x 轴、y 轴及原点不对称，曲面无对称中心，而且曲面位于 xOy 面之上，即 $z\geqslant 0$，其形状如图 10-42 所示.

(2) 在空间直角坐标系下，由方程

$$\frac{x^2}{a^2}-\frac{y^2}{b^2}=2z\ (a,b>0) \tag{13}$$

所表示的曲面称为双曲抛物面.

由方程(13)可知，双曲抛物面关于 xOz 面、yOz 面及 z 轴对称，但关于 xOy 面、x 轴、y 轴及原点不对称，曲面无对称中心，其形状如图 10-43 所示. 由于其形状像一个马鞍，故又称马鞍曲面.

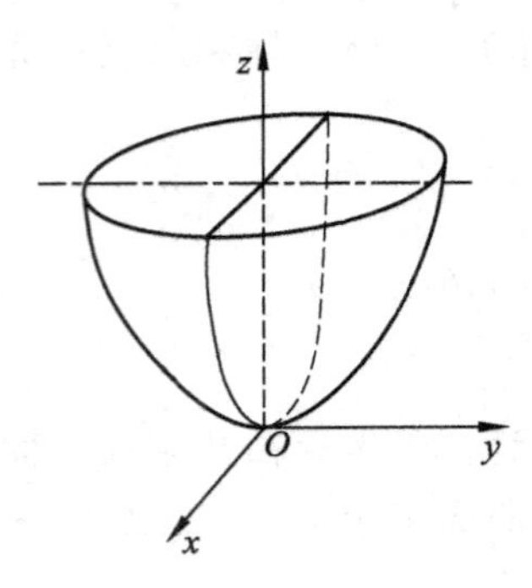

图 10-42

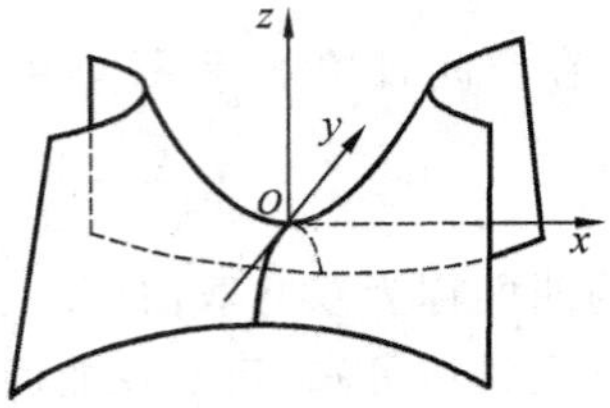

图 10-43

习题 10-4

1. 设有两点 $A(2,3,1)$ 和 $B(6,-4,2)$，求满足条件 $2|\overrightarrow{PA}|=|\overrightarrow{PB}|$ 的动点 P 的轨迹.

2. 指出下列各方程表示的曲面：

(1) $3x^2+4y^2=25$；　　(2) $y=2x^2$；

(3) $z^2-x^2=1$；　　(4) $y=x+1$.

3. 求下列各坐标面上平面曲线绕给定旋转轴旋转而成的旋转曲面方程：

(1) $\dfrac{x^2}{4}+\dfrac{y^2}{9}=1$ 绕 x 轴旋转；　　(2) $x^2-z^2=1$ 绕 z 轴旋转；

(3) $z^2=5x$ 绕 x 轴旋转；　　(4) $4x^2-9y^2=36$ 绕 y 轴旋转.

4. 指出下列方程组所表示的图形：

(1) $\begin{cases} x+y+z=3, \\ x+2y=1; \end{cases}$　　(2) $\begin{cases} \dfrac{x^2}{25}-\dfrac{y^2}{16}=1, \\ z=3. \end{cases}$

5. 把下列曲线的参数方程化为一般式方程：

(1) $\begin{cases} x=6t+1, \\ y=(t+1)^2, \ (-\infty<t<+\infty); \\ z=2t \end{cases}$　　(2) $\begin{cases} x=3\sin t, \\ y=5\sin t, \ (0\leqslant t<2\pi). \\ z=4\cos t \end{cases}$

6. 将下列曲线的一般式方程化为参数式方程：

(1) $\begin{cases} x^2+y^2+z^2=9, \\ y=x; \end{cases}$　　(2) $\begin{cases} (x-1)^2+y^2+(z-1)^2=4, \\ z=0. \end{cases}$

7. 求空间曲线 $\begin{cases} x^2+z^2-3yz-2x+3z-3=0, \\ x+y+z=1 \end{cases}$ 对三坐标面的投影柱面和投影曲线方程.

8. 指出下列各方程所表示的曲面：

(1) $x^2+y^2+4z^2-1=0$；　　(2) $-x^2+\dfrac{y^2}{2}+\dfrac{z^2}{3}=1$；

(3) $x^2+\dfrac{y^2}{4}-\dfrac{z^2}{6}=-1$；　　(4) $x^2+y^2-z=0$；

(5) $x^2-y^2-z^2-1=0$；　　(6) $3x^2-4y^2+12z=0$.

9. 指出下列方程所表示的曲线：

(1) $\begin{cases}\dfrac{x^2}{25}+\dfrac{y^2}{16}+\dfrac{z^2}{9}=1,\\ x=3;\end{cases}$　　(2) $\begin{cases}x^2+y^2+z^2=16,\\ y=2;\end{cases}$

(3) $\begin{cases}\dfrac{x^2}{25}-\dfrac{z^2}{16}=1,\\ y=4;\end{cases}$　　(4) $\begin{cases}\dfrac{x^2}{16}+\dfrac{y^2}{16}-\dfrac{z^2}{9}=1,\\ z=4.\end{cases}$

10. 画出下列各曲面所围立体图形：

(1) $\dfrac{x^2}{25}+\dfrac{y^2}{9}+\dfrac{z^2}{16}=1$ 在第一卦限所围立体；

(2) $y=0,z=0,3x+y=6,3x+2y=12,x+y+z=6$.

本章小结

解析几何是利用代数的方法研究几何问题的.为了把代数的方法引入到几何中，就必须把空间的几何结构代数化，这也是解析几何的基础.本章在建立空间直角坐标系的基础上，又通过引进向量及坐标的概念，使得向量与有序实数组(坐标或分量)、点与有序实数组(坐标)建立了一一对应的关系，这样就使得空间的几何结构数量化了，从而向量的运算也就转化为数的运算，这在计算上带来很大的方便.本章还利用向量及其坐标讨论了空间直线与平面，把几何问题的研究转化为对代数方程的讨论.

1. 主要内容

(1) 空间直角坐标系.

建立空间直角坐标系和建立平面直角坐标系的方法是类似的，通过空间中的一点 O 引三条相互垂直的坐标轴，一个空间直角坐标系 $O\text{-}xyz$ 便建立起来了.有了空间直角坐标系、空间内点 P 和一个有序实数组 (x,y,z) 之间的一一对应关系，从而建立了几何中的点与代数中的数量之间的关系，利用点的坐标给出了空间解析几何的基本公式——两点间的距离公式：

$$|P_1P_2|=\sqrt{(x_2-x_1)^2+(y_2-y_1)^2+(z_2-z_1)^2}.$$

(2) 向量的概念和运算.

向量的几何表示法是用有向线段表示，大小和方向是向量的两要素：向量的大小称为向量的模，由有向线段的长度表示；方向是由起点指向终点.为了使向量的运算代数化，在直角坐标系下给出了向量的代数表示法：

$$\boldsymbol{a}=a_x\boldsymbol{i}+a_y\boldsymbol{i}+a_z\boldsymbol{k}=(a_x,a_y,a_z).$$

利用向量的坐标，可以把向量的各种运算化为坐标运算.

设 $\boldsymbol{a}=a_x\boldsymbol{i}+a_y\boldsymbol{i}+a_z\boldsymbol{k}$，$\boldsymbol{b}=b_x\boldsymbol{i}+b_y\boldsymbol{j}+b_z\boldsymbol{k}$，$\boldsymbol{c}=c_x\boldsymbol{i}+c_y\boldsymbol{j}+c_z\boldsymbol{k}$，则

$$\boldsymbol{a}\pm\boldsymbol{b}=(a_x\pm b_x)\boldsymbol{i}+(a_y\pm b_y)\boldsymbol{j}+(a_z\pm b_z)\boldsymbol{k};$$
$$\lambda\boldsymbol{a}=(\lambda a_x)\boldsymbol{i}+(\lambda a_y)\boldsymbol{j}+(\lambda a_z)\boldsymbol{k};$$
$$\boldsymbol{a}\cdot\boldsymbol{b}=a_xb_x+a_yb_y+a_zb_z;$$
$$\boldsymbol{a}\times\boldsymbol{b}=\begin{vmatrix}\boldsymbol{i}&\boldsymbol{j}&\boldsymbol{k}\\a_x&a_y&a_z\\b_x&b_y&b_z\end{vmatrix}.$$

同时,还可以将向量的模、平行和垂直条件用向量的坐标表示：

$$|\boldsymbol{a}|=\sqrt{a_x^2+a_y^2+a_z^2};\ \boldsymbol{a}^\circ=\frac{\boldsymbol{a}}{|\boldsymbol{a}|}=\frac{1}{\sqrt{a_x^2+a_y^2+a_z^2}}(a_x,a_y,a_z);$$
$$\boldsymbol{a}/\!/\boldsymbol{b}\Leftrightarrow\boldsymbol{a}\times\boldsymbol{b}=\boldsymbol{0}\Leftrightarrow\frac{a_x}{b_x}=\frac{a_y}{b_y}=\frac{a_z}{b_z};$$
$$\boldsymbol{a}\perp\boldsymbol{b}\Leftrightarrow\boldsymbol{a}\cdot\boldsymbol{b}=0\Leftrightarrow a_xb_x+a_yb_y+a_zb_z=0;$$
$$\cos(\widehat{\boldsymbol{a},\boldsymbol{b}})=\frac{\boldsymbol{a}\cdot\boldsymbol{b}}{|\boldsymbol{a}||\boldsymbol{b}|}=\frac{a_xb_x+a_yb_y+a_zb_z}{\sqrt{a_x^2+a_y^2+a_z^2}\sqrt{b_x^2+b_y^2+b_z^2}}.$$

(3) 空间直线与平面方程.

在解析几何中,要确定空间的一个平面和一条直线,就意味着要确定它的方程.

平面的方程主要有点法式和一般式两种：

点法式 $A(x-x_0)+B(y-y_0)+C(z-z_0)=0$;

一般式 $Ax+By+Cz+D=0$.

直线的方程主要有对称式、参数式和一般式三种：

对称式 $\dfrac{x-x_0}{m}=\dfrac{y-y_0}{n}=\dfrac{z-z_0}{p}$;

参数式 $\begin{cases}x=x_0+mt,\\y=y_0+nt,\ (t\text{ 为参数});\\z=z_0+pt\end{cases}$

一般式 $\begin{cases}A_1x+B_1y+C_1z+D_1=0,\\A_2x+B_2y+C_2z+D_2=0.\end{cases}$

求平面方程的关键是确定平面上一个已知点 $P_0(x_0,y_0,z_0)$ 和平面法向量 $\boldsymbol{n}=(A,B,C)$;而求直线方程的关键是确定直线上的一个定点 $P_0(x_0,y_0,z_0)$ 和直线的方向向量 $\boldsymbol{s}=(m,n,p)$.

在讨论平面间、直线间以及平面和直线间的关系的时候,通常归结为平面的法向量与直线的方向向量之间的关系.

(4) 空间曲线和曲面.

在空间中,一个三元方程 $F(x,y,z)=0$ 一般表示曲面;空间曲线一般用两个三元方程联立的方程组表示为 $\begin{cases}F_1(x,y,z)=0,\\F_2(x,y,z)=0.\end{cases}$

对几类常见曲面,要掌握方程的特征及判别.球面的标准方程为

$$(x-x_0)^2+(y-y_0)^2+(z-z_0)^2=R^2,$$

其一般式方程是平方项系数相等,不含交叉项的三元二次方程.母线平行于坐标轴的柱面,方程中缺少一个变量.旋转曲面的方程含两个坐标的平方和,且其系数相等.中心型(椭圆型和双曲型)曲面的方程可写成 $Ax^2+By^2+Cz^2=1$;而非中心型(抛物型)曲面的方程为 $Ax^2+By^2=2z$.

熟悉和掌握常见二次曲面的方程和图形,对多元微积分和其他后继课程的学习是十分必要的.

2. 基本要求

(1) 正确理解向量的概念,掌握向量的代数运算.

(2) 熟悉平面和空间直线的各种方程,会运用平行、垂直等条件求出直线和平面的方程.

(3) 了解空间曲面和空间曲线的方程,会根据条件建立曲面和曲线方程.

(4) 能由给定方程识别出球面、柱面、锥面和旋转曲面.

(5) 熟悉椭球面、双曲面和抛物面的标准方程及其图形.

本章的重点是:向量的概念及向量的运算,平面和空间直线方程,常见的二次曲面方程及其图形.

本章重要概念英文词汇

(1) 直角坐标系	orthogonal coordinate system
(2) 直角坐标	orthogonal coordinates
(3) 点	point
(4) 曲线	curve
(5) 直线	line
(6) 曲面	curved surface
(7) 方程	equation
(8) 平面	plane
(9) 旋转曲面	surface of revolution
(10) 对称	symmetry
(11) 长度	length
(12) 参数	parameter

自我检测题 10

1. 已知 $A(1,2,1)$，$\overrightarrow{AB}=(0,2,3)$，求：(1)点 B 的坐标；(2)$|\overrightarrow{AB}|$；(3)$\overrightarrow{AB}^{\circ}$.

2. 已知 $\boldsymbol{a}=(2,-3,1)$，$\boldsymbol{b}=(1,-2,3)$，$\boldsymbol{c}=(2,1,2)$，求：

(1) $2\boldsymbol{a}+3\boldsymbol{b}-4\boldsymbol{c}$；(2) $\boldsymbol{a}\cdot\boldsymbol{b}$及$\boldsymbol{a}\times\boldsymbol{b}$；(3) $(\boldsymbol{a},\boldsymbol{b},\boldsymbol{c})$.

3. 已知 $A(1,1,2)$，$B(2,2,1)$，$C(2,1,2)$，求三角形 ABC 的面积.

4. 求过点$(0,1,4)$，且与平面 $x-3y+4z-2=0$ 平行的平面方程.

5. 求平行于 x 轴，且经过 $P_1(4,0,-2)$，$P_2(5,1,7)$的平面方程.

6. 求过点$(1,1,1)$，且与直线$\begin{cases}x+y+3z=0,\\x-y-z=0\end{cases}$平行的直线方程.

7. 求直线$\dfrac{x+1}{2}=\dfrac{y}{3}=\dfrac{z-3}{6}$与平面 $10x+2y-11z+3=0$ 的交点.

8. 指出下列方程或方程组所表示的曲面或曲线名称：

(1) $x^2+y^2-2ax=0$；　(2) $\dfrac{x^2}{25}-\dfrac{y^2}{16}+\dfrac{z^2}{25}=1$；

(3) $x^2+\dfrac{1}{4}y^2+z^2=1$；　(4) $x^2+y^2=2z$；

(5) $\begin{cases}x^2-y^2=1,\\z=0;\end{cases}$　(6) $\begin{cases}2x+3y+1=0,\\x-3y+4z=0.\end{cases}$

9. 求曲线$\begin{cases}2x^2+3y^2+z^2=1,\\x+y+z=1\end{cases}$在三个坐标面上的投影曲线的方程.

复 习 题 10

1. 试用向量证明：若平面上一个四边形的对角线互相平分，则此四边形是平行四边形.

2. 已知$\overrightarrow{AB}=2\boldsymbol{i}-3\boldsymbol{i}-\boldsymbol{k}$，而点 A 的坐标为$(1,1,1)$，求：

(1) 点 B 的坐标；　(2) $\overrightarrow{AB}$上的单位向量.

3. 已知 $\boldsymbol{a}=(1,2,-2)$，$\boldsymbol{b}=(3,4,0)$，求：

(1) $\boldsymbol{a}\cdot\boldsymbol{b}$，$\boldsymbol{a}\times\boldsymbol{b}$，$(\boldsymbol{a}+\boldsymbol{b})\cdot(\boldsymbol{a}-\boldsymbol{b})$；　(2) 同时垂直于 $\boldsymbol{a}$，$\boldsymbol{b}$ 的单位向量.

4. 已知三角形的顶点 $A(1,2,3)$，$B(2,-1,2)$，$C(3,2,3)$，试求三角形面积及 AB 边上的高.

5. 已知四面体的顶点 $A(2,3,1)$，$B(4,1,-2)$，$C(6,3,7)$，$D(-5,4,8)$，求四面体的体积和从顶点 D 所引出的高的长.

6. 求经过 $P_1(3,-2,9)$及 $P_2(-6,0,4)$两点且与平面 $2x-y+4z-8=0$ 垂直的平面方程.

7. 设平面 $x+ky-2z-9=0$，求：

(1) 当 k 为何值时，它与平面 $2x+4y+3z-3=0$ 垂直？

(2) 当 k 为何值时，它与平面 $3x-7y-6z-1=0$ 平行？

8. 求分别满足下列条件的直线方程：

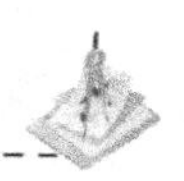

(1) 过原点且垂直于 x 轴及直线$\frac{x-3}{3}=\frac{y-6}{2}=\frac{2}{-1}$；

(2) 过点$(3,-3,2)$且平行于平面 $x-4y+10=0$ 及 $3x+5y-z-4=0$.

9. 求下列直线与平面的交点：

(1) 直线$\frac{x-1}{2}=\frac{y-12}{3}=\frac{z-9}{3}$与平面 $x+3y-5z-2=0$；

(2) 直线 $2x-y-2=0,3y-2z+2=0$ 和平面 $y+2z-2=0$.

10. 求过点$(-1,0,4)$，平行于平面 $3x-4y+z-10=0$，且与直线$\frac{x+1}{1}=\frac{y-3}{1}=\frac{z}{2}$垂直的直线方程.

11. 求中心在原点，通过$(-2,1,2)$的球面方程.

12. 指出下列曲面的名称：

(1) $x^2+y^2+z^2-2x+4y+2z=0$；　　(2) $x^2+y^2=4$；

(3) $z=x^2-y^2$；　　(4) $3x^2-2y^2+5z^2=-1$.

13. 求下列曲线在 xOy 面上的投影柱面和投影曲线：

(1) $\begin{cases} x^2+y^2=z, \\ z=2-x^2-y^2; \end{cases}$　　(2) $\begin{cases} z^2=x^2+y^2, \\ z^2=2y. \end{cases}$

14. 画出下列各曲面所围立体图形：

(1) $x^2+y^2=z$ 及 $z=4$；　　(2) $z=\sqrt{x^2+y^2}$及 $z=2-x^2-y^2$.

数学家简介

高　斯

——数学王子

高斯(Gauss,1777—1855),德国数学家、物理学家、天文学家.高斯是18、19世纪之交最伟大的德国数学家,他的贡献遍及纯数学和应用数学的各个领域,是世界数学界的光辉旗帜,他的形象已经成为数学告别过去、走向现代的象征.高斯被后人誉为"数学王子".

历史上间或出现神童,高斯就是其中之一.高斯出生于德国布伦瑞克的一个普通工人家庭,童年时期就显示出其数学才华.据说他3岁时就发现父亲记账时的一个错误.高斯7岁入学,在小学期间学习就十分刻苦,常点自制小油灯演算到深夜.10岁时就展露出超群的数学思维能力.据记载,有一次他的数学老师比特纳让学生将1到100之间的自然数加起来,题目刚布置完,高斯几乎不假思索就算出了其和为5 050.到11岁时,他又发现了二项式定理.

1792年,在当地公爵的资助下,不满15岁的高斯进入卡罗琳学院学习.在校三年间,高斯很快掌握了微积分理论,并在最小二乘法和数论中的二次互反律的研究上取得重要成果,这是高斯一生数学研究的开始.

1795年,高斯选择到哥廷根大学继续学习.据说,高斯选中这所大学有两个重要原因:一是它有藏书极为丰富的图书馆;二是它有注重改革、侧重学科的好名声.当时的哥廷根大学对学生而言可谓是个"四无世界":无必修科目,无指导教师,无考试和课堂的约束,无学生社团.高斯完全在学术自由的环境中成长.1796年对19岁的高斯而言是其学术生涯中的第一个转折点:他敲开了自古希腊欧几里得时代起就困扰着数学家的尺规作图这一难题的大门,证明了正十七边形可用欧几里得型的圆规和直尺作图.这一难题的解决轰动了当时整个数学界.之后,22岁的高斯证明了当时许多科学家想证而不会证明的代数基本定理.由此,他获得了博士学位.1807年,高斯开始在哥廷根大学任数学和天文学教授,并任该校天文台台长.

高斯在许多领域都有卓越的建树.如果说微分几何是他将数学应用于实际的产物,那么非欧几何则是他的纯粹数学思维的结晶.他在数论、超几何级数、复变函数论、椭圆函数论、统计数学、向量分析等方面也取得了辉煌的成就.高斯关于数论的研究贡献殊多,他认为:"数学是科学之王,数论是数学之王".他的工作对后世影响深远.19世纪德国代数数论突飞猛进的发展是与高斯分不开的.

有人说“在数学世界里，高斯处处流芳”. 除了纯数学研究之外，高斯亦十分重视数学的应用，其大量著作都与天文学、大地测量学、物理学有关. 特别值得一提的是谷神星的发现. 19 世纪的一个凌晨，天文学家皮亚齐似乎发现了一颗“没有尾巴的彗星”，他一连追踪观察 41 天，终因疲劳过度而累倒了. 当他把测量结果告诉其他天文学家时，这颗星却已消逝了. 24 岁的高斯得知后，经过几个星期苦心钻研，创立了行星椭圆法. 根据这种方法计算，终于重新找到了这颗小行星. 这一事实，充分显示了数学科学的威力. 高斯在电磁学和光学方面亦有杰出的贡献. 磁通量密度单位就是以“高斯”来命名的. 高斯还与韦伯共享电磁波发现者的殊荣.

高斯是一位严肃的科学家，工作刻苦踏实，精益求精. 他思维敏捷，立论极其谨慎. 他遵循三条原则：“宁肯少些，但要好些”“不留下进一步要做的事情”“极度严格的要求”. 他的著作都是精心构思、反复推敲过的，以最精炼的形式发表出来. 高斯生前只公开发表过 155 篇论文，还有大量著作没有发表. 直到后来，人们发现许多数学成果早在半个世纪以前高斯就已经知道了. 也许正是由于高斯过分严谨和许多成果没有公开发表之故，他对当时一些青年数学家的影响并不是很大. 他称赞阿贝尔、狄利克雷等人的工作，却对他们的信件和文章表现冷淡. 由于和青年数学家缺少接触，缺乏思想交流，因此在高斯周围没能形成一个人才济济，思想活跃的学派. 德国数学到了魏尔斯特拉斯和希尔伯特时代才形成了柏林学派和哥廷根学派，并成为世界数学的中心. 但德国传统数学的奠基人还不能不说是高斯.

高斯一生勤奋好学，多才多艺，喜爱音乐和诗歌. 他懂得多国文字，擅长欧洲语言，62 岁开始学习俄语，并达到能用俄文写作的程度，晚年还一度学习梵文.

高斯的一生是不平凡的一生，几乎在数学的每个领域都有他的足迹. 无怪后人常用他的事迹和格言鞭策自己. 100 多年来，不少有才华的青年在高斯的影响下成长为杰出的数学家，并为人类的文化做出了巨大的贡献. 高斯于 1855 年 2 月 23 日逝世，终年 78 岁. 他的墓碑朴实无华，仅镌刻“高斯”二字. 为纪念高斯，其故乡布伦瑞克改名为高斯堡. 哥廷根大学为他建立了一个以正十七棱柱为底座的纪念像. 在慕尼黑博物馆悬挂的高斯画像上有这样一首题诗：

他的思想深入数学、空间、大自然的奥秘，

他测量了星星的路径、地球的形状和自然力.

他推动了数学的进展，

直到下个世纪.

11　多元函数微分法及其应用

到目前为止，讨论的函数都是只有一个自变量的函数，这种函数称为一元函数．而自然科学与工程技术中的许多问题往往与多种因素有关，反映到数学中就是一个变量依赖于多个变量的关系，这就提出了多元函数的概念以及多元函数的微积分问题．本章将在一元函数微分学的基础上，讨论多元函数的微分法及其应用．

多元函数微分学是一元函数微分学的推广，这一章主要包括两个方面的内容：一是由偏导数、方向导数、全微分和梯度组成的多元函数微分学的概念体系及其几何解释；二是由复合函数微分法和隐函数微分法构成的多元函数微分学的运算体系以及微分学的应用．

下图给出了微积分在经济学中应用的结构图．

- 微积分在经济中的应用
  - 数列在经济中的应用
    - 复利
    - 年有效收益
  - 极限在经济中的应用——连续复利
  - 导数在经济中的应用
    - 成本函数——平均最小成本
    - 需求函数
    - 供给函数
    - 均衡价格
    - 收益函数
    - 利润函数——最大利润
    - 边际函数
    - 弹性函数
      - 供给弹性
      - 需求弹性
  - 积分在经济中的应用
    - 收入流的现值
    - 收入流的将来值
    - 消费者剩余
    - 生产者剩余
  - 偏导数在经济中的应用——求最大利润
  - 常微分方程与差分方程在经济中的应用——把经济中的某些问题转化为常微分方程求解

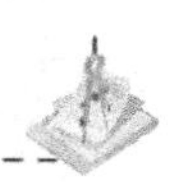

11.1 多元函数的概念

11.1.1 平面点集及 n 维空间

在讨论一元函数的有关内容时，要考虑变量的变化范围，经常要用到邻域与区间的概念. 在讨论二元函数的基本概念时需要把邻域和区间概念进行推广，从而得到平面点集与区域的概念. 因此，首先介绍平面点集与区域的基本知识，并把邻域的概念推广到平面上.

1) 平面点集

由于两个变量 x,y 所取的一组值 (x_0,y_0)，即二元有序实数组 (x_0,y_0) 与平面上一个点 P 之间存在一一对应关系，因此可将数组视作平面上点 P 的坐标，记为 $P(x_0,y_0)$. 这样数学上就把坐标平面上具有某种性质 M 的点的集合称为平面点集 E，记作

$$E=\{(x,y)\mid(x,y)\text{具有性质 }M\}.$$

常把全平面视为二维空间，记为 $\mathbf{R}^2$，并用 $E\subset\mathbf{R}^2$ 表示平面点集.

例如，$E=\{(x,y)\mid x^2+y^2<1\}$ 表示平面上所有满足 $x^2+y^2<1$ 的点 (x,y) 所组成的集合，即由圆心在原点的单位圆内的一切点所组成的集合.

现引入平面上邻域的概念.

设 $P_0(x_0,y_0)$ 是 xOy 平面上的一个点，δ 是某一正数，则到点 $P_0(x_0,y_0)$ 距离小于 δ 的点 $P(x,y)$ 的全体，称为点 P_0 的 δ 邻域，记为 $U(P_0,\delta)$，即 $U(P_0,\delta)=\{P\mid |P_0P|<\delta\}$，也就是

$$U(P_0,\delta)=\{(x,y)\mid\sqrt{(x-x_0)^2+(y-y_0)^2}<\delta\}.$$

点 P_0 的 δ 去心邻域记作 $\mathring{U}(P_0,\delta)$，即 $\mathring{U}(P_0,\delta)=\{P\mid 0<|P_0P|<\delta\}$.

在几何上，邻域 $U(P_0,\delta)(\delta>0)$ 就是平面上以点 $P_0(x_0,y_0)$ 为圆心，δ 为半径的圆内的点 $P(x,y)$ 的全体，δ 称为邻域 $U(P_0,\delta)$ 的半径，如果不需要特别强调邻域的半径 δ，就用 $U(P_0)$ 来表示 P_0 的某一邻域，用 $\mathring{U}(P_0)$ 表示点 P_0 的去心邻域.

下面利用邻域来描述点和点集之间的联系.

(1) 内点：设 E 为平面上的点集，点 $P\in E$，如果存在点 P 的某个邻域 $U(P)$ 使 $U(P)\subset E$，则称 P 为 E 的一个内点(见图 11-1). 显然，E 的内点属于 E.

(2) 外点：设 E 为平面点集，如果存在点 P_1 的某个邻域 $U(P_1)$，使得 $U(P_1)\cap E=\varnothing$，则称 P_1 为点集 E 的外点(见图 11-1). 显然，E 的外点不属于 E.

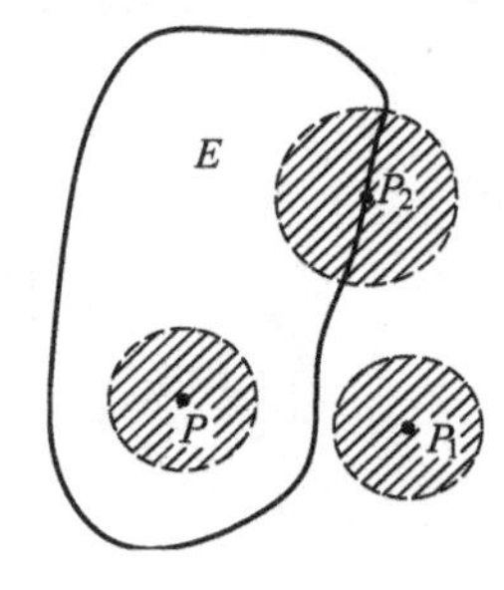

图 11-1

(3) 边界点：设 E 为平面点集，如果点 P_2 的任何邻域 $U(P_2)$ 内既有属于 E 的点，也有不属于 E 的点，则称点 P_2 是点集 E 的边界点(见图 11-1).

点集 E 的边界点的全体称为 E 的边界，记作 ∂E. 应该注意，E 的边界点可以属于 E，也可以不属于 E.

例如，设平面点集 $E=\{(x,y)\mid 1<x^2+y^2\leqslant 2\}$，满足 $1<x^2+y^2<2$ 的一切点 (x,y) 都是 E 的内点；满足 $x^2+y^2=1$ 的一切点 (x,y) 是 E 的边界点，它们不属于 E；满足 $x^2+y^2=2$ 的一切点 (x,y) 也是 E 的边界点，它们属于 E.

任意一点 P 与一个点集 E 之间除了上述三种关系之外，还有另一种关系，即聚点.

聚点：设 E 是平面上的点集，P 是平面上的一点，它可以属于 E，也可以不属于 E. 如果点 P 的任意去心邻域内总有点集 E 的点，则称 P 为点集 E 的聚点.

例如，点集 $E_2=\{(x,y)\mid 0<x^2+y^2\leqslant 1\}$，点 $O(0,0)$ 既是 E_2 的边界点，也是 E_2 的聚点，但是 O 不属于 E_2，而圆周 $x^2+y^2=1$ 上的每一点既是 E_2 的边界点，也是 E_2 的聚点，而这些聚点都属于 E_2(见图 11-2).

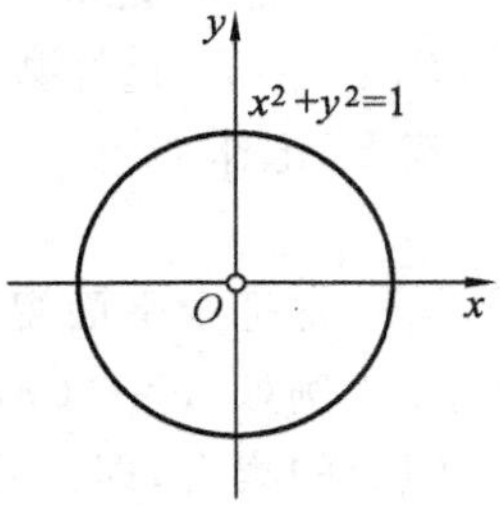

图 11-2

下面根据点集所属点的特征定义一些重要的平面点集.

开集：如果点集 E 的点都是内点，则称 E 为开集.

闭集：如果点集 E 的余集 E^C 为开集，则称 E 为闭集.

连通集：如果对于集合 E 内的任意两点 P_1，P_2，都能用折线把它们连接起来，而该折线上的点都属于 E，则称集合 E 是连通的.

区域(或开区域)：连通的开集称为区域或开区域.

闭区域：开区域连同它的边界一起称为闭区域.

显然，如果 E 是一个区域，则点集 E 以及它的边界上的一切点都是 E 的聚点.

例如，$\{(x,y)\mid x+y>0\}$，$\{(x,y)\mid x^2+y^2<1\}$ 都是区域(见图 11-3)，而 $\{(x,y)\mid x^2+y^2\leqslant 1\}$ 为闭区域.

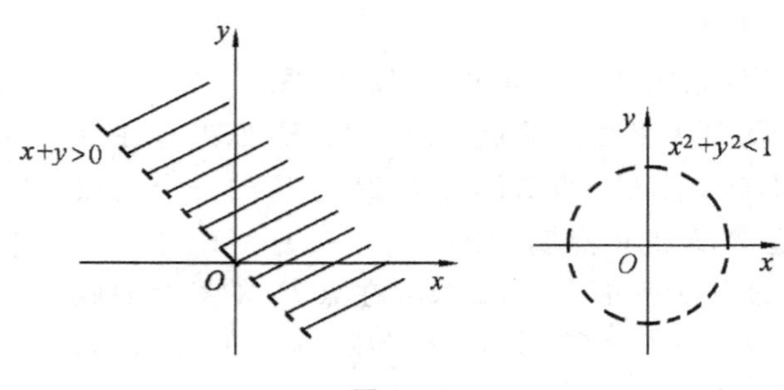

图 11-3

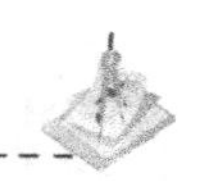

有界集：对于平面点集 E，如果存在某一正数 r，使得 $E\subset U(O,r)$，其中 O 是坐标原点，则称 E 为有界集.

无界集：一个集合如果不是有界集，则称其为无界集.

有界区域：如果存在正数 M，使得对于区域 D 中任何点 $P(x,y)$ 与某一定点 A 的距离 $|AP|$ 总不超过 M，即 $|AP|\leqslant M$，则称区域 D 是有界区域，否则称无界区域.

例如，$\{(x,y)\mid x^2+y^2\leqslant 1\}$ 是有界闭区域，$\{(x,y)\mid x+y>0\}$ 是无界开区域.

2) n 维空间

在数轴上的点 M 与实数 x 是一一对应的，那么实数的全体就表示数轴上的一切点的集合，记为 $\mathbf{R}^1$，称为一维空间. 类似地，在平面上建立直角坐标系后平面上的点 M 与二元有序数组 (x,y) 是一一对应的，那么二元有序数组 (x,y) 的全体就表示平面上一切点的集合，记为 $\mathbf{R}^2$，称为二维空间. 在空间中建立直角坐标系之后，空间中的点 M 与三元有序数组 (x,y,z) 是一一对应的，那么三元有序数组 (x,y,z) 的全体就表示空间中一切点的集合，记为 $\mathbf{R}^3$，称为三维空间.

如此加以推广，把 n 元有序数组 $(x_1,x_2,\cdots,x_n)$ 的全体所组成的集合记为 $\mathbf{R}^n$，称为 n 维空间，而每一个 n 元有序数组 $(x_1,x_2,\cdots,x_n)$ 表示 n 维空间中一个点 M，常记为 $M(x_1,x_2,\cdots,x_n)$，数 $x_i(i=1,2,\cdots,n)$ 称为点 M 的第 i 个坐标.

设点 $M(x_1,x_2,\cdots,x_n),N(y_1,y_2,\cdots,y_n)\in\mathbf{R}^n$，规定 M,N 两点间距离为

$$|MN|=\sqrt{(y_1-x_1)^2+(y_2-x_2)^2+\cdots+(y_n-x_n)^2},$$

显然，当 $n=1,2,3$ 时，上式就是解析几何中在直线上、平面上、空间中的两点间距离公式.

有了两点间距离的概念之后，就可以把平面点集中邻域的概念推广到 $\mathbf{R}^n$ 中去. 设 $P_0\in\mathbf{R}^n$，δ 是某一正数，那么 $\mathbf{R}^n$ 中的点集 $U(P_0,\delta)=\{P\mid |PP_0|<\delta,P\in\mathbf{R}^n\}$ 就称为点 P_0 的 δ 邻域. 有了邻域的概念，类似地可以定义 $\mathbf{R}^n$ 中点集的内点、边界点、区域、聚点等概念，这里不再赘述.

11.1.2 多元函数的概念

本节着重介绍二元函数，三元及三元以上的多元函数可作类似推广. 一元函数是含有一个自变量的函数：$y=f(x)$. 多元函数是含有多个自变量的函数，例如：二元函数：$z=f(x,y)$，三元函数：$u=f(x,y,z)$，等等.

在数学上，函数的定义为：如果在一个变化过程中有两个变量 x 和 y，对任意给定的 x 值，仅存在一个 y 值与其对应，则称 y 是 x 的函数，表示为 $y=f(x)$，其中 x 为自变量，y 为因变量. 由于函数关系中仅有一个自变量，因此该函数称为一元函数. x 能够取得的所有值的集合称为函数定义域，y 能够取得的所有值的集合称为函数值域.

在对经济问题的分析过程中，通常用函数描述经济变量之间的变化关系. 例如，在商品的供求关系中，定义某种商品价格为 P，需求量为 Q_D，供给量为Q_S. 那么，需求与价格的函数关系可以表示为

$$Q_D=f(P),\ Q_S=g(P).$$

然而人们所处的经济环境是非常复杂的，每一个经济变量都要受到多种因素的影响. 因此，采用一元函数来分析经济问题就会有很大的局限性，人们常常采用多元函数来研究经济问题. 多元函数是在一个函数关系中函数值由多个变量确定，用 $y=f(x_1,x_2,\cdots,x_n)$的形式来表示，即表示因变量 y 的值取决于n 个自变量 $x_1,x_2,\cdots,x_n$ 的大小.

例如，在消费理论的基本假设中，每个消费者都同时对多种商品有需求，“效用”取决于所消费的各种商品的数量，效用函数就可表示为 $U=f(x_1,x_2,\cdots,x_n)$，其中，U 表示消费者的效用，$x_1,x_2,\cdots,x_n$ 是对 n 种商品的消费量. 该函数称为效用函数. 同样，生产函数常表示为 $y=f(L,K)$，y 为产出水平，K 表示资本，L 表示劳动力. 它说明产出水平既取决于劳动力又取决于资本.

例 1　柯布-道格拉斯(Cobb-Douglas)生产函数 $Q=A\,L^{\alpha}K^{\beta}$，在 $A=1,\alpha=0.5$，$\beta=0.5$时的图形如图 11-4 所示.

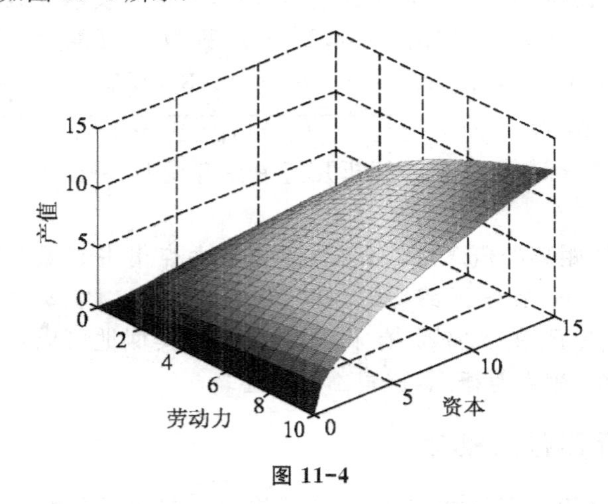

图 11-4

在很多自然现象及实际问题中，同样经常会遇到一个变量依赖于多个变量的关系，如下例.

例 2　要计算一个半椭球面的屋顶离地面的高度，可取中心在原点$O(0,0,0)$，x 轴、y 轴、z 轴上的半轴长依次为 a,b,c 的半椭球面，则高

$$z=c\sqrt{1-\frac{x^2}{a^2}-\frac{y^2}{b^2}}\quad(a>0,b>0,c>0).$$

其中，变量 x,y 在一定范围$\left(\frac{x^2}{a^2}+\frac{y^2}{b^2}\leqslant 1\right)$内可以自由取值. 可见屋顶的高 z 是随着

变量 x,y 的变化而变化的,即对于平面点集

$$A=\left\{(x,y)\left|\frac{x^2}{a^2}+\frac{y^2}{b^2}\leqslant 1\right.\right\}$$

上的每一个点 $P(x,y)$,通过上式都有一个确定的数值 z 与之对应.

例 3 一定量理想气体的体积 V,依赖于压强 p(单位面积上所受的压力)和温度 T,由波义耳定律知它们满足

$$V=R\frac{T}{p},$$

其中,R 为比例常数,变量 p 与变量 T 在一定范围($p>0,T>T_0$,其中 T_0 为该气体的液化点)内可以自由取值,而变量 V 是随着变量 p,T 的变化而变化的,即对于平面点集 $D=\{(p,T)\mid p>0,T>T_0\}$ 中的每一点 $P(p,T)$,通过上面关系都有一个确定的数值 V 与之对应.

上面三个例子的实际意义虽然各不相同,但它们有共同的特征,即一个变量的取值要按照一定的规则依赖于另外两个变量,抽取它们的共性就可以得出二元函数的定义.

定义 1 设 D 是平面上的一个点集,如果对于 D 中的每一个点 $P(x,y)$,变量 z 按照一定规则总有确定的值与之对应,则称 z 是变量 x,y 的二元函数(或点 P 的函数),记为 $z=f(x,y)$(或 $z=f(P)$).

点集 D 称为该函数的定义域,x,y 称为自变量,z 称为因变量. 集合 $\{z\mid z=f(x,y),(x,y)\in D\}$ 称为该函数的值域,函数也可记为 $z=z(x,y)$,$z=\varphi(x,y)$.

类似地,可以定义三元函数 $u=f(x,y,z)$ 以及三元以上的函数. 一般地,如果把函数定义中的平面点集 D 换成 n 维空间内的点集 D,则可类似地定义 n 元函数 $u=f(x_1,x_2,\cdots,x_n)$,也可记为 $u=f(P)$,这里点 $P(x_1,x_2,\cdots,x_n)\in D$. 显然,$n=1$ 时,就得到一元函数. 二元及二元以上的函数统称为多元函数.

多元函数的定义域与一元函数相类似,除实际问题外作如下约定:在一般讨论的用算式表达的多元函数 $u=f(P)$ 时,就按这个算式能给出有确定值 u 的自变量所确定的点集为这个函数的定义域.

例 4 求二元函数 $z=\ln(y-x)+\dfrac{\sqrt{x}}{\sqrt{1-x^2-y^2}}$ 的定义域.

解 由 $\ln(y-x)$ 有定义得 $y-x>0$;$\sqrt{x}$ 有定义得 $x\geqslant 0$;$\dfrac{1}{\sqrt{1-x^2-y^2}}$ 有定义得 $1-x^2-y^2>0$. 再取不等式组 $\begin{cases}y-x>0,\\x\geqslant 0,\\1-x^2-y^2>0\end{cases}$ 的公共解,从而得此二元函数的

定义域为$D=\{(x,y)\mid y>x,x\geqslant 0,x^2+y^2<1\}$(见图 11-5).

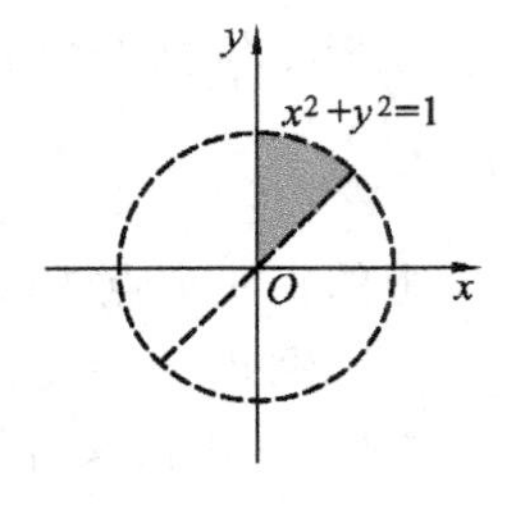

图 11-5

曾利用平面直角坐标系来表示一元函数 $y=f(x)$的图形，一般而言，它是平面上的一条曲线；对于二元函数 $z=f(x,y)$，可以利用空间直角坐标系来表示它的图形.

在空间直角坐标系中，对给定的二元函数 $z=f(x,y)$，其定义域为 D，对于任意取定的点 $P(x,y)\in D$，由函数 $z=f(x,y)$确定的一点 $M(x,y,z)$. 当点$P(x,y)$取遍函数定义域 D 的一切点时，对应点 $M(x,y,z)$的全体组合成一个空间点集$\{(x,y,z)\mid z=f(x,y),(x,y)\in D\}$，这个点集称为二元函数的图形，通常二元函数的图形是一个曲面(见图 11-6).

如例 2 中的二元函数 $z=c\sqrt{1-\frac{x^2}{a^2}-\frac{y^2}{b^2}}$ 的图形是中心在原点，三个半轴为 a，b，c 的上半椭球面(见图 11-7).

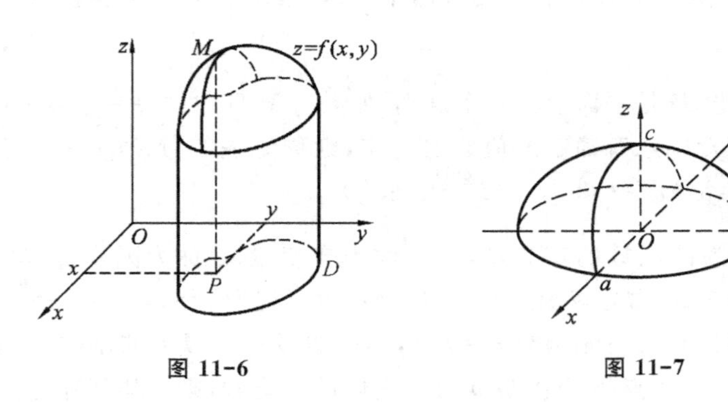

图 11-6　　　　图 11-7

在上面的函数定义中，规定对点集 D 中每一个点 P，按照一定规则，若有唯一的变量 z 与之对应，则称 $z=f(x,y)$是单值函数；若有两个以上的 z 值与之对应，则称其为多值函数.

例如，由方程

$$x^2+y^2+z^2=R^2$$

确定的球面在闭区域 $D=\{(x,y)\mid x^2+y^2\leqslant R^2\}$上. 除在圆周 $x^2+y^2=R^2$ 上的点以外，对任意的点 $P(x,y)\in D$，通过上述方程有两个实数 $z=\sqrt{R^2-x^2-y^2}$ 及 $z=-\sqrt{R^2-x^2-y^2}$ 与之对应，这时方程 $x^2+y^2+z^2=R^2$ 确定了多值函数. 通常把多值函数分成几个单值函数来讨论，如上例可以分成两个单值函数 $z=\sqrt{R^2-x^2-y^2}$ 与 $z=-\sqrt{R^2-x^2-y^2}$. 以后如不作特殊声明，本书所讨论的函数都是指单值函数.

11.1.3　多元函数的极限

现讨论二元函数 $z=f(x,y)$ 当自变量 (x,y) 以任意的方式趋向 (x_0,y_0)，即 $P(x,y)\to P_0(x_0,y_0)$ 时的极限.

设函数 $z=f(x,y)$ 定义在平面点集 D 上，点 $P_0(x_0,y_0)$ 为平面点集 D 的聚点，而点 $P(x,y)\in D$. 当点 $P(x,y)$ 以任意方式趋近于 $P_0(x_0,y_0)$ 时，如果函数对应值 $f(x,y)$ 趋于一个确定的常数 A，则称常数 A 为函数 $z=f(x,y)$ 当 $(x,y)\to(x_0,y_0)$ 时的二重极限.

在这里 $P\to P_0$，就是指点 P 与点 P_0 间的距离趋于零，即

$$|P_0P|=\sqrt{(x-x_0)^2+(y-y_0)^2}\to 0.$$

下面仿照一元函数的"ε-δ"语言描述这个极限概念.

定义 2　设函数 $z=f(x,y)$ 在平面点集 D 上有定义，点 $P_0(x_0,y_0)$ 为 D 的聚点，A 为一常数. 如果对于任意给定的正数 ε，总存在正数 δ，使得适合不等式 $0<|P_0P|=\sqrt{(x-x_0)^2+(y-y_0)^2}<\delta$ 的一切点 $P(x,y)$，都有 $|f(x)-A|<\varepsilon$ 成立，则称常数 A 为函数 $z=f(x,y)$ 当 $P(x,y)\to P_0(x_0,y_0)$ 时的二重极限，记作

$$\lim_{(x,y)\to(x_0,y_0)} f(x,y)=A \text{ 或 } f(x,y)\to A(\rho=|P_0P|\to 0).$$

例 5　设 $f(x,y)=(x^2+y^2)\cos\dfrac{1}{x^2+y^2}(x^2+y^2\neq 0)$，证明 $\lim\limits_{(x,y)\to(0,0)} f(x,y)=0$.

证　因为

$$\left|(x^2+y^2)\cos\frac{1}{x^2+y^2}-0\right|=|x^2+y^2|\cdot\left|\cos\frac{1}{x^2+y^2}\right|\leqslant x^2+y^2,$$

可见，对任给 $\varepsilon>0$，取 $\delta=\sqrt{\varepsilon}$，则当 $0<\sqrt{(x-0)^2+(y-0)^2}<\delta$ 时，总有

$$\left|(x^2+y^2)\cos\frac{1}{x^2+y^2}-0\right|<\varepsilon$$

成立，所以 $\lim\limits_{(x,y)\to(0,0)} f(x,y)=0$.

对于一元函数 $y=f(x)$，$\lim\limits_{x\to x_0}f(x)$ 存在的充分必要条件是函数在点 x_0 处的左右极限都存在而且相等，即 $f(x_0-0)=f(x_0+0)$. 但在二元函数中，由二元函数的极限定义知，所谓二重极限存在，是指点 $P(x,y)\in D$ 以任何方式趋于 $P_0(x_0,y_0)$ 时，函数 $f(x,y)$ 都无限接近于同一常数 A，因此，如果点 $P(x,y)$ 以某一特殊方式趋于 $P_0(x_0,y_0)$ 时，即使函数 $f(x,y)$ 无限接近于某一确定值，也不能由此断定函数的极限存在；但是反过来，如果当 $P(x,y)$ 以不同的方式趋近于 $P_0(x_0,y_0)$ 时，函数趋近于不同的值，则该函数在 $P_0(x_0,y_0)$ 处二重极限不存在.

例 6　函数 $f(x,y)=\begin{cases}\dfrac{2xy}{x^2+y^2}, & x^2+y^2\neq 0,\\ 0, & x^2+y^2=0,\end{cases}$ 讨论当点 $P(x,y)\to O(0,0)$ 时，函数的极限是否存在.

解　当点 $P(x,y)$ 沿 x 轴趋于 $O(0,0)$ 时，即沿 $y=0$ 而 $x\to 0$，

$$\lim_{\substack{(x,y)\to(0,0)\\ y=0}} f(x,y)=\lim_{x\to 0} f(x,0)=0.$$

当点 $P(x,y)$ 沿 y 轴趋于 $O(0,0)$ 时，即沿 $x=0$ 而 $y\to 0$，

$$\lim_{\substack{(x,y)\to(0,0)\\ x=0}} f(x,y)=\lim_{y\to 0} f(0,y)=0.$$

虽然点 $P(x,y)$ 以上述两种特殊方式趋近于 $O(0,0)$ 时，函数的极限存在并且相等，但当点 $P(x,y)$ 沿直线 $y=kx$ 趋于 $O(0,0)$ 时，有

$$\lim_{\substack{(x,y)\to(0,0)\\ y=kx}} \frac{2xy}{x^2+y^2}=\lim_{x\to 0}\frac{2kx^2}{x^2+k^2x^2}=\frac{2k}{1+k^2}.$$

显然，它是随着 k 的不同而改变的. 所以，在点 $O(0,0)$ 处 $f(x,y)$ 的二重极限不存在.

这是一个很重要的例题，后面通过它会看到多元函数在点 $O(0,0)$ 处偏导数存在但不连续的结论.

例 7　函数 $f(x,y)=\begin{cases}\dfrac{x^2y}{x^4+y^2}, & x^2+y^2\neq 0,\\ 0, & x^2+y^2=0,\end{cases}$ 当点 $P(x,y)$ 沿任一条直线趋于 $O(0,0)$ 时，$f(x,y)$ 有同一极限 0，但当点 $P(x,y)$ 沿抛物线 $y=x^2$ 趋于 $O(0,0)$ 时，极限为 $\dfrac{1}{2}$，所以 $f(x,y)$ 当 $P(x,y)$ 趋于 $O(0,0)$ 时二重极限不存在.

通过这两个例子可以说明在极限概念中，$P(x,y)\xrightarrow{\text{以任意方式}}P_0(x_0,y_0)$ 的实际含义，就是它趋向的路径有无穷多条.

如果把 n 元函数 $f(x_1,x_2,\cdots,x_n)$ 看作 n 维空间中点 $P(x_1,x_2,\cdots,x_n)$ 的函数 $f(P)$，那么得到 n 元函数极限的有关概念，可用点函数的形式给出.

定义 3　设 n 元函数 $u=f(P)$ 定义在 $\mathbf{R}^n$ 中的点集 D 上，P_0 为 D 的聚点，A 为一常数. 如果对于任意给定的正数 ε，都存在 δ，使得满足不等式 $0<|P_0P|<\delta$ 的一切点 $P\in D$，恒有 $|f(P)-A|<\varepsilon$ 成立，则称当 $P\to P_0$ 时，函数 $f(P)$ 以 A 为极限，记为 $\lim\limits_{P\to P_0} f(P)=A$.

注　这里 $P\to P_0$ 是指 P 以任意的方式趋于 P_0.

这是一种统一的书写形式，当 $n=1$ 时，就得到一元函数的极限定义；当 $n=2$ 时，就得到二元函数的极限定义. 依此类推，特别在讨论三元及三元以上的多元函

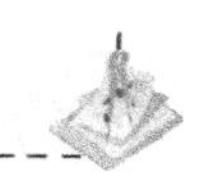

数极限时，利用点函数形式更显示出它的方便之处.

例 8 求极限 $\lim\limits_{(x,y)\to(0,2)} \frac{\sin(xy)}{x}$.

解 因为当$(x,y)\to(0,2)$时，$xy\to 0$，从而有$\frac{\sin(xy)}{xy}\to 1$，所以

$$\lim_{(x,y)\to(0,2)} \frac{\sin(xy)}{x}=\lim_{(x,y)\to(0,2)}\left[\frac{\sin(xy)}{xy}\cdot y\right]=\lim_{(x,y)\to(0,2)}\frac{\sin(xy)}{xy}\cdot\lim_{(x,y)\to(0,2)} y=1\times 2=2.$$

多元函数的极限运算法则和一元函数完全类似，例如极限的四则运算法则，若 $\lim\limits_{(x,y)\to(x_0,y_0)} f(x,y)=A$，$\lim\limits_{(x,y)\to(x_0,y_0)} g(x,y)=B$，则有

① $\lim\limits_{(x,y)\to(x_0,y_0)}[f(x,y)\pm g(x,y)]=A\pm B$；

② $\lim\limits_{(x,y)\to(x_0,y_0)} f(x,y)g(x,y)=AB$；

③ $\lim\limits_{(x,y)\to(x_0,y_0)} \frac{f(x,y)}{g(x,y)}=\frac{A}{B}$（其中 $B\neq 0$）.

复合运算的极限运算法则也一样成立.

11.1.4 多元函数的连续性

有了多元函数极限的概念，就容易说明多元函数的连续性. 仿照一元函数连续性定义，得到二元函数连续性的定义.

定义 4 设二元函数 $z=f(x,y)$ 定义在平面点集 D 上，点 $P_0(x_0,y_0)$ 为 D 的聚点（内点或边界点）且 $P_0\in D$. 如果有 $\lim\limits_{(x,y)\to(x_0,y_0)} f(x,y)=f(x_0,y_0)$，则称二元函数 $f(x,y)$ 在点 P_0 处连续.

设二元函数 $f(x,y)$ 的定义域 D 是开区域或闭区域，如果函数 $f(x,y)$ 在 D 上每一点处都连续，则称 $f(x,y)$ 是区域 D 上的连续函数.

如果函数 $f(x,y)$ 在点 $P_0(x_0,y_0)$ 处不连续，则称点 $P_0(x_0,y_0)$ 为函数$f(x,y)$的间断点.

例如，对于函数 $f(x,y)=\begin{cases}\frac{2xy}{x^2+y^2}, & x^2+y^2\neq 0,\\ 0, & x^2+y^2=0,\end{cases}$ 由 **11.1.3** 的例 6 可知，它在点 $O(0,0)$ 处极限不存在，所以点 $O(0,0)$ 是该函数的一个间断点.

二元函数的间断点也能形成一条曲线，如函数 $z=\frac{1}{x^2-y}$ 在抛物线 $y=x^2$ 上没有定义，因此该抛物线上的每一点都是此函数的间断点.

与闭区间上一元连续函数的性质类似，在有界闭区域上多元连续函数也有如

下的性质：

性质 1（最大值和最小值定理） 在有界闭区域 D 上的多元连续函数 $f(P)$，在 D 上一定有最大值和最小值，即在 D 上至少存在点 P_1 和 P_2，使得 $f(P_1)$ 为 $f(P)$ 的最小值，而 $f(P_2)$ 为 $f(P)$ 的最大值. 也就是说，对任一点 $P\in D$，均有 $f(P_1)\leqslant f(P)\leqslant f(P_2)$.

性质 2（介值定理） 在有界闭区域 D 上的多元连续函数 $f(P)$，如果在 D 上取得两个不同的函数值 m 和 M，则它在 D 上取得介于 m 和 M 这两个值之间的任何值 μ 至少一次.

特殊地，如果 μ 是 D 上的最小值 m 和最大值 M 之间的一个数，则在 D 上至少存在一点 P_0，使得 $f(P_0)=\mu$.

***性质 3（一致连续性定理）** 有界闭区域 D 上的多元连续函数必定在 D 上一致连续.

也就是说，若 $f(P)$ 在有界闭区域 D 上连续，即对于任意给定的正数 ε，总存在正数 δ，使得对于有界闭区域 D 上的任意两点 P_1 及 P_2，只要满足 $|P_1P_2|<\delta$，都有 $|f(P_1)-f(P_2)|<\varepsilon$ 成立.

与一元初等函数类似，多元初等函数是指可用一个式子表示的多元函数，而这个式子是由多元基本初等函数经过有限次的四则运算和有限次的复合步骤所构成的. 例如，$\sin(x+y)$ 是由基本初等函数 $\sin u$ 与多项式 $u=x+y$ 复合而成的.

根据上面指出的连续函数的和、差、积、商的连续性以及连续函数的复合函数的连续性，再考虑到基本初等函数的连续性，可进一步得出如下结论：

一切多元初等函数在其定义区域内是连续的，所谓定义区域是指在定义域内的区域或闭区域.

一般地，求 $\lim\limits_{P\to P_0}f(P)$ 时，如果 $f(P)$ 是初等函数，且 P 是 $f(P)$ 的定义区域内的点，则 $f(P)$ 在 P_0 处连续，于是 $\lim\limits_{P\to P_0}f(P)=f(P_0)$.

例 9 求 $\lim\limits_{(x,y)\to(0,0)}\dfrac{xy}{\sqrt{xy+1}-1}$.

解
$$\begin{aligned}\lim_{(x,y)\to(0,0)}\frac{xy}{\sqrt{xy+1}-1}&=\lim_{(x,y)\to(0,0)}\frac{xy(\sqrt{xy+1}+1)}{(xy+1)-1}\\&=\lim_{(x,y)\to(0,0)}\frac{xy(\sqrt{xy+1}+1)}{xy}\\&=\lim_{(x,y)\to(0,0)}(\sqrt{xy+1}+1)=2.\end{aligned}$$

习题 11-1

1. 下列点集是区域还是闭区域？并作图.

(1) $x>0, y>0, x^2+y^2<R^2\ (R>0)$；

(2) $y\geqslant 0, x^2+y^2\leqslant R^2\ (R>0)$；

(3) $x^2\leqslant y\leqslant 1$；

(4) $\frac{x^2}{4}+\frac{y^2}{9}>1$.

2. 确定并画出下列函数的定义域：

(1) $z=\frac{1}{\sqrt{x^2+y^2-1}}$；

(2) $z=\arccos\frac{x^2+y^2-4}{3}$；

(3) $z=\sqrt{x-\sqrt{y}}$；

(4) $z=\sqrt{\sin(x^2+y^2)}$；

(5) $z=\ln(y-x)+\frac{\sqrt{x}}{\sqrt{1-x^2-y^2}}$；

(6) $z=\sqrt{R^2-x^2-y^2}+\frac{1}{\sqrt{x^2+y^2-r^2}}\ (R>r>0)$.

3. 设 $f(x,y)=\frac{x^2-y^2}{2xy}$，试求 $f(-y,x)$，$f\left(\frac{1}{x},\frac{1}{y}\right)$和 $f[x,f(x,y)]$.

4. 设 $z=\sqrt{y}+f(\sqrt{x}-1)$，如果当 $y=1$ 时，$z=x$，试确定函数 f 和 z.

5. 求下列极限：

(1) $\lim\limits_{(x,y)\to(0,0)}\frac{e^{xy}\sin y}{1+x^2+y^2}$；

(2) $\lim\limits_{(x,y)\to(0,0)}\frac{2-\sqrt{xy+4}}{xy}$；

(3) $\lim\limits_{(x,y)\to(0,0)}\frac{\sin(xy)}{x}$；

(4) $\lim\limits_{(x,y)\to(0,0)}\frac{x+y}{x^2+y^2}$；

(5) $\lim\limits_{(x,y)\to(\infty,k)}\left(1+\frac{y}{x}\right)^x$；

(6) $\lim\limits_{(x,y)\to(0,0)}\left(x\sin\frac{1}{y}+y\sin\frac{1}{x}\right)$.

6. 证明下列极限不存在：

(1) $\lim\limits_{(x,y)\to(0,0)}\frac{x^2-y^2}{x^2+y^2}$；

(2) $\lim\limits_{(x,y)\to(0,0)}\frac{x^2y}{x^4-y^2}$.

7. 研究函数 $f(x+y)=\begin{cases}\sqrt{1-x^2-y^2}, & x^2+y^2\leqslant 1,\\ 0, & x^2+y^2>1\end{cases}$ 的连续性.

8. 求函数 $z=\tan(x^2+y^2)$的间断点.

9. 讨论函数 $f(x,y)=\begin{cases}(x+y)\sin\frac{1}{x}\sin\frac{1}{y}, & x\neq 0, y\neq 0,\\ 0, & x=0 \text{ 或 } y=0\end{cases}$ 在点(0,0)处的连续性.

10. 设函数 $f(x,y)=\frac{x-y}{x+y}$，试求$\lim\limits_{x\to 0}[\lim\limits_{y\to 0}f(x,y)]$，$\lim\limits_{y\to 0}[\lim\limits_{x\to 0}f(x,y)]$(这种极限称为二次极限). 试问极限 $\lim\limits_{(x,y)\to(0,0)}f(x,y)$是否存在？

11.2 多元函数微分法

11.2.1 偏导数

1）偏导数的概念

在一元函数中通过研究函数的变化率从而引入了导数概念，对于多元函数同样需要研究它的变化率，但是多元函数的自变量不止一个，因变量与自变量的关系要比一元函数复杂. 于是首先考虑多元函数关于其中一个自变量的变化率，即讨论只有一个自变量变化，而其余自变量固定不变（视为常数）时函数的变化率. 这就是二元函数的偏导数. 下面先介绍一个引例.

引例 一定量的理想气体的体积 V 与压强 p 和温度 T 之间的函数关系为

$$V=R\frac{T}{p},$$

其中，R 为比例常数，当温度 T 和压强 p 两个因素同时变化时，体积 V 变化的情况比较复杂，通常分成两种特殊情形进行研究：

(1) 等温过程 即温度一定（$T=$常数），考虑因压强 p 的变化引起的体积 V 的变化率，从而得到

$$\frac{\mathrm{d}V}{\mathrm{d}p}=-R\frac{T}{p^2}.$$

(2) 等压过程 即压强一定（$p=$常数），考虑因温度 T 的变化引起的体积 V 的变化率，从而得到

$$\frac{\mathrm{d}V}{\mathrm{d}T}=R\frac{1}{p}.$$

这样分别考虑了以上两种变化，有助于对复杂的整体过程的综合研究. 上面所说的只设一个自变量变动，而其余自变量保持不变的方法是研究多元函数的常用手段. 下面给出二元函数 $z=f(x,y)$ 的偏导数的定义. 注意到：当只让自变量 x 变化，而自变量 y 固定时，z 就是 x 的一元函数，于是仿照一元函数导数的概念引进二元函数 $z=f(x,y)$ 对 x 的偏导数的定义.

定义 1 设二元函数 $z=f(x,y)$ 在点 $P_0(x_0,y_0)$ 的某一邻域 $U(P_0,\delta)$ 内有定义，当自变量 y 固定在 y_0，而自变量 x 在 x_0 处有增量 Δx 时，$(x_0+\Delta x,y_0)\in U(P_0,\delta)$，相应的函数增量为 $\Delta_x z=f(x_0+\Delta x,y_0)-f(x_0,y_0)$（称为函数 z 对 x 的偏增量）. 如果极限

$$\lim_{\Delta x\to 0}\frac{\Delta_x z}{\Delta x}=\lim_{\Delta x\to 0}\frac{f(x_0+\Delta x,y_0)-f(x_0,y_0)}{\Delta x}$$

存在，则称此极限为函数 $z=f(x,y)$ 在点 $P_0(x_0,y_0)$ 处对 x 的偏导数，记为 $\left.\frac{\partial z}{\partial x}\right|_{\substack{x=x_0\\y=y_0}}$，$\left.\frac{\partial f}{\partial x}\right|_{\substack{x=x_0\\y=y_0}}$，$\left.z_x\right|_{\substack{x=x_0\\y=y_0}}$ 或 $f_x(x_0,y_0)$.

因此

$$f_x(x_0,y_0)=\lim_{\Delta x\to 0}\frac{\Delta_x z}{\Delta x}=\lim_{\Delta x\to 0}\frac{f(x_0+\Delta x,y_0)-f(x_0,y_0)}{\Delta x}. \tag{1}$$

同样，$z=f(x,y)$ 在点 (x_0,y_0) 处对自变量 y 的偏导数定义为：

如果

$$\lim_{\Delta y\to 0}\frac{\Delta_y z}{\Delta y}=\lim_{\Delta y\to 0}\frac{f(x_0,y_0+\Delta y)-f(x_0,y_0)}{\Delta y}$$

存在，则称此极限为函数 $z=f(x,y)$ 在点 $P_0(x_0,y_0)$ 处对 y 的偏导数，记为 $\left.\frac{\partial z}{\partial y}\right|_{\substack{x=x_0\\y=y_0}}$，$\left.\frac{\partial f}{\partial y}\right|_{\substack{x=x_0\\y=y_0}}$，$\left.z_y\right|_{\substack{x=x_0\\y=y_0}}$ 或 $f_y(x_0,y_0)$.

如果函数 $z=f(x,y)$ 在区域内每一点 $P(x,y)$ 处都有偏导数 $f_x(x,y)$，$f_y(x,y)$，那么它们是 x,y 的一个新的二元函数，称之为函数 $z=f(x,y)$ 的偏导函数，简称为偏导数，记为 $\frac{\partial z}{\partial x},\frac{\partial z}{\partial y}$；$\frac{\partial f}{\partial x},\frac{\partial f}{\partial y}$；$z_x,z_y$；$f_x(x,y),f_y(x,y)$.

注意 z_x,z_y，$f_x(x,y),f_y(x,y)$ 也可以分别用 z'_x,z'_y，$f'_x(x,y),f'_y(x,y)$ 表示.

而函数 $z=f(x,y)$ 在点 $P_0(x_0,y_0)$ 处对 x 的偏导数 $f_x(x_0,y_0)$，则称为 $f(x,y)$ 对 x 的偏导函数 $f_x(x,y)$ 在点 $P_0(x_0,y_0)$ 处的函数值；$f_y(x_0,y_0)$ 就是偏导函数 $f_y(x,y)$ 在点 $P_0(x_0,y_0)$ 处的函数值. 就像一元函数的导函数一样，以后在不至于混淆的情况下，偏导函数简称为偏导数.

由偏导数的定义知，求二元函数 $z=f(x,y)$ 的偏导数，实际上就是一元函数求导数，只不过在对其中一个自变量求导时，其他自变量看做是固定不变的（即视为常数）.

仿照二元函数偏导数的定义，可以把偏导数的概念推广到三元及三元以上的函数，例如三元函数 $u=f(x,y,z)$，如果极限

$$\lim_{\Delta x\to 0}\frac{\Delta_x u}{\Delta x}=\lim_{\Delta x\to 0}\frac{f(x+\Delta x,y,z)-f(x,y,z)}{\Delta x}$$

存在，则定义此极限为函数 $u=f(x,y,z)$ 在点 $P(x,y,z)$ 处对 x 的偏导数，记为 $\frac{\partial u}{\partial x}$，$f_x(x,y,z)$ 等.

例 1 设 Cobb-Douglas 生产函数

$$Y=AK^{\alpha}L^{\beta},$$

求 $\frac{\partial Y}{\partial K},\frac{\partial Y}{\partial L}$.

解　$\frac{\partial Y}{\partial K}=\alpha AK^{\alpha-1}L^{\beta}$，$\frac{\partial Y}{\partial L}=\beta AK^{\alpha}L^{\beta-1}$.

下面将介绍偏导数的经济意义.

设有甲、乙两种商品，它们的价格分别为 p_1 和 p_2，需求量分别为 Q_1 和 Q_2. 需求量 Q_1 和 Q_2 由价格 p_1 和 p_2 决定，记需求函数分别为

$$Q_1=Q_1(p_1,p_2),\ Q_2=Q_2(p_1,p_2),$$

则 Q_1 和 Q_2 关于 p_1 和 p_2 的偏导数表示两种商品的边际需求.

$\frac{\partial Q_1}{\partial p_1}$是 Q_1 关于自身价格 p_1 的边际需求，表示商品甲价格 p_1 发生变化时，商品甲的需求量 Q_1 的变化率；$\frac{\partial Q_1}{\partial p_2}$是 Q_1 关于自身价格 p_2 的边际需求，表示商品甲价格 p_2 发生变化时，商品甲的需求量 Q_1 的变化率.

读者不妨对$\frac{\partial Q_2}{\partial p_1}$和$\frac{\partial Q_2}{\partial p_2}$作出解释.

在一元函数中，给出了弹性概念，在多元函数中同样也可以定义弹性概念，并称之为偏弹性.

当价格 p_2 不变，而价格 p_1 发生变化时，需求量 Q_1 和 Q_2 将随 p_1 的变化而变化. 此时可定义偏弹性

$$E_{11}=\lim_{\Delta p_1\to 0}\frac{\frac{\Delta_1 Q_1}{Q_1}}{\frac{\Delta p_1}{p_1}}=\frac{p_1}{Q_1}\frac{\partial Q_1}{\partial p_1},$$

$$E_{12}=\lim_{\Delta p_1\to 0}\frac{\frac{\Delta_1 Q_2}{Q_2}}{\frac{\Delta p_1}{p_1}}=\frac{p_1}{Q_2}\frac{\partial Q_2}{\partial p_1},$$

其中，$\Delta_1 Q_i=Q_i(p_1+\Delta p_1,p_2)-Q_i(p_1,p_2)\ (i=1,2)$. 类似地，当价格 p_1 不变而价格 p_2 发生变化时，有

$$E_{21}=\lim_{\Delta p_2\to 0}\frac{\frac{\Delta_2 Q_1}{Q_1}}{\frac{\Delta p_2}{p_2}}=\frac{p_2}{Q_1}\frac{\partial Q_1}{\partial p_2},$$

$$E_{22}=\lim_{\Delta p_2\to 0}\frac{\frac{\Delta_2 Q_2}{Q_2}}{\frac{\Delta p_2}{p_2}}=\frac{p_2}{Q_2}\frac{\partial Q_2}{\partial p_2},$$

其中，$\Delta_2 Q_i=Q_i(p_1,p_2+\Delta p_2)-Q_i(p_1,p_2)\ (i=1,2)$.

$E_{11}(E_{22})$称为商品甲（乙）需求量 $Q_1(Q_2)$ 对自身价格 $p_1(p_2)$ 的直接价格偏弹性.

$E_{12}(E_{21})$称为商品甲(乙)需求量$Q_1(Q_2)$对相关价格$p_2(p_1)$的交叉价格偏弹性.

E_{11}表示商品甲,乙的价格在某个水平上,当乙的价格p_2保持不变,商品甲的价格p_1增加1%时,需求量Q_1变化(增加或减少)的百分比.它反映了在p_2保持不变、p_1变化时需求量Q_1变化的灵敏度.E_{22}有类似的意义.

E_{12}表示商品甲、乙的价格在某个水平上,当乙的价格p_1保持不变,商品甲的价格p_2增加1%时,需求量Q_1变化(增加或减少)的百分比.它反映了在p_1保持不变、p_2变化时需求量Q_1变化的灵敏度.E_{21}有类似的意义.

需求量对价格的交叉弹性,可以用来分析两种商品的相互关系.

若$E_{12}<0$,即商品甲的需求对商品乙的交叉价格弹性是负数,表示当商品甲的价格不变,而商品乙的价格上升时,商品甲的需求量将相应减少.这时称商品甲和商品乙之间是相互补充的关系.

若$E_{12}>0$,即商品甲的需求对商品乙的交叉价格弹性是正数,表示当商品甲的价格不变,而商品乙的价格上升时,商品甲的需求量将相应增加.这时称商品甲和商品乙之间是相互竞争(相互取代)的关系.

例2 求需求函数$Q_1=1\ 000p_1^{-\frac{1}{2}}\ p_2^{\frac{1}{5}}$在点$(p_1,p_2)=(4,32)$处需求的直接价格偏弹性和交叉价格偏弹性,并说明商品甲与商品乙是相互竞争还是相互补充.

解 当$p_1=4,p_2=32$时,$Q_1=1\ 000$,

$$\frac{\partial Q_1}{\partial p_1}=-500p_1^{-\frac{3}{2}}\ p_2^{\frac{1}{5}},\ \frac{\partial Q_1}{\partial p_2}=200p_1^{-\frac{1}{2}}\ p_2^{-\frac{4}{5}},$$

$$E_{11}\Big|_{\substack{p_1=4\\p_2=32}}=\left(\frac{p_1}{Q_1}\frac{\partial Q_1}{\partial p_1}\right)_{\substack{p_1=4\\p_2=32}}=-\frac{1}{2},$$

$$E_{12}\Big|_{\substack{p_1=4\\p_2=32}}=\left(\frac{p_2}{Q_1}\frac{\partial Q_1}{\partial p_2}\right)_{\substack{p_1=4\\p_2=32}}=\frac{1}{5}.$$

因为$E_{12}\Big|_{\substack{p_1=4\\p_2=32}}=\frac{1}{5}>0$,故商品甲、乙之间是相互竞争的关系.

例3 已知某种商品的需求量Q是该商品价格p_1、另一相关商品价格p_2以及消费者收入x的函数

$$Q_1=\frac{1}{200}p_1^{-\frac{3}{8}}\ p_2^{-\frac{2}{5}}\ x^{\frac{5}{2}},$$

求E_{11},E_{12}以及需求收入的偏弹性E_{1x}.

解 由于需求函数Q_1以乘积形式出现,故在函数两边取对数得

$$\ln Q_1=-\ln 200-\frac{3}{8}\ln p_1-\frac{2}{5}\ln p_2+\frac{5}{2}\ln x,$$

$$\frac{1}{Q_1}\frac{\partial Q_1}{\partial p_1}=-\frac{3}{8}\frac{1}{p_1},$$

故 $E_{11}=\frac{p_1}{Q_1}\frac{\partial Q_1}{\partial p_1}=-\frac{3}{8}$.

类似地
$$E_{12}=-\frac{2}{5},$$
$$E_{1x}=\frac{5}{2}.$$

例 4　某种数码相机的销售量 Q_A，除与它自身的价格 P_A 有关外，还与彩色喷墨打印机的价格 P_B 有关，具体为
$$Q_A=120+\frac{250}{P_A}-10P_B-P_B^2,$$
求 $P_A=50, P_B=5$ 时：(1) Q_A 对 P_A 的弹性；(2) Q_A 对 P_B 的交叉弹性.

解　(1) Q_A 对 P_A 的弹性为
$$\begin{aligned}\frac{EQ_A}{EP_A}&=\frac{\partial Q_A}{\partial P_A}\frac{P_A}{Q_A}\\&=-\frac{250}{P_A^2}\frac{P_A}{120+\frac{250}{P_A}-10P_B-P_B^2}\\&=-\frac{250}{120P_A+250-P_A(10P_B+P_B^2)}.\end{aligned}$$
当 $P_A=50, P_B=5$ 时，
$$\frac{EQ_A}{EP_A}=-\frac{250}{120\times 50+250-50\times(50+25)}=-\frac{1}{10}.$$
(2) Q_A 对 P_B 的交叉弹性为
$$\begin{aligned}\frac{EQ_A}{EP_B}&=\frac{\partial Q_A}{\partial P_B}\frac{P_B}{Q_A}\\&=-(10+2P_B)\frac{P_B}{120+\frac{250}{P_A}-10P_B-P_B^2}.\end{aligned}$$
当 $P_A=50, P_B=5$ 时，
$$\frac{EQ_A}{EP_B}=(-20)\frac{5}{120+5-50-25}=-2.$$
下面进行弹性分析.

(1) 弹性的概念.

定义 2　函数 $y=f(x)$ 的相对改变量 $\frac{\Delta y}{y_0}=\frac{f(x_0+\Delta x)-f(x_0)}{y_0}$ 与自变量的相对改变量 $\frac{\Delta x}{x_0}$ 之比 $\dfrac{\frac{\Delta y}{y_0}}{\frac{\Delta x}{x_0}}$ 称为函数 $f(x)$ 从 $x=x_0$ 到 $x=x_0+\Delta x$ 两点间的相对变化率或称两点间的弹性.

若 $f'(x_0)$存在，则极限值

$$\lim_{\Delta x\to 0}\frac{\dfrac{\Delta y}{y_0}}{\dfrac{\Delta x}{x_0}}=\lim_{\Delta x\to 0}\frac{x_0}{y_0}\cdot\frac{\Delta y}{\Delta x}=f'(x_0)\frac{x_0}{y_0}$$

称为 $f(x)$在点 x_0 处的相对变化率或相对导数或弹性，记作$\left.\frac{Ey}{Ex}\right|_{x=x_0}$或$\frac{E}{Ex}f(x_0)$，即

$$\left.\frac{Ey}{Ex}\right|_{x=x_0}=\frac{E}{Ex}f(x_0)=f'(x_0)\frac{x_0}{y_0}.$$

若 $f'(x)$存在，则

$$\frac{Ey}{Ex}=\frac{E}{Ex}f(x)=\lim_{\Delta x\to 0}\frac{\dfrac{\Delta y}{y}}{\dfrac{\Delta x}{x}}=\lim_{\Delta x\to 0}\frac{x}{y}\cdot\frac{\Delta y}{\Delta x}=f'(x)\frac{x}{y}\text{（其为 }x\text{ 的函数），}$$

称为 $f(x)$的弹性函数.

由于$\lim\limits_{\Delta x\to 0}\frac{\dfrac{\Delta y}{y_0}}{\dfrac{\Delta x}{x_0}}=\frac{E}{Ex}f(x_0)$，当$|\Delta x|$充分小时，$\frac{\dfrac{\Delta y}{y_0}}{\dfrac{\Delta x}{x_0}}\approx\frac{E}{Ex}f(x_0)$，从而

$$\frac{\Delta y}{y_0}\approx\frac{\Delta x}{x_0}\frac{E}{Ex}f(x_0).$$

若取$\frac{\Delta x}{x_0}=1\%$，则$\frac{\Delta y}{y_0}\approx\frac{E}{Ex}f(x_0)\%$.

弹性的经济意义：若 $f'(x_0)$存在，则$\frac{E}{Ex}f(x_0)$表示在点 x_0 处，x 改变 1%时，$f(x)$近似地改变$\frac{E}{Ex}f(x_0)\%$（常略去近似二字）.

因此，函数 $f(x)$在点 x 的弹性$\frac{E}{Ex}f(x)$反映随 x 变化的幅度所引起函数$f(x)$变化幅度的大小，也就是 $f(x)$对 x 变化反应的强烈程度或灵敏度.

例 5　设 $y=a^x(a>0,a\neq 1)$，求：$\frac{Ey}{Ex}$，$\left.\frac{Ey}{Ex}\right|_{x=1}$.

解　由于

$$\frac{Ey}{Ex}=y'\cdot\frac{x}{y}=a^x\cdot\ln a\cdot\frac{x}{a^x}=x\ln a,$$

所以

$$\left.\frac{Ey}{Ex}\right|_{x=1}=\ln a.$$

例 6　设 $y=x^a$，求$\frac{Ey}{Ex}$.

解　$\frac{Ey}{Ex}=y'\cdot\frac{x}{y}=ax^{a-1}\frac{x}{x^{a}}=a.$

(2) 需求弹性.

需求弹性反映了当商品价格变动时需求变动的强弱.由于需求函数 $q=f(p)$ 为递减函数，所以 $f'(p)\leqslant 0$，从而 $f'(p_0)\frac{p_0}{Q_0}$ 为负数.经济学家一般用正数表示需求弹性，因此，采用需求函数相对变化率的相反数来定义需求弹性.

定义 3　设某商品的需求函数为 $q=f(p)$，则称

$$\bar{\eta}(p_0,p_0+\Delta p)=-\frac{\Delta q}{\Delta p}\cdot\frac{p_0}{Q_0}$$

为该商品从 $p=p_0$ 到 $p=p_0+\Delta p$ 两点间的需求弹性.若 $f'(p_0)$ 存在，则称

$$\eta\Big|_{p=p_0}=\eta(p_0)=-f'(p_0)\cdot\frac{p_0}{f(p_0)}$$

为该商品在 $p=p_0$ 上的需求弹性.

例 7　已知某商品的需求函数为 $q=f(p)=\frac{1\ 200}{p}$，求：① 从 $p=30$ 到 $p=20$，50 各点间的需求弹性；② $p=30$ 时的需求弹性，并解释其经济意义.

解　① 由于 $p=30$ 时，$q=40$，所以

$$\bar{\eta}(30,20)=-\frac{\frac{1\ 200}{20}-\frac{1\ 200}{30}}{20-30}\cdot\frac{30}{40}=1.5,$$

$$\bar{\eta}(30,50)=-\frac{\frac{1\ 200}{50}-\frac{1\ 200}{30}}{50-30}\cdot\frac{30}{40}=0.6.$$

$\bar{\eta}(30,20)=1.5$ 说明商品价格 p 从 30 降至 20，在该区间内 p(从 30)下降 1%，需求量相应地(从 40)平均增加 1.5%.

$\bar{\eta}(30,50)=0.6$ 说明商品价格 p 从 30 涨至 50，在该区间内 p(从 30)上涨 1%，需求量相应地(从 40)平均减少 0.6%.

② 由于

$$\eta(p)=-f'(p)\frac{p}{f(p)}=-\frac{-1\ 200}{p^2}\cdot\frac{p}{\frac{1\ 200}{p}}=1.$$

因此 $\eta(30)=1$.这说明当 $p=30$ 时，价格上涨 1%，需求减少 1%；价格下跌 1%，需求则增加 1%.

(3) 供给弹性.

供给弹性与一般函数弹性定义一致.

定义 4　设某商品供给函数为 $q=\varphi(p)$，则称

$$\bar{\varepsilon}(p_0,p_0+\Delta p)=\frac{\Delta q}{\Delta p}\cdot\frac{p_0}{Q_0}$$

为该商品在 $p=p_0$ 与 $p=p_0+\Delta p$ 两点间的供给弹性. 若 $\varphi'(p_0)$ 存在，则称

$$\varepsilon|_{p=p_0}=\varepsilon(p_0)=\varphi'(p_0)\cdot\frac{p_0}{\varphi(p_0)}$$

为该商品在 $p=p_0$ 处的弹性.

例 8　设 $q=e^{2p}$，求 $\varepsilon(2)$，并解释其经济意义.

解　由于 $(e^{2p})'=2e^{2p}$，所以

$$\varepsilon(p)=\varphi'(p)\cdot\frac{p}{\varphi(p)}=2e^{2p}\cdot\frac{p}{e^{2p}}=2p.$$

则有 $\varepsilon(2)=4$. 这说明当 $p=2$ 时，价格上涨 1%，供给增加 4%；价格下跌 1%，供给减少 4%.

例 9　设某产品的需求函数为 $q=q(p)$，收益函数为 $R=pq$，其中 p 为产品价格，q 为需求量（产品的产量），$q(p)$ 是单调减函数. 如果价格 p_0 对应的产量为 Q_0，边际收益 $\left.\frac{\partial R}{\partial q}\right|_{q=Q_0}=a>0$，收益对价格的边际效应为 $\left.\frac{\partial R}{\partial p}\right|_{p=p_0}=c>0$，需求 q 对价格 p 的弹性为 $\eta_p=b>1$，求 p_0 和 Q_0.

解　因为收益 $R=pq$，所以有

$$\frac{\partial R}{\partial q}=p+q\frac{\partial p}{\partial q}=p+\left(-\frac{1}{\frac{\partial q}{\partial p}\cdot\frac{p}{q}}\right)(-p)$$

$$=p\left(1-\frac{1}{\eta_p}\right),$$

于是 $\left.\frac{\partial R}{\partial q}\right|_{q=Q_0}=p_0\left(1-\frac{1}{b}\right)=a$，解得 $p_0=\frac{ab}{b-1}$. 又

$$\frac{\partial R}{\partial p}=q+p\cdot\frac{\partial q}{\partial p}=q-\left(-\frac{\partial q}{\partial p}\cdot\frac{p}{q}\right)q=q(1-\eta_p),$$

于是 $\left.\frac{\partial R}{\partial p}\right|_{p=p_0}=Q_0(1-\eta_p)=c$，得 $Q_0=\frac{c}{1-b}$.

例 10　设某商品需求量 $Q=Q(p)$ 是价格 p 的单调减函数，其中需求弹性 $\eta=\frac{2p^2}{192-p^2}>0$.

① 设 R 为总收益函数，证明 $\frac{\partial R}{\partial p}=Q(1-\eta)$；

② 求 $p=6$ 时，总收益对价格的弹性，并说明其经济意义.

解　① $R(p)=pQ(p)$. 上式两端对 p 求偏导数，得

$$\frac{\partial R}{\partial p}=Q+p\frac{\partial Q}{\partial p}=Q\left(1+\frac{p}{Q}\frac{\partial Q}{\partial p}\right)=Q(1-\eta).$$

② $\frac{ER}{Ep}=\frac{p}{R}\frac{\partial R}{\partial p}=\frac{p}{pQ}Q(1-\eta)=1-\eta=1-\frac{2p^2}{192-p^2}=\frac{192-3p^2}{192-p^2}.$

$$\left.\frac{ER}{Ep}\right|_{p=6}=\frac{192-3\times 6^2}{192-6^2}=\frac{7}{13}\approx 0.54.$$

经济意义：当 $p=6$ 时，若价格上涨 1%，则总收益将增加 0.54%.

2) 偏导数的几何意义

在一元函数中，已知 $y=f(x)$ 的导数 $\frac{\mathrm{d}y}{\mathrm{d}x}$ 是曲线 $y=f(x)$ 在点 (x,y) 处的切线的斜率. 二元函数 $z=f(x,y)$ 在点 (x_0,y_0) 处的偏导数有完全类似的几何意义.

设 $M_0(x_0,y_0,f(x_0,y_0))$ 为曲面 $z=f(x,y)$ 上的一点，过 M_0 作平面 $y=y_0$ 截此曲面，则在平面 $y=y_0$ 上得到一曲线，其方程为 $z=f(x,y_0)$，这样，偏导数 $f_x(x_0,y_0)$ 就是 $y=y_0$ 上曲线 $z=f(x,y_0)$ 在点 M_0 处的切线 M_0T_x（对 x 轴）的斜率；同样偏导数 $f_y(x_0,y_0)$ 的几何意义是曲面被平面 $x=x_0$ 所截得的在 $x=x_0$ 上的平面曲线 $z=f(x_0,y)$ 在点 M_0 处的切线 M_0T_y（对 y 轴）的斜率（见图 11-8）.

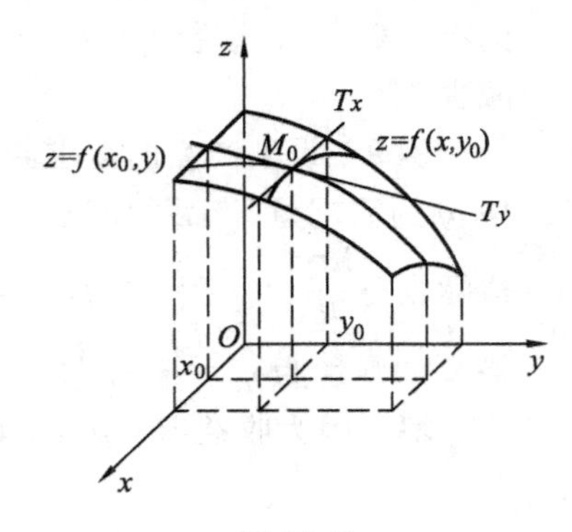

图 11-8

在一元函数中，如果函数 $y=f(x)$ 在某点可导，则它在该点必定连续. 但对于多元函数来说，即使在点 $P_0(x_0,y_0)$ 处各个偏导数都存在，也不能保证函数在该点处连续. 这是因为各偏导数存在只能保证点 P 沿着平行于坐标轴的方向趋于 P_0 时，函数值 $f(P)$ 趋于 $f(P_0)$，但不能保证点 P 按任意方式趋于 P_0 时，函数值 $f(P)$ 都趋于 $f(P_0)$.

例 11　设 $f(x,y)=\begin{cases}\frac{2xy}{x^2+y^2}, & x^2+y^2\neq 0,\\ 0, & x^2+y^2=0,\end{cases}$ 求偏导数 $f_x(0,0)$ 及 $f_y(0,0)$.

解　在前面的 **11.1.3** 的例 6 中，已知这个函数在点 $(0,0)$ 处不连续，但它的两个偏导数

$$f_x(0,0)=\lim_{\Delta x\to 0}\frac{f(0+\Delta x,0)-f(0,0)}{\Delta x}=\lim_{\Delta x\to 0}\frac{0}{\Delta x}=0,$$

$$f_y(0,0)=\lim_{\Delta y\to 0}\frac{f(0,0+\Delta y)-f(0,0)}{\Delta y}=\lim_{\Delta y\to 0}\frac{0}{\Delta y}=0$$

都存在.

所以在多元函数中，由函数在一点处偏导数都存在不能推出函数在该点一定

连续的结论.

3）高阶偏导数

设函数 $z=f(x,y)$ 在区域 D 内具有偏导数 $f_x(x,y)$，$f_y(x,y)$. 一般地，这两个偏导数 $f_x(x,y)$，$f_y(x,y)$ 仍然为变量 x，y 的二元函数. 如果这两个函数的偏导数也存在，则称它们是函数 $z=f(x,y)$ 的二阶偏导数. 按照对变量求导次序的不同，函数的二阶偏导数有下列四种类型：

$$\frac{\partial}{\partial x}\left(\frac{\partial z}{\partial x}\right)\triangleq\frac{\partial^2 z}{\partial x^2}\triangleq f_{xx}(x,y),\quad \frac{\partial}{\partial y}\left(\frac{\partial z}{\partial x}\right)\triangleq\frac{\partial^2 z}{\partial x\partial y}\triangleq f_{xy}(x,y),$$

$$\frac{\partial}{\partial x}\left(\frac{\partial z}{\partial y}\right)\triangleq\frac{\partial^2 z}{\partial y\partial x}\triangleq f_{yx}(x,y),\quad \frac{\partial}{\partial y}\left(\frac{\partial z}{\partial y}\right)\triangleq\frac{\partial^2 z}{\partial y^2}\triangleq f_{yy}(x,y).$$

其中，$f_{xy}(x,y)$ 和 $f_{yx}(x,y)$ 称为函数 $f(x,y)$ 的二阶混合偏导数.

例 12 设函数 $z=x^3y+3x^2y^3-xy+2$，求 $\frac{\partial^2 z}{\partial x^2}$，$\frac{\partial^2 z}{\partial x\partial y}$，$\frac{\partial^2 z}{\partial y\partial x}$，$\frac{\partial^2 z}{\partial y^2}$ 及 $\frac{\partial^3 z}{\partial x^3}$.

解 $\frac{\partial z}{\partial x}=3x^2y+6xy^3-y$，　　$\frac{\partial z}{\partial y}=x^3+9x^2y^2-x$，

$\frac{\partial^2 z}{\partial x^2}=6xy+6y^3$，　　$\frac{\partial^2 z}{\partial y^2}=18x^2y$，

$\frac{\partial^2 z}{\partial x\partial y}=3x^2+18xy^2-1$，　　$\frac{\partial^2 z}{\partial y\partial x}=3x^2+18xy^2-1$，

$\frac{\partial^3 z}{\partial x^3}=6y$.

由例 12 中可以看到，虽然两个二阶混合偏导数 $\frac{\partial^2 z}{\partial x\partial y}$ 和 $\frac{\partial^2 z}{\partial y\partial x}$ 求偏导数的先后次序不同，但是它们相等.

不过这并不说明所有函数的二阶混合偏导数都相等.

例 13 已知函数 $f(x,y)=\begin{cases}xy\dfrac{x^2-y^2}{x^2+y^2}, & x^2+y^2\neq 0,\\ 0, & x^2+y^2=0,\end{cases}$ 求 $f_{xy}(0,0)$ 及 $f_{yx}(0,0)$.

解 在 $x^2+y^2\neq 0$ 时，容易求得

$$f_x(x,y)=\frac{y(x^4+4x^2y^2-y^4)}{(x^2+y^2)^2},$$

$$f_y(x,y)=\frac{x(x^4-4x^2y^2-y^4)}{(x^2+y^2)^2}.$$

在 $x^2+y^2=0$ 时，有

$$f_x(0,0)=\lim_{\Delta x\to 0}\frac{f(0+\Delta x,0)-f(0,0)}{\Delta x}=\lim_{\Delta x\to 0}\frac{0}{\Delta x}=0.$$

$$f_y(0,0)=\lim_{\Delta y\to 0}\frac{f(0+\Delta y,0)-f(0,0)}{\Delta y}=0.$$

所以
$$f_x(x,y)=\begin{cases}\dfrac{y(x^4+4x^2y^2-y^4)}{(x^2+y^2)^2}, & x^2+y^2\neq 0,\\ 0, & x^2+y^2=0,\end{cases}$$

$$f_y(x,y)=\begin{cases}\dfrac{x(x^4-4x^2y^2-y^4)}{(x^2+y^2)^2}, & x^2+y^2\neq 0,\\ 0, & x^2+y^2=0,\end{cases}$$

则
$$f_{xy}(0,0)=\lim_{\Delta y\to 0}\frac{f_x(0,0+\Delta y)-f_x(0,0)}{\Delta y}=\lim_{\Delta y\to 0}\frac{\Delta y\left[\dfrac{-(\Delta y)^4}{(\Delta y)^4}\right]}{\Delta y}=-1,$$

$$f_{yx}(0,0)=\lim_{\Delta x\to 0}\frac{f_y(0+\Delta x,0)-f_y(0,0)}{\Delta x}=\lim_{\Delta x\to 0}\frac{\Delta x\left[\dfrac{(\Delta x)^4}{(\Delta x)^4}\right]}{\Delta x}=1.$$

这里 $f_{xy}(0,0)\neq f_{yx}(0,0)$.

那么,在什么条件下两个二阶混合偏导数相等呢？这里不加证明地给出下面的结论：

定理 1　如果函数 $z=f(x,y)$ 的两个二阶混合偏导数 $\dfrac{\partial^2 z}{\partial x\partial y}$ 及 $\dfrac{\partial^2 z}{\partial y\partial x}$ 在区域 D 内连续,则在该区域内这两个二阶混合偏导数必相等.

也就是说,当二阶混合偏导数是连续函数时,它与求导的先后次序无关. 这个结论还可以推广到更高阶的偏导数上去. 例如,函数 $z=f(x,y)$ 的三阶混合偏导如果是连续函数,则有

$$f_{xxy}(x,y)=f_{xyx}(x,y)=f_{yxx}(x,y),\ f_{xyy}(x,y)=f_{yxy}(x,y)=f_{yyx}(x,y).$$

完全类似地可以定义多元函数的高阶偏导数,而且高阶混合偏导数在连续的条件下也与求导次序无关.

例 14　证明函数 $u=\dfrac{1}{r}$ 满足方程 $\dfrac{\partial^2 u}{\partial x^2}+\dfrac{\partial^2 u}{\partial y^2}+\dfrac{\partial^2 u}{\partial z^2}=0$,其中 $r=\sqrt{x^2+y^2+z^2}$.

证
$$\frac{\partial u}{\partial x}=-\frac{1}{r^2}\cdot\frac{\partial r}{\partial x}=-\frac{1}{r^2}\cdot\frac{x}{r}=-\frac{x}{r^3},$$

$$\frac{\partial^2 u}{\partial x^2}=-\frac{1}{r^3}+\frac{3x}{r^4}\cdot\frac{\partial r}{\partial x}=-\frac{1}{r^3}+\frac{3x^2}{r^5}.$$

由于函数关于自变量的对称性,所以

$$\frac{\partial^2 u}{\partial y^2}=-\frac{1}{r^3}+\frac{3y^2}{r^5},\frac{\partial^2 u}{\partial z^2}=-\frac{1}{r^3}+\frac{3z^2}{r^5}.$$

因此

$$\frac{\partial^2 u}{\partial x^2}+\frac{\partial^2 u}{\partial y^2}+\frac{\partial^2 u}{\partial z^2}=-\frac{3}{r^3}+\frac{3(x^2+y^2+z^2)}{r^5}=-\frac{3}{r^3}+\frac{3r^2}{r^5}=0.$$

例 14 中的方程称为拉普拉斯(Laplace)方程，它是数学物理方程中主要研究的方程之一.

11.2.2 全微分及其应用

1) 全微分的概念

由一元函数微分学知道，一元函数 $y=f(x)$ 的微分 $\mathrm{d}y=f'(x)\mathrm{d}x$ 是函数 $f(x)$ 的增量 Δy 的线性主部，它是描述函数 $y=f(x)$ 在自变量 x 有一个改变量 Δx 时函数改变量大小的近似值，即用函数的微分 $\mathrm{d}y$ 去代替函数的增量 Δy，当 $\Delta x\to 0$ 时，舍去 Δx 的高阶无穷小. 对于多元函数也有类似的情况，下面就二元函数情形进行讨论.

设二元函数 $z=f(x,y)$ 在点 $P(x,y)$ 的某邻域内有定义，当自变量在点 $P(x,y)$ 处分别有增量 Δx 与 Δy 时，函数的增量 $\Delta z=f(x+\Delta x,y+\Delta y)-f(x,y)$ 称为 $z=f(x,y)$ 在点 $P(x,y)$ 对应于增量 $\Delta x,\Delta y$ 的全增量.

一般地，全增量 Δz 的计算比较复杂，因此希望得到一个类似于一元函数的自变量的增量 $\Delta x,\Delta y$ 的线性函数来作为它的近似值. 观察下面的例题：

例 15 设有一块矩形的金属薄板，长为 x，宽为 y，金属薄板受热膨胀，长增加 Δx，宽增加 Δy，问金属薄板的面积增加了多少？

解 记金属薄板的面积为 A，则 $A=xy$.

由于金属薄板的长、宽分别增加 Δx 和 Δy，故面积 A 的增量为

$$\begin{aligned}\Delta A&=(x+\Delta x)(y+\Delta y)-xy\\&=y\Delta x+x\Delta y+\Delta x\Delta y.\end{aligned}$$

于是见到二元函数 $A=xy$ 的全增量 ΔA 由两部分组成(见图 11-9).

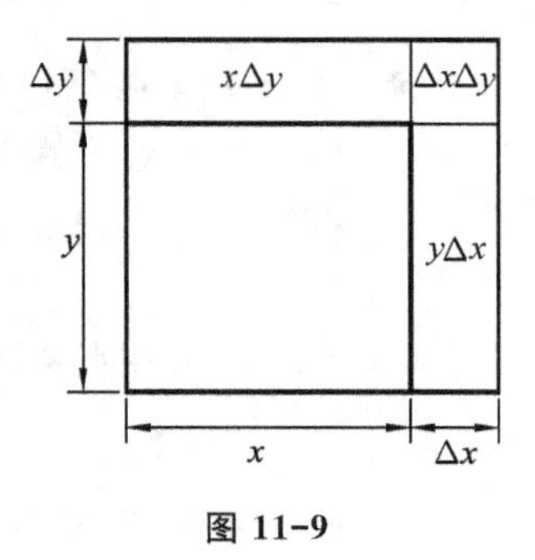

图 11-9

下面令 $\rho=\sqrt{\Delta x^2+\Delta y^2}$，则 $\rho\to 0$ 等价于 $(\Delta x,\Delta y)\to(0,0)$.

第一部分 $y\Delta x+x\Delta y$ 是关于 $\Delta x,\Delta y$ 的线性函数，第二部分 $\Delta x\Delta y$ 为图中右上角小长方形的面积. 当 $\rho\to 0$ 时，$\Delta x\Delta y$ 是 $\rho=\sqrt{(\Delta x)^2+(\Delta y)^2}$ 的高阶无穷小，即

$$\lim_{\rho\to 0}\frac{\Delta x\Delta y}{\rho}=\lim_{\rho\to 0}\frac{\Delta x\Delta y}{\sqrt{(\Delta x)^2+(\Delta y)^2}}=0.$$

因此，第一部分 $y\Delta x+x\Delta y$ 是全增量 ΔA 的线性主部，用 $y\Delta x+x\Delta y$ 作为 ΔA 的近似值，当 $\rho\to 0$ 时，舍去的是比 $\rho=\sqrt{(\Delta x)^2+(\Delta y)^2}$ 高阶的无穷小量.

当金属薄板的长 x、宽 y 分别为已知常数 a,b 时，面积的增量 ΔA 就只是 Δx,

Δy 的函数，即

$$\Delta A=a\Delta x+b\Delta y+o(\rho),$$

其中，a,b 不依赖于 $\Delta x,\Delta y$. 再注意到 $A=xy$，所以 $A_x=y,A_y=x$，故 ΔA 又可表示成

$$\Delta A=A_x(b,a)\Delta x+A_y(b,a)\Delta y+o(\rho).$$

这种结论是否具有普遍意义？为此引入二元函数全微分的定义.

定义 5　设函数 $z=f(x,y)$ 在点 $P(x,y)$ 的全增量

$$\Delta z=f(x+\Delta x,y+\Delta y)-f(x,y)$$

可以表示为

$$\Delta z=A\Delta x+B\Delta y+o(\rho), \tag{2}$$

其中，A,B 不依赖于 $\Delta x,\Delta y$ 仅与 x,y 有关，$\rho=\sqrt{(\Delta x)^2+(\Delta y)^2}$，则称函数 $z=f(x,y)$ 在点 $P(x,y)$ 处可微，而 $A\Delta x+B\Delta y$ 称为函数 $z=f(x,y)$ 在点 $P(x,y)$ 处的全微分，记为 $\mathrm{d}z$ 或 $\mathrm{d}f(x,y)$，即

$$\mathrm{d}z=A\Delta x+B\Delta y.$$

如果函数 $z=f(x,y)$ 在区域 D 内各点处都可微，则称函数 $z=f(x,y)$ 在 D 内可微.

前面已知多元函数在某点即使各个偏导数都存在，也不能保证函数在该点连续，但是如果函数 $z=f(x,y)$ 在点 $P_0(x_0,y_0)$ 处可微，函数 $z=f(x,y)$ 在该点处一定连续. 这个结论由下面的讨论给出.

现讨论函数 $z=f(x,y)$ 可微的必要条件与充分条件.

定理 2(必要条件)　若函数 $z=f(x,y)$ 在点 (x_0,y_0) 处可微，则

(1) $f(x,y)$ 在点 $P_0(x_0,y_0)$ 处连续；

(2) $f(x,y)$ 在点 $P_0(x_0,y_0)$ 处偏导数存在，且有

$$A=f_x(x_0,y_0),B=f_y(x_0,y_0),$$

即 $z=f(x,y)$ 在点 $P_0(x_0,y_0)$ 处的全微分可表示成

$$\mathrm{d}z=f_x(x_0,y_0)\Delta x+f_y(x_0,y_0)\Delta y.$$

证　(1) 这是因为当 $z=f(x,y)$ 可微时，有

$$\Delta z=f(x_0+\Delta x,y_0+\Delta y)-f(x_0,y_0)=A\Delta x+B\Delta y+o(\rho),$$

于是

$$\lim_{\rho\to 0}\Delta z=\lim_{\rho\to 0}[f(x_0+\Delta x,y_0+\Delta y)-f(x_0,y_0)]=0,$$

即

$$\lim_{\rho\to 0}f(x_0+\Delta x,y_0+\Delta y)=f(x_0,y_0),$$

所以 $f(x,y)$ 在点 $P_0(x_0,y_0)$ 处连续.

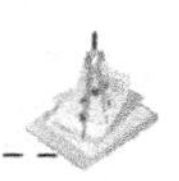

(2) 在式(2)中取 $\Delta y=0$,这时 $\rho=|\Delta x|$,所以 $\rho\to 0$ 等价于 $\Delta x\to 0$,式(2)变为

$$f(x_0+\Delta x,y_0)-f(x_0,y_0)=A\Delta x+o(|\Delta x|).$$

等式两端同除以 Δx,并令 $\Delta x\to 0$,得

$$\lim_{\Delta x\to 0}\frac{f(x_0+\Delta x,y_0)-f(x_0,y_0)}{\Delta x}=A.$$

同理可得

$$\lim_{\Delta y\to 0}\frac{f(x_0,y_0+\Delta y)-f(x_0,y_0)}{\Delta y}=B.$$

所以 $f(x,y)$在点 $P_0(x_0,y_0)$偏导数存在,且 $f_x(x_0,y_0)=A,f_y(x_0,y_0)=B$. 证毕.

若函数 $z=f(x,y)$在区域 D 内每一点 $P(x,y)$处都可微,则其全微分为

$$\mathrm{d}z=f_x(x,y)\Delta x+f_y(x,y)\Delta y\text{ 或 }\mathrm{d}z=\frac{\partial z}{\partial x}\Delta x+\frac{\partial z}{\partial y}\Delta y.$$

上述定理给出了函数在一点可微应满足的必要条件.这些条件对于保证函数的可微性并不是充分的.这一点与一元函数的情形不同,当函数的各偏导数都存在时,虽然能形式地写出$\frac{\partial z}{\partial x}\Delta x+\frac{\partial z}{\partial y}\Delta y$,但它与 Δz 之差并不一定是 ρ 的高阶无穷小,因此它不一定是函数的全微分.换句话说,各偏导数的存在只是全微分存在的必要条件而不是充要条件.

例 16　设 $f(x,y)=\begin{cases}\dfrac{xy}{\sqrt{x^2+y^2}}, & x^2+y^2\neq 0,\\ 0, & x^2+y^2=0,\end{cases}$ 求 $f_x(0,0),f_y(0,0)$,并讨论 $z=f(x,y)$在点 $O(0,0)$处的可微性.

解　容易证明这个函数在点(0,0)处极限存在且连续,由

$$f_x(0,0)=\lim_{\Delta x\to 0}\frac{f(0+\Delta x,0)-f(0,0)}{\Delta x}=\lim_{\Delta x\to 0}\frac{0}{\Delta x}=0,$$

$$f_y(0,0)=\lim_{\Delta y\to 0}\frac{f(0,0+\Delta y)-f(0,0)}{\Delta y}=\lim_{\Delta y\to 0}\frac{0}{\Delta y}=0$$

推出函数 $f(x,y)$在点(0,0)处的偏导数存在,

$$\begin{aligned}\Delta z-[f_x(0,0)\Delta x+f_y(0,0)\Delta y]&=[f(0+\Delta x,0+\Delta y)-f(0,0)]-0\\&=f(\Delta x,\Delta y)=\frac{\Delta x\Delta y}{\sqrt{(\Delta x)^2+(\Delta y)^2}}.\end{aligned}$$

当$(\Delta x,\Delta y)$按照 $\Delta y=\Delta x$ 的方式趋于 $O(0,0)$时,有

$$\frac{\dfrac{\Delta x\Delta y}{\sqrt{(\Delta x)^2+(\Delta y)^2}}}{\rho}=\frac{\Delta x\Delta y}{(\Delta x)^2+(\Delta y)^2}\overset{\Delta y=\Delta x}{=\!=\!=}\frac{\Delta x\cdot\Delta x}{(\Delta x)^2+(\Delta x)^2}=\frac{1}{2}.$$

显然,当 $\rho\to 0$ 时,上式不会趋于 0,这表明当 $\rho\to 0$ 时,差

$$\Delta z-[f_x(0,0)\Delta x+f_y(0,0)\Delta y]$$

并不是比 ρ 高阶的无穷小量,所以函数 $z=f(x,y)$在点 $O(0,0)$处不可微.

由定理 2 及例 16 可知，函数 $z=f(x,y)$ 的偏导数存在只是函数可微的必要条件，而不是充分条件. 下面给出函数可微的充分条件.

定理 3(充分条件) 如果函数 $z=f(x,y)$ 的偏导数 $\frac{\partial z}{\partial x}=f_x(x,y)$，$\frac{\partial z}{\partial y}=f_y(x,y)$ 在点 $P(x,y)$ 处连续，则函数 $z=f(x,y)$ 在该点处可微.

证 要证明函数 $z=f(x,y)$ 在点 $P(x,y)$ 处可微，只要证明 $z=f(x,y)$ 的增量 Δz 可以表示成 $\Delta z=f_x(x,y)\Delta x+f_y(x,y)\Delta y+o(\rho)$.

函数 $z=f(x,y)$ 的偏导数 $f_x(x,y)$，$f_y(x,y)$ 在点 $P(x,y)$ 处连续，就意味着偏导数在点 $P(x,y)$ 的某邻域内存在且在该点处连续，设点 $P'(x+\Delta x,y+\Delta y)$ 是点 $P(x,y)$ 的该邻域内任意一点，函数的全增量为

$$\begin{aligned}\Delta z&=f(x+\Delta x,y+\Delta y)-f(x,y)\\&=[f(x+\Delta x,y+\Delta y)-f(x,y+\Delta y)]+[f(x,y+\Delta y)-f(x,y)].\end{aligned}$$

在全增量的第一个括号内的表达式中，由于 $y+\Delta y$ 保持不变，因而可以看做是 x 的一元函数 $f(x,y+\Delta y)$ 的增量. 因为 $f_x(x,y)$ 在点 $P(x,y)$ 的某邻域内存在，即一元函数 $f(x,y+\Delta y)$ 对 x 的导数在区间 $[x,x+\Delta x]$ 或 $[x+\Delta x,x]$ 上存在，由一元函数可导必连续的结论可知，关于变量 x 的一元函数 $f(x,y+\Delta y)$ 在区间 $[x,x+\Delta x]$ 或 $[x+\Delta x,x]$ 上满足拉格朗日中值定理条件，从而有

$$f(x+\Delta x,y+\Delta y)-f(x,y+\Delta y)=f_x(x+\theta_1\Delta x,y+\Delta y)\Delta x\ (0<\theta_1<1).$$

在全增量的第二个括号内的表达式中，由于 x 保持不变，因而可以看做是变量 y 的一元函数 $f(x,y)$ 的增量. 同理，关于 y 的一元函数 $f(x,y)$ 在区间 $[y,y+\Delta y]$ 或 $[y+\Delta y,y]$ 上满足拉格朗日中值定理条件，应用该定理得

$$f(x,y+\Delta y)-f(x,y)=f_y(x,y+\theta_2\Delta y)\Delta y\ (0<\theta_2<1).$$

由题设知，偏导数 $f_x(x,y)$，$f_y(x,y)$ 在点 $P(x,y)$ 处连续，于是有

$$\lim_{\rho\to 0}f_x(x+\theta_1\Delta x,y+\Delta y)=f_x(x,y),$$

$$\lim_{\rho\to 0}f_y(x,y+\theta_2\Delta y)=f_y(x,y).$$

所以

$$f_x(x+\theta_1\Delta x,y+\Delta y)=f_x(x,y)+\alpha,$$

$$f_y(x,y+\theta_2\Delta y)=f_y(x,y)+\beta.$$

其中，$\lim\limits_{\rho\to 0}\alpha=0$，$\lim\limits_{\rho\to 0}\beta=0$.

于是全增量的表达式变成

$$\Delta z=f_x(x,y)\Delta x+f_y(x,y)\Delta y+\alpha\Delta x+\beta\Delta y. \tag{3}$$

因为

$$\left|\frac{\Delta x}{\rho}\right|=\left|\frac{\Delta x}{\sqrt{(\Delta x)^2+(\Delta y)^2}}\right|\leqslant 1,\lim_{\rho\to 0}\alpha=0,$$

又由有界函数与无穷小量的乘积仍为无穷小量可知，

$$\lim_{\rho\to 0}\frac{\alpha\cdot\Delta x}{\rho}=0,$$

同理

$$\lim_{\rho\to 0}\frac{\beta\cdot\Delta y}{\rho}=0.$$

从而得到

$$\lim_{\rho\to 0}\frac{\alpha\Delta x+\beta\Delta y}{\rho}=0,$$

即
$$\Delta z=f_x(x,y)\Delta x+f_y(x,y)\Delta y+o(\rho).$$

定理3的逆命题不成立，即函数 $z=f(x,y)$ 在点 $P(x,y)$ 处可微不能保证它的偏导数 $f_x(x,y)$，$f_y(x,y)$ 在该点处连续.

例 17 设函数 $f(x,y)=\begin{cases}(x^2+y^2)\sin\dfrac{1}{\sqrt{x^2+y^2}}, & x^2+y^2\neq 0,\\ 0, & x^2+y^2=0.\end{cases}$

(1) 求偏导数 $f_x(x,y)$，$f_y(x,y)$.

(2) 问 $f_x(x,y)$，$f_y(x,y)$ 在点 $O(0,0)$ 处是否连续.

(3) 问函数 $f(x,y)$ 在点 $O(0,0)$ 处是否可微？

解 (1) 当 $(x,y)\neq(0,0)$ 时，

$$f_x(x,y)=2x\sin\frac{1}{\sqrt{x^2+y^2}}-\frac{x}{\sqrt{x^2+y^2}}\cos\frac{1}{\sqrt{x^2+y^2}};$$

$$f_y(x,y)=2y\sin\frac{1}{\sqrt{x^2+y^2}}-\frac{y}{\sqrt{x^2+y^2}}\cos\frac{1}{\sqrt{x^2+y^2}}.$$

而

$$f_x(0,0)=\lim_{\Delta x\to 0}\frac{f(0+\Delta x,0)-f(0,0)}{\Delta x}=\lim_{\Delta x\to 0}\frac{(\Delta x)^2\sin\dfrac{1}{|\Delta x|}}{\Delta x}$$
$$=\lim_{\Delta x\to 0}\Delta x\cdot\sin\frac{1}{|\Delta x|}=0,$$

同理
$$f_y(0,0)=0.$$

于是

$$f_x(x,y)=\begin{cases}2x\sin\dfrac{1}{\sqrt{x^2+y^2}}-\dfrac{x}{\sqrt{x^2+y^2}}\cos\dfrac{1}{\sqrt{x^2+y^2}}, & x^2+y^2\neq 0,\\ 0, & x^2+y^2=0,\end{cases}$$

$$f_y(x,y)=\begin{cases}2y\sin\dfrac{1}{\sqrt{x^2+y^2}}-\dfrac{y}{\sqrt{x^2+y^2}}\cos\dfrac{1}{\sqrt{x^2+y^2}}, & x^2+y^2\neq 0,\\ 0, & x^2+y^2=0.\end{cases}$$

(2) 当点 $P(x,y)$ 沿 x 轴趋于点 $O(0,0)$ 时，因为

$$\lim_{\substack{(x,y)\to(0,0)\\ y=0}} f_x(x,y)=\lim_{x\to 0}\left(2x\sin\frac{1}{x}-\cos\frac{1}{x}\right)$$

不存在，所以 $f_x(x,y)$ 在点 $O(0,0)$ 处不连续，同理 $f_y(x,y)$ 在点 $O(0,0)$ 处也不连续.

(3) 因为

$$\lim_{\rho\to 0}\frac{\Delta z-f_x(0,0)\Delta x-f_y(0,0)\Delta y}{\rho}$$

$$=\lim_{\rho\to 0}\frac{\Delta z}{\rho}=\lim_{\rho\to 0}\frac{[(\Delta x)^2+(\Delta y)^2]\sin\frac{1}{\sqrt{(\Delta x)^2+(\Delta y)^2}}}{\sqrt{(\Delta x)^2+(\Delta y)^2}}$$

$$=\lim_{\rho\to 0}\rho\sin\frac{1}{\rho}=0,$$

所以函数 $f(x,y)$ 在点 $O(0,0)$ 处可微.

以上是二元函数全微分的定义及可微的必要条件与充分条件，可以类似地推广到三元及三元以上的多元函数.

像一元函数一样，自变量的增量等于自变量的微分，即 $\Delta x=\mathrm{d}x$，$\Delta y=\mathrm{d}y$，这样函数 $z=f(x,y)$ 的全微分就可以表示成

$$\mathrm{d}z=\frac{\partial z}{\partial x}\mathrm{d}x+\frac{\partial z}{\partial y}\mathrm{d}y.$$

通常把二元函数的全微分等于它的两个偏微分之和称为二元函数的微分叠加原理. 叠加原理也适用于二元以上的函数的情形. 例如，若三元函数 $u=f(x,y,z)$ 在点 $P(x,y,z)$ 处可微，则有

$$\mathrm{d}u=\frac{\partial u}{\partial x}\mathrm{d}x+\frac{\partial u}{\partial y}\mathrm{d}y+\frac{\partial u}{\partial z}\mathrm{d}z.$$

例 18 求函数 $z=x^2y+y^2$ 在点 $(1,2)$ 处的全微分.

解 因为
$$\frac{\partial z}{\partial x}=2xy,\ \frac{\partial z}{\partial y}=x^2+2y,$$

则
$$\left.\frac{\partial z}{\partial x}\right|_{\substack{x=1\\ y=2}}=4,\ \left.\frac{\partial z}{\partial y}\right|_{\substack{x=1\\ y=2}}=5,$$

所以
$$\left.\mathrm{d}z\right|_{\substack{x=1\\ y=2}}=4\mathrm{d}x+5\mathrm{d}y.$$

例 19 求函数 $u=\mathrm{e}^{xyz}+xy+z^2$ 的全微分.

解 因为
$$\frac{\partial u}{\partial x}=yz\mathrm{e}^{xyz}+y,\ \frac{\partial u}{\partial y}=xz\mathrm{e}^{xyz}+x,$$

$$\frac{\partial u}{\partial z}=xy\mathrm{e}^{xyz}+2z,$$

所以

$$du=(yze^{xyz}+y)dx+(xze^{xyz}+x)dy+(xye^{xyz}+2z)dz.$$

2) 全微分在近似计算中的应用

(1) 求函数的近似值.

设 $z=f(x,y)$ 是可微函数，它在点 $P_0(x_0,y_0)$ 处的全增量为

$$\begin{aligned}\Delta z&=f(x_0+\Delta x,y_0+\Delta y)-f(x_0,y_0)\\&=f_x(x_0,y_0)\Delta x+f_y(x_0,y_0)\Delta y+o(\rho).\end{aligned}$$

当 $|\Delta x|,|\Delta y|$ 都比较小时，有近似公式

$$\Delta z\approx dz=f_x(x_0,y_0)\Delta x+f_y(x_0,y_0)\Delta y,$$

即

$$f(x_0+\Delta x,y_0+\Delta y)\approx f(x_0,y_0)+f_x(x_0,y_0)\Delta x+f_y(x_0,y_0)\Delta y. \tag{4}$$

利用上面的近似公式(4)可以计算函数的近似值.

例 20 计算 $(1.04)^{2.02}$ 的近似值.

解 把 $(1.04)^{2.02}$ 看做是函数 $z=x^y$ 在 $x=1.04, y=2.02$ 时的函数值 $f(1.04, 2.02)$.

取 $x_0=1, y_0=2, \Delta x=0.04, \Delta y=0.02$，则

$$f_x(x,y)=yx^{y-1}, f_x(1,2)=2,$$

$$f_y(x,y)=x^y\ln x, f_y(1,2)=0.$$

由公式(4)得

$$\begin{aligned}(1.04)^{2.02}&\approx f(1,2)+f_x(1,2)\times 0.04+f_y(1,2)\times 0.02\\&=1+2\times 0.04+0\times 0.02=1.08.\end{aligned}$$

(2) 误差估计.

对一般的二元函数 $z=f(x,y)$，如果已知自变量 x,y 的绝对误差限分别为 δ_x,δ_y，即 $|\Delta x|\leqslant\delta_x, |\Delta y|\leqslant\delta_y$，则由 $z=f(x,y)$ 计算函数值 z 所产生的误差为

$$\begin{aligned}|\Delta z|\approx|dz|&=\left|\frac{\partial z}{\partial x}\Delta x+\frac{\partial z}{\partial y}\Delta y\right|\leqslant\left|\frac{\partial z}{\partial x}\right||\Delta x|+\left|\frac{\partial z}{\partial y}\right||\Delta y|\\&\leqslant\left|\frac{\partial z}{\partial x}\right|\delta_x+\left|\frac{\partial z}{\partial y}\right|\delta_y.\end{aligned}$$

称

$$\delta_z=\left|\frac{\partial z}{\partial x}\right|\delta_x+\left|\frac{\partial z}{\partial y}\right|\delta_y$$

为变量 z 的绝对误差限，称

$$\frac{\delta_z}{|z|}=\left|\frac{1}{z}\frac{\partial z}{\partial x}\right|\delta_x+\left|\frac{1}{z}\frac{\partial z}{\partial y}\right|\delta_y$$

为变量 z 的相对误差限.

下例是微分在经济现象中的具体应用.

例 21 某企业的成本 C 关于产品 A 和 B 的产量 x,y 之间的关系为

$$C=x^2-0.5xy+y^2.$$

现A的产量从100增加到105,B的产量由50增加到52,问成本需增加多少？

解　因为

$$\begin{aligned}\Delta C&\approx \mathrm{d}C=C_x\Delta x+C_y\Delta y\\&=(2x-0.5y)\Delta x+(2y-0.5x)\Delta y,\end{aligned}$$

依题意得，$x=100,\Delta x=5,y=50,\Delta y=2$，则

$$\Delta C=(2\times 100-0.5\times 50)\times 5+(2\times 50-0.5\times 100)\times 2=975,$$

即成本需增加975.

11.2.3　多元复合函数微分法

1）多元复合函数的一阶偏导数

对于一元函数的复合函数 $y=f[\varphi(x)]$，如果函数 $y=f(u)$ 在点 u 处可导，而 $u=\varphi(x)$ 又在点 x 处可导，则有一元复合函数的微分法则

$$\frac{\mathrm{d}y}{\mathrm{d}x}=\frac{\mathrm{d}y}{\mathrm{d}u}\cdot\frac{\mathrm{d}u}{\mathrm{d}x}.$$

该法则可以用一张连锁图来反映它们的求导过程，如

$$y(\text{函数})\rightarrow u(\text{中间变量})\rightarrow x(\text{自变量}).$$

要求函数对自变量的导数，必须先通过中间变量，再由中间变量找到自变量，即简单表示成 $y_x'=y_u'\,u_x'$.

现将这一微分法则推广到多元复合函数的情形，从而建立多元复合函数的微分法则.

假设函数 $z=f(u,v)$ 通过中间变量 $u=\varphi(x,y)$ 及 $v=\psi(x,y)$ 而成为变量 x,y 的复合函数 $z=f[\varphi(x,y),\psi(x,y)]$.

先讨论中间变量是一元函数 $u=\varphi(t),v=\psi(t)$，而得到的关于变量 t 的复合函数 $z=f[\varphi(t),\psi(t)]$ 的微分公式.

定理4　如果函数 $u=\varphi(t)$ 及 $v=\psi(t)$ 都在点 t 可导，函数 $z=f(u,v)$ 在对应点 (u,v) 具有连续偏导数，则复合函数 $z=f[\varphi(t),\psi(t)]$ 在点 t 可导，且其导数可用下列公式计算：

$$\frac{\mathrm{d}z}{\mathrm{d}t}=\frac{\partial z}{\partial u}\cdot\frac{\mathrm{d}u}{\mathrm{d}t}+\frac{\partial z}{\partial v}\cdot\frac{\mathrm{d}v}{\mathrm{d}t}.\tag{5}$$

证　设 t 获得增量 Δt，这时 $u=\varphi(t),v=\psi(t)$ 的对应增量为 $\Delta u,\Delta v$，由此函数 $z=f(u,v)$ 相应地获得增量 Δz. 根据假定函数 $z=f(u,v)$ 在点 (u,v) 具有连续偏导数，于是由式(3)得

$$\Delta z=\frac{\partial z}{\partial u}\Delta u+\frac{\partial z}{\partial v}\Delta v+\alpha\Delta u+\beta\Delta v,$$

这里当 $\Delta u \to 0, \Delta v \to 0$ 时，$\alpha \to 0, \beta \to 0$.

将上式两端各除以 Δt，得

$$\frac{\Delta z}{\Delta t}=\frac{\partial z}{\partial u}\frac{\Delta u}{\Delta t}+\frac{\partial z}{\partial v}\frac{\Delta v}{\Delta t}+\alpha\frac{\Delta u}{\Delta t}+\beta\frac{\Delta v}{\Delta t}.$$

因为当 $\Delta t \to 0$ 时，$\Delta u \to 0, \Delta v \to 0, \frac{\Delta u}{\Delta t} \to \frac{\mathrm{d}u}{\mathrm{d}t}, \frac{\Delta v}{\Delta t} \to \frac{\mathrm{d}v}{\mathrm{d}t}$，所以

$$\lim_{\Delta t \to 0}\frac{\Delta z}{\Delta t}=\frac{\partial z}{\partial u}\frac{\mathrm{d}u}{\mathrm{d}t}+\frac{\partial z}{\partial v}\frac{\mathrm{d}v}{\mathrm{d}t}.$$

这就证明了复合函数 $z=f[\varphi(t),\psi(t)]$ 在点 t 可导，且导数可用公式(5)计算，证毕.

由定理 4 可知函数 z 通过两个中间变量 u 和 v 依赖于自变量 t，所以它对自变量 t 的求导分别通过中间变量 u 和 v 找到 t，即

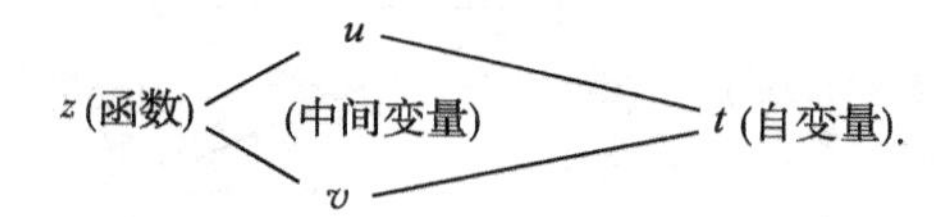

公式(5)就给出函数 z 对自变量 t 的求导过程.

这种画函数结构“连锁图”的方法可以帮助我们掌握多元复合函数的微分法则，例如由函数 $z=f(u,v)$ 及 $u=\varphi(t), v=\psi(t)$ 复合而成的复合函数 $z=f[\varphi(t),\psi(t)]$，可以用“示意图”说明公式(5)中哪些是中间变量、哪些是自变量以及中间变量和自变量的个数. 求 z 对 t 的导数就好像沿着图中的两条途径到达 t，即 z 先沿 u 到达 t，再加上沿 v 到达 t.

由于公式(5)中最终只含一个自变量，这时的导数称为全导数. 用同样的方法，可把定理 4 推广到复合函数的中间变量多于两个的情形.

推论 1　设 $z=f(u,v,w), u=\varphi(t), v=\psi(t), w=\omega(t)$ 复合而得复合函数 $z=f[\varphi(t),\psi(t),\omega(t)]$，若函数 $u=\varphi(t), v=\psi(t), w=\omega(t)$ 都在点 t 可导，$z=f(u,v,w)$ 在对应点 (u,v,w) 具有连续偏导数，则复合函数在点 t 可导，这时的连锁图为

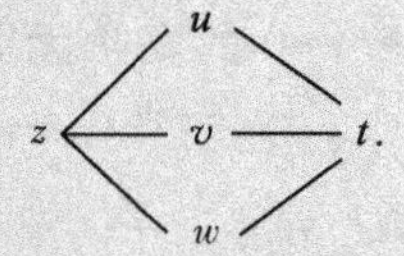

所以 z 对 t 的全导数计算公式为

$$\frac{\mathrm{d}z}{\mathrm{d}t}=\frac{\partial z}{\partial u}\frac{\mathrm{d}u}{\mathrm{d}t}+\frac{\partial z}{\partial v}\frac{\mathrm{d}v}{\mathrm{d}t}+\frac{\partial z}{\partial w}\frac{\mathrm{d}w}{\mathrm{d}t}. \tag{6}$$

上述定理还可以推广到中间变量是多元函数的情形，下面介绍的定理实际上是多元复合函数求导的基本定理.

定理 5　设函数 $u=\varphi(x,y)$，$v=\psi(x,y)$ 在点 (x,y) 处存在偏导数，而函数 $z=f(u,v)$ 在对应点 (u,v) 处可微，则复合函数 $z=f[\varphi(x,y),\psi(x,y)]$ 在点 (x,y) 处的两个偏导数 $\frac{\partial z}{\partial x}$，$\frac{\partial z}{\partial y}$ 存在，并有下列公式

$$\frac{\partial z}{\partial x}=\frac{\partial z}{\partial u}\frac{\partial u}{\partial x}+\frac{\partial z}{\partial v}\frac{\partial v}{\partial x},$$

$$\frac{\partial z}{\partial y}=\frac{\partial z}{\partial u}\frac{\partial u}{\partial y}+\frac{\partial z}{\partial v}\frac{\partial v}{\partial y}. \tag{7}$$

先来观察定理 5 中变量的结构连锁图：

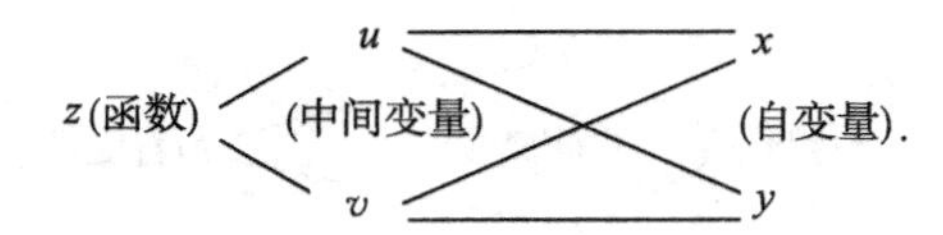

连锁图指明了有两个中间变量 u，v 和两个自变量以及 z 必须通过什么路径找到和自变量 x，y 的依赖关系. 于是公式(7)给出了函数 z 对 x 和 y 的求导法.

证　给 x 以增量 Δx，让 y 保持不变，这时函数 $u=\varphi(x,y)$，$v=\psi(x,y)$ 对 x 的偏增量分别为

$$\Delta_x u=\varphi(x+\Delta x,y)-\varphi(x,y),$$

$$\Delta_x v=\psi(x+\Delta x,y)-\psi(x,y).$$

因为函数 $u=\varphi(x,y)$，$v=\psi(x,y)$ 对 x 的偏导数存在，由一元函数的可导必连续知道 $u=\varphi(x,y)$，$v=\psi(x,y)$ 为 x 的连续函数，故当 $\Delta x\to 0$ 时，有 $\Delta_x u\to 0$，$\Delta_x v\to 0$. 又因为 $z=f(u,v)$ 在对应点 (u,v) 处可微，所以函数 $z=f(u,v)$ 在 (u,v) 处的全增量为

$$\begin{aligned}\Delta z&=f(u+\Delta u,v+\Delta v)-f(u,v)\\&=\frac{\partial z}{\partial u}\Delta u+\frac{\partial z}{\partial v}\Delta v+o(\rho),\end{aligned}$$

其中，$o(\rho)$ 为 $\rho=\sqrt{(\Delta u)^2+(\Delta v)^2}\to 0$ 的高阶无穷小.

复合函数 $z=f[\varphi(x,y),\psi(x,y)]$ 在点 (x,y) 处对 x 的偏增量为

$$\begin{aligned}\Delta_x z&=f[\varphi(x+\Delta x,y),\psi(x+\Delta x,y)]-f[\varphi(x,y),\psi(x,y)]\\&=f(u+\Delta_x u,v+\Delta_x v)-f(u,v)\\&=\frac{\partial z}{\partial u}\Delta_x u+\frac{\partial z}{\partial v}\Delta_x v+o(\rho),\end{aligned}$$

于是得到

$$\frac{\Delta_x z}{\Delta x}=\frac{\partial z}{\partial u}\frac{\Delta_x u}{\Delta x}+\frac{\partial z}{\partial v}\frac{\Delta_x v}{\Delta x}+\frac{o(\rho)}{\Delta x}.$$

因为
$$\frac{o(\rho)}{\Delta x}=\frac{o(\rho)}{\rho}\frac{|\Delta x|}{\Delta x}\sqrt{\left(\frac{\Delta_x u}{\Delta x}\right)^2+\left(\frac{\Delta_x v}{\Delta x}\right)^2},$$

且当 $\Delta x\to 0$ 时，$\Delta_x u\to 0$，$\Delta_x v\to 0$，即

$$\rho=\sqrt{(\Delta_x u)^2+(\Delta_x v)^2}\to 0,$$

从而

$$\frac{o(\rho)}{\sqrt{(\Delta_x u)^2+(\Delta_x v)^2}}\to 0.$$

又因为 $\Delta x\to 0$ 时，

$$\sqrt{\left(\frac{\Delta_x u}{\Delta x}\right)^2+\left(\frac{\Delta_x v}{\Delta x}\right)^2}\to\sqrt{\left(\frac{\partial u}{\partial x}\right)^2+\left(\frac{\partial v}{\partial x}\right)^2},$$

因此$\frac{|\Delta x|}{\Delta x}\sqrt{\left(\frac{\Delta_x u}{\Delta x}\right)^2+\left(\frac{\Delta_x v}{\Delta x}\right)^2}$有界，故

$$\lim_{\Delta x\to 0}\frac{\Delta_x z}{\Delta x}=\frac{\partial z}{\partial u}\cdot\frac{\partial u}{\partial x}+\frac{\partial z}{\partial v}\cdot\frac{\partial v}{\partial x},$$

即
$$\frac{\partial z}{\partial x}=\frac{\partial z}{\partial u}\cdot\frac{\partial u}{\partial x}+\frac{\partial z}{\partial v}\cdot\frac{\partial v}{\partial x}.$$

同理可得
$$\frac{\partial z}{\partial y}=\frac{\partial z}{\partial u}\cdot\frac{\partial u}{\partial y}+\frac{\partial z}{\partial v}\cdot\frac{\partial v}{\partial y}.$$

证毕.

从连锁图中可以发现两个规律：一是有几个自变量就有几个偏导数；二是有几个中间变量就有几项相加.

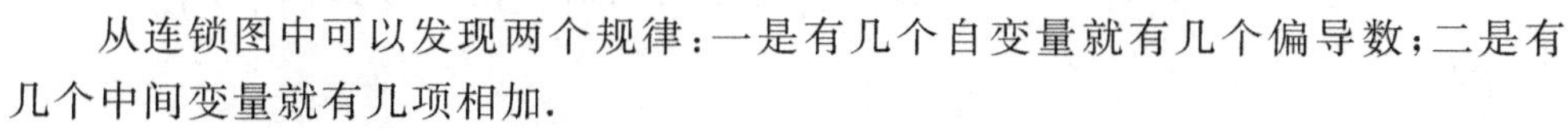

该定理可以向两方面扩展：

(1) 设 $u=\varphi(x,y)$，$v=\psi(x,y)$ 及 $w=(x,y)$ 都在点(x,y)具有对 x 及对 y 的偏导数，函数 $z=f(u,v,w)$ 在对应点(u,v,w)具有连续偏导数，则复合函数

$$z=f[\varphi(x,y),\psi(x,y),w(x,y)]$$

在点(x,y)的两个偏导数都存在，且可用下列公式计算：

$$\frac{\partial z}{\partial x}=\frac{\partial z}{\partial u}\frac{\partial u}{\partial x}+\frac{\partial z}{\partial v}\frac{\partial v}{\partial x}+\frac{\partial z}{\partial w}\frac{\partial w}{\partial x},$$

$$\frac{\partial z}{\partial y}=\frac{\partial z}{\partial u}\frac{\partial u}{\partial y}+\frac{\partial z}{\partial v}\frac{\partial v}{\partial y}+\frac{\partial z}{\partial w}\frac{\partial w}{\partial y}.$$

连锁图如右所示.

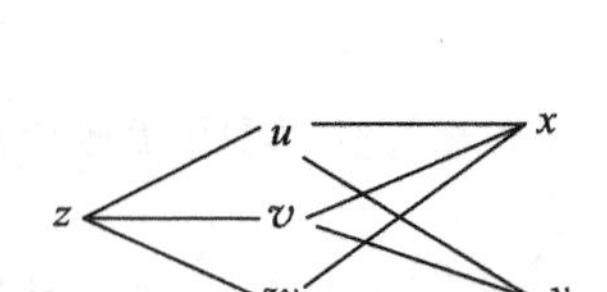

(2) 设 $u=\varphi(x,y,t)$，$v=\psi(x,y,t)$都在点(x,y,t)处具有偏导数，而 $z=f(u,v)$在点(u,v)处有连续偏导，则复合函数 $z=f[\varphi(x,y,t),\psi(x,y,t)]$对 x,y,t 的偏导数都存在，且有

$$\frac{\partial z}{\partial x}=\frac{\partial z}{\partial u}\frac{\partial u}{\partial x}+\frac{\partial z}{\partial v}\frac{\partial v}{\partial x},$$

$$\frac{\partial z}{\partial y}=\frac{\partial z}{\partial u}\frac{\partial u}{\partial y}+\frac{\partial z}{\partial v}\frac{\partial v}{\partial y},$$

$$\frac{\partial z}{\partial t}=\frac{\partial z}{\partial u}\frac{\partial u}{\partial t}+\frac{\partial z}{\partial v}\frac{\partial v}{\partial t}.$$

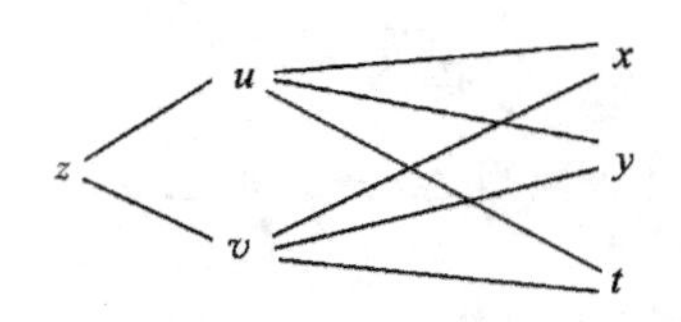

连锁图如右所示.

特别地，如果 $z=f(u,x,y)$ 具有连续偏导数，而 $u=\varphi(x,y)$ 具有偏导数，则复合函数 $z=f[\varphi(x,y),x,y]$ 可看作是上述情形中当 $v=x,w=y$ 时的特殊情形，所以

$$\frac{\partial v}{\partial x}=1,\ \frac{\partial w}{\partial x}=0,$$

$$\frac{\partial v}{\partial y}=0,\ \frac{\partial w}{\partial y}=1.$$

因此，复合函数具有对自变量 x 及 y 的偏导数，且由公式得

$$\frac{\partial z}{\partial x}=\frac{\partial f}{\partial u}\frac{\partial u}{\partial x}+\frac{\partial f}{\partial x},$$

$$\frac{\partial z}{\partial y}=\frac{\partial f}{\partial u}\frac{\partial u}{\partial y}+\frac{\partial f}{\partial y}.$$

注意　这里$\frac{\partial z}{\partial x}$与$\frac{\partial f}{\partial x}$是不同的，$\frac{\partial z}{\partial x}$是把复合函数中的 y 看作不变而对 x 的偏导数，$\frac{\partial f}{\partial x}$是把 $f(u,x,y)$ 中的 u 及 y 看作不变而对 x 的偏导数，$\frac{\partial z}{\partial y}$与$\frac{\partial f}{\partial y}$也有类似的差别.

例 22　设 $z=\mathrm{e}^{x-2y}$，$x=\sin t$，$y=t^3$，求$\frac{\mathrm{d}z}{\mathrm{d}t}$.

解　令 $u=x-2y$，则函数 z 的全导数

$$\begin{aligned}\frac{\mathrm{d}z}{\mathrm{d}t}&=\frac{\mathrm{d}z}{\mathrm{d}u}\frac{\partial u}{\partial x}\frac{\mathrm{d}x}{\mathrm{d}t}+\frac{\mathrm{d}z}{\mathrm{d}u}\frac{\partial u}{\partial y}\frac{\mathrm{d}y}{\mathrm{d}t}\\&=\mathrm{e}^u\cdot 1\cdot\cos t+\mathrm{e}^u\cdot(-2)\cdot 3t^2=\mathrm{e}^{\sin t-2t^3}(\cos t-6t^2).\end{aligned}$$

此题的另一种求法是消去中间变量，即将中间变量代入函数，即

$$z=\mathrm{e}^{\sin t-2t^3}.$$

此时问题就转化成一元函数的求导问题，即

$$z_t=\mathrm{e}^{\sin t-2t^3}(\cos t-6t^2).$$

该计算方法常常用于求多元函数的全导数.

例 23　已知某厂生产 x 件产品的成本为 $C=25\ 000+200x+\frac{1}{40}x^2$（元），问：

(1) 要使平均成本最小，应生产多少件产品；

(2) 若产品以每件 500 元售出，要使利润最大，应生产多少件产品？

解 (1) 设平均成本为 y，则

$$y=\frac{25\ 000}{x}+200+\frac{x}{40}.$$

令

$$y'=-\frac{25\ 000}{x^2}+\frac{1}{40}=0,$$

解得 $x_1=1\ 000$，$x_2=-1\ 000$(舍去). 而

$$y''=\frac{50\ 000}{x^3},\ y''|_{x=1\ 000}=5\times10^{-5}>0,$$

所以当 $x=1\ 000$ 时，y 取得唯一的极小值. 从而，要使平均成本最小，应生产 1 000 件产品.

(2) 利润函数

$$L(x)=500x-(25\ 000+200x+\frac{x^2}{40})=300x-\frac{x^2}{40}-25\ 000,$$

由于 $L'(x)=300-\frac{x}{20}$，令 $L'(x)=0$，解得 $x=6\ 000$. 因为

$$L''(x)=-\frac{1}{20},\ L''(6\ 000)<0.$$

所以当 $x=6\ 000$ 时，L 取得唯一的极大值，即最大值. 从而，要使利润最大，应生产 6 000 件产品.

例 24 一商家销售某种商品的价格 p 满足关系式 $p=7-0.2x$，其中 x 为销售量(单位：kg)，商品的成本函数(单位：百元)是 $C=3x+1$.

(1) 若每销售 1 kg 商品，政府要征税 t(单位：百元)，求该商家获得最大利润时的销售量；

(2) t 为何值时，政府税收总额最大.

解 (1) 当销售了 x kg 商品时，总税额为 $T=tx$. 商品销售总收入为

$$R=px=(7-0.2x)x,$$

利润函数为

$$L=R-C-T=-0.2x^2+(4-t)x-1,\ \frac{\partial L}{\partial x}=-0.4x+4-t.$$

令 $\frac{\partial L}{\partial x}=0$，解得 $x=\frac{5}{2}(4-t)$. 又 $\frac{\partial^2 L}{\partial x^2}<0$，所以

$$x=\frac{5}{2}(4-t)$$

为利润最大时的销售量.

(2) 将 $x=\frac{5}{2}(4-t)$ 代入 $T=tx$，得

$$T=10t-\frac{5}{2}t^2,\ \frac{\partial T}{\partial t}=10-5t.$$

令$\frac{\partial T}{\partial t}=0$，解得 $t=2$. 又$\frac{\partial^2 T}{\partial t^2}=-5<0$，所以 $t=2$ 时，T 有唯一极大值，同时也是最大值. 此时，政府税收总额最大.

例 25　某商品进价为 a(元/件)，当销售价为 b(元/件)时，销售量为 c 件(a,b,c 均为正常数，且 $b\geqslant\frac{4}{3}a$). 市场调查表明，销售价每下降 10%，销售量可增加 40%，现决定一次性降价. 试问：当销售价定为多少时，可获得最大利润？并求出最大利润.

解　设 p 表示降价后的销售价，x 为增加的销售量，$L(x)$为总利润，那么

$$\frac{x}{b-p}=\frac{0.4c}{0.1b},$$

则

$$p=b-\frac{b}{4c}x.$$

从而

$$L(x)=\left(b-\frac{b}{4c}x-a\right)(c+x).$$

对 x 求导，得

$$L'(x)=-\frac{b}{2c}x+\frac{3}{4}b-a.$$

令 $L'(x)=0$，得唯一驻点

$$x_0=\frac{(3b-4a)c}{2b}.$$

由问题的实际意义或 $L''(x_0)=-\frac{b}{2c}<0$，可知 x_0 是极大值点，也是最大值点，故定价为

$$p=b-\left(\frac{3}{8}b-\frac{1}{2}a\right)=\frac{5}{8}b+\frac{1}{2}a(\text{元})$$

时，得最大利润

$$L(x_0)=\frac{c}{16b}(5b-4a)^2(\text{元}).$$

例 26　设 $z=\mathrm{e}^u\sin v$，而 $u=xy, v=x^2+y^2$，求$\frac{\partial z}{\partial x}$和$\frac{\partial z}{\partial y}$.

解　由复合函数微分法则，得

$$\frac{\partial z}{\partial x}=\frac{\partial z}{\partial u}\frac{\partial u}{\partial x}+\frac{\partial z}{\partial v}\frac{\partial v}{\partial x}$$

$$=ye^u\sin v+2xe^u\cos v$$
$$=e^{xy}[y\sin(x^2+y^2)+2x\cos(x^2+y^2)].$$
$$\frac{\partial z}{\partial y}=xe^u\sin v+2ye^u\cos v$$
$$=e^{xy}[x\sin(x^2+y^2)+2y\cos(x^2+y^2)].$$

此题也可以用消去中间变量法,这种方法常常用来检验题解的正确性.

注意,抽象函数不能用消去中间变量法.

例 27 设 $u=f(x,y,z)=e^{x^2+y^2+z^2}$,$z=x^2\sin y$,求$\frac{\partial u}{\partial x}$和$\frac{\partial u}{\partial y}$.

解
$$\frac{\partial u}{\partial x}=\frac{\partial f}{\partial x}+\frac{\partial f}{\partial z}\frac{\partial z}{\partial x}$$
$$=2xe^{x^2+y^2+z^2}+2ze^{x^2+y^2+z^2}\cdot 2x\sin y$$
$$=2x(1+2x^2\sin^2 y)e^{x^2+y^2+x^4\sin^2 y},$$
$$\frac{\partial u}{\partial y}=\frac{\partial f}{\partial y}+\frac{\partial f}{\partial z}\cdot\frac{\partial z}{\partial y}=2ye^{x^2+y^2+z^2}+2ze^{x^2+y^2+z^2}x^2\cos y$$
$$=2(y+x^4\sin y\cos y)e^{x^2+y^2+x^4\sin^2 y}.$$

例 28 设 $z=f(u,v)$,$u=x^2-y^2$,$v=e^{xy}$,其中 f 有一阶连续偏导数,求$\frac{\partial z}{\partial x}$,$\frac{\partial z}{\partial y}$.

解 $$\frac{\partial z}{\partial x}=\frac{\partial f}{\partial u}\frac{\partial u}{\partial x}+\frac{\partial f}{\partial v}\frac{\partial v}{\partial x}=\frac{\partial f}{\partial u}2x+\frac{\partial f}{\partial v}ye^{xy}=2xf_u+ye^{xy}f_v,$$
$$\frac{\partial z}{\partial y}=-2y\frac{\partial f}{\partial u}+xe^{xy}\frac{\partial f}{\partial v}=-2yf_u+xe^{xy}f_v.$$

2) 多元复合函数的高阶偏导数

前面已经给出高阶偏导数的定义,这里通过一些具体的例子来说明求多元复合函数的高阶偏导数的方法.

例 29 设 $w=f(x+y+z,xyz)$,f 具有二阶连续偏导数,求$\frac{\partial w}{\partial x}$及$\frac{\partial^2 w}{\partial x\partial z}$.

解 令 $u=x+y+z$,$v=xyz$,则
$$w=f(u,v).$$
为表达简便起见,引入以下记号:
$$f'_1=\frac{\partial f(u,v)}{\partial u},\quad f''_{12}=\frac{\partial^2 f(u,v)}{\partial u\partial v},$$
其中,下标 1 表示对第一个变量 u 求偏导数,下标 2 表示对第二个变量 v 求偏导数.同理有 f''_{12},f''_{11},f''_{22}等.

因所给函数由 $w=f(u,v)$及 $u=x+y+z$,$v=xyz$ 复合而成,根据复合函数求导法则,有

$$\frac{\partial w}{\partial x}=\frac{\partial f}{\partial u}\frac{\partial u}{\partial x}+\frac{\partial f}{\partial v}\frac{\partial v}{\partial x}=f'_1+yzf'_2,$$

$$\frac{\partial^2 w}{\partial x\partial z}=\frac{\partial}{\partial z}(f'_1+yzf'_2)=\frac{\partial f'_1}{\partial z}+yf'_2+yz\frac{\partial f'_2}{\partial z}.$$

在求$\frac{\partial f'_1}{\partial z}$及$\frac{\partial f'_2}{\partial z}$时，应注意 f'_1 及 f'_2 仍旧是 u,v 的函数，而 u,v 仍是 x,y 的函数，即 f'_1 及 f'_2 与函数 f 具有相同的中间变量与自变量，从而有

$$\frac{\partial f'_1}{\partial z}=\frac{\partial f'_1}{\partial u}\frac{\partial u}{\partial z}+\frac{\partial f'_1}{\partial v}\frac{\partial v}{\partial z}=f''_{11}+xyf''_{12},$$

$$\frac{\partial f'_2}{\partial z}=\frac{\partial f'_2}{\partial u}\frac{\partial u}{\partial z}+\frac{\partial f'_2}{\partial v}\frac{\partial v}{\partial z}=f''_{21}+xyf''_{22}.$$

于是

$$\begin{aligned}\frac{\partial^2 w}{\partial x\partial z}&=f''_{11}+xyf''_{12}+yf'_2+yzf''_{21}+xy^2zf''_{22}\\&=f''_{11}+y(x+z)f''_{12}+xy^2zf''_{22}+yf'_2.\end{aligned}$$

例 30　设 $z=xf(2x+3y,xy)$，其中函数 f 具有二阶连续偏导数，求$\frac{\partial^2 z}{\partial x\partial y}$.

解　令 $u=2x+3y,v=xy$，于是

$$\begin{aligned}\frac{\partial z}{\partial x}&=f(u,v)+x\left(f'_1\frac{\partial u}{\partial x}+f'_2\frac{\partial v}{\partial x}\right)\\&=f(u,v)+2xf'_1+xyf'_2,\end{aligned}$$

$$\begin{aligned}\frac{\partial^2 z}{\partial x\partial y}&=\frac{\partial}{\partial y}[f(u,v)+2xf'_1+xyf'_2]=\frac{\partial}{\partial y}f(u,v)+2x\frac{\partial}{\partial y}f'_1+x\frac{\partial}{\partial y}(yf'_2)\\&=f'_1\frac{\partial u}{\partial y}+f'_2\frac{\partial v}{\partial y}+2x\left(f''_{11}\frac{\partial u}{\partial y}+f''_{12}\frac{\partial v}{\partial y}\right)+x\left[f'_2+y\left(f''_{21}\frac{\partial u}{\partial y}+f''_{22}\frac{\partial v}{\partial y}\right)\right]\\&=3f'_1+xf'_2+2x(3f''_{11}+xf''_{12})+x[f'_2+y(3f''_{21}+xf''_{22})]\\&=3f'_1+2xf'_2+6xf''_{11}+(2x^2+3xy)f''_{12}+x^2yf''_{22}.\end{aligned}$$

例 31　设 $z=f(x,y)$具有二阶连续偏导数，在极坐标变换下证明

$$\frac{\partial^2 z}{\partial x^2}+\frac{\partial^2 z}{\partial y^2}=\frac{\partial^2 z}{\partial r^2}+\frac{1}{r}\frac{\partial z}{\partial r}+\frac{1}{r^2}\frac{\partial^2 z}{\partial \theta^2}.$$

证　因为 z 是 x,y 的函数，而在极坐标系下，$x=r\cos\theta,y=r\sin\theta$，所以 z 是 r,θ 的复合函数. 由复合函数微分法则，得

$$\frac{\partial z}{\partial r}=\frac{\partial z}{\partial x}\frac{\partial x}{\partial r}+\frac{\partial z}{\partial y}\frac{\partial y}{\partial r}=\frac{\partial z}{\partial x}\cos\theta+\frac{\partial z}{\partial y}\sin\theta,$$

$$\frac{\partial z}{\partial \theta}=\frac{\partial z}{\partial x}\frac{\partial x}{\partial \theta}+\frac{\partial z}{\partial y}\frac{\partial y}{\partial \theta}=\frac{\partial z}{\partial x}(-r\sin\theta)+\frac{\partial z}{\partial y}(r\cos\theta).$$

再求二阶偏导数，得

$$\frac{\partial^2 z}{\partial r^2}=\frac{\partial}{\partial r}\left(\frac{\partial z}{\partial r}\right)=\frac{\partial}{\partial r}\left(\frac{\partial z}{\partial x}\cos\theta+\frac{\partial z}{\partial y}\sin\theta\right)$$

$$=\left(\frac{\partial^2 z}{\partial x^2}\cos\theta+\frac{\partial^2 z}{\partial x\partial y}\sin\theta\right)\cos\theta+\left(\frac{\partial^2 z}{\partial y\partial x}\cos\theta+\frac{\partial^2 z}{\partial y^2}\sin\theta\right)\sin\theta$$

$$=\frac{\partial^2 z}{\partial x^2}\cos^2\theta+2\frac{\partial^2 z}{\partial x\partial y}\sin\theta\cos\theta+\frac{\partial^2 z}{\partial y^2}\sin^2\theta,$$

$$\frac{\partial^2 z}{\partial\theta^2}=\frac{\partial}{\partial\theta}\left(\frac{\partial z}{\partial\theta}\right)=\frac{\partial}{\partial\theta}\left[\frac{\partial z}{\partial x}(-r\sin\theta)+\frac{\partial z}{\partial y}(r\cos\theta)\right]$$

$$=\left[\frac{\partial^2 z}{\partial x^2}(-r\sin\theta)+\frac{\partial^2 z}{\partial x\partial y}(r\cos\theta)\right](-r\sin\theta)-r\frac{\partial z}{\partial x}\cos\theta+$$

$$\left[\frac{\partial^2 z}{\partial y\partial x}(-r\sin\theta)+\frac{\partial^2 z}{\partial y^2}(r\cos\theta)\right](r\cos\theta)-r\frac{\partial z}{\partial y}\sin\theta$$

$$=\frac{\partial^2 z}{\partial x^2}r^2\sin^2\theta-2\frac{\partial^2 z}{\partial x\partial y}r^2\sin\theta\cos\theta+\frac{\partial^2 z}{\partial y^2}r^2\cos^2\theta-r\frac{\partial z}{\partial x}\cos\theta-r\frac{\partial z}{\partial y}\sin\theta.$$

因此

$$\frac{\partial^2 z}{\partial r^2}+\frac{1}{r}\frac{\partial z}{\partial r}+\frac{1}{r^2}\frac{\partial^2 z}{\partial\theta^2}=\frac{\partial^2 z}{\partial x^2}(\cos^2\theta+\sin^2\theta)+\frac{\partial^2 z}{\partial y^2}(\sin^2\theta+\cos^2\theta)$$

$$=\frac{\partial^2 z}{\partial x^2}+\frac{\partial^2 z}{\partial y^2}.$$

3）全微分形式不变性

在一元函数中，已知 $dy=y_u du$，不论 u 是自变量还是中间变量，dy 总可以用 $y_u du$ 表示出来，称为微分形式的不变性，这个性质在多元函数中也一样成立.

设函数 $z=f(u,v)$ 具有连续偏导数，则有全微分

$$dz=\frac{\partial z}{\partial u}du+\frac{\partial z}{\partial v}dv.$$

如果 u,v 又是 x,y 的函数，$u=\varphi(x,y)$，$v=\psi(x,y)$，且这两个函数也具有连续偏导数，则复合函数 $z=f[\varphi(x,y),\psi(x,y)]$ 的全微分为

$$dz=\frac{\partial z}{\partial x}dx+\frac{\partial z}{\partial y}dy,$$

其中，$\frac{\partial z}{\partial x}$ 及 $\frac{\partial z}{\partial y}$ 由公式(7)给出. 把公式(7)中 $\frac{\partial z}{\partial x}$ 及 $\frac{\partial z}{\partial y}$ 代入上式，得

$$dz=\left(\frac{\partial z}{\partial u}\frac{\partial u}{\partial x}+\frac{\partial z}{\partial v}\frac{\partial v}{\partial x}\right)dx+\left(\frac{\partial z}{\partial u}\frac{\partial u}{\partial y}+\frac{\partial z}{\partial v}\frac{\partial v}{\partial y}\right)dy$$

$$=\frac{\partial z}{\partial u}\left(\frac{\partial u}{\partial x}dx+\frac{\partial u}{\partial y}dy\right)+\frac{\partial z}{\partial v}\left(\frac{\partial v}{\partial x}dx+\frac{\partial v}{\partial y}dy\right)$$

$$=\frac{\partial z}{\partial u}du+\frac{\partial z}{\partial v}dv.$$

由此可见，无论 z 是自变量 u,v 的函数还是中间变量 u,v 的函数，它的全微分形式是一样的. 这个性质称为全微分形式不变性.

例 32 设 $z=f(x^2-y^2,e^{xy})$，其中 f 具有一阶连续偏导数，利用全微分形式

不变性求 $\mathrm{d}z, \frac{\partial z}{\partial x}, \frac{\partial z}{\partial y}$.

解
$$\begin{aligned}\mathrm{d}z &= \mathrm{d}f(x^2-y^2, \mathrm{e}^{xy})\\ &= f_1'\mathrm{d}(x^2-y^2)+f_2'\cdot \mathrm{de}^{xy}\\ &= f_1'(2x\mathrm{d}x-2y\mathrm{d}y)+f_2'\mathrm{e}^{xy}\mathrm{d}(xy)\\ &= 2xf_1'\mathrm{d}x-2yf_1'\mathrm{d}y+f_2'\mathrm{e}^{xy}(y\mathrm{d}x+x\mathrm{d}y)\\ &= (2xf_1'+y\mathrm{e}^{xy}f_2')\mathrm{d}x+(-2yf_1'+x\mathrm{e}^{xy}f_2')\mathrm{d}y,\end{aligned}$$

于是

$$\frac{\partial z}{\partial x}=2xf_1'+y\mathrm{e}^{xy}f_2', \quad \frac{\partial z}{\partial y}=-2yf_1'+x\mathrm{e}^{xy}f_2'.$$

11.2.4 隐函数的求导公式

1) 一个方程所确定的隐函数的微分法

在第 2 章导数与微分中已经给出隐函数的概念，并且指出所谓隐函数是由方程

$$F(x,y)=0 \tag{8}$$

确定的一个函数 $y=f(x)$，此函数在某一区间上满足 $F[x,f(x)]\equiv 0$.

注意 并不是任何方程 $F(x,y)=0$ 都能确定 y 为 x 的函数，只有在一定的条件下，由 $F(x,y)=0$ 才能确定 y 为 x 的函数. 这就是下面要介绍的隐函数存在定理.

定理 6(隐函数存在定理 1) 设函数 $F(x,y)$ 在点 (x_0,y_0) 的某邻域内具有连续的偏导数 $F_x(x,y)$，$F_y(x,y)$，且 $F(x_0,y_0)=0$，$F_y(x_0,y_0)\neq 0$，则

(1) 方程 $F(x,y)=0$ 在点 (x_0,y_0) 的某一邻域内恒能唯一确定一个单值连续的隐函数 $y=f(x)$，当 $x=x_0$ 时，$y_0=f(x_0)$.

(2) $f(x)$ 存在连续的导数，且有

$$\frac{\mathrm{d}y}{\mathrm{d}x}=-\frac{F_x(x,y)}{F_y(x,y)}. \tag{9}$$

公式(9)就是隐函数的求导公式. 定理证明从略，仅对公式(9)作如下解释.

将方程(8)所确定的函数 $y=f(x)$ 代入方程(8)得恒等式

$$F[x,f(x)]\equiv 0,$$

其左端可以看作 x 的一个复合函数，求这个函数的全导数. 由于恒等式两端求导后仍然恒等，即得

$$\frac{\partial F}{\partial x}+\frac{\partial F}{\partial y}\frac{\mathrm{d}y}{\mathrm{d}x}=0.$$

由于 F_y 连续，且 $F_y(x_0,y_0)\neq 0$，所以存在 (x_0,y_0) 的一个邻域，在这个邻域内 $F_y\neq 0$，于是得

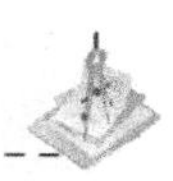

$$\frac{\mathrm{d}y}{\mathrm{d}x}=-\frac{F_x(x,y)}{F_y(x,y)}.$$

注意公式(9)中 $F_x(x,y)$,$F_y(x,y)$,并将 $F(x,y)$视为 x,y 的二元函数分别对 x 和 y 求偏导.

如果 $F(x,y)$的二阶偏导数也都连续,把公式(9)的两端看作 x 的复合函数,再一次求导,即得

$$\begin{aligned}\frac{\mathrm{d}^2y}{\mathrm{d}x^2}&=\frac{\partial}{\partial x}\left(-\frac{F_x}{F_y}\right)+\frac{\partial}{\partial y}\left(-\frac{F_x}{F_y}\right)\frac{\mathrm{d}y}{\mathrm{d}x}\\&=-\frac{F_{xx}F_y-F_{yx}F_x}{F_y^2}-\frac{F_{xy}F_y-F_{yy}F_x}{F_y^2}\left(-\frac{F_x}{F_y}\right)\\&=-\frac{F_{xx}F_y^2-2F_{xy}F_xF_y+F_{yy}F_x^2}{F_y^3}.\end{aligned}$$

例 33 验证方程 $x^2+y^2-1=0$ 在点(0,1)的某一邻域内能唯一确定一个单值且又连续的函数.当 $x=0$ 时,$y=1$ 的隐函数 $y=f(x)$,并求该函数在 $x=0$ 处的一阶与二阶导数.

解 设 $F(x,y)=x^2+y^2-1$,则

$$F_x=2x,\ F_y=2y,\ F(0,1)=0,\ F_y(0,1)=2\neq 0,$$

满足定理 6,因此方程 $x^2+y^2-1=0$ 在点(0,1)的某一邻域内能唯一确定一个单值且又有连续导数,当 $x=0$ 时,$y=1$ 的函数 $y=f(x)$.

下面求该函数的一阶及二阶导数:

$$\frac{\mathrm{d}y}{\mathrm{d}x}=-\frac{F_x}{F_y}=-\frac{x}{y},\ \left.\frac{\mathrm{d}y}{\mathrm{d}x}\right|_{x=0}=0;$$

$$\frac{\mathrm{d}^2y}{\mathrm{d}x^2}=-\frac{y-xy'}{y^2}=-\frac{y-x\left(-\frac{x}{y}\right)}{y^2}=-\frac{y^2+x^2}{y^3}=-\frac{1}{y^3},$$

$$\left.\frac{\mathrm{d}^2y}{\mathrm{d}x^2}\right|_{x=0}=-1.$$

与定理 6 一样,三元方程 $F(x,y,z)=0$ 在一定的条件下可以确定一个二元隐函数 $z=f(x,y)$,且有类似于公式(9)的二元函数的偏导数的公式.

定理 7(隐函数存在定理 2) 设函数 $F(x,y,z)$在点(x_0,y_0,z_0)的某邻域内具有连续的偏导数,且 $F(x_0,y_0,z_0)=0$,$F_z(x_0,y_0,z_0)\neq 0$,则

(1) 在(x_0,y_0)的某邻域内,方程 $F(x,y,z)=0$ 能唯一确定一个单值连续的隐函数 $z=f(x,y)$,当 $x=x_0$,$y=y_0$ 时,$z_0=f(x_0,y_0)$.

(2) $f(x,y)$存在连续的偏导数,且有

$$\frac{\partial z}{\partial x}=-\frac{F_x(x,y,z)}{F_z(x,y,z)},\ \frac{\partial z}{\partial y}=-\frac{F_y(x,y,z)}{F_z(x,y,z)}.\tag{10}$$

公式(10)是求二元隐函数的偏导数公式. 与定理 6 类似,定理证明从略,仅对公式(10)作如下解释.

如果函数 $F(x,y,z)$ 满足定理 7 的条件,则由方程 $F(x,y,z)=0$ 定义了隐函数 $z=f(x,y)$,将它代入方程 $F(x,y,z)=0$ 中,就得到恒等式

$$F[x,y,f(x,y)]\equiv 0.$$

应用复合函数求导法则,将上式两端分别对 x,y 求偏导数,得

$$F_x+F_z\frac{\partial z}{\partial x}=0,\ F_y+F_z\frac{\partial z}{\partial y}=0.$$

由于偏导数 $F_z(x,y,z)$ 连续,且 $F_z(x_0,y_0,z_0)\neq 0$,所以存在点 (x_0,y_0,z_0) 的某一邻域,在该邻域内 $F_z(x,y,z)\neq 0$,于是有

$$\frac{\partial z}{\partial x}=-\frac{F_x(x,y,z)}{F_z(x,y,z)},\ \frac{\partial z}{\partial y}=-\frac{F_y(x,y,z)}{F_z(x,y,z)}.$$

例 34　设 $2x^2+y^2+z^2-2z=0$ 确定隐函数 $z=f(x,y)$,求 $\frac{\partial^2 z}{\partial x^2}$.

解　设 $F(x,y,z)=2x^2+y^2+z^2-2z$,则有

$$F_x=4x,\ F_z=2z-2,$$

所以

$$\frac{\partial z}{\partial x}=-\frac{F_x}{F_z}=-\frac{4x}{2z-2}=\frac{2x}{1-z}.$$

再对 x 求一次偏导数,得

$$\frac{\partial^2 z}{\partial x^2}=\frac{2(1-z)+2x\cdot\frac{\partial z}{\partial x}}{(1-z)^2}=\frac{2(1-z)+2x\cdot\frac{2x}{1-z}}{(1-z)^2}=\frac{2(1-z)^2+4x^2}{(1-z)^3}.$$

例 35　设 z 是由方程 $F\left(\frac{z}{x},\frac{z}{y}\right)=0$ 所确定的 x,y 的隐函数,其中 $F\left(\frac{z}{x},\frac{z}{y}\right)$ 为可微函数,求 $\frac{\partial z}{\partial x},\frac{\partial z}{\partial y}$.

解　设 $u=\frac{z}{x},v=\frac{z}{y}$,于是

$$F_x=F'_1\cdot u_x+F'_2\cdot v_x=-\frac{z}{x^2}F'_1,$$

$$F_y=F'_1\cdot u_y+F'_2\cdot v_y=-\frac{z}{y^2}F'_2,$$

$$F_z=F'_1\cdot u_z+F'_2\cdot v_z=\frac{1}{x}F'_1+\frac{1}{y}F'_2.$$

由二元隐函数求偏导数的公式(10)得

$$\frac{\partial z}{\partial x}=-\frac{F_x}{F_z}=-\frac{-\frac{z}{x^2}F'_1}{\frac{1}{x}F'_1+\frac{1}{y}F'_2}=\frac{yzF'_1}{x(yF'_1+xF'_2)},$$

$$\frac{\partial z}{\partial y}=-\frac{F_y}{F_z}=-\frac{-\frac{z}{y^2}F'_2}{\frac{1}{x}F'_1+\frac{1}{y}F'_2}=\frac{xzF'_2}{y(yF'_1+xF'_2)}.$$

2）方程组所确定的隐函数的微分法

下面研究更一般的情形.设

$$\begin{cases}F(x,y,u,v)=0,\\G(x,y,u,v)=0\end{cases}\tag{11}$$

是由四个变量组成的两个方程，所以其中有两个变量可以独立变化（代数中称为自由未知量）.方程组(11)在下面给出的条件下，就可以确定两个二元函数.

定理 8（隐函数存在定理 3）　设函数 $F(x,y,u,v)$ 及 $G(x,y,u,v)$ 在点 (x_0, y_0,u_0,v_0) 的某邻域内对各个变量具有连续的偏导数，又 $F(x_0,y_0,u_0,v_0)=0$，$G(x_0,y_0,u_0,v_0)=0$，且函数行列式（称为雅可比(Jacobi)行列式）

$$J=\frac{\partial(F,G)}{\partial(u,v)}=\begin{vmatrix}\frac{\partial F}{\partial u} & \frac{\partial F}{\partial v}\\ \frac{\partial G}{\partial u} & \frac{\partial G}{\partial v}\end{vmatrix}$$

在点 (x_0,y_0,u_0,v_0) 不等于零，则

（1）由方程组

$$\begin{cases}F(x,y,u,v)=0,\\G(x,y,u,v)=0\end{cases}$$

在点 (x_0,y_0) 的某邻域内恒能唯一确定一组单值连续的函数

$$u=u(x,y),\ v=v(x,y),$$

它们满足 $u_0=u(x_0,y_0)$，$v_0=v(x_0,y_0)$.

（2）函数 $u(x,y)$，$v(x,y)$ 存在连续的偏导数，且有

$$\begin{aligned}\frac{\partial u}{\partial x}&=-\frac{1}{J}\frac{\partial(F,G)}{\partial(x,v)}=-\frac{1}{J}\begin{vmatrix}F_x & F_v\\ G_x & G_v\end{vmatrix},\\ \frac{\partial v}{\partial x}&=-\frac{1}{J}\frac{\partial(F,G)}{\partial(u,x)}=-\frac{1}{J}\begin{vmatrix}F_u & F_x\\ G_u & G_x\end{vmatrix},\\ \frac{\partial u}{\partial y}&=-\frac{1}{J}\frac{\partial(F,G)}{\partial(y,v)}=-\frac{1}{J}\begin{vmatrix}F_y & F_v\\ G_y & G_v\end{vmatrix},\\ \frac{\partial v}{\partial y}&=-\frac{1}{J}\frac{\partial(F,G)}{\partial(u,y)}=-\frac{1}{J}\begin{vmatrix}F_u & F_y\\ G_u & G_y\end{vmatrix}.\end{aligned}\tag{12}$$

定理证明从略，与前面定理类似，对公式(12)作如下解释.

由于

$$\begin{cases}F[x,y,u(x,y),v(x,y)]\equiv 0,\\ G[x,y,u(x,y),v(x,y)]\equiv 0,\end{cases}$$

应用复合函数求导法则，将恒等式两端分别对 x 求偏导数，得到关于$\frac{\partial u}{\partial x}$，$\frac{\partial v}{\partial x}$的线性方程组

$$\begin{cases}F_x+F_u\frac{\partial u}{\partial x}+F_v\frac{\partial v}{\partial x}=0,\\ G_x+G_u\frac{\partial u}{\partial x}+G_v\frac{\partial v}{\partial x}=0.\end{cases}$$

由定理 8 的条件可知在点(x_0,y_0,u_0,v_0)的某邻域内，系数行列式

$$J=\begin{vmatrix}F_u & F_v\\ G_u & G_v\end{vmatrix}\neq 0,$$

从而可以解得

$$\frac{\partial u}{\partial x}=-\frac{1}{J}\frac{\partial(F,G)}{\partial(x,v)},\ \frac{\partial v}{\partial x}=-\frac{1}{J}\frac{\partial(F,G)}{\partial(u,x)}.$$

同理可求得

$$\frac{\partial u}{\partial y}=-\frac{1}{J}\frac{\partial(F,G)}{\partial(y,v)},\ \frac{\partial v}{\partial y}=-\frac{1}{J}\frac{\partial(F,G)}{\partial(u,y)}.$$

例 36　设$\begin{cases}xu-yv=0,\\ yu+xv=1,\end{cases}$求$\frac{\partial u}{\partial x}$，$\frac{\partial u}{\partial y}$，$\frac{\partial v}{\partial x}$和$\frac{\partial v}{\partial y}$.

解　注意到 u,v 都是 x,y 的函数，将所给方程组的两端对 x 求偏导数，整理移项后得

$$\begin{cases}x\frac{\partial u}{\partial x}-y\frac{\partial v}{\partial x}=-u,\\ y\frac{\partial u}{\partial x}+x\frac{\partial v}{\partial x}=-v.\end{cases}$$

关于$\frac{\partial u}{\partial x}$，$\frac{\partial v}{\partial x}$的线性非齐次方程组的系数行列式是$\begin{vmatrix}x & -y\\ y & x\end{vmatrix}$.

当$J=\begin{vmatrix}x & -y\\ y & x\end{vmatrix}=x^2+y^2\neq 0$，有

$$\frac{\partial u}{\partial x}=\frac{\begin{vmatrix}-u & -y\\ -v & x\end{vmatrix}}{J}=-\frac{xu+yv}{x^2+y^2},$$

$$\frac{\partial v}{\partial x}=\frac{\begin{vmatrix}x & -u\\ y & -v\end{vmatrix}}{J}=\frac{yu-xv}{x^2+y^2}.$$

同理,将所给方程组的两端对 y 求偏导数,用相同的方法,当 $J=x^2+y^2\neq 0$ 时,求得

$$\frac{\partial u}{\partial y}=\frac{xv-yu}{x^2+y^2},\ \frac{\partial v}{\partial y}=-\frac{xu+yv}{x^2+y^2}.$$

例 37 设函数 $x=x(u,v)$,$y=y(u,v)$ 在点 (u,v) 的某一邻域内连续且有连续偏导数,又 $\frac{\partial(x,y)}{\partial(u,v)}\neq 0$.

(1) 证明方程组

$$\begin{cases}x=x(u,v),\\ y=y(u,v)\end{cases}$$

在点 (x,y,u,v) 的某一邻域内唯一确定一组单值连续且具有连续偏导数的反函数 $u=u(x,y)$,$v=v(x,y)$.

(2) 求反函数 $u=u(x,y)$,$v=v(x,y)$ 对 x,y 的偏导数.

解 (1) 将方程组改写成

$$\begin{cases}F(x,y,u,v)=x-x(u,v)=0,\\ G(x,y,u,v)=y-y(u,v)=0,\end{cases}$$

则按假设

$$J=\frac{\partial(F,G)}{\partial(u,v)}=\frac{\partial(x,y)}{\partial(u,v)}\neq 0,$$

由定理 8,即得到所要证的结论.

(2) 将反函数 $u=u(x,y)$,$v=v(x,y)$ 代入原方程组

$$\begin{cases}x\equiv x[u(x,y),v(x,y)],\\ y\equiv y[u(x,y),v(x,y)].\end{cases}$$

应用复合函数求偏导数法则,将上面恒等式两端对 x 求导,得

$$\begin{cases}1=\frac{\partial x}{\partial u}\frac{\partial u}{\partial x}+\frac{\partial x}{\partial v}\frac{\partial v}{\partial x},\\ 0=\frac{\partial y}{\partial u}\frac{\partial u}{\partial x}+\frac{\partial y}{\partial v}\frac{\partial v}{\partial x}.\end{cases}$$

由于

$$J=\begin{vmatrix}\frac{\partial x}{\partial u} & \frac{\partial x}{\partial v}\\ \frac{\partial y}{\partial u} & \frac{\partial y}{\partial v}\end{vmatrix}=\frac{\partial(x,y)}{\partial(u,v)}\neq 0,$$

故可解得

$$\frac{\partial u}{\partial x}=\frac{1}{J}\frac{\partial y}{\partial v},\ \frac{\partial v}{\partial x}=-\frac{1}{J}\frac{\partial y}{\partial u}.$$

同理可求得

$$\frac{\partial u}{\partial y}=-\frac{1}{J}\frac{\partial x}{\partial v},\ \frac{\partial v}{\partial y}=\frac{1}{J}\frac{\partial x}{\partial u}.$$

习题 11-2

1. 求出下列函数的偏导数：

(1) $z=xy+\frac{x}{y}$；　　(2) $z=\frac{x}{\sqrt{x^2+y^2}}$；

(3) $z=\arctan(x-y^2)$；　　(4) $z=x\sin(x+y)$；

(5) $z=\tan\frac{x^2}{y}$；　　(6) $z=(1+xy)^y$；

(7) $u=(xy)^z$；　　(8) $u=\left(\frac{x}{y}\right)^z$；

(9) $u=e^{x(x^2+y^2+z^2)}$；　　(10) $u=\arctan(x-y)^z$.

2. 设 $f(x,y,z)=\ln(xy+z)$，求 $f_x(1,2,0)$，$f_y(1,2,0)$，$f_z(1,2,0)$.

3. 设 $z=xy+xe^{\frac{y}{x}}$，证明：$x\frac{\partial z}{\partial x}+y\frac{\partial z}{\partial y}=xy+z$.

4. 设 $f(x,y)=\sqrt{x^2+y^4}$，求 $f_x(x,1)$.

5. 求曲线 $\begin{cases}z=\sqrt{1+x^2+y^2},\\ x=1\end{cases}$ 在点$(1,1,\sqrt{3})$处的切线与 y 轴正向所成的角度.

6. 求下列函数的二阶偏导数$\frac{\partial^2 z}{\partial x^2}$，$\frac{\partial^2 z}{\partial y^2}$和$\frac{\partial^2 z}{\partial x\partial y}$：

(1) $z=\sqrt{2xy+y^2}$；　　(2) $z=\arctan\frac{x+y}{1-xy}$；

(3) $z=y^x$；　　(4) $z=\sin^2(ax+by)$.

7. 设 $u=x^\alpha y^\beta z^\gamma$，求$\frac{\partial^3 u}{\partial x\partial y\partial z}$.

8. 如果 $u=z\arctan\frac{x}{y}$，证明：$\frac{\partial^2 u}{\partial x^2}+\frac{\partial^2 u}{\partial y^2}+\frac{\partial^2 u}{\partial z^2}=0$.

9. 求下列函数的全微分：

(1) $z=x^2y^3$；　　(2) $z=\frac{x^2-y^2}{x^2+y^2}$；

(3) $z=yx^y$；　　(4) $z=\sin^2 x+\cos^2 y$；

(5) $z=\arctan\frac{y}{x}+\arctan\frac{x}{y}$；　　(6) $u=\left(xy+\frac{x}{y}\right)^z$.

10. 如果 $f(x,y,z)=\frac{z}{\sqrt{x^2+y^2}}$，求 $df(3,4,5)$.

11. 求当 $x=2$，$y=1$，$\Delta x=0.01$，$\Delta y=0.03$ 时，函数 $z=\frac{xy}{x^2+y^2}$的全增量与全微分.

12. 求函数 $u=z\sqrt{\frac{x}{y}}$ 在点 $M_0(1,1,1)$ 处的全微分.

13. 利用全微分,求下列各式的近似值:

(1) $1.002\times(2.003)^2\times(3.004)^3$;　　(2) $\sqrt{(1.02)^3+(1.97)^3}$.

14. 设函数 $f(x,y)=\begin{cases}(x^2+y^2)\sin\dfrac{1}{\sqrt{x^2+y^2}}, & x^2+y^2\neq0,\\ 0, & x^2+y^2=0.\end{cases}$

(1) 求偏导数 $f_x(x,y)$, $f_y(x,y)$.

(2) $f_x(x,y)$, $f_y(x,y)$ 在点(0,0)是否连续?

(3) $f(x,y)$ 在点(0,0)是否可微?

15. 测定三角形的边 $a=200$ m,其最大误差为 2 m,测得边 $b=300$ m,最大误差为 5 m,测得边 a 和 b 的夹角 $\angle C=60°$,最大误差 $1°$,求第三边 c 产生的最大误差.

16. 有一半径 $R=5$ cm,高 $H=20$ cm 的金属圆柱体 100 个,现在要把圆柱表面镀一层厚度为 0.05 cm 的镍,估计需要多少镍(镍的密度 $\gamma=8.8\ \mathrm{g/cm^3}$).

17. 证明:两个函数之和的绝对误差等于它们各自的绝对误差之和.

18. 证明:两个函数乘积的相对误差等于各个因式相对误差之和.

19. 设函数 $z=\frac{y}{x}$, $x=e^t$, $y=1-e^{2t}$,求 $\frac{dz}{dt}$.

20. 设 $z=u^2v-uv^2$, $u=x\cos y$, $v=x\sin y$,求 $\frac{\partial z}{\partial x}$, $\frac{\partial z}{\partial y}$.

21. 设 $z=\arctan(xy)$, $y=e^x$,求 $\frac{dz}{dx}$.

22. 设 $u=\frac{1}{x}f\left(\frac{y}{x}\right)$,验证:$x\frac{\partial u}{\partial x}+y\frac{\partial u}{\partial y}+u=0$.

23. 求下列函数的一阶偏导数(其中 f 具有一阶连续偏导数):

(1) $u=f(x^2+y^2+z^2)$;　　(2) $u=f\left(\frac{x}{y},\frac{y}{z}\right)$;

(3) $u=f(x^2+y^2,xy,xyz)$.

24. 求下列函数的二阶偏导数(其中 f 具有二阶连续偏导数):

(1) $z=f\left(x,\frac{x}{y}\right)$;　　(2) $z=f(xy^2,x^2y)$.

25. 设 $z=xy+xF(u)$, $u=\frac{y}{x}$, F 是可微函数,证明:$x\frac{\partial z}{\partial x}+y\frac{\partial z}{\partial y}=z+xy$.

26. 设 f 具有二阶连续偏导数,φ 为可微函数,如果 $z=f[x+\varphi(y)]$,证明:$\frac{\partial z}{\partial x}\frac{\partial^2 z}{\partial x\partial y}=\frac{\partial z}{\partial y}\frac{\partial^2 z}{\partial x^2}$.

27. 设函数 φ, ψ 具有二阶连续偏导数,证明:函数 $z=x\varphi\left(\frac{y}{x}\right)+\psi\left(\frac{y}{z}\right)$ 满足方程 $x^2\frac{\partial^2 z}{\partial x^2}+2xy\frac{\partial^2 z}{\partial x\partial y}+y^2\frac{\partial^2 z}{\partial y^2}=0$.

28. 由方程$(x^2+y^2)^3-3(x^2+y^2)+1=0$确定$y$为$x$的函数，求$\frac{\mathrm{d}y}{\mathrm{d}x}$和$\frac{\mathrm{d}^2y}{\mathrm{d}x^2}$.

29. 设$\frac{x}{z}+\frac{y}{z}=\ln\frac{z}{x}$，求$\frac{\partial z}{\partial x},\frac{\partial z}{\partial y}$.

30. 设$F(u,v)$具有连续的偏导数，证明：由方程$F(cx+az,cy-bz)=0$所确定的函数$z=f(x,y)$满足方程$a\frac{\partial z}{\partial x}+b\frac{\partial z}{\partial y}=c$.

31. 设$F(u,v)$是可微函数，而由方程$F\left(x+\frac{z}{y},y+\frac{z}{x}\right)=0$确定$z$为$x,y$的函数. 证明：$x\frac{\partial z}{\partial x}+y\frac{\partial z}{\partial y}=z-xy$.

32. 设$\begin{cases}z=x^2+y^3,\\x^2+5y^2+6z^2=5,\end{cases}$求$\frac{\mathrm{d}y}{\mathrm{d}x},\frac{\mathrm{d}z}{\mathrm{d}x}$.

33. 设$\begin{cases}x=\mathrm{e}^u\cos v,\\y=\mathrm{e}^u\sin v,\\z=uv,\end{cases}$求$\frac{\partial z}{\partial x},\frac{\partial z}{\partial y}$.

34. 设$z=f(x,y)+g(u,v)$，$u=x^3$，$v=x^y$，其中f,g具有一阶连续偏导数，求$\frac{\partial z}{\partial x},\frac{\partial z}{\partial y}$.

35. 设$u=f(z)$，而z由方程$z=x+y\varphi(z)$确定为x,y的函数$z=z(x,y)$，f,φ均为可微函数，证明：$\frac{\partial u}{\partial y}=\varphi(z)\frac{\partial u}{\partial x}$.

36. X公司和Y公司是机床行业的两个竞争对手，这两家公司的主要产品的供给函数分别为

$$P_{\mathrm{X}}=1\,000-5Q_{\mathrm{X}},\ P_{\mathrm{Y}}=1\,600-4Q_{\mathrm{Y}}.$$

X公司和Y公司现在的销售量分别是100个单位和250个单位.

(1) 求X公司和Y公司当前的价格弹性.

(2) 假定Y降价后，使Q_{Y}增加到300个单位，同时导致X的销售量Q_{X}下降到75个单位，试问X公司产品的交叉价格弹性是多少？

37. 用甲、乙两种原料生产一种产品，当两种原料用料分别为a,b时，产品产量为Q，即生产函数为$Q=Q(a,b)$. 已知原料单位价格分别为P_a,P_b，试证：当给定产量为$Q=Q_0$时，使成本为最小的投入组合$(\bar{a},\bar{b})$满足条件$\frac{\frac{\partial Q}{\partial a}}{\frac{\partial Q}{\partial b}}=\frac{P_a}{P_b}$.

11.3 方向导数与梯度

11.3.1 方向导数

函数$z=f(x,y)$在点$P(x,y)$处的偏导数$f_x(x,y)$与$f_y(x,y)$分别表示函数$z=f(x,y)$在点$P(x,y)$沿x轴方向与y轴方向的变化率，它们只描述了函数$z=$

$f(x,y)$沿特殊方向的变化情况.

但实践中的许多问题需要求函数$z=f(x,y)$沿着一个指定方向的变化率,这就是下面要研究的方向导数的问题.

定义1 设函数$z=f(x,y)$在点$P(x,y)$的某邻域内有定义,自点P引射线l,x轴的正向到射线l的转角为α,并设$P'(x+\Delta x,y+\Delta y)$为射线$l$上的另一点(见图11-10),记$P,P'$两点间的距离为$\rho=\sqrt{(\Delta x)^2+(\Delta y)^2}$.

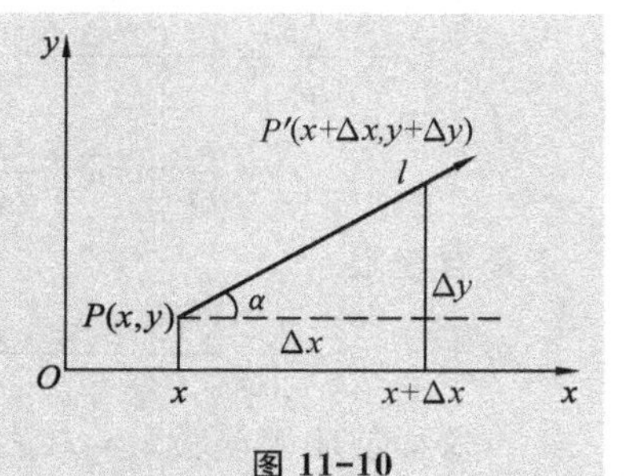

图 11-10

考虑函数$z=f(x,y)$在点$P(x,y)$处的全增量

$$\Delta z=f(x+\Delta x,y+\Delta y)-f(x,y)$$

与ρ的比值.当点P'沿着射线l趋于点P时,如果这个比值的极限

$$\lim_{\rho\to 0}\frac{\Delta z}{\rho}=\lim_{\rho\to 0}\frac{f(x+\Delta x,y+\Delta y)-f(x,y)}{\rho}$$

存在,则称此极限值为函数$z=f(x,y)$在点$P(x,y)$处沿方向l的方向导数,记为$\frac{\partial z}{\partial l}$,即

$$\frac{\partial z}{\partial l}=\lim_{\rho\to 0}\frac{f(x+\Delta x,y+\Delta y)-f(x,y)}{\rho}. \tag{1}$$

由方向导数的定义知,当函数$z=f(x,y)$在点$P(x,y)$的偏导数$f_x(x,y)$,$f_y(x,y)$存在时,那它们就是函数$z=f(x,y)$在点$P(x,y)$沿x轴正向$\boldsymbol{e}_1=(1,0)$,y轴正向$\boldsymbol{e}_2=(0,1)$的方向导数.这时函数$z=f(x,y)$在点$P(x,y)$沿x轴负向$\boldsymbol{e}_1'=(-1,0)$,y轴负向$\boldsymbol{e}_2'=(0,-1)$的方向导数也存在,其值依次为$-f_x(x,y)$和$-f_y(x,y)$.

至于函数$z=f(x,y)$沿任一方向的方向导数的存在性及计算方法有如下的定理:

定理 如果函数$z=f(x,y)$在点$P(x,y)$可微,则函数$f(x,y)$在该点沿任一方向l的方向导数都存在,且有

$$\frac{\partial z}{\partial l}=\frac{\partial z}{\partial x}\cos\alpha+\frac{\partial z}{\partial y}\cos\beta, \tag{2}$$

其中,$\cos\alpha,\cos\beta$为l的方向余弦.

证 因为函数$z=f(x,y)$在点$P(x,y)$可微,所以函数$z=f(x,y)$在点$P(x,y)$的全增量可表示为

$$\Delta z=f(x+\Delta x,y+\Delta y)-f(x,y)=\frac{\partial z}{\partial x}\Delta x+\frac{\partial z}{\partial y}\Delta y+o(\rho),$$

其中，$\rho=\sqrt{(\Delta x)^2+(\Delta y)^2}$. 将上式两端分别除以 ρ，得

$$\frac{\Delta z}{\rho}=\frac{f(x+\Delta x,y+\Delta y)-f(x,y)}{\rho}=\frac{\partial z}{\partial x}\frac{\Delta x}{\rho}+\frac{\partial z}{\partial y}\frac{\Delta y}{\rho}+\frac{o(\rho)}{\rho}$$

$$=\frac{\partial z}{\partial x}\cos\alpha+\frac{\partial z}{\partial y}\cos\beta+\frac{o(\rho)}{\rho},$$

于是有极限

$$\lim_{\rho\to 0}\frac{f(x+\Delta x,y+\Delta y)-f(x,y)}{\rho}=\frac{\partial z}{\partial x}\cos\alpha+\frac{\partial z}{\partial y}\cos\beta.$$

这样证明了函数 $z=f(x,y)$ 在点 $P(x,y)$ 沿方向 l 的方向导数存在，其值为

$$\frac{\partial z}{\partial l}=\frac{\partial z}{\partial x}\cos\alpha+\frac{\partial z}{\partial y}\cos\beta.$$

例 1 求函数 $z=xy+\sin(x+2y)$ 在点 $O(0,0)$ 到点 $P(1,2)$ 方向的方向导数.

解 这里方向 l 即向量 $\overrightarrow{OP}=(1,2)$ 的方向，由于 $\overrightarrow{OP}$ 的单位向量为

$$\boldsymbol{e}_l=\left(\frac{1}{\sqrt{5}},\frac{2}{\sqrt{5}}\right).$$

又因为

$$\frac{\partial z}{\partial x}=y+\cos(x+2y),\frac{\partial z}{\partial y}=x+2\cos(x+2y),$$

在点 $(0,0)$ 处，$\frac{\partial z}{\partial x}=1$，$\frac{\partial z}{\partial y}=2$，故所求方向导数

$$\frac{\partial z}{\partial l}=\frac{\partial z}{\partial x}\cos\alpha+\frac{\partial z}{\partial y}\cos\beta=1\,\frac{1}{\sqrt{5}}+2\,\frac{2}{\sqrt{5}}=\sqrt{5}.$$

类似地，如果三元函数 $u=f(x,y,z)$ 在点 $P(x,y,z)$ 可微，则函数 $u=f(x,y,z)$ 在该点沿任一方向 l 的方向导数存在，且有

$$\frac{\partial u}{\partial l}=\frac{\partial u}{\partial x}\cos\alpha+\frac{\partial u}{\partial y}\cos\beta+\frac{\partial u}{\partial z}\cos\gamma,$$

其中，$\cos\alpha,\cos\beta,\cos\gamma$ 为方向 l 的方向余弦.

例 2 已知一点电荷 q 位于坐标原点 $O(0,0,0)$，它所产生的电场中任一点 $P(x,y,z)$（x,y,z 不同时为零）的电位为 $u=\frac{kq}{r}$，其中 k 为常数，r 为原点到点 P 的距离，求在点 P 处电位沿某一方向 $l=(\cos\alpha,\cos\beta,\cos\gamma)$ 的变化率.

解 因为 $u=\frac{kq}{r}$，$r=\sqrt{x^2+y^2+z^2}$，所以

$$\frac{\partial u}{\partial x}=-\frac{kq}{r^2}\cdot\frac{\partial r}{\partial x}=-\frac{kq}{r^2}\cdot\frac{x}{\sqrt{x^2+y^2+z^2}}=-\frac{kqx}{r^3}.$$

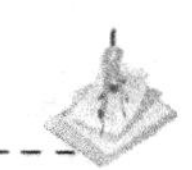

同理可得

$$\frac{\partial u}{\partial y}=-\frac{kqy}{r^3},\ \frac{\partial u}{\partial z}=-\frac{kqz}{r^3}.$$

于是

$$\frac{\partial z}{\partial l}=-\frac{kq}{r^3}(x\cos\alpha+y\cos\beta+z\cos\gamma).$$

11.3.2　梯　　度

一般而言，一个二元函数在给定的点处沿不同方向的方向导数是不一样的．在许多实际问题中需要寻找函数最大的方向导数．为此，先介绍梯度的概念．

定义 2　设函数 $z=f(x,y)$ 在点 (x,y) 处偏导数存在，称向量 $\frac{\partial z}{\partial x}\boldsymbol{i}+\frac{\partial z}{\partial y}\boldsymbol{j}$ 为函数 $z=f(x,y)$ 在点 (x,y) 处的梯度（gradient），记作 $\mathbf{grad}\ f(x,y)$，即

$$\mathbf{grad}\ f(x,y)=\frac{\partial z}{\partial x}\boldsymbol{i}+\frac{\partial z}{\partial y}\boldsymbol{j}.\tag{3}$$

由向量的数量积概念，公式(2)可写成

$$\frac{\partial z}{\partial l}=\left(\frac{\partial z}{\partial x},\frac{\partial z}{\partial y}\right)\cdot(\cos\alpha,\cos\beta)=\mathbf{grad}\ f(x,y)\cdot\boldsymbol{e}_l,$$

其中，$\boldsymbol{e}_l=(\cos\alpha,\cos\beta)$．这个表达式说明函数 $f(x,y)$ 在点 (x,y) 处沿方向 l 的方向导数等于函数在该点处的梯度与 l 方向的单位向量 $\boldsymbol{e}_l$ 的数量积．由此看出，如果函数 $z=f(x,y)$ 在点 (x,y) 可微，那么 $\frac{\partial z}{\partial l}$ 就是梯度在射线 l 上的投影．当方向 l 与梯度的方向一致时，有 $\left|\frac{\partial z}{\partial l}\right|=|\mathbf{grad}\ f(x,y)|$，从而 $\frac{\partial z}{\partial l}$ 有最大值．所以得到结论：函数沿梯度方向的方向导数达到最大值．简单地说，就是可微函数在某点处沿着梯度的方向具有最大的增长率，最大增长率等于梯度的模．于是归纳如下：

函数在某点的梯度是这样一个向量，它的方向与取得最大方向导数的方向一致，它的模等于方向导数的最大值，即

$$|\mathbf{grad}\ f(x,y)|=\sqrt{\left(\frac{\partial f}{\partial x}\right)^2+\left(\frac{\partial f}{\partial y}\right)^2}.$$

当 $\frac{\partial f}{\partial x}$ 不为零时，那么 x 轴到梯度的转角的正切为

$$\tan\theta=\frac{\frac{\partial f}{\partial y}}{\frac{\partial f}{\partial x}}.$$

根据梯度的定义，不难验证梯度具有以下性质：

(1) $\mathbf{grad}\,(u+v)=\mathbf{grad}\,u+\mathbf{grad}\,v$,

(2) $\mathbf{grad}\,(uv)=u\,\mathbf{grad}\,v+v\,\mathbf{grad}\,u$,

(3) $\mathbf{grad}\,(f(u))=f'(u)\mathbf{grad}\,u$,其中 $f(u)$是可微函数.

例 3　设函数 $z=f(x,y)=xe^y$.

(1) 求出函数 f 在点 $P(2,0)$处沿从 P 到 $Q\left(\frac{1}{2},2\right)$方向的变化率.

(2) 函数 f 在点 $P(2,0)$处沿什么方向具有最大的增长率？最大增长率为多少？

解　(1)设 $\boldsymbol{e}_l$ 是与$\overrightarrow{PQ}$同方向的单位向量,$\overrightarrow{PQ}=\left(-\frac{3}{2},2\right)$,所以

$$\boldsymbol{e}_l=\left(-\frac{3}{5},\frac{4}{5}\right),$$

又
$$\mathbf{grad}\,f(x,y)=(e^y,xe^y),$$

所以
$$\left.\frac{\partial f}{\partial l}\right|_{(2,0)}=\mathbf{grad}\,f(2,0)\cdot\boldsymbol{e}_l=(1,2)\cdot\left(-\frac{3}{5},\frac{4}{5}\right)=1.$$

(2) $f(x,y)$在点 $P(2,0)$处沿 $\mathbf{grad}\,f(2,0)=(1,2)$方向具有最大的增长率,最大增长率为$|\mathbf{grad}\,f(2,0)|=\sqrt{5}$.

为进一步了解梯度,下面从几何上来看 $\mathbf{grad}\,f$ 的方向.

一般地,二元函数 $z=f(x,y)$在几何上表示一张曲面,该曲面被平面 $z=C$(C 为常数)所截得的平面曲线 L 的方程为

$$\begin{cases}z=f(x,y),\\ z=C.\end{cases}$$

设平面曲线 L^* 是曲线 L 在 xOy 面上的投影,它在 xOy 平面中的方程为$f(x,y)=C$(见图 11-11). 对于曲线 L^* 上的一切点,函数 $z=f(x,y)$的函数值都等于相同的常数 C. 所以,称平面曲线 L^* 为函数 $z=f(x,y)$的等高线(或等值线).

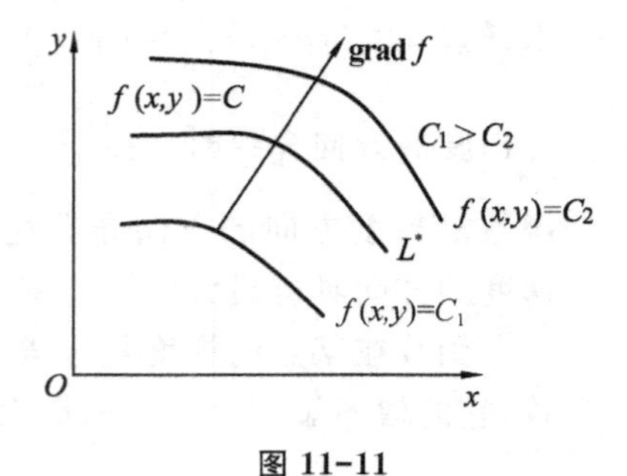

图 11-11

若 f_x,f_y 不同时为零,则等值线 $f(x,y)=C$ 上任一点 $P_0(x_0,y_0)$处的一个单位法向量为

$$\boldsymbol{n}=\frac{1}{\sqrt{f_x^2(x_0,y_0)+f_y^2(x_0,y_0)}}(f_x(x_0,y_0),f_y(x_0,y_0)).$$

这表明梯度 $\mathbf{grad}\,f(x_0,y_0)$的方向与等值线上该点的一个法线方向相同,而沿这个方向的方向导数$\frac{\partial f}{\partial n}$就等于$|\mathbf{grad}\,f(x_0,y_0)|$,于是

$$\mathbf{grad}\,f(x_0,y_0)=\frac{\partial f}{\partial n}\boldsymbol{n}.$$

这一关系式表明了函数在一点的梯度与过这点的等值线、方向导数间的关系.因此,函数在一点的梯度方向与等值线在该点的一个法线方向相同,它的指向为从数值较低的等值线指向数值较高的等值线,梯度的模就等于函数在该法线方向的方向导数.

上面讨论的梯度概念可以类似地推广到三元函数的情形.设函数 $f(x,y,z)$ 在空间区域 G 内具有一阶连续偏导数,则对于每一点 $P_0(x_0,y_0,z_0)\in G$,都可以定出一个向量

$$f_x(x_0,y_0,z_0)\boldsymbol{i}+f_y(x_0,y_0,z_0)\boldsymbol{j}+f_z(x_0,y_0,z_0)\boldsymbol{k}.$$

该向量称为函数 $f(x,y,z)$ 在点 $P_0(x_0,y_0,z_0)$ 的梯度,记作 $\mathbf{grad}\ f(x_0,y_0,z_0)$,所以有

$$\mathbf{grad}\ f(x_0,y_0,z_0)=f_x(x_0,y_0,z_0)\boldsymbol{i}+f_y(x_0,y_0,z_0)\boldsymbol{j}+f_z(x_0,y_0,z_0)\boldsymbol{k}.$$

与二元函数讨论的情形类似,三元函数的梯度也是这样一个向量,它的方向与取得最大方向导数的方向一致,而它的模为方向导数的最大值.

如果引进曲面

$$f(x,y,z)=C$$

为函数 $f(x,y,z)$ 的等量面,则函数 $f(x,y,z)$ 在点 $P_0(x_0,y_0,z_0)$ 处的梯度的方向与过点 P_0 的等量面 $f(x,y,z)=C$ 在这点的法线的一个方向相同,它的指向为从数值较低的等量面指向数值较高的等量面,而梯度的模等于函数在这个法线方向的方向导数.

例 4 设函数 $u=xy^2z$,试问:函数在点 $P_0(1,-1,2)$ 处沿哪个方向的方向导数为最大值?最大的方向导数值是多少?

解 函数 u 在点 P_0 处沿梯度

$$\mathbf{grad}\ u=\left(\frac{\partial u}{\partial x},\frac{\partial u}{\partial y},\frac{\partial u}{\partial z}\right)\bigg|_{(1,-1,2)}=(y^2z,2xyz,xy^2)\bigg|_{(1,-1,2)}=(2,-4,1)$$

方向的方向导数为最大.最大的方向导数值为

$$|\mathbf{grad}\ u(1,-1,2)|=\sqrt{2^2+(-4)^2+1^2}=\sqrt{21}.$$

下面简单地介绍数量场与向量场的概念.

如果对于空间区域 G 内的任一点 M,都有一个确定的数量 $f(M)$,则称在这空间区域 G 内确定了一个数量场(例如温度场、密度场等).一个数量场可用一个数量函数 $f(M)$ 来确定.如果与点 M 相对应的是一个向量 $\boldsymbol{F}(M)$,则称在这空间区域 G 内确定了一个向量场(例如力场、速度场等).一个向量场可用一个向量值函数 $\boldsymbol{F}(M)$ 来确定,而

$$\boldsymbol{F}(M)=P(M)\boldsymbol{i}+Q(M)\boldsymbol{j}+R(M)\boldsymbol{k},$$

其中,$P(M)$,$Q(M)$,$R(M)$ 是点 M 的数量函数.

利用场的概念,可以说向量函数 $\mathbf{grad}\ f(M)$ 确定了一个向量场——称为梯度

场，它是由数量场 $f(M)$ 产生的，通常称函数 $f(M)$ 为这个向量场的势，而这个向量场又称为势场.必须注意，任意一个向量场不一定是势场，因为它不一定是某个数量函数的梯度场.

习题 11-3

1. 求函数 $z=x^2+y^2$ 在点(1,2)处沿从点(1,2)到点$(2,2+\sqrt{3})$方向的方向导数.

2. 求函数 $u=xyz$ 在点(5,1,2)处沿从点(5,1,2)到点(9,4,14)方向的方向导数.

3. 求函数 $z=x^2-xy+y^2$ 在点(1,1)处沿与 x 轴正向夹角为 α 的 l 方向的方向导数；试问在怎样的方向上此方向导数有：(1) 最大值；(2) 最小值；(3) 等于 0.

4. 求函数 $z=\ln(x+y)$ 在位于抛物线 $y^2=4x$ 上点(1,2)处沿着该抛物线在此点切线方向的方向导数.

5. 求函数 $u=xy^2z^3$ 在点(1,1,1)处方向导数的最大值与最小值.

6. 求函数 $u=x+y+z$ 在球面 $x^2+y^2+z^2=R^2$ 上的点(x_0,y_0,z_0)处沿球面法线外方向的方向导数.

7. 设 $f(x,y,z)=x^2+2y^2+3z^2+xy+3x-2y-6z$，求 $\mathbf{grad}\ f(1,1,1)$ 及 $\mathbf{grad}\ f(2,2,2)$.

8. 求函数 $u=\dfrac{1}{\gamma}(\gamma=\sqrt{x^2+y^2+z^2})$ 在点(x_0,y_0,z_0)处梯度的大小和方向.

9. 设 u,v 都是 x,y,z 的函数，且 u,v 都具有连续的偏导数，证明：

(1) $\mathbf{grad}(\alpha u+\beta v)=\alpha\,\mathbf{grad}\ u+\beta\,\mathbf{grad}\ v$ (α,β 为常数)；

(2) $\mathbf{grad}(uv)=u\,\mathbf{grad}\ v+v\,\mathbf{grad}\ u$；

(3) $\mathbf{grad}\ F(u)=F'(u)\,\mathbf{grad}\ u$.

11.4　多元函数微分学的几何应用

11.4.1　空间曲线的切线与法平面

1) 空间曲线的切线和法平面的定义

设 $M_0(x_0,y_0,z_0)$ 及 $M(x,y,z)$ 为空间曲线 Γ 上的两点，称直线$\overline{M_0M}$为空间曲线 Γ 的割线.

切线的定义：当点 $M(x,y,z)$ 沿曲线 Γ 向 M_0 逼近时，割线$\overline{M_0M}$的极限位置$\overline{M_0T}$称为曲线 Γ 在点 $M_0(x_0,y_0,z_0)$处的切线.

法平面的定义：称过点 $M_0(x_0,y_0,z_0)$ 且与切线垂直的平面为曲线 Γ 在点 $M_0(x_0,y_0,z_0)$处的法平面.

2) 曲线与法平面的求法

(1) 设空间曲线 Γ 的参数方程为

$$\begin{cases} x=x(t), \\ y=y(t), \\ z=z(t), \end{cases} \tag{1}$$

其中，$x(t)$，$y(t)$，$z(t)$均可导，且其导数$x'(t)$，$y'(t)$，$z'(t)$不同时为零(见图 11-12).

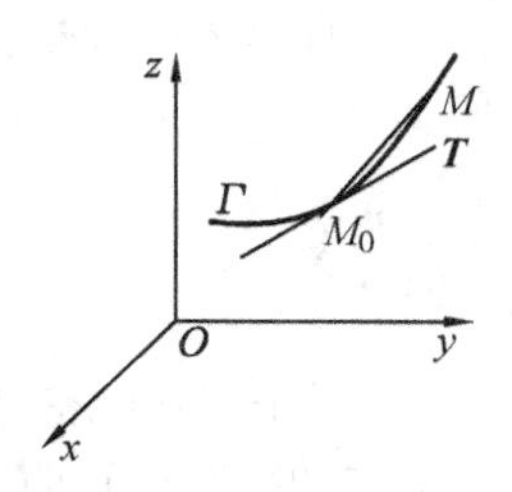

图 11-12

设当$t=t_0$时，在曲线Γ上对应点为$M_0(x_0,y_0,z_0)$. 现求曲线在点M_0处的切线，这里$x_0=x(t_0)$，$y_0=y(t_0)$，$z_0=z(t_0)$. 设参数t在t_0有增量Δt，于是在曲线Γ上对应于$t=t_0+\Delta t$的点为$M(x_0+\Delta x,y_0+\Delta y,z_0+\Delta z)$. 由空间解析几何可知，割线$\overline{M_0M}$的方程为

$$\frac{x-x_0}{\Delta x}=\frac{y-y_0}{\Delta y}=\frac{z-z_0}{\Delta z}.$$

用Δt除上式的各分母，得

$$\frac{x-x_0}{\dfrac{\Delta x}{\Delta t}}=\frac{y-y_0}{\dfrac{\Delta y}{\Delta t}}=\frac{z-z_0}{\dfrac{\Delta z}{\Delta t}}.$$

再令点M沿曲线Γ趋于点M_0，割线$\overline{M_0M}$的极限位置$\overline{M_0T}$就是曲线Γ在点M_0点处的切线. 为此，令$M\to M_0$(这时$\Delta t\to 0$)，对上式取极限就得到曲线Γ在点M_0处的切线方程

$$\frac{x-x_0}{x'(t_0)}=\frac{y-y_0}{y'(t_0)}=\frac{z-z_0}{z'(t_0)}. \tag{2}$$

称切线的方向向量$\boldsymbol{T}=(x'(t_0),y'(t_0),z'(t_0))$为曲线在点$M_0$处的切向量.

曲线Γ过点M_0处的法平面方程为

$$x'(t_0)(x-x_0)+y'(t_0)(y-y_0)+z'(t_0)(z-z_0)=0. \tag{3}$$

例 1　求曲线$x=t-\sin t,y=1-\cos t,z=4\sin\dfrac{t}{2}$在点$M_0\left(\dfrac{\pi}{2}-1,1,2\sqrt{2}\right)$处的切线方程和法平面方程.

解　参数$t_0=\dfrac{\pi}{2}$时，对应于曲线上一点$M_0\left(\dfrac{\pi}{2}-1,1,2\sqrt{2}\right)$，而在$M_0$处有

$$x'\left(\frac{\pi}{2}\right)=(1-\cos t)\Big|_{t=\frac{\pi}{2}}=1,$$

$$y'\left(\frac{\pi}{2}\right)=\sin t\Big|_{t=\frac{\pi}{2}}=1,$$

$$z'\left(\frac{\pi}{2}\right)=2\cos\frac{t}{2}\Big|_{t=\frac{\pi}{2}}=\sqrt{2}.$$

因此，曲线在点M_0处的切向量为$\boldsymbol{T}=(1,1,\sqrt{2})$.

于是，在点M_0处的切线方程为

$$\frac{x-\left(\frac{\pi}{2}-1\right)}{1}=\frac{y-1}{1}=\frac{z-2\sqrt{2}}{\sqrt{2}}.$$

曲线在点 M_0 处的法平面方程为

$$\left(x-\frac{\pi}{2}+1\right)+(y-1)+\sqrt{2}(z-2\sqrt{2})=0,$$

即
$$x+y+\sqrt{2}z-\frac{\pi}{2}-4=0.$$

下面再讨论空间曲线是两曲面的交线情形下的切线方程和法平面方程.

(2) 设空间曲线 Γ 为两柱面的交线，即以

$$\begin{cases} y=f(x), \\ z=g(x) \end{cases}$$

的形式给出，这时只要取 x 为参量，曲线 Γ 的方程就可以表示为参数式方程的形式

$$\begin{cases} x=x, \\ y=f(x), \\ z=g(x). \end{cases}$$

假设 $f(x),g(x)$ 在 $x=x_0$ 处可导，根据上面的讨论，就可以知道曲线 Γ 在点 $M_0(x_0,y_0,z_0)$ 处的切向量为 $\boldsymbol{T}=(1,f'(x_0),g'(x_0))$，因此曲线 Γ 在点 M_0 的切线方程为

$$\frac{x-x_0}{1}=\frac{y-y_0}{f'(x_0)}=\frac{z-z_0}{g'(x_0)}. \tag{4}$$

曲线 Γ 在点 M_0 的法平面方程为

$$(x-x_0)+f'(x_0)(y-y_0)+g'(x_0)(z-z_0)=0. \tag{5}$$

(3) 设空间曲线 Γ 是两曲面的交线，即方程由

$$\begin{cases} F(x,y,z)=0, \\ G(x,y,z)=0 \end{cases} \tag{6}$$

的形式给出，$M_0(x_0,y_0,z_0)$ 是曲线 Γ 上的一点，又设 F,G 有对各个变量的连续偏导数，且

$$\left.\frac{\partial(F,G)}{\partial(y,z)}\right|_{(x_0,y_0,z_0)}\neq 0.$$

这时方程组(6)在点 $M_0(x_0,y_0,z_0)$ 的某一邻域内确定了一组函数 $y=y(x)$，$z=z(x)$，要求曲线 Γ 在点 M_0 处的切线方程和法平面方程，只需求得 $y'(x_0)$ 和 $z'(x_0)$，然后代入式(4)和式(5)即可. 为此，在恒等式

$$\begin{cases} F[x,y(x),z(x)]\equiv 0, \\ G[x,y(x),z(x)]\equiv 0 \end{cases}$$

两端利用复合函数微分法分别对 x 求全导数，得

$$\begin{cases}\dfrac{\partial F}{\partial x}+\dfrac{\partial F}{\partial y}\dfrac{\mathrm{d}y}{\mathrm{d}x}+\dfrac{\partial F}{\partial z}\cdot\dfrac{\mathrm{d}z}{\mathrm{d}x}=0,\\ \dfrac{\partial G}{\partial x}+\dfrac{\partial G}{\partial y}\dfrac{\mathrm{d}y}{\mathrm{d}x}+\dfrac{\partial G}{\partial z}\cdot\dfrac{\mathrm{d}z}{\mathrm{d}x}=0.\end{cases}$$

由假设可知，在点 M_0 的某个邻域内

$$J=\frac{\partial(F,G)}{\partial(y,z)}\neq 0,$$

故可解得

$$\frac{\mathrm{d}y}{\mathrm{d}x}=\frac{\begin{vmatrix}F_z & F_x\\ G_z & G_x\end{vmatrix}}{\begin{vmatrix}F_y & F_z\\ G_y & G_z\end{vmatrix}},\quad \frac{\mathrm{d}z}{\mathrm{d}x}=\frac{\begin{vmatrix}F_x & F_y\\ G_x & G_y\end{vmatrix}}{\begin{vmatrix}F_y & F_z\\ G_y & G_z\end{vmatrix}}.$$

于是 $\boldsymbol{T}=(1,y'(x_0),z'(x_0))$是曲线 Γ 在点 M_0 处的一个切向量，这里

$$y'(x_0)=\frac{\begin{vmatrix}F_z & F_x\\ G_z & G_x\end{vmatrix}_0}{\begin{vmatrix}F_y & F_z\\ G_y & G_z\end{vmatrix}_0},\quad z'(x_0)=\frac{\begin{vmatrix}F_x & F_y\\ G_x & G_y\end{vmatrix}_0}{\begin{vmatrix}F_y & F_z\\ G_y & G_z\end{vmatrix}_0}.$$

分子、分母中带下标 0 的行列式表示行列式在点 $M_0(x_0,y_0,z_0)$的值，把上面的切向量 $\boldsymbol{T}$ 乘以 $\begin{vmatrix}F_y & F_z\\ G_y & G_z\end{vmatrix}_0$，得

$$\boldsymbol{T}_1=\left(\begin{vmatrix}F_y & F_z\\ G_y & G_z\end{vmatrix}_0,\begin{vmatrix}F_z & F_x\\ G_z & G_x\end{vmatrix}_0,\begin{vmatrix}F_x & F_y\\ G_x & G_y\end{vmatrix}_0\right).$$

这也是曲线 Γ 在点 M_0 处的一个切向量一般表示法. 由此可写出曲线 Γ 在点 $M_0(x_0,y_0,z_0)$处的切线方程为

$$\frac{x-x_0}{\begin{vmatrix}F_y & F_z\\ G_y & G_z\end{vmatrix}_0}=\frac{y-y_0}{\begin{vmatrix}F_z & F_x\\ G_z & G_x\end{vmatrix}_0}=\frac{z-z_0}{\begin{vmatrix}F_x & F_y\\ G_x & G_y\end{vmatrix}_0}.$$

曲线 Γ 在点 $M_0(x_0,y_0,z_0)$处的法平面方程为

$$\begin{vmatrix}F_y & F_z\\ G_y & G_z\end{vmatrix}_0(x-x_0)+\begin{vmatrix}F_z & F_x\\ G_z & G_x\end{vmatrix}_0(y-y_0)+\begin{vmatrix}F_x & F_y\\ G_x & G_y\end{vmatrix}_0(z-z_0)=0.$$

特别要说明的是，若$\left.\dfrac{\partial(F,G)}{\partial(y,z)}\right|_0=0$，而$\left.\dfrac{\partial(F,G)}{\partial(z,x)}\right|_0$，$\left.\dfrac{\partial(F,G)}{\partial(x,y)}\right|_0$中至少有一个不等于零，可得同样的结果.

例 2 求曲线 $x^2+y^2+z^2=6, x+y+z=0$ 在点 $(1,-2,1)$ 处的切线及法平面方程.

解 这里可以直接利用公式来解，但也可以采用求导公式的方法，解法如下：

将所给方程的两端对 x 求导并移项，得

$$\begin{cases} y\dfrac{\mathrm{d}y}{\mathrm{d}x}+z\dfrac{\mathrm{d}z}{\mathrm{d}x}=-x, \\ \dfrac{\mathrm{d}y}{\mathrm{d}x}+\dfrac{\mathrm{d}z}{\mathrm{d}x}=-1. \end{cases}$$

由此得

$$\frac{\mathrm{d}y}{\mathrm{d}x}=\frac{\begin{vmatrix} -x & z \\ -1 & 1 \end{vmatrix}}{\begin{vmatrix} y & z \\ 1 & 1 \end{vmatrix}}=\frac{z-x}{y-z},\ \frac{\mathrm{d}z}{\mathrm{d}x}=\frac{\begin{vmatrix} y & -x \\ 1 & -1 \end{vmatrix}}{\begin{vmatrix} y & z \\ 1 & 1 \end{vmatrix}}=\frac{x-y}{y-z},$$

则

$$\left.\frac{\mathrm{d}y}{\mathrm{d}x}\right|_{(1,-2,1)}=0,\ \left.\frac{\mathrm{d}z}{\mathrm{d}x}\right|_{(1,-2,1)}=-1.$$

从而 $\boldsymbol{T}=(1,0,-1)$，故所求切线方程为

$$\frac{x-1}{1}=\frac{y+2}{0}=\frac{z-1}{-1}.$$

法平面方程为

$$(x-1)+0(y+2)-(z-1)=0,$$

即

$$x-z=0.$$

11.4.2 曲面的切平面与法线

1) 曲面的切平面及法线的定义

给出曲面 Σ 及曲面上的点 $M_0(x_0,y_0,z_0)$.

切平面的定义：设曲面 Σ 上过 $M_0(x_0,y_0,z_0)$ 的任意一条曲线在点 $M_0(x_0,y_0,z_0)$ 处的切线都在同一平面上，则称这个平面为曲面 Σ 在点 $M_0(x_0,y_0,z_0)$ 处的切平面.

法线的定义：称过 $M_0(x_0,y_0,z_0)$ 且垂直于切平面的直线为曲面 Σ 在 M_0 处的法线.

2) 求曲面的切平面和法线

首先讨论由隐式给出的曲面方程 $F(x,y,z)=0$ 的情形，然后把由显式给出的曲面方程 $z=f(x,y)$ 作为特殊情况而导出相应的结果.

设曲面 Σ 的方程为 $F(x,y,z)=0$，而 $M_0(x_0,y_0,z_0)$ 是 Σ 上的一点，又设函数 $F(x,y,z)$ 的偏导数在点 M_0 处连续且不同时为零.

在曲面 Σ 上，通过点 M_0 任意作一条曲线 Γ（见图 11-13），设其参数方程为

$$\begin{cases} x=x(t), \\ y=y(t), \\ z=z(t). \end{cases} \tag{7}$$

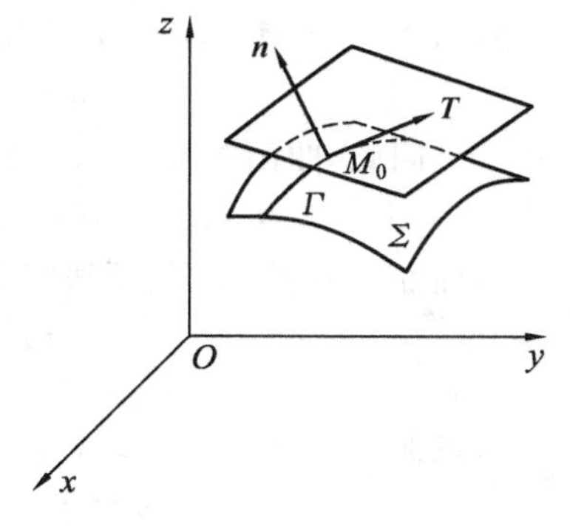

图 11-13

$t=t_0$ 对应于曲线 Γ 上一点为 $M_0(x(t_0),y(t_0),z(t_0))$（即 $x_0=x(t_0),y_0=y(t_0),z_0=z(t_0)$），且 $x'(t_0),y'(t_0),z'(t_0)$ 不同时为零，则曲线 Γ 在点 M_0 处的切向量为

$$\boldsymbol{T}=(x'(t_0),y'(t_0),z'(t_0)).$$

另一方面，由于曲线 Γ 在曲面 Σ 上，故 Γ 上的所有点的坐标都满足曲面 Σ 的方程，因此有恒等式

$$F[x(t),y(t),z(t)]=0.$$

求全导数，得

$$\left.\frac{\mathrm{d}F}{\mathrm{d}t}\right|_{t=t_0}=F_x(x_0,y_0,z_0)x'(t_0)+F_y(x_0,y_0,z_0)y'(t_0)+F_z(x_0,y_0,z_0)z'(t_0)=0. \tag{8}$$

引入向量 $\boldsymbol{n}=(F_x(x_0,y_0,z_0),F_y(x_0,y_0,z_0),F_z(x_0,y_0,z_0))$，则式(8)表示 M_0 处的曲线切向量 $\boldsymbol{T}=(x'(t_0),y'(t_0),z'(t_0))$ 与向量 $\boldsymbol{n}$ 垂直. 因为曲线(7)是曲面上通过点 M_0 的任意一条曲线，它们在点 M_0 的切线都与同一个向量 $\boldsymbol{n}$ 垂直，所以曲面上通过点 M_0 的一切曲线在点 M_0 的切线都在同一个平面上（见图 11-13），因此曲面 Σ 过点 M_0 的切平面方程是

$$F_x(x_0,y_0,z_0)(x-x_0)+F_y(x_0,y_0,z_0)(y-y_0)+F_z(x_0,y_0,z_0)(z-z_0)=0. \tag{9}$$

法线方程是

$$\frac{x-x_0}{F_x(x_0,y_0,z_0)}=\frac{y-y_0}{F_y(x_0,y_0,z_0)}=\frac{z-z_0}{F_z(x_0,y_0,z_0)}. \tag{10}$$

且称

$$\boldsymbol{n}=(F_x(x_0,y_0,z_0),F_y(x_0,y_0,z_0),F_z(x_0,y_0,z_0))$$

为曲面 Σ 在点 M_0 处的一个法向量.

如果曲面 Σ 的方程是由显函数

$$z=f(x,y) \tag{11}$$

的形式给出，则可令

$$F(x,y,z)=f(x,y)-z=0,$$

这时有

$$F_x(x,y,z)=f_x(x,y),F_y(x,y,z)=f_y(x,y),F_z(x,y,z)=-1.$$

于是，当函数 $z=f(x,y)$ 的偏导数 $f_x(x,y),f_y(x,y)$ 在点 (x_0,y_0) 处连续，则

曲面Σ在点$M_0(x_0,y_0,z_0)$处的切平面的法向量为

$$\boldsymbol{n}=(f_x(x_0,y_0),f_y(x_0,y_0),-1).$$

因此，曲面Σ在点M_0处的切平面方程为

$$f_x(x_0,y_0)(x-x_0)+f_y(x_0,y_0)(y-y_0)-(z-z_0)=0, \tag{12}$$

而曲面Σ在点M_0处的法线方程为

$$\frac{x-x_0}{f_x(x_0,y_0)}=\frac{y-y_0}{f_y(x_0,y_0)}=\frac{z-z_0}{-1}. \tag{13}$$

通过曲面Σ在点$M_0(x_0,y_0,z_0)$的切平面方程

$$z-z_0=f_x(x_0,y_0)(x-x_0)+f_y(x_0,y_0)(y-y_0),$$

就能比较清楚地解释$z=f(x,y)$在点(x_0,y_0)的全微分的几何意义.事实上，切平面方程的右端就是函数$z=f(x,y)$在点(x_0,y_0)处的全微分，而左端是切平面上的点在竖坐标上的增量.因此，函数$z=f(x,y)$在点(x_0,y_0)的全微分，在几何上表示曲面Σ:$z=f(x,y)$在点$M_0(x_0,y_0,z_0)$处的切平面上点的竖坐标的增量.

例 3　求抛物面$z=1-x^2-y^2$在点$M_0(1,1,-1)$处的切平面和法线方程.

解　设$z=f(x,y)=1-x^2-y^2$，则

$$f_x(x,y)=-2x,f_y(x,y)=-2y,$$

$$f_x(1,1)=-2,f_y(1,1)=-2.$$

抛物面在点$M_0(1,1,-1)$处的法向量为

$$\boldsymbol{n}=(-2,-2,-1),$$

因此所求的切平面方程为

$$-2(x-1)-2(y-1)-(z+1)=0,$$

即

$$2x+2y+z-3=0,$$

所求法线方程为

$$\frac{x-1}{2}=\frac{y-1}{2}=\frac{z+1}{1}.$$

例 4　试证明：曲面$\sqrt{x}+\sqrt{y}+\sqrt{z}=\sqrt{a}(a>0)$在任一点$(x_0,y_0,z_0)$处的切平面在三个坐标轴上的截距之和为常数(其中$x_0>0,y_0>0,z_0>0$).

证　令$F(x,y,z)=\sqrt{x}+\sqrt{y}+\sqrt{z}-\sqrt{a}$，则

$$F_x(x_0,y_0,z_0)=\frac{1}{2\sqrt{x_0}},$$

$$F_y(x_0,y_0,z_0)=\frac{1}{2\sqrt{y_0}},$$

$$F_z(x_0,y_0,z_0)=\frac{1}{2\sqrt{z_0}}.$$

曲面上任一点(x_0,y_0,z_0)处的法向量为

$$\boldsymbol{n}=\left(\frac{1}{2\sqrt{x_0}},\frac{1}{2\sqrt{y_0}},\frac{1}{2\sqrt{z_0}}\right),$$

在点(x_0,y_0,z_0)处的切平面方程为

$$\frac{1}{2\sqrt{x_0}}(x-x_0)+\frac{1}{2\sqrt{y_0}}(y-y_0)+\frac{1}{2\sqrt{z_0}}(z-z_0)=0,$$

即

$$\frac{x}{\sqrt{x_0}}+\frac{y}{\sqrt{y_0}}+\frac{z}{\sqrt{z_0}}=\sqrt{a}.$$

将以上切平面方程化为截距式，得

$$\frac{1}{\sqrt{ax_0}}x+\frac{1}{\sqrt{ay_0}}y+\frac{1}{\sqrt{az_0}}z=1.$$

于是切平面在三个坐标轴上的截距分别为

$$\sqrt{ax_0},\sqrt{ay_0},\sqrt{az_0}.$$

所以切平面的截距之和为

$$\sqrt{ax_0}+\sqrt{ay_0}+\sqrt{az_0}=\sqrt{a}(\sqrt{x_0}+\sqrt{y_0}+\sqrt{z_0})=\sqrt{a}\cdot\sqrt{a}=a.$$

证毕.

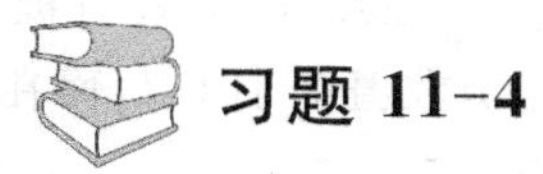

习题 11-4

1. 求曲线 $x=\frac{t}{1+t},y=\frac{1+t}{t},z=t^2$ 在 $t=1$ 处的切线和法平面方程.

2. 求曲线 $x=a\cos\alpha\cos t,y=a\sin\alpha\cos t,z=a\sin t$ 在 $t=t_0$ 处的切线和法平面方程.

3. 在曲线 $x=t,y=t^2,z=t^3$ 上求出一点，使在该点的切线平行于平面 $x+2y+z=4$.

4. 求曲线 $\begin{cases}x^2+y^2+z^2=6,\\x+y+z=0\end{cases}$ 在点 $M_0(1,-2,1)$处的切线和法平面方程.

5. 在曲面 $z=xy$ 上求一点，使得该点处的法线垂直于平面 $x+3y+z+9=0$，并写出该法线的方程.

6. 求旋转椭球面 $3x^2+y^2+z^2=16$ 在点$(-1,-2,3)$处的切平面与 xOy 平面夹角的余弦.

7. 求椭球面$\frac{x^2}{a^2}+\frac{y^2}{b^2}+\frac{z^2}{c^2}=1$ 上的点，使它的法线的三个方向角相等.

8. 求曲面$\frac{x^2}{a^2}+\frac{y^2}{b^2}+\frac{z^2}{c^2}=1$ 的切平面，使其在各坐标轴上截取长度相等的线段.

11.5　多元函数的极值与最值

11.5.1　多元函数的极值及其求法

在实际问题中，往往会遇到求多元函数的最大值、最小值问题. 与一元函数类

似，多元函数的最大值、最小值与多元函数的极大值、极小值有密切的关系.

现以二元函数为例介绍多元函数极值的概念，并研究极值存在的必要条件和充分条件.

定义 设函数 $z=f(x,y)$ 在点 $M_0(x_0,y_0)$ 的某邻域 $U(M_0)$ 内有定义，如果对于任意 $M\in \mathring{U}(M_0)$，恒有 $f(x,y)<f(x_0,y_0)$，则称 $f(x_0,y_0)$ 为函数 $z=f(x,y)$ 的极大值，$M_0(x_0,y_0)$ 称为极大值点；如果 $f(x,y)>f(x_0,y_0)$，则称 $f(x_0,y_0)$ 为函数 $z=f(x,y)$ 的极小值，$M_0(x_0,y_0)$ 称为极小值点. 极大值和极小值统称为极值，使函数取得极值的点 $M_0(x_0,y_0)$ 称为极值点.

例 1 函数 $z=x^2+y^2$ 在点 $(0,0)$ 处有极小值，因为对于点 $(0,0)$ 的任一邻域内一切异于 $(0,0)$ 的点，函数值皆为正，而在点 $(0,0)$ 的函数值为零，即

$$z=x^2+y^2>0,(x,y)\neq(0,0).$$

从几何上看，这是显然的，因为点 $(0,0,0)$ 是开口向上的旋转抛物面 $z=x^2+y^2$ 的顶点.

例 2 函数 $z=\sqrt{1-x^2-y^2}$ 在点 $(0,0)$ 处有极大值，由于在点 $(0,0)$ 的充分小的邻域内一切异于 $(0,0)$ 的点函数值都小于 1，而在点 $(0,0)$ 处的函数值为 1，即

$$z=\sqrt{1-x^2-y^2}<1,(x,y)\neq(0,0).$$

从几何上看，这是显然的，因为函数 $z=\sqrt{1-x^2-y^2}$ 的图形是中心在坐标原点，半径为 1 的上半球面.

例 3 函数 $z=xy$ 在点 $(0,0)$ 处既取不到极大值也取不到极小值，因为在点 $(0,0)$ 处的函数值为零，而在点 $(0,0)$ 的任一邻域内，总有使函数值为正的点，也有使函数值为负的点.

一般可以利用偏导数来解决二元函数的极值问题，下面两个定理就是关于这个问题的结论.

定理 1（极值存在的必要条件） 设函数 $z=f(x,y)$ 在点 $P_0(x_0,y_0)$ 具有偏导数，且在该点处取得极值，则必有

$$f_x(x_0,y_0)=0,\ f_y(x_0,y_0)=0. \tag{1}$$

证 不妨设函数 $f(x,y)$ 在点 (x_0,y_0) 处有极大值. 由极大值的定义，在点 (x_0,y_0) 的某邻域内异于 (x_0,y_0) 的一切点 (x,y) 皆有 $f(x,y)<f(x_0,y_0)$. 特别地，在该邻域内取 $y=y_0,x\neq x_0$，仍有不等式

$$f(x,y_0)<f(x_0,y_0).$$

这就表明一元函数 $f(x,y_0)$ 在 $x=x_0$ 点处取得极大值，所以

$$\frac{\mathrm{d}}{\mathrm{d}x}f(x,y_0)\bigg|_{x=x_0}=0,$$

即
$$f_x(x_0,y_0)=0.$$
同理可证
$$f_y(x_0,y_0)=0.$$

证毕.

从几何上看,曲面 $z=f(x,y)$ 在点 $M_0(x_0,y_0,z_0)$ 的切平面方程为

$$z-z_0=f_x(x_0,y_0)(x-x_0)+f_y(x_0,y_0)(y-y_0), \tag{2}$$

当点 (x_0,y_0) 为函数的极值点时,由定理 1 有

$$f_x(x_0,y_0)=0,f_y(x_0,y_0)=0.$$

这时切平面的方程为 $z-z_0=0$,这就表明曲面 $z=f(x,y)$ 在点 $M_0(x_0,y_0,z_0)$ 的切平面平行于 xOy 坐标面.

使得 $f_x(x,y)=0$ 与 $f_y(x,y)=0$ 同时成立的点称为函数 $f(x,y)$ 的驻点.

极值存在的必要条件提供了寻找极值点的途径,对于偏导数存在的函数来说,如果它有极值点,则极值点一定是驻点.但上面的条件并不充分,即函数的驻点不一定是极值点. 例如点 $(0,0)$ 是函数 $z=xy$ 的驻点,但函数 $z=xy$ 在点 $(0,0)$ 处不能取得极值.

怎样判定一个驻点是不是极值点呢? 下面极值存在的充分条件回答了这个问题.

定理 2(极值存在的充分条件) 设函数 $z=f(x,y)$ 在点 (x_0,y_0) 的某邻域内连续,且具有一阶及二阶连续偏导数,又 $f_x(x,y)=0,f_y(x,y)=0$,令

$$A=f_{xx}(x_0,y_0),B=f_{xy}(x_0,y_0),C=f_{yy}(x_0,y_0),$$

那么,

(1) 当 $AC-B^2>0$ 时,若 $A<0$(或 $C<0$),则 $f(x_0,y_0)$ 为函数 $f(x,y)$ 的极大值,若 $A>0$(或 $C>0$),则 $f(x_0,y_0)$ 为函数 $f(x,y)$ 的极小值;

(2) 当 $AC-B^2<0$ 时,$f(x_0,y_0)$ 不是极值;

(3) 当 $AC-B^2=0$ 时,不能判定,即 $f(x_0,y_0)$ 可能是极值,也可能不是极值,需另作讨论.

证明从略.

综合定理 1 和定理 2 的结果,可以把具有二阶连续偏导数的函数 $z=f(x,y)$ 的极值求法叙述如下:

(1) 求方程组

$$\begin{cases}f_x(x,y)=0,\\ f_y(x,y)=0\end{cases}$$

的一切实数解,得到所有驻点;

(2) 求出二阶偏导数 $f_{xx}(x,y)$，$f_{xy}(x,y)$ 及 $f_{yy}(x,y)$，并对每一个驻点，求出二阶偏导数的值 A，B 及 C；

(3) 对每一个驻点，确定 $AC-B^2$ 的符号，按定理 2 的结论判断驻点是否为极值点，是极大值点还是极小值点；

(4) 求极值点处的函数值，即得所求的极值.

11.5.2　多元函数的最值

利用多元函数的极值可求多元函数的最大值与最小值，在 **11.1** 已经指出，如果函数 $z=f(x,y)$ 在有界闭区域 D 上连续，则函数 $f(x,y)$ 在闭区域 D 上必定取得最大值和最小值. 这种使函数 $f(x,y)$ 取得最大值或最小值的点既可能在区域 D 的内部，也可能在 D 的边界上.

现假设函数 $f(x,y)$ 在有界闭区域 D 上连续，并在该区域内可微，而且只有有限个驻点，假定函数 $f(x,y)$ 在区域 D 的内部取得最大值或最小值，则这个最大值或最小值必定是函数 $f(x,y)$ 在该区域内的极大值或极小值. 由此可以得出求函数 $z=f(x,y)$ 在有界闭区域 D 上最大值和最小值的一般方法.

分别求出函数 $f(x,y)$ 在有界闭区域 D 内所有驻点处的函数值及 D 的边界曲线上的最大值和最小值，然后比较这些数值的大小，其中最大的就是最大值，最小的就是最小值.

但若函数 $f(x,y)$ 在区域 D 内只有一个极值，则它必为函数在区域 D 内的最值，即若极值是极小(大)值，那它就是函数的最小(大)值.

例 4　设某工厂生产 A，B 两种产品，其销量价格分别为 $p_1=12$，$p_2=18$（单位：元），总成本 C(单位：万元)是两种产品产量 x 和 y(单位：千件)的函数，即

$$C(x,y)=2x^2+xy+2y^2.$$

当两种产品的产量为多少时，可获得最大利润？最大利润为多少？

解　总收入函数

$$R(x,y)=12x+18y,$$

总利润函数

$$\begin{aligned}L(x,y)&=R(x,y)-C(x,y)\\&=12x+18y-2x^2-xy-2y^2\ (x>0,y>0).\end{aligned}$$

令

$$L_x=12-4x-y=0,$$
$$L_y=18-x-4y=0,$$

得驻点(2,4).

由该问题知最大利润一定存在，且在区域 D：$x>0$，$y>0$ 内只有一个驻点，故当 $x=2$ 千件，$y=4$ 千件时取得最大利润，最大利润 $L(2,4)=48$ 万元.

11.5.3 条件极值 拉格朗日乘数法

上面讨论的极值问题中，函数的自变量除了限制在函数的定义域内取值以外，没有其他的限制条件，这种情况称为无条件极值. 但是在实际问题中，经常会出现对函数的自变量有附加条件的极值问题，对自变量有附加条件的极值称为条件极值.

但是在很多情况下，将条件极值转化为无条件极值求解会引出很复杂的运算. 下面介绍的拉格朗日乘数法就不必把条件极值转化为无条件极值，而是直接求条件极值.

先观察函数

$$z=f(x,y) \tag{3}$$

在条件

$$\varphi(x,y)=0 \tag{4}$$

下取得极值的必要条件.

设函数 $z=f(x,y)$ 在条件 $\varphi(x,y)=0$ 下取得极值的点为 $P_0(x_0,y_0)$，那么有

$$\varphi(x_0,y_0)=0. \tag{5}$$

假设在点 (x_0,y_0) 的某一邻域内 $f(x,y)$ 与 $\varphi(x,y)$ 均有连续的一阶偏导数，而 $\varphi_y(x_0,y_0)\neq 0$，由隐函数存在定理 1 可知方程 $\varphi(x,y)=0$ 确定一个单值可导且具有连续导数的隐函数 $y=y(x)$，把它代入式(3)后得到

$$z=f[x,y(x)].$$

由于 $f(x,y)$ 在 $P_0(x_0,y_0)$ 处取得条件极值，这就相当于函数 $f[x,y(x)]$ 在 $x=x_0$ 处取得了极值. 由一元可导函数取得极值的必要条件可知，必有

$$\left.\frac{\mathrm{d}z}{\mathrm{d}x}\right|_{x=x_0}=f_x(x_0,y_0)+f_y(x_0,y_0)\left.\frac{\mathrm{d}y}{\mathrm{d}x}\right|_{x=x_0}=0,$$

而由隐函数求导公式，有 $\left.\frac{\mathrm{d}y}{\mathrm{d}x}\right|_{x=x_0}=-\frac{\varphi_x(x_0,y_0)}{\varphi_y(x_0,y_0)}$，将其代入上式可得

$$f_x(x_0,y_0)-\frac{f_y(x_0,y_0)\varphi_x(x_0,y_0)}{\varphi_y(x_0,y_0)}=0. \tag{6}$$

式(5)和式(6)就是函数 $z=f(x,y)$ 在点 (x_0,y_0) 取得条件极值的必要条件.

若设

$$\lambda=-\frac{f_y(x_0,y_0)}{\varphi_y(x_0,y_0)}, \tag{7}$$

则上述必要条件就可写成

$$\begin{cases} f_x(x_0,y_0)+\lambda\varphi_x(x_0,y_0)=0, \\ f_y(x_0,y_0)+\lambda\varphi_y(x_0,y_0)=0, \\ \varphi(x_0,y_0)=0. \end{cases} \tag{8}$$

根据以上分析的结果，引进辅助函数

$$L(x,y,\lambda)=f(x,y)+\lambda\varphi(x,y),$$

其中，函数 $L(x,y,\lambda)$ 称为拉格朗日函数，参数 λ 称为拉格朗日乘子. 从式(8)不难看出 (x_0,y_0) 正适合方程组 $L_x=0, L_y=0, L_\lambda=\varphi(x,y)=0$，即 $x=x_0, y=y_0$ 是拉格朗日函数 $L(x,y,\lambda)$ 的驻点的坐标，于是得到求条件极值的拉格朗日乘数法.

拉格朗日乘数法 求函数 $z=f(x,y)$ 在附加(约束)条件 $\varphi(x,y)=0$ 下的可能极值点，可按以下步骤进行：

(1) 构造拉格朗日函数

$$L(x,y,\lambda)=f(x,y)+\lambda\varphi(x,y), \tag{9}$$

其中，λ 是一个常数.

(2) 求式(9)对 x,y 的一阶偏导数，并建立方程组

$$\begin{cases} f_x(x,y)+\lambda\varphi_x(x,y)=0, \\ f_y(x,y)+\lambda\varphi_y(x,y)=0, \\ \varphi(x,y)=0. \end{cases} \tag{10}$$

(3) 由方程组(10)解出 x,y 及 λ，则其中 x,y 就是可能的极值点的坐标.

以上方法还可以推广到自变量多于两个，而附加条件多于一个的情形，例如，要求函数

$$u=f(x,y,z,t)$$

在约束条件 $\varphi(x,y,z,t)=0, \psi(x,y,z,t)=0$ 下的极值，可以先作拉格朗日函数

$$L(x,y,z,t,\lambda,\mu)=f(x,y,z,t)+\lambda\varphi(x,y,z,t)+\mu\psi(x,y,z,t),$$

其中，λ,μ 是参数，然后求解方程组

$$L_x=0,\ L_y=0,\ L_z=0,\ L_t=0,\ L_\lambda=0,\ L_\mu=0,$$

则解得的 x_0,y_0,z_0 就是可能的极值点的坐标.

在构造拉格朗日函数时，函数 $f(x,y)$ 和条件 $\varphi(x,y)$ 在拉格朗日函数中的位置一定要正确.

例 5 假设某企业在两个相互分割市场销售同一种产品，两个市场的需求函数分别是

$$p_1=18-2Q_1,\ p_2=12-Q_2,$$

其中，p_1 和 p_2 为售价，Q_1 和 Q_2 为销售量，总成本函数为

$$C=2(Q_1+Q_2)+5.$$

(1) 如果该企业实行价格差别策略，试确定两个市场上该产品的销售量和价格，使该企业获得最大利润.

(2) 如果该企业实行价格无差别策略，试确定两个市场上该产品的销售量和统一价格，使该企业总利润最大化；并比较两种策略下的总利润大小.

解　(1) 总利润函数是

$$P=R-C=p_1Q_1+p_2Q_2-[2(Q_1+Q_2)+5]$$
$$=-2Q_1^2-Q_2^2+16Q_1+10Q_2-5,$$

由
$$\begin{cases}\dfrac{\partial P}{\partial Q_1}=-4Q_1+16=0,\\ \dfrac{\partial P}{\partial Q_2}=-2Q_2+10=0\end{cases}$$

得 $Q_1=4,Q_2=5$. 这时 $p_1=10,p_2=7$.

因为这是一个实际问题，一定存在最大值，且驻点唯一，因此当 $p_1=10,p_2=7$ 时，取得最大利润

$$P=-2Q_1^2-Q_2^2+16Q_1+10Q_2-5\Big|_{\substack{Q_1=4\\Q_2=5}}=52.$$

(2) 若实行价格无差别策略，则 $p_1=p_2$，即有约束条件

$$2Q_1-Q_2=6.$$

构造拉格朗日函数

$$L(Q_1,Q_2,\lambda)=-2Q_1^2-Q_2^2+16Q_1+10Q_2-5+\lambda(2Q_1-Q_2-6).$$

由

$$\begin{cases}\dfrac{\partial L}{\partial Q_1}=-4Q_1+16+2\lambda=0,\\ \dfrac{\partial L}{\partial Q_2}=-2Q_2+10-\lambda=0,\\ \dfrac{\partial L}{\partial \lambda}=2Q_1-Q_2-6=0,\end{cases}$$

得 $Q_1=5,Q_2=4,\lambda=2$. 这时 $p_1=p_2=8$. 由此可得最大利润

$$P=-2Q_1^2-Q_2^2+16Q_1+10Q_2-5\Big|_{\substack{Q_1=5\\Q_2=4}}=49.$$

因此，企业实行价格差别策略所得利润要大于实行价格无差别策略的利润.

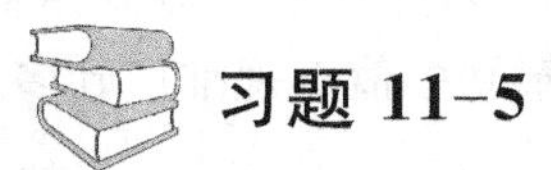

习题 11-5

1. 求函数 $f(x,y)=x^3+3xy^2-15x+12y$ 的极值.

2. 求函数 $f(x,y)=xy+\dfrac{50}{x}+\dfrac{20}{y}$ $(x>0,y>0)$的极值.

3. 求函数 $f(x,y)=e^{x-y}(x^2-2y^2)$的极值.

4. 求函数 $z=x^2+y^2$ 在条件$\dfrac{x}{a}+\dfrac{y}{b}=1(a>0,b>0)$下的极值，并根据图形的特征说明该极值是极小值.

5. 求抛物线 $y=x^2$ 到直线 $x-y-2=0$ 的最短距离.

6. 在椭球面$\frac{x^2}{a^2}+\frac{y^2}{b^2}+\frac{z^2}{c^2}=1$的第一卦限上求一点，使该点处的切平面与三个坐标面围成的四面体体积最小.

7. 要做一个容积为 1 m^3的有盖圆柱形铅桶，什么样的尺寸才能使所用材料最省？

8. 在平面 xOy 上求一点，使它到 $x=0$，$y=0$ 及 $x+2y-16=0$ 三直线距离平方之和最小.

9. 设生产某产品必须投入两种要素，a 和 b 为两种要素的投入量，Q 为产出量；若生产函数 $Q=2a^xb^y$，其中常数 $x,y>0$，$x+y=1$. 假设两要素的价格分别为 p,q，求产量为 12 时，两要素各投入多少可以使得投入总费用最小？

10. 设某企业的 Cobb-Douglas 生产函数为

$$L=(x,y)=100x^{\frac{3}{4}}y^{\frac{1}{4}},$$

其中，x 和 y 分别表示企业投入的劳动力数量和资本数量. 若每个劳动力和每单位资本的成本分别是 150 元和 250 元，该企业的总预算是 50 000 元. 试问应如何分配这笔钱用于雇佣劳动力和资本投入，才能使生产量最高？

*11.6　二元函数的泰勒公式

11.6.1　二元函数的泰勒公式

在 **11.2.2** 二元函数全微分的定义中，已经知道若函数 $f(x,y)$在点(x_0,y_0)可微，则有

$$f(x_0+h,y_0+k)-f(x_0,y_0)=f_x(x_0,y_0)h+f_y(x_0,y_0)k+o(\rho),$$

其中，$\rho=\sqrt{h^2+k^2}$，而 $h=x-x_0$，$k=y-y_0$，这说明当$|h|$，$|k|$充分小时，在点(x_0,y_0)的某邻域内可以用 h,k 的一个一次多项式来近似表示 $f(x_0+h,y_0+k)$，即

$$f(x_0+h,y_0+k)\approx f(x_0,y_0)+f_x(x_0,y_0)h+f_y(x_0,y_0)k.$$

当上式的近似程度达不到要求时，自然会考虑用 h,k 的高次多项式来近似代替 h,k 的函数 $f(x_0+h,y_0+k)$，并且要求能具体估计出误差的大小，为了解决这一问题，下面把一元函数的泰勒中值定理推广到多元函数.

定理　设二元函数 $z=f(x,y)$在点(x_0,y_0)的某邻域内具有直至 $n+1$ 阶连续偏导数，(x_0+h,y_0+k)为该邻域内任一点，则有

$$\begin{aligned}f(x_0+h,y_0+k)=&f(x_0,y_0)+\left(h\frac{\partial}{\partial x}+k\frac{\partial}{\partial y}\right)f(x_0,y_0)+\\&\frac{1}{2!}\left(h\frac{\partial}{\partial x}+k\frac{\partial}{\partial y}\right)^2f(x_0,y_0)+\cdots+\\&\frac{1}{n!}\left(h\frac{\partial}{\partial x}+k\frac{\partial}{\partial y}\right)^nf(x_0,y_0)+R_n,\end{aligned}\tag{1}$$

其中，

$$R_n=\frac{1}{(n+1)!}\left(h\frac{\partial}{\partial x}+k\frac{\partial}{\partial y}\right)^{n+1}f(x_0+\theta h,y_0+\theta k)\ (0<\theta<1). \tag{2}$$

式(1)的记号

$\left(h\frac{\partial}{\partial x}+k\frac{\partial}{\partial y}\right)f(x_0,y_0)$表示 $hf_x(x_0,y_0)+kf_y(x_0,y_0)$；

$\left(h\frac{\partial}{\partial x}+k\frac{\partial}{\partial y}\right)^2 f(x_0,y_0)$表示 $h^2 f_{xx}(x_0,y_0)+2hkf_{xy}(x_0,y_0)+k^2 f_{yy}(x_0,y_0)$；

一般地，记号

$\left(h\frac{\partial}{\partial x}+k\frac{\partial}{\partial y}\right)^m f(x_0,y_0)$表示 $\sum\limits_{r=0}^{m}\mathrm{C}_m^r h^r k^{m-r}\frac{\partial^m f(x,y)}{\partial x^r\partial y^{m-r}}\Big|_{(x_0,y_0)}$，

其中，$\mathrm{C}_m^r=\frac{m!}{r!(m-r)!}$.

证　为了利用一元函数的泰勒中值定理来证明本定理，下面考虑一元函数

$$F(t)=f(x_0+th,y_0+tk)\ (0\leqslant t\leqslant 1).$$

显然有

$$F(0)=f(x_0,y_0),\ F(1)=f(x_0+h,y_0+k).$$

由定理所设可知函数 $F(t)$在区间$[0,1]$上具有直至 $n+1$ 阶连续导数，利用多元复合函数微分法，并令 $x=x_0+th,y=y_0+tk$，得

$$F'(t)=h\frac{\partial f}{\partial x}+k\frac{\partial f}{\partial y}=\left(h\frac{\partial}{\partial x}+k\frac{\partial}{\partial y}\right)f(x_0+th,y_0+tk),$$

$$F''(t)=h^2\frac{\partial^2 f}{\partial x^2}+2hk\frac{\partial^2 f}{\partial x\partial y}+k^2\frac{\partial^2 f}{\partial y^2}=\left(h\frac{\partial}{\partial x}+k\frac{\partial}{\partial y}\right)^2 f(x_0+th,y_0+tk),$$

…………

$$F^{(m)}(t)=\left(h\frac{\partial}{\partial x}+k\frac{\partial}{\partial y}\right)^m f(x_0+th,y_0+tk)$$

$$=\sum_{r=0}^{m}\mathrm{C}_m^r h^r k^{m-r}\frac{\partial^m}{\partial x^r\partial y^{m-r}}f(x_0+th,y_0+tk).$$

从而有

$$F'(0)=\left(h\frac{\partial}{\partial x}+k\frac{\partial}{\partial y}\right)f(x_0,y_0),$$

$$F''(0)=\left(h\frac{\partial}{\partial x}+k\frac{\partial}{\partial y}\right)^2 f(x_0,y_0),$$

…………

$$F^{(n)}(0)=\left(h\frac{\partial}{\partial x}+k\frac{\partial}{\partial y}\right)^n f(x_0,y_0),$$

$$F^{(n+1)}(\theta)=\left(h\frac{\partial}{\partial x}+k\frac{\partial}{\partial y}\right)^{n+1}f(x_0+\theta h,y_0+\theta k).$$

利用一元函数的麦克劳林公式得

$$F(t)=F(0)+F'(0)t+\frac{F''(0)}{2!}t^2+\cdots+\frac{F^{(n)}(0)}{n!}t^n+R_n,$$

其中，
$$R_n=\frac{1}{(n+1)!}F^{(n+1)}(\theta t)\ (0<\theta<1).$$

令 $t=1$，得

$$F(1)=F(0)+F'(0)+\frac{F''(0)}{2!}+\cdots+\frac{F^{(n)}(0)}{n!}+R_n,$$

其中，$R_n=\dfrac{1}{(n+1)!}F^{(n+1)}(\theta)\ (0<\theta<1)$.

于是得到

$$\begin{aligned}f(x_0+h,y_0+k)=&f(x_0,y_0)+\left(h\frac{\partial}{\partial x}+k\frac{\partial}{\partial y}\right)f(x_0,y_0)+\\&\frac{1}{2!}\left(h\frac{\partial}{\partial x}+k\frac{\partial}{\partial y}\right)^2f(x_0,y_0)+\cdots+\\&\frac{1}{n!}\left(h\frac{\partial}{\partial x}+k\frac{\partial}{\partial y}\right)^nf(x_0,y_0)+R_n.\end{aligned}$$

其中，$R_n=\dfrac{1}{(n+1)!}\left(h\dfrac{\partial}{\partial x}+k\dfrac{\partial}{\partial y}\right)^{n+1}f(x_0+\theta h,y_0+\theta k)\ (0<\theta<1)$.

证毕.

公式(1)称为函数 $f(x,y)$ 在点 (x_0,y_0) 的 n 阶泰勒公式，而公式(2)中的 R_n 称为拉格朗日型余项.

若记点 $M_0(x_0,y_0)$ 与 $M(x_0+h,y_0+k)$ 的距离为 $\rho=\sqrt{h^2+k^2}$，由定理假设函数 $f(x,y)$ 在点 (x_0,y_0) 的某邻域内具有直至 $n+1$ 阶的连续偏导数，故它们的绝对值在点 (x_0,y_0) 的某邻域内都不超过某一正数 K，则

$$\begin{aligned}|R_n|&=\frac{1}{(n+1)!}\left|\left(h\frac{\partial}{\partial x}+k\frac{\partial}{\partial y}\right)^{n+1}f(x_0+\theta h,y_0+\theta k)\right|\\&=\frac{1}{(n+1)!}\rho^{n+1}\left|\left(\frac{h}{\rho}\frac{\partial}{\partial x}+\frac{k}{\rho}\frac{\partial}{\partial y}\right)^{n+1}f(x_0+\theta h,y_0+\theta k)\right|\\&\leqslant\frac{K}{(n+1)!}\rho^{n+1}\left(\frac{|h|}{\rho}+\frac{|k|}{\rho}\right)^{n+1}.\end{aligned}\tag{3}$$

由于 $\dfrac{|h|}{\rho}\leqslant1$，$\dfrac{|k|}{\rho}\leqslant1$，那么 $\left(\dfrac{|h|}{\rho}+\dfrac{|k|}{\rho}\right)\leqslant2$，则

$$|R_n|\leqslant\frac{2^{n+1}K}{(n+1)!}\rho^{n+1},$$

故知当 $\rho\to0$ 时，$|R_n|$ 是比 ρ^n 高阶的无穷小.

在泰勒公式(1)中,如果取 $x_0=0,y_0=0$,则 $h=x,k=y,f(x,y)$ 的 n 阶泰勒公式为

$$f(x,y)=f(0,0)+\left(x\frac{\partial}{\partial x}+y\frac{\partial}{\partial y}\right)f(0,0)+\frac{1}{2!}\left(x\frac{\partial}{\partial x}+y\frac{\partial}{\partial y}\right)^2 f(0,0)+\cdots+$$

$$\frac{1}{n!}\left(x\frac{\partial}{\partial x}+y\frac{\partial}{\partial y}\right)^n f(0,0)+\frac{1}{(n+1)!}\left(x\frac{\partial}{\partial x}+y\frac{\partial}{\partial y}\right)^{n+1} f(\theta x,\theta y)$$

$$(0<\theta<1).\quad(3)$$

公式(3)称为函数 $f(x,y)$ 的 n 阶麦克劳林公式.

例 1 求函数 $f(x,y)=\ln(1+x+y)$ 的三阶麦克劳林公式.

解 函数 $f(x,y)=\ln(1+x+y)$ 在点(0,0)的某邻域内有直至四阶的连续偏导数:

$$f_x(x,y)=f_y(x,y)=\frac{1}{1+x+y},$$

$$f_{xx}(x,y)=f_{xy}(x,y)=f_{yy}(x,y)=-\frac{1}{(1+x+y)^2},$$

$$\frac{\partial^3 f}{\partial x^r\partial y^{3-r}}=\frac{2!}{(1+x+y)^3}\ (r=0,1,2,3),$$

$$\frac{\partial^4 f}{\partial x^r\partial y^{4-r}}=-\frac{3!}{(1+x+y)^4}\ (r=0,1,2,3,4).$$

那么 $$\left(x\frac{\partial}{\partial x}+y\frac{\partial}{\partial y}\right)f(0,0)=xf_x(0,0)+yf_y(0,0)=x+y,$$

$$\left(x\frac{\partial}{\partial x}+y\frac{\partial}{\partial y}\right)^2 f(0,0)=x^2 f_{xx}(0,0)+2xyf_{xy}(0,0)+y^2 f_{yy}(0,0)$$
$$=-(x+y)^2,$$

$$\left(x\frac{\partial}{\partial x}+y\frac{\partial}{\partial y}\right)^3 f(0,0)=x^3 f_{xxx}(0,0)+3x^2yf_{xxy}(0,0)+$$
$$3xy^2f_{xyy}(0,0)+y^3f_{yyy}(0,0)$$
$$=2(x+y)^3.$$

又 $f(0,0)=0$,所以

$$\ln(1+x+y)=x+y-\frac{1}{2}(x+y)^2+\frac{1}{3}(x+y)^3+R_3,$$

其中,

$$R_3=\frac{1}{4!}\left(x\frac{\partial}{\partial x}+y\frac{\partial}{\partial y}\right)^4 f(\theta x,\theta y)=-\frac{1}{4}\cdot\frac{(x+y)^4}{(1+\theta x+\theta y)^4}\ (0<\theta<1).$$

11.6.2 二元函数极值存在的充分条件的证明

作为二元函数泰勒公式的应用,下面证明 **11.5.1** 定理 2 二元函数极值存在的充分条件.

设函数 $z=f(x,y)$ 在点 $M_0(x_0,y_0)$ 的某邻域 $U_1(M_0)$ 内连续，且具有一阶及二阶连续偏导数，又 $f_x(x_0,y_0)=0, f_y(x_0,y_0)=0$.

按照二元函数 $f(x,y)$ 在点 $M_0(x_0,y_0)$ 的泰勒公式，对于任一 $(x_0+h,y_0+k)\in U_1(M_0)$ 有

$$\begin{aligned}&f(x_0+h,y_0+k)-f(x_0,y_0)\\&=f_x(x_0,y_0)h+f_y(x_0,y_0)k+\frac{1}{2!}[f_{xx}(x_0+\theta h,y_0+\theta k)h^2+\\&\quad 2f_{xy}(x_0+\theta h,y_0+\theta k)hk+f_{yy}(x_0+\theta h,y_0+\theta k)k^2]\\&=\frac{1}{2}[h^2f_{xx}(x_0+\theta h,y_0+\theta k)+2hkf_{xy}(x_0+\theta h,y_0+\theta k)+\\&\quad k^2f_{yy}(x_0+\theta h,y_0+\theta k)]\ (0<\theta<1).\end{aligned}\tag{4}$$

(1) 设 $AC-B^2>0$，即

$$f_{xx}(x_0,y_0)f_{yy}(x_0,y_0)-[f_{xy}(x_0,y_0)]^2>0.\tag{5}$$

因 $f(x,y)$ 的二阶偏导数在 $U_1(M_0)$ 内连续，由不等式(5)可知，存在点 M_0 的邻域 $U_2(M_0)\subset U_1(M_0)$，使得对任一 $(x_0+h,y_0+k)\in U_2(M_0)$，有

$$f_{xx}(x_0+\theta h,y_0+\theta k)f_{yy}(x_0+\theta h,y_0+\theta k)-[f_{xy}(x_0+\theta h,y_0+\theta k)]^2>0.\tag{6}$$

为书写简便，把 $f_{xx}(x,y), f_{xy}(x,y), f_{yy}(x,y)$ 在点 $(x_0+\theta h,y_0+\theta k)$ 处的值依次记为 f_{xx}, f_{xy}, f_{yy}. 由式(6)可知，当 $(x_0+h,y_0+k)\in U_2(M_0)$ 时，f_{xx} 及 f_{yy} 都不等于零且两者同号，于是式(4)可写成

$$\Delta f=\frac{1}{2f_{xx}}[(hf_{xx}+kf_{xy})^2+k^2(f_{xx}f_{yy}-f_{xy})^2].$$

当 h,k 不同时为零且 $(x_0+h,y_0+k)\in U_2(M_0)$ 时，上式右端方括号内的值为正，所以 Δf 异于零且与 f_{xx} 同号. 又由 $f(x,y)$ 的二阶偏导数的连续性知 f_{xx} 与 A 同号，因此 Δf 与 A 同号. 当 $A>0$ 时 $f(x_0,y_0)$ 为极小值，当 $A<0$ 时 $f(x_0,y_0)$ 为极大值.

(2) 设 $AC-B^2<0$，即

$$f_{xx}(x_0,y_0)f_{yy}(x_0,y_0)-[f_{xy}(x_0,y_0)]^2<0.\tag{7}$$

先假定 $f_{xx}(x_0,y_0)=f_{yy}(x_0,y_0)=0$，于是由式(7)可知这时 $f_{xy}(x_0,y_0)\neq 0$. 现在分别令 $k=h$ 及 $k=-h$，则由式(4)分别得

$$\Delta f=\frac{h^2}{2}[f_{xx}(x_0+\theta_1h,y_0+\theta_1h)+2f_{xy}(x_0+\theta_1h,y_0+\theta_1h)+f_{yy}(x_0+\theta_1h,y_0+\theta_1h)],$$

$$\Delta f=\frac{h^2}{2}[f_{xx}(x_0+\theta_2h,y_0-\theta_2h)-2f_{xy}(x_0+\theta_2h,y_0-\theta_2h)+f_{yy}(x_0+\theta_2h,y_0-\theta_2h)],$$

其中，$0<\theta_1,\theta_2<1$. 当 $h\to 0$ 时，以上两式中方括号内的式子分别趋于极限 $2f_{xy}(x_0,y_0)$ 及 $-2f_{xy}(x_0,y_0)$.

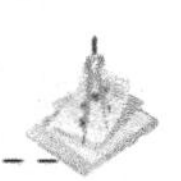

当 h 充分接近零时，两式中方括号内的值有相反的符号，即 Δf 可取不同符号的值，所以 $f(x_0,y_0)$ 不是极值.

再证 $f_{xx}(x_0,y_0)$ 和 $f_{yy}(x_0,y_0)$ 不同时为零的情形. 不妨假定 $f_{yy}(x_0,y_0)\neq 0$，先取 $k=0$，于是由式(4)得

$$\Delta f=\frac{1}{2}h^2 f_{xx}(x_0+\theta h,y_0).$$

由此看出，当 h 充分接近零时，Δf 与 $f_{xx}(x_0,y_0)$ 同号.

但如果取

$$h=-f_{xy}(x_0,y_0)s,\ k=f_{xx}(x_0,y_0)s,\tag{8}$$

其中，s 是异于零但充分接近零的数，则可发现当 $|s|$ 充分小时，Δf 与 $f_{xx}(x_0,y_0)$ 异号. 事实上，在式(4)中将 h 及 k 用式(8)给定的值代入，得

$$\Delta f=\frac{1}{2}s^2\{[f_{xy}(x_0,y_0)]^2 f_{xx}-2f_{xy}(x_0,y_0)f_{xx}(x_0,y_0)f_{xy}+[f_{xx}(x_0,y_0)]^2 f_{yy}\}.\tag{9}$$

上式右端大括号内的式子当 $s\to 0$ 时趋于极限

$$f_{xx}(x_0,y_0)\{f_{xx}(x_0,y_0)f_{yy}(x_0,y_0)-[f_{xy}(x_0,y_0)]^2\}.$$

由不等式(7)，上式大括号内的值为负，因此当 s 充分接近零时，式(9)右端与 $f_{xx}(x_0,y_0)$ 异号.

这样，证明了在点 (x_0,y_0) 的任意邻近，Δf 可取不同符号的值，因此 $f(x_0,y_0)$ 不是极值.

(3) 设 $AC-B^2=0$，对于 $f(x_0+h,y_0+k)-f(x_0,y_0)$ 的值的符号尚需讨论，例如下面两个函数

$$f(x,y)=x^3y^3,\ g(x,y)=x^2+y^4.$$

显然 $O(0,0)$ 都是它们的驻点，而且容易验算它们都满足 $AC-B^2=0$，但 $f(x,y)$ 在 $O(0,0)$ 处无极值，而 $g(x,y)$ 在 $O(0,0)$ 处有极值.

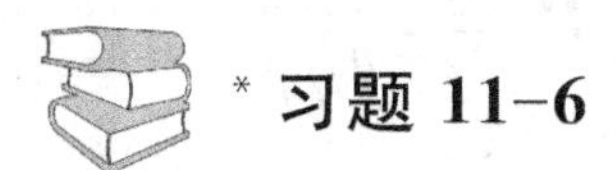

*习题 11-6

1. 求函数 $f(x,y)=2x^2-xy-y^2-6x-3y+5$ 在点 $(1,-2)$ 处的泰勒公式.
2. 求函数 $f(x,y)=e^x\ln(1+y)$ 的三阶麦克劳林公式.
3. 求函数 $f(x,y)=e^{x+y}$ 的 n 阶麦克劳林公式.

本章小结

多元函数微分学是一元函数微分学的推广与发展. 学习这部分内容时，要善于对二者加以比较，既要注意一元函数与多元函数在基本概念、理论和方法上的共同点，更要注意它们之间的区别.

1. 基本内容

（1）多元函数、极限与连续.

（2）偏导数与全微分.

① 二元函数 $z=f(x,y)$关于 x 及 y 的偏导数为

$$f_x(x,y)=\lim_{\Delta x\to 0}\frac{f(x+\Delta x,y)-f(x,y)}{\Delta x},$$

$$f_y(x,y)=\lim_{\Delta y\to 0}\frac{f(x,y+\Delta y)-f(x,y)}{\Delta y}.$$

② 高阶偏导数：设二元函数 $z=f(x,y)$的偏导数$\frac{\partial z}{\partial x}=f_x(x,y)$，$\frac{\partial z}{\partial y}=f_y(x,y)$也存在偏导数，则称它们为 $z=f(x,y)$的二阶偏导数，记作

$$\frac{\partial}{\partial x}\left(\frac{\partial z}{\partial x}\right)=\frac{\partial^2 z}{\partial x^2}=f_{xx}(x,y),\ \frac{\partial}{\partial y}\left(\frac{\partial z}{\partial x}\right)=\frac{\partial^2 z}{\partial x\partial y}=f_{xy}(x,y),$$

$$\frac{\partial}{\partial x}\left(\frac{\partial z}{\partial y}\right)=\frac{\partial^2 z}{\partial y\partial x}=f_{yx}(x,y),\ \frac{\partial}{\partial y}\left(\frac{\partial z}{\partial y}\right)=\frac{\partial^2 z}{\partial y^2}=f_{yy}(x,y).$$

③ 全微分：设函数 $z=f(x,y)$在点 $P(x,y)$的全增量 $\Delta z=f(x+\Delta x,y+\Delta y)-f(x,y)$可以表示为 $\Delta z=A\Delta x+B\Delta y+o(\rho)$，其中 A,B 不依赖于 $\Delta x,\Delta y$ 而仅与 x,y 有关，$\rho=\sqrt{(\Delta x)^2+(\Delta y)^2}$，则称函数 $z=f(x,y)$在点 $P(x,y)$处可微，而 $A\Delta x+B\Delta y$ 称为函数 $z=f(x,y)$在点 $P(x,y)$处的全微分，记为 $\mathrm{d}z$ 或 $\mathrm{d}f(x,y)$，即 $\mathrm{d}z=A\Delta x+B\Delta y$.

（3）多元复合函数的求导法则.

设函数 $u=\varphi(x,y)$，$v=\psi(x,y)$在点(x,y)处存在偏导数，而函数 $z=f(u,v)$在对应点(u,v)处可微，则复合函数 $z=f[\varphi(x,y),\psi(x,y)]$在点$(x,y)$处的两个偏导数公式为

$$\frac{\partial z}{\partial x}=\frac{\partial z}{\partial u}\frac{\partial u}{\partial x}+\frac{\partial z}{\partial v}\frac{\partial v}{\partial x},$$

$$\frac{\partial z}{\partial y}=\frac{\partial z}{\partial u}\frac{\partial u}{\partial y}+\frac{\partial z}{\partial v}\frac{\partial v}{\partial y}.$$

对于中间变量和自变量不只是两个的情形，上述公式可以推广. 例如，若 $z=f(u,x,y)$具有连续偏导数，$u=\varphi(x,y)$具有偏导数，则复合函数 $z=f[\varphi(x,y),x,y]$的偏导数为

$$\frac{\partial z}{\partial x}=\frac{\partial f}{\partial u}\frac{\partial u}{\partial x}+\frac{\partial f}{\partial x},$$

$$\frac{\partial z}{\partial y}=\frac{\partial f}{\partial u}\frac{\partial u}{\partial y}+\frac{\partial f}{\partial y}.$$

(4) 隐函数的求导公式.

设 $y=f(x)$ 是由方程 $F(x,y)=0$ 所确定的隐函数,则 $\frac{\mathrm{d}y}{\mathrm{d}x}=-\frac{F_x(x,y)}{F_y(x,y)}$.

设 $z=f(x,y)$ 是由方程 $F(x,y,z)=0$ 所确定的隐函数,则

$$\frac{\partial z}{\partial x}=-\frac{F_x(x,y,z)}{F_z(x,y,z)},\ \frac{\partial z}{\partial y}=-\frac{F_y(x,y,z)}{F_z(x,y,z)}.$$

(5) 微分法在几何上的应用.

① 空间曲线的切线与法平面:

设空间曲线 Γ 的参数方程为 $\begin{cases}x=x(t),\\ y=y(t),\\ z=z(t)\end{cases}$ (t 为参数),$M_0(x_0,y_0,z_0)$ 是曲线 Γ 上一点,其相应的参数为 t_0,则曲线 Γ 在点 M_0 处的切线方程为

$$\frac{x-x_0}{x'(t_0)}=\frac{y-y_0}{y'(t_0)}=\frac{z-z_0}{z'(t_0)},$$

其中,$x'(t_0)$,$y'(t_0)$,$z'(t_0)$ 不全为零.

曲线 Γ 在点 M_0 处的法平面方程为

$$x'(t_0)(x-x_0)+y'(t_0)(y-y_0)+z'(t_0)(z-z_0)=0.$$

② 曲面的切平面及法线:

设曲面方程为 $F(x,y,z)=0$ 形式,$M_0(x_0,y_0,z_0)$ 为曲面上一点,设函数 $F(x,y,z)$ 的偏导数在 M_0 点处连续且不同时为零,则曲面在点 M_0 处的切平面的方程为

$$F_x(x_0,y_0,z_0)(x-x_0)+F_y(x_0,y_0,z_0)(y-y_0)+F_z(x_0,y_0,z_0)(z-z_0)=0.$$

曲面在点 M_0 处的法线方程为

$$\frac{x-x_0}{F_x(x_0,y_0,z_0)}=\frac{y-y_0}{F_y(x_0,y_0,z_0)}=\frac{z-z_0}{F_z(x_0,y_0,z_0)}.$$

若曲面方程为 $z=f(x,y)$,$M_0(x_0,y_0,z_0)$ 为曲面上一点,函数 $z=f(x,y)$ 的偏导数 $f_x(x,y)$,$f_y(x,y)$ 在点 (x_0,y_0) 处连续,则曲面在点 M_0 处的切平面方程为

$$f_x(x_0,y_0)(x-x_0)+f_y(x_0,y_0)(y-y_0)-(z-z_0)=0.$$

曲面在点 M_0 处的法线方程为

$$\frac{x-x_0}{f_x(x_0,y_0)}=\frac{y-y_0}{f_y(x_0,y_0)}=\frac{z-z_0}{-1}.$$

(6) 方向导数与梯度.

① 方向导数:若二元函数 $z=f(x,y)$ 在点 (x,y) 处可微,则

$$\frac{\partial f}{\partial l}=\frac{\partial f}{\partial x}\cos\alpha+\frac{\partial f}{\partial y}\cos\beta,$$

其中,$\cos\alpha$,$\cos\beta$ 为方向 l 的方向余弦.

若三元函数 $u=f(x,y,z)$ 在点 (x,y,z) 处可微，则

$$\frac{\partial f}{\partial l}=\frac{\partial f}{\partial x}\cos\alpha+\frac{\partial f}{\partial y}\cos\beta+\frac{\partial f}{\partial z}\cos\gamma,$$

其中，$\cos\alpha,\cos\beta,\cos\gamma$ 为方向 l 的方向余弦.

② 梯度：若二元函数 $z=f(x,y)$ 在点 (x,y) 处的偏导数存在，则函数 $z=f(x,y)$ 在点 (x,y) 处的梯度为 $\mathbf{grad}\ f(x,y)=\frac{\partial f}{\partial x}\boldsymbol{i}+\frac{\partial f}{\partial y}\boldsymbol{j}$.

若三元函数 $u=f(x,y,z)$ 在点 (x,y,z) 处的偏导数存在，则函数 $u=f(x,y,z)$ 在点 (x,y,z) 处的梯度为 $\mathbf{grad}\ f(x,y,z)=\frac{\partial f}{\partial x}\boldsymbol{i}+\frac{\partial f}{\partial y}\boldsymbol{j}+\frac{\partial f}{\partial z}\boldsymbol{k}$.

(7) 多元函数的极值及其求法.

① 二元函数极值判定的方法：

设 $z=f(x,y)$ 在 (x_0,y_0) 的某一邻域内有连续的二阶偏导数. 如果 $f_x(x,y)=0$，$f_y(x,y)=0$，那么函数 $f(x,y)$ 在 (x_0,y_0) 取得极值的条件如下表所示：

$\Delta=B^2-AC$	$f(x_0,y_0)$
$\Delta<0$	$A<0$ 时为极大值
	$A>0$ 时为极小值
$\Delta>0$	非极值
$\Delta=0$	不定

其中，$A=f_{xx}(x_0,y_0)$，$B=f_{xy}(x_0,y_0)$，$C=f_{yy}(x_0,y_0)$.

② 条件极值：求函数 $z=f(x,y)$ 在条件 $\varphi(x,y)=0$ 下可能的极值点的方法是构造拉格朗日函数 $L(x,y,\lambda)=f(x,y)+\lambda\varphi(x,y)$，解方程组

$$\begin{cases}f_x(x,y)+\lambda\varphi_x(x,y)=0,\\ f_y(x,y)+\lambda\varphi_y(x,y)=0,\\ \varphi(x,y)=0\end{cases}$$

得 x,y，则 x,y 就是可能的极值点.

2. 基本要求

(1) 理解多元函数的概念.

(2) 了解二元函数的极限与连续性的概念以及有界闭区域上连续函数的性质.

(3) 理解偏导数和全微分的概念，了解全微分存在的必要条件和充分条件.

(4) 了解方向导数与梯度的概念及其计算方法.

(5) 掌握复合函数一阶偏导数的求法，会求复合函数的二阶偏导数.

(6) 会求隐函数（包括由两个方程组成的方程组确定的隐函数）的偏导数.

(7) 了解曲线的切线与法平面及曲面的切平面与法线，并会求它们的方程.

(8) 理解多元函数极值和条件极值的概念，会求二元函数的极值. 了解求条件极值的拉格朗日乘数法，会求解一些较简单的最大值和最小值的应用问题.

本章重要概念英文词汇

(1) 多变量(多元)	multivariate
(2) 多元微积分	multivariable calculus
(3) 定义域	domain of definition
(4) 偏增量	partial incremental
(5) 全微分	perfect differential
(6) 偏导数	partial derivative
(7) 偏微分	partial differential

自我检测题 11

1. 选择题.

(1) 二元函数 $f(x,y)=\begin{cases}\dfrac{xy}{x^2+y^2}, & (x,y)\neq(0,0),\\ 0, & (x,y)=(0,0)\end{cases}$ 在点(0,0)处(　　).

(A) 连续，偏导数存在；　　(B) 连续但偏导数不存在；

(C) 不连续，偏导数存在；　　(D) 不连续，偏导数不存在.

(2) 函数 $f(x,y)$ 的偏导数 $f_x(x,y)$，$f_y(x,y)$ 在点 (x_0,y_0) 处连续是 $f(x,y)$ 在该点可微分的(　　).

(A) 必要条件；　　(B) 充分条件；

(C) 充要条件；　　(D) 既非必要也非充分条件.

(3) 设 $f(x,y)=\begin{cases}\dfrac{1}{xy}\sin x^2y, & xy\neq 0,\\ 0, & xy=0,\end{cases}$ 则 $f_x(0,1)=$(　　).

(A) 0；　　(B) 1；　　(C) 2；　　(D) 不存在.

2. 填空题.

(1) 函数 $z=\ln(x\ln y)$ 的定义域为________.

(2) 二元函数 $z=x^3-y^3-3x^2+3y-9x$ 的极值点为________.

(3) 曲线 $\begin{cases}x-y-z=0,\\ 2x+y+z=-2\end{cases}$ 在点(0,1,−1)处的法平面方程为________.

(4) 设函数 $z=z(x,y)$ 由方程 $\sin x+2y-z=e^z$ 所确定，则 $\dfrac{\partial z}{\partial x}=$________.

3. 计算下列各题：

(1) 设 $z=ue^v\sin u$，而 $u=xy, v=x+y$，求 $\frac{\partial z}{\partial x}, \frac{\partial z}{\partial y}$.

(2) 求极限 $\lim\limits_{(x,y)\to(0,0)} \frac{1-\sqrt{x^2y+1}}{x^3y^2}\sin(xy)$.

(3) 求在曲线 $\begin{cases} x=t, \\ y=-t^2, \\ z=t^3 \end{cases}$ 上与平面 $x+2y+z=4$ 平行的切线方程.

4. 设 $z=\sqrt{y}+f(\sqrt{x}-1)$，其中 $x\geqslant 0, y\geqslant 0$，如果 $y=1$ 时 $z=x$，试确定函数 $f(x)$ 和 z.

5. 求函数 $z=x^2+y^2$ 在条件 $\frac{x}{a}+\frac{y}{b}=1$ 下的极值.

6. 求函数 $u=e^z-x+xy$ 在点 $(2,1,0)$ 处沿曲面 $e^z-z+xy=3$ 法线方向的方向导数.

7. 设 $f(x,y)=x^2+(x+3)y+ay^2+y^3$，已知两曲线 $\frac{\partial f}{\partial x}=0$ 和 $\frac{\partial f}{\partial y}=0$ 相切，求 a.

8. 设 $f(u)$ 具有二阶连续导数，而 $z=f(e^x\sin y)$ 满足方程 $\frac{\partial^2 z}{\partial x^2}+\frac{\partial^2 z}{\partial y^2}=e^{2x}z$，求 $f(u)$.

9. 设 $u=\sqrt{x^2+y^2+z^2}$，证明：$\frac{\partial^2 u}{\partial x^2}+\frac{\partial^2 u}{\partial y^2}+\frac{\partial^2 u}{\partial z^2}=\frac{2}{u}$.

复习题 11

1. 填空题.

(1) 函数 $z=\ln(x^2+y^2-1)$ 的连续区域是________________.

(2) 函数 $f(x,y)$ 在点 (x,y) 可微分是 $f(x,y)$ 在该点连续的________条件，$f(x,y)$ 在点 (x,y) 连续是 $f(x,y)$ 在该点可微分的________条件.

2. 选择题.

(1) 设函数 $z=1-\sqrt{x^2+y^2}$，则点 $(0,0)$ 是函数 z 的(　　).

(A) 极小值点且是最小值点；　　(B) 极大值点且是最大值点；

(C) 极小值点但非最小值点；　　(D) 极大值点但非最大值点.

(2) $z_x(x_0,y_0)=0$ 和 $z_y(x_0,y_0)=0$ 是函数 $z=z(x,y)$ 在点 (x_0,y_0) 处取得极值的(　　).

(A) 必要条件但非充分条件；　　(B) 充分条件但非必要条件；

(C) 充要条件；　　(D) 既非必要也非充分条件.

3. 求极限 $\lim\limits_{\substack{x\to 0\\ y\to 0}} \frac{3y^3+2yx^2}{x^2-xy+y^2}$.

4. 证明：$\lim\limits_{\substack{x\to 0\\ y\to 0}} \frac{2x-y}{x+y}$ 不存在.

5. 设 $f(x,y)=\begin{cases} xy-\frac{x^3+y^3}{x^2+y^2}, & (x,y)\neq(0,0), \\ 0, & (x,y)=(0,0), \end{cases}$ 求 $f_x(0,0), f_y(0,0)$.

6. 求下列函数的一阶和二阶偏导数：

(1) $z=xy+\ln\sqrt{x^2+y^2}$；　　　　(2) $u=x^y$.

7. 求下列函数的全微分：

(1) $z=\dfrac{xy}{x^2-y^2}$；　　　　(2) $u=\ln(x^x y^y z^z)$.

8. 设 $z=F(u,v,x)$，$u=\varphi(x)$，$v=\psi(x)$，求$\dfrac{\mathrm{d}z}{\mathrm{d}x}$.

9. 若 $z=\sin y+f(\sin x+\sin y)$，其中 f 为可微函数，证明：$\sec x\dfrac{\partial z}{\partial x}+\sec y\dfrac{\partial z}{\partial y}=1$.

10. 设 $z=xf\left(\dfrac{y}{x}\right)+2y\varphi\left(\dfrac{x}{y}\right)$，其中 f,φ 均具有连续二阶导数，求$\dfrac{\partial^2 z}{\partial x^2}$，$\dfrac{\partial^2 z}{\partial x\partial y}$.

11. 求函数 $z=x^2+xy+y^2-3ax-3by$ 的极值.

12. 设 $\varphi(u,v)$是可微函数，证明：曲面 $\varphi(x-az,y-bz)=0$ 上任一点处的切平面都与直线$\dfrac{x}{a}=\dfrac{y}{b}=\dfrac{z}{1}$平行.

13. 求曲线 $x=2t^2$，$y=\cos(\pi t)$，$z=2\ln t$ 在对应于点 $t=2$ 处的切线及法平面方程.

14. 求函数 $u=xy^2z^3$ 在点(1,1,1)处方向导数的最大值与最小值.

15. 横截面为长方形的半圆柱形的张口容器，其表面积等于 S，当容器的长度与断面半径各为多少时，其有最大容积？

16. 销售某产品时，做两种方式的宣传广告，设当宣传费用分别为 x 和 y(单位：千元)时，销售量 S(单位：件)是 x 和 y 的函数，$S=\dfrac{200x}{5+x}+\dfrac{100y}{10+y}$. 若销售产品所得利润是销售量的$\dfrac{1}{5}$减去总的广告费(两种方式广告费计 25 千元)，如何分配两种方式的广告费才能使利润最大？最大利润是多少？

17. 某公司生产一种产品分别投放在两地市场，售价分别为 p_1 和 p_2，销售量分别为 q_1 和 q_2，需求函数分别为 $q_1=48-0.4p_1$，$q_2=20-0.1p_2$，总成本函数为 $C=35+40(q_1+q_2)$. 为了使总利润最大，公司应如何确定两地市场的销售？

数学家简介

拉格朗日

——数学世界里一座高耸的金字塔

拉格朗日(Lagrange,1736—1813)是18世纪伟大的数学家、力学家和天文学家,1736年生于意大利都灵.青年时代,他在数学家雷维里(F. A. Revelli)指导下学习几何学,而后激发了他的数学天才;17岁开始专攻当时迅速发展的数学分析. 19岁时,拉格朗日写出了用纯分析方法求变分极值的论文,对变分法的创立作出了贡献,此成果使他在都灵一举成名.当年,他被聘为都灵皇家炮兵学校教授. 1763年,拉格朗日完成的关于"月球天平动研究"的论文因较好地解释了月球自转和公转的角速度的差异,获得巴黎科学院1764年度奖,此后他还四次获得巴黎科学院征奖课题研究的年度奖. 1766年,在达朗贝尔和欧拉的推荐下,普鲁士国王腓特烈大帝写信给拉格朗日说:欧洲最大之王希望欧洲最大之数学家来他的宫廷工作.拉普朗日接受了邀请,于当年的8月21日离开都灵前往柏林,并担任了柏林科学院数学部主任一职,直到1787年才移居巴黎.

拉格朗日的学术生涯主要在18世纪后半期.当时数学、物理学和天文学是自然科学的主体.数学的主流是由微积分发展起来的数学分析,以欧洲大陆为中心;物理学的主流是力学;天文学的主流是天体力学.数学分析的发展使力学和天体力学得以深化,而力学和天体力学的课题又成为数学分析发展的动力.拉格朗日在数学、力学和天文学三个学科中都有重大的历史性贡献,但他主要是数学家,研究力学和天文学的目的是表明数学分析的威力.他的全部著作、论文、学术报告记录、学术通讯超过500篇.几乎在当时所有的数学领域中,拉格朗日都作出了重要贡献,其中最突出的贡献是在使数学分析的基础脱离几何与力学方面起了决定性的作用.他使得数学的独立性更为清楚,而不仅仅是其他学科的工具.他的工作总结了18世纪的数学成果,同时又开辟了19世纪数学研究的道路.

拉格朗日在使天文学力学化、力学分析化方面也起了决定性作用,推动力学和天文学更深入地发展.他最精心之作当推《天体力学》,其为之倾注了37年的心血,用数学把宇宙描绘成一个优美和谐的力学体系,被哈密顿(Hamilton)誉为"科学诗".

拉格朗日科学的思想方法,也对后人产生了深远的影响.拉格朗日常数变易法的实质就是矛盾转化法.他在探索微分方程求解的过程中,巧妙地运用了

高阶与低阶、常量与变量、线性与非线性、齐次与非齐次等各种转化.拉格朗日解决数学问题的精妙之处,就在于他能洞察到数学对象之间的深层次联系,从而创造有利条件,使问题迎刃而解.

拉格朗日是欧洲最伟大的数学家之一,拿破仑曾称赞他是“一座高耸在数学世界的金字塔”.

12 重积分

重积分是定积分概念的推广，其积分的范围是平面或空间的一个有界区域．重积分与定积分虽然形式不同，但是本质却是一致的，都是一种和式的极限．本章将介绍重积分（包括二重积分和三重积分）的概念、计算方法以及它们的一些应用．

12.1 二重积分的概念及性质

本节将从实例出发，引入二重积分的概念．作为二重积分的推广，对三重积分的概念只作简要叙述．

12.1.1 引 例

1）曲顶柱体的体积

所谓曲顶柱体是指这样的一种立体，它的底是 xOy 面上的有界闭区域 D，侧面是以 D 的边界曲线为准线，母线平行于 z 轴的柱面，顶部则是曲面 $z=f(x,y)$，$(x,y)\in D$（其中 $f(x,y)\geqslant 0$ 且在 D 上连续）（见图 12-1）．现讨论如何计算上述曲顶柱体的体积 V．

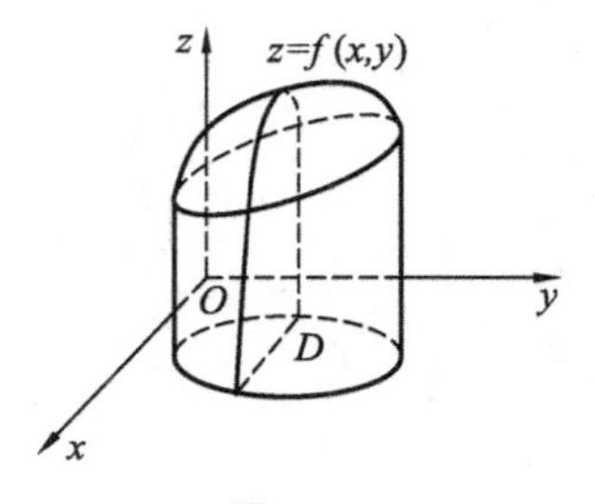

图 12-1

平顶柱体的体积可以用公式

体积＝高×底面积

来计算．对于曲顶柱体，当点 (x,y) 在区域 D 上变动时，柱体的高度 $f(x,y)$ 是个变化的量，因此它的体积如果仍用上述公式来计算，则高的变化会使求出的曲顶柱体的体积和真值之间产生很大的误差．如何解决这个问题呢？回顾第 6 章中求曲边梯形面积的问题，且注意到体积具有可加性，即可以分割为小体积的和，就不难想到解决目前问题的方法．

首先，将 D 任意分割成 n 个小闭区域 ΔD_i，并用 $\Delta\sigma_i$ 代表该小区域的面积，且分别以这些小闭区域的边界曲线为准线，作母线平行于 z 轴的柱面．这些柱面把原来的曲顶柱体分为 n 个细曲顶柱体（见图 12-2）．设这些细曲顶柱体的体积为

$\Delta V_i(i=1,2,\cdots,n)$，则

$$V=\sum_{i=1}^{n}\Delta V_i.$$

当小区域 $\Delta D_i(i=1,2,\cdots,n)$ 的直径（即区域上任意两点间距离的最大值）很小时，由于 $f(x,y)$ 的连续性，在同一个小闭区域上，$f(x,y)$ 变化很小，这时细曲顶柱体就可近似看作平顶柱体. 在 ΔD_i 中任取一点 (ξ_i,η_i)，以 $f(\xi_i,\eta_i)$ 为高，ΔD_i 为底的平顶柱体的体积为 $f(\xi_i,\eta_i)\Delta\sigma_i$. 于是

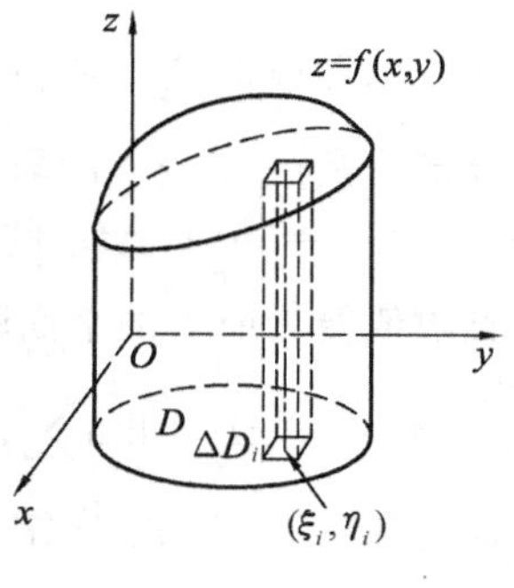

图 12-2

$$\Delta V_i\approx f(\xi_i,\eta_i)\Delta\sigma_i\quad(i=1,2,\cdots,n).$$

将这 n 个细平顶柱体体积相加，即得曲顶柱体体积的较精确的近似值

$$V=\sum_{i=1}^{n}\Delta V_i\approx\sum_{i=1}^{n}f(\xi_i,\eta_i)\Delta\sigma_i\ .$$

这个近似值 $\sum\limits_{i=1}^{n}f(\xi_i,\eta_i)\Delta\sigma_i$ 显然和区域 D 的分割法及点 (ξ_i,η_i) 的取法有关. 但当 n 个小闭区域 ΔD_i 的直径中的最大值（记作 λ）趋于零，则上述和式的极限值便为所求的曲顶柱体的体积 V，即

$$V=\lim_{\lambda\to0}\sum_{i=1}^{n}f(\xi_i,\eta_i)\Delta\sigma_i.$$

它和区域 D 的分割法及点 (ξ_i,η_i) 的取法无关.

2）平面薄片的质量

设有一平面薄片在 xOy 面上由闭区域 D 围成，它的面密度 $\rho(x,y)$ 是 D 上的连续函数，且 $\rho(x,y)>0$，现在要计算该薄片的质量 M.

如果薄片是均匀的，即面密度是常数，那么薄片的质量可以用公式

$$质量=面密度\times面积$$

来计算. 因面密度 $\rho(x,y)$ 是变量，薄片的质量就不能直接用上述公式来计算，但是质量也具有可加性的特征，所以处理曲顶柱体体积问题的方法完全适用于本问题.

把薄片分成 n 小块 ΔD_i 且用 $\Delta\sigma_i$ 代表这个小区域的面积 $(i=1,2,\cdots,n)$. 由于 $\rho(x,y)$ 连续，只要小块所占的闭区域 ΔD_i 的直径很小，这些小块就可以近似地看作均匀薄片. 于是，在 ΔD_i 上任取一点 (ξ_i,η_i)，以 $\rho(\xi_i,\eta_i)$ 作为这一小块的密度，就可得小块的质量 ΔM_i 的近似值 $\rho(\xi_i,\eta_i)\Delta\sigma_i$，即

$$\Delta M_i\approx\rho(\xi_i,\eta_i)\Delta\sigma_i\quad(i=1,2,\cdots,n).$$

通过求和即得平面薄片质量的近似值（见图 12-3）

$$M=\sum_{i=1}^{n}\Delta M_i\approx\sum_{i=1}^{n}\rho(\xi_i,\eta_i)\Delta\sigma_i.$$

该近似值 $\sum_{i=1}^{n}\rho(\xi_i,\eta_i)\Delta\sigma_i$ 显然和区域 D 的分割法及点 (ξ_i,η_i) 的取法有关.

当 $\lambda=\max\limits_{1\leqslant i\leqslant n}\{\Delta D_i$ 的直径$\}\to 0$，上述和式的极限值便为所求的平面薄片的质量，即

$$M=\lim_{\lambda\to 0}\sum_{i=1}^{n}\rho(\xi_i,\eta_i)\Delta\sigma_i,$$

且它和区域 D 的分割法及点 (ξ_i,η_i) 的取法无关.

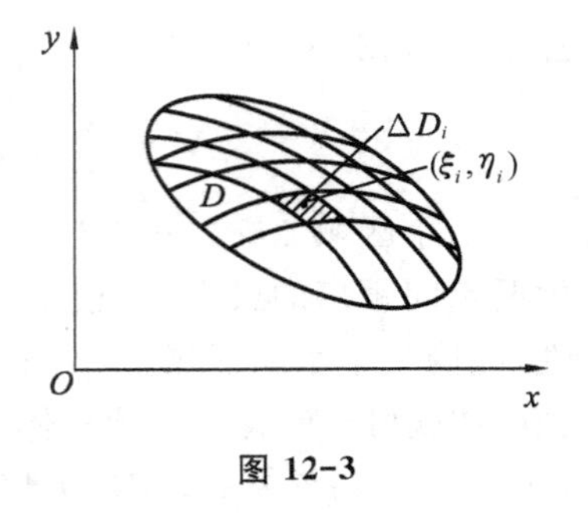

图 12-3

尽管上述问题的实际意义完全不同，但解决它们的数学方法却完全相同，即所求量都归结为同一形式的和式极限. 由此可抽象出下述二重积分的定义.

12.1.2　二重积分的定义

定义　设 $f(x,y)$是有界闭区域 D 上的有界函数，将闭区域 D 任意划分成 n 个小闭区域 ΔD_i，并用 $\Delta\sigma_i$ 表示第 i 个小闭区域 ΔD_i 的面积$(i=1,2,\cdots,n)$，在每个 ΔD_i 上任取一点(ξ_i,η_i)作乘积 $f(\xi_i,\eta_i)\Delta\sigma_i(i=1,2,\cdots,n)$，并作和 $\sum_{i=1}^{n}f(\xi_i,\eta_i)\Delta\sigma_i$. 如果各小闭区域的直径中的最大值 λ 趋于零时，该和式极限存在，且它与区域 D 的分割法及点(ξ_i,η_i)的取法无关，则称此极限为函数 $f(x,y)$在闭区域 D 上的二重积分，记作 $\iint\limits_D f(x,y)\mathrm{d}\sigma$，即

$$\iint\limits_D f(x,y)\mathrm{d}\sigma=\lim_{\lambda\to 0}\sum_{i=1}^{n}f(\xi_i,\eta_i)\Delta\sigma_i, \tag{1}$$

其中，$f(x,y)$称为被积函数，$f(x,y)\mathrm{d}\sigma$ 称为被积表达式，$\mathrm{d}\sigma$ 称为面积元素，x 与 y 称为积分变量，D 称为积分区域，$\sum_{i=1}^{n}f(\xi_i,\eta_i)\Delta\sigma_i$ 称为积分和(黎曼和).

很显然，二重积分是定积分在二元函数情形下的推广.

二重积分记号 $\iint\limits_D f(x,y)\mathrm{d}\sigma$ 中的面积元素 $\mathrm{d}\sigma$ 实际上就是积分和中的 $\Delta\sigma_i$. 由二重积分的定义可知和式极限与 D 的分割法无关，所以在直角坐标系中为了方便，用分别平行于两坐标轴的直线来划分 D，那么除了包含边界点的一些小闭区域外，其余的小闭区域都是矩形闭区域. 设矩形闭区域 ΔD_i 的边长为 Δx_i 和 Δy_i，则 $\Delta\sigma_i=\Delta x_i\Delta y_i$. 因此在直角坐标系中，当 $\lambda\to 0$ 时，所有的 ΔD_i 都可以视为矩形闭区域，所以把面积元素 $\mathrm{d}\sigma$ 记作 $\mathrm{d}x\mathrm{d}y$，而把二重积分记作

$$\iint_D f(x,y)\,dx\,dy,$$

其中，$dxdy$ 称为直角坐标系中的面积元素.

不加证明地指出，当 $f(x,y)$ 在闭区域 D 上连续时，式(1)右端和的极限必定存在. 也就是说，如果函数 $f(x,y)$ 在 D 上连续，那么它在 D 上的二重积分必定存在. 并且可进一步证明，如果用一些分段光滑曲线(光滑曲线是指曲线上每一点处都具有切线，且切线随切点的移动而连续转动的曲线)将 D 分成有限个小区域，而 $f(x,y)$ 在每个小区域内均连续，则 $f(x,y)$ 在 D 上的二重积分也是存在的.

由二重积分的定义可知，曲顶柱体的体积是曲顶柱体的变高 $f(x,y)$ 在底 D 上的二重积分

$$V=\iint_D f(x,y)\,d\sigma;$$

平面薄片的质量是它的面密度 $\rho(x,y)$ 在薄片所占闭区域 D 上的二重积分

$$M=\iint_D \rho(x,y)\,d\sigma.$$

一般地，如果 $f(x,y)\geqslant 0$，被积函数 $f(x,y)$ 可解释为曲顶柱体的顶在点 (x,y) 处的竖坐标，所以二重积分的几何意义就是柱体的体积. 如果 $f(x,y)$ 是负的，柱体就在 xOy 面的下方，二重积分的绝对值仍等于柱体的体积，但二重积分的值是负的. 如果 $f(x,y)$ 在 D 的部分区域上是正的，而在其他的部分区域上是负的，就把在 xOy 面上方的柱体体积取成正，在 xOy 面下方的柱体体积取成负，那么 $f(x,y)$ 在 D 上的二重积分就等于这些部分区域上的柱体体积的代数和.

12.1.3 二重积分的性质

注意到二重积分和定积分一样都是和式极限，所以重积分有着与定积分相类似的性质，现逐一列出而不再给出证明.

性质 1 如果函数 $f(x,y)$，$g(x,y)$ 都在有界闭区域 D 上可积，则对任意的常数 k 和 l，函数 $kf(x,y)+lg(x,y)$ 在 D 上也可积，且

$$\iint_D [kf(x,y)+lg(x,y)]\,dx\,dy=k\iint_D f(x,y)\,dx\,dy+l\iint_D g(x,y)\,dx\,dy.$$

这一性质称为重积分的线性性.

性质 2 如果函数 $f(x,y)$ 在 D 上可积，用曲线将 D 分割成两个闭区域 D_1 与 D_2，则 $f(x,y)$ 在 D_1 与 D_2 上也都可积，且

$$\iint_D f(x,y)\,dx\,dy=\iint_{D_1} f(x,y)\,dx\,dy+\iint_{D_2} f(x,y)\,dx\,dy.$$

该性质可以推广到将 D 分割成有限个区域 $D_i(i=1,2,\cdots,n)$ 的情形，即

$$\iint_D f(x,y)\mathrm{d}x\mathrm{d}y = \sum_{i=1}^{n}\iint_{D_i} f(x,y)\mathrm{d}x\mathrm{d}y.$$

这一性质称为二重积分对区域具有可加性.

性质 3　如果在 D 上，$f(x,y)=1$，σ 为 D 的面积，则

$$\iint_D 1\cdot\mathrm{d}\sigma = \iint_D \mathrm{d}\sigma = \sigma.$$

这一性质的几何意义是很明显的，即高为 1 的平顶柱体的体积在数值上等于柱体的底面积.

性质 4　如果函数 $f(x,y)$ 在 D 上可积，并且在 D 上 $f(x,y)\geqslant 0$，则

$$\iint_D f(x,y)\mathrm{d}x\mathrm{d}y \geqslant 0.$$

这一性质称为二重积分的保号性.

推论 1　如果 $f(x,y)$，$g(x,y)$ 都在 D 上可积，且在 D 上 $f(x,y)\leqslant g(x,y)$，则

$$\iint_D f(x,y)\mathrm{d}x\mathrm{d}y \leqslant \iint_D g(x,y)\mathrm{d}x\mathrm{d}y.$$

推论 2　如果函数 $f(x,y)$ 在 D 上可积，则函数 $|f(x,y)|$ 也在 D 上可积，且

$$\left|\iint_D f(x,y)\mathrm{d}x\mathrm{d}y\right| \leqslant \iint_D |f(x,y)|\mathrm{d}x\mathrm{d}y.$$

性质 5　设 M，m 分别是 $f(x,y)$ 在闭区域 D 上的最大值和最小值，σ 是 D 的面积，则

$$m\sigma \leqslant \iint_D f(x,y)\mathrm{d}\sigma \leqslant M\sigma.$$

这一结论称为二重积分的估值定理.

性质 6　如果函数 $f(x,y)$ 在闭区域 D 上连续，则在 D 上至少存在一点 (ξ,η)，使得

$$\iint_D f(x,y)\mathrm{d}x\mathrm{d}y = f(\xi,\eta)\sigma,$$

其中，σ 表示区域 D 的面积.

这一结论称为二重积分的中值定理.

例 1 估计二重积分 $\iint\limits_D e^{\sin x\cos y}dxdy$ 的值,其中 D 为圆形区域 $x^2+y^2\leqslant 4$.

解 对任意的 $(x,y)\in\mathbf{R}^2$,因 $-1\leqslant\sin x\cos y\leqslant 1$,故有

$$\frac{1}{e}\leqslant e^{\sin x\cos y}\leqslant e.$$

又区域 D 的面积 $\sigma=4\pi$,所以

$$\frac{4\pi}{e}\leqslant\iint\limits_D e^{\sin x\cos y}dxdy\leqslant 4\pi e.$$

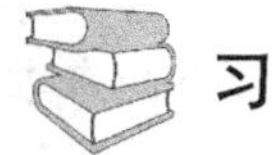

习题 12-1

1. 利用二重积分定义证明:

(1) $\iint\limits_D d\sigma=S$ (其中 S 为 D 的面积);

(2) $\iint\limits_D\sqrt{R^2-x^2-y^2}d\sigma=\frac{2}{3}\pi R^3$ (D 为以原点为中心,半径为 R 的圆域).

2. 根据二重积分的性质,比较下列积分的大小:

(1) $\iint\limits_D(x+y)^2d\sigma$ 与 $\iint\limits_D(x+y)^3d\sigma$,其中积分区域 D 由 x 轴、y 轴与直线 $x+y=1$ 围成;

(2) $\iint\limits_D\ln(x+y)d\sigma$ 与 $\iint\limits_D[\ln(x+y)]^2d\sigma$,其中 $D=\{(x,y)\mid 3\leqslant x\leqslant 5,0\leqslant y\leqslant 1\}$.

3. 判断二重积分 $\iint\limits_D\ln(x^2+y^2)dxdy$ 的符号,其中 $D=\{(x,y)\mid |x|+|y|\leqslant 1\}$.

4. 利用二重积分的性质估计下列积分值:

(1) $I=\iint\limits_D\sin^2x\sin^2yd\sigma$,其中 $D=\{(x,y)\mid 0\leqslant x\leqslant\pi,0\leqslant y\leqslant\pi\}$;

(2) $I=\iint\limits_D(x^2+4y^2+9)dxdy$,其中 $D=\{(x,y)\mid x^2+y^2\leqslant 4\}$.

12.2 二重积分的计算

和定积分一样,一般不用定义的方法求二重积分.下面给出的方法是将二重积分化为二次单积分,然后通过连续计算两次定积分来求得二重积分的值.

12.2.1 利用直角坐标计算二重积分

先讨论在直角坐标系下二重积分 $\iint\limits_D f(x,y)dxdy$ 的计算公式.

利用定积分的几何应用中,已知物体的截面面积 $S(x)$,$x\in[a,b]$,求物体体

积的公式为

$$V=\int_a^b S(x)\mathrm{d}x.$$

为此设 $f(x,y)\geqslant 0$，而将 $\iint\limits_D f(x,y)\mathrm{d}x\mathrm{d}y$ 视为在区域 D 上的曲顶柱体的体积.

设积分区域 D 的边界曲线被 $x=a,x=b\ (a<b)$ 两直线分割成两条曲线 $y=\varphi_1(x),y=\varphi_2(x),\varphi_1(x)\leqslant\varphi_2(x)$，且在 xOy 平面上用平行于 y 轴的直线去穿区域 D 时，它与区域 D 的边界交点不多于 2 个，这时区域 D 可表示成

$$\varphi_1(x)\leqslant y\leqslant\varphi_2(x),\ a\leqslant x\leqslant b,$$

这种积分区域称为 X 型区域(见图 12-4). 下面来求此曲顶柱体的体积(见图 12-5).

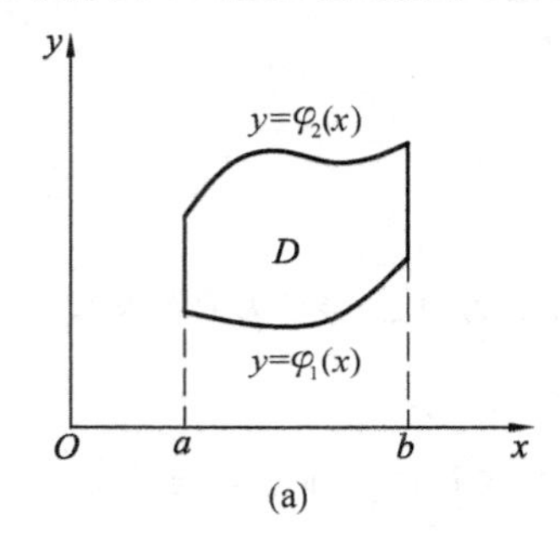

(a)

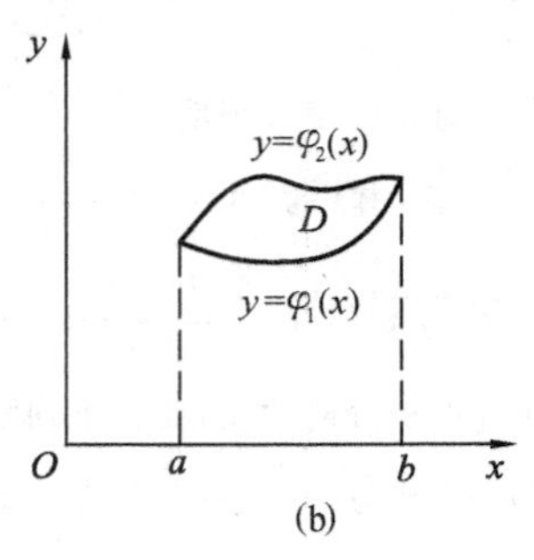

(b)

图 12-4

用一组平行于 yOz 坐标面的平面 $x=x_0$ 去截曲顶柱体，在点 $(x_0,0,0)\ (a\leqslant x_0\leqslant b)$ 处的截面是一个以区间 $[\varphi_1(x_0),\varphi_2(x_0)]$ 为底、曲线 $z=f(x_0,y)$ 为曲边的曲边梯形(见图 12-5 中的阴影部分)，所以该截面的面积为

$$S(x_0)=\int_{\varphi_1(x_0)}^{\varphi_2(x_0)} f(x_0,y)\mathrm{d}y.$$

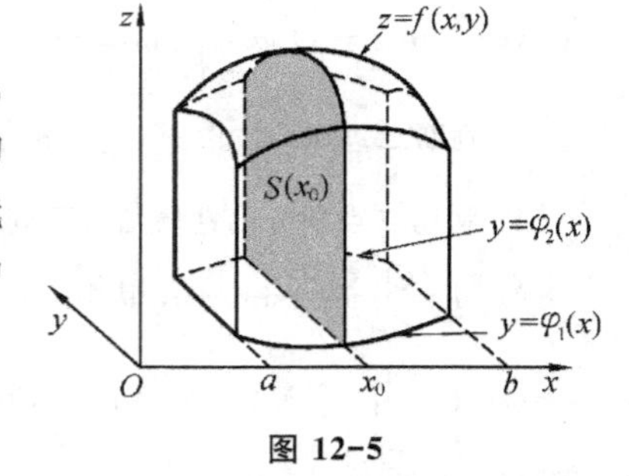

图 12-5

一般地，过 $[a,b]$ 上任一点 x 且平行于 yOz 面的平面截曲顶柱体所得截面面积为

$$S(x)=\int_{\varphi_1(x)}^{\varphi_2(x)} f(x,y)\mathrm{d}y.$$

由平行截面面积为已知的立体体积的公式 $V=\int_a^b S(x)\mathrm{d}x$，得到曲顶柱体的体积

$$V=\int_a^b S(x)\mathrm{d}x=\int_a^b\left[\int_{\varphi_1(x)}^{\varphi_2(x)} f(x,y)\mathrm{d}y\right]\mathrm{d}x. \qquad (1)$$

因此，有

$$\iint\limits_D f(x,y)\mathrm{d}x\mathrm{d}y=\int_a^b\left[\int_{\varphi_1(x)}^{\varphi_2(x)} f(x,y)\mathrm{d}y\right]\mathrm{d}x. \qquad (2)$$

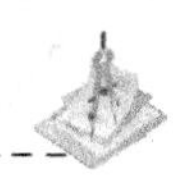

式(2)的右端称为先对 y 积分然后再对 x 积分的二次积分或累次积分.它实际上是先把 x 看作常数,即 $f(x,y)$ 只看作 y 的函数,对变量 y 从 $\varphi_1(x)$ 到 $\varphi_2(x)$ 求定积分;然后把计算出来的结果 $S(x)$ 再对变量 x 在 $[a,b]$ 上求定积分.

这个结果给出二重积分的计算方法,即可以化为累次积分来计算,如式(2)右端那样,先对 y 后对 x 的累次积分,习惯上记为

$$\int_a^b \mathrm{d}x \int_{\varphi_1(x)}^{\varphi_2(x)} f(x,y)\mathrm{d}y,$$

即

$$\iint_D f(x,y)\mathrm{d}x\mathrm{d}y = \int_a^b \mathrm{d}x \int_{\varphi_1(x)}^{\varphi_2(x)} f(x,y)\mathrm{d}y.$$

类似地,如果积分区域 D 的边界曲线被 $y=c$, $y=d\ (c<d)$ 两直线分割成两条曲线 $x=\psi_1(y)$, $x=\psi_2(y)$, $\psi_1(y)\leqslant\psi_2(y)$. 在 xOy 平面上用平行于 x 轴的直线去穿区域 D 时,它与区域 D 的边界交点不多于 2 个(见图 12-6),这时区域 D 可以表示成

$$\psi_1(y)\leqslant x\leqslant\psi_2(y),\ c\leqslant y\leqslant d,$$

这种区域称为 Y 型区域.

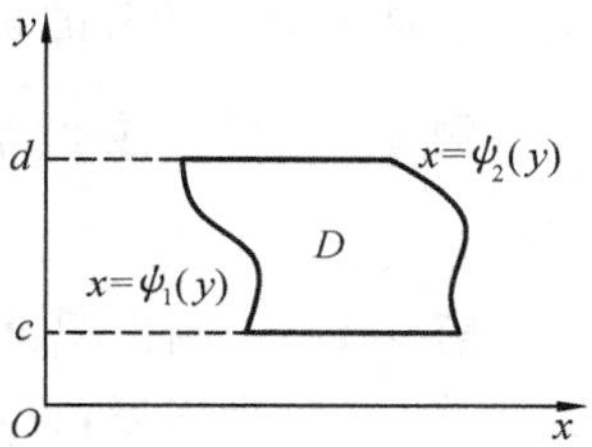

图 12-6

类似地可推出

$$\iint_D f(x,y)\mathrm{d}x\mathrm{d}y = \int_c^d \left[\int_{\psi_1(y)}^{\psi_2(y)} f(x,y)\mathrm{d}x\right]\mathrm{d}y. \tag{3}$$

式(3)习惯上也可以写成

$$\iint_D f(x,y)\mathrm{d}x\mathrm{d}y = \int_c^d \mathrm{d}y \int_{\psi_1(y)}^{\psi_2(y)} f(x,y)\mathrm{d}x.$$

这样就把二重积分化为先对 x 后对 y 的累次积分.

公式(2)和公式(3)给出了直角坐标下二重积分的两种计算方法.在上面的推导中,假定 $f(x,y)\geqslant 0$,实际上对有界闭区域 D 上的任意连续函数 $f(x,y)$,公式(2)和公式(3)都是成立的.

在上面介绍的二重积分的两种计算方法中都要求边界曲线与平行于 y 轴(或 x 轴)的直线的交点不多于 2 个.如果区域 D 不满足上述要求,如图 12-7 中的区域 D,可以用平行于 y 轴的直线将它分成 D_1, D_2, D_3 三部分,使每一部分都符合要求,再利用重积分的计算方法将区域 D 上的二重积分化成了对区域 D_1, D_2, D_3 上的二重积分之和.类似地,也可以用平行于 x 轴的直线把不满足简单区域条件的区域 D 分成若干个简单区域之和.

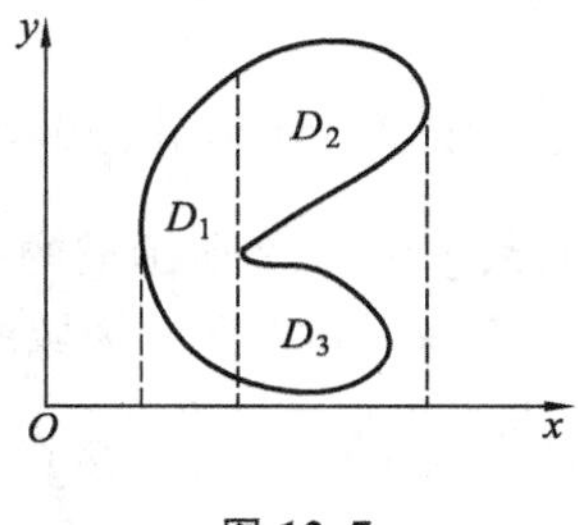

图 12-7

在计算二重积分$\iint\limits_D f(x,y)\mathrm{d}x\mathrm{d}y$时，将$D$化为$X$型还是$Y$型则要具体题目具体对待：有的题目两种类型都可以；但有的题目必须做出正确的选择，否则会使计算过程复杂，甚至算不出结果.

特别地，当积分区域D为矩形区域

$$D=\{(x,y)\mid c\leqslant y\leqslant d,a\leqslant x\leqslant b\}$$

且函数$f(x,y)=f_1(x)f_2(y)$时，二重积分

$$\iint\limits_D f(x,y)\mathrm{d}x\mathrm{d}y=\int_a^b f_1(x)\mathrm{d}x\cdot\int_c^d f_2(y)\mathrm{d}y$$

实际上是两个定积分的乘积.

例 1　计算二重积分$\iint\limits_D\left(1-\dfrac{x}{3}-\dfrac{y}{4}\right)\mathrm{d}x\mathrm{d}y$，其中$D$为矩形域$D=\{(x,y)\mid -2\leqslant y\leqslant 2,-1\leqslant x\leqslant 1\}$.

解法 1　先画出积分域D的图形(见图12-8)，D为矩形区域，既是X型区域，也是Y型区域. 先按X型区域计算，得

$$\begin{aligned}\iint\limits_D\left(1-\frac{x}{3}-\frac{y}{4}\right)\mathrm{d}x\mathrm{d}y&=\int_{-1}^1\mathrm{d}x\int_{-2}^2\left(1-\frac{x}{3}-\frac{y}{4}\right)\mathrm{d}y\\&=\int_{-1}^1\left[y-\frac{x}{3}y-\frac{1}{8}y^2\right]_{-2}^2\mathrm{d}x\\&=\int_{-1}^1\left(4-\frac{4}{3}x\right)\mathrm{d}x=8.\end{aligned}$$

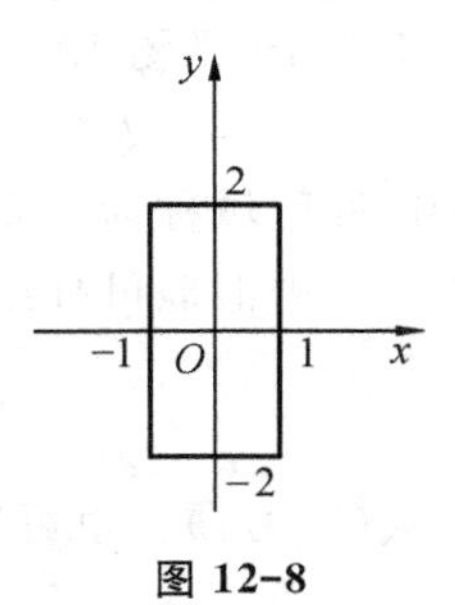

图 12-8

解法 2　按Y型区域域计算，得

$$\begin{aligned}\iint\limits_D\left(1-\frac{x}{3}-\frac{y}{4}\right)\mathrm{d}x\mathrm{d}y&=\int_{-2}^2\mathrm{d}y\int_{-1}^1\left(1-\frac{x}{3}-\frac{y}{4}\right)\mathrm{d}x\\&=\int_{-2}^2\left[x-\frac{1}{6}x^2-\frac{y}{4}x\right]_{-1}^1\mathrm{d}y\\&=\int_{-2}^2\left(2-\frac{1}{2}y\right)\mathrm{d}y=8.\end{aligned}$$

例 2　计算$\iint\limits_D xy\mathrm{d}x\mathrm{d}y$，其中$D$是由抛物线$y^2=x$及直线$y=x-2$所围成的平面区域.

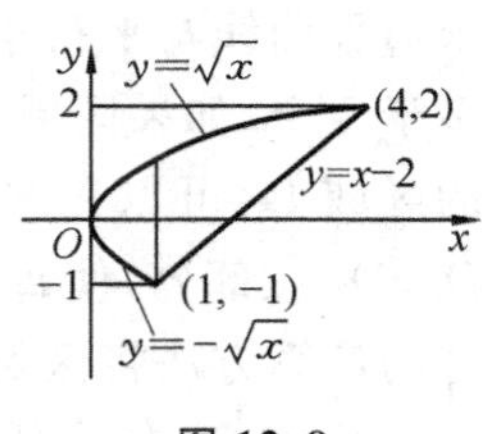

图 12-9

解　画出积分区域的图形(见图12-9).

先求两曲线的交点. 由联立方程$\begin{cases}y^2=x,\\y=x-2\end{cases}$可求得交点为$(1,-1)$，$(4,2)$.

(1) 将 D 选为 Y 型,则 D:$\begin{cases}-1\leqslant y\leqslant 2,\\ y^2\leqslant x\leqslant y+2,\end{cases}$ 得

$$\iint_D xy\,\mathrm{d}x\mathrm{d}y=\int_{-1}^{2}\mathrm{d}y\int_{y^2}^{y+2}xy\,\mathrm{d}x=\int_{-1}^{2}y\left(\frac{1}{2}x^2\right)\Big|_{y^2}^{y+2}\mathrm{d}y$$

$$=\int_{-1}^{2}\frac{1}{2}[(y+2)^2-y^5]\mathrm{d}y=\frac{45}{8}.$$

(2) 将 D 选为 X 型,则这时的 D 必须用 $x=1$ 将 D 分割成 D_1,D_2 两个区域:

$$D_1:\begin{cases}0\leqslant x\leqslant 1,\\ -\sqrt{x}\leqslant y\leqslant\sqrt{x},\end{cases}\quad D_2:\begin{cases}1\leqslant x\leqslant 4,\\ x-2\leqslant y\leqslant\sqrt{x}.\end{cases}$$

于是二重积分

$$\iint_D xy\,\mathrm{d}x\mathrm{d}y=\iint_{D_1}xy\,\mathrm{d}x\mathrm{d}y+\iint_{D_2}xy\,\mathrm{d}x\mathrm{d}y=\int_0^1 x\mathrm{d}x\int_{-\sqrt{x}}^{\sqrt{x}}y\mathrm{d}y+\int_1^4 x\mathrm{d}x\int_{x-2}^{\sqrt{x}}y\mathrm{d}y=\frac{45}{8}.$$

比较两种选择,显然方法(2)不如方法(1)好.

例 3 计算二重积分 $\iint_D x^2\mathrm{e}^{-y^2}\mathrm{d}x\mathrm{d}y$,其中 D 由直线 $y=x$,$y=1$ 及 $x=0$ 围成的平面区域.

解 先画出积分域 D 的图形(见图 12-10).

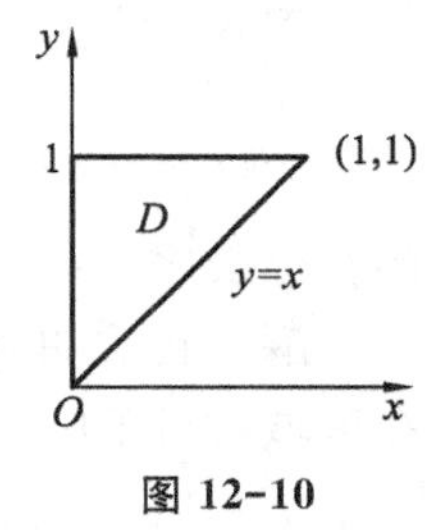

图 12-10

本题必须将区域 D 用 Y 型表示,即 $0\leqslant y\leqslant 1,0\leqslant x\leqslant y$. 选择先对 x 后对 y 的积分顺序,即

$$\iint_D x^2\mathrm{e}^{-y^2}\mathrm{d}x\mathrm{d}y=\int_0^1\mathrm{d}y\int_0^y x^2\mathrm{e}^{-y^2}\mathrm{d}x=\frac{1}{3}\int_0^1 y^3\mathrm{e}^{-y^2}\mathrm{d}y$$

$$=\frac{1}{6}\int_0^1 y^2\mathrm{e}^{-y^2}\mathrm{d}y^2\xlongequal{令\ u=y^2}\frac{1}{6}\int_0^1 u\mathrm{e}^{-u}\mathrm{d}u$$

$$=\frac{1}{6}\left[-u\mathrm{e}^{-u}\Big|_0^1+\int_0^1\mathrm{e}^{-u}\mathrm{d}u\right]=\frac{1}{6}-\frac{1}{3\mathrm{e}}.$$

本例中,若把区域 D 用 X 型表示,则二重积分化为先对 y 后对 x 的累次积分. 由于 e^{-y^2} 的原函数不能用初等函数表示,所以积分难以进行. 例 2、例 3 说明将二重积分化为累次积分时,积分顺序选择不当往往会使计算的繁简不同,甚至导致无法算出积分. 因此,在计算二重积分时,应当先考察被积函数的性质和积分区域的形状,以便决定采用哪一种积分顺序的累次积分来进行计算.

例 4 计算二重积分 $\iint_D\sqrt{|y-x^2|}\mathrm{d}x\mathrm{d}y$,其中区域 $D=\{(x,y)\mid -1\leqslant x\leqslant 1,0\leqslant y\leqslant 2\}$.

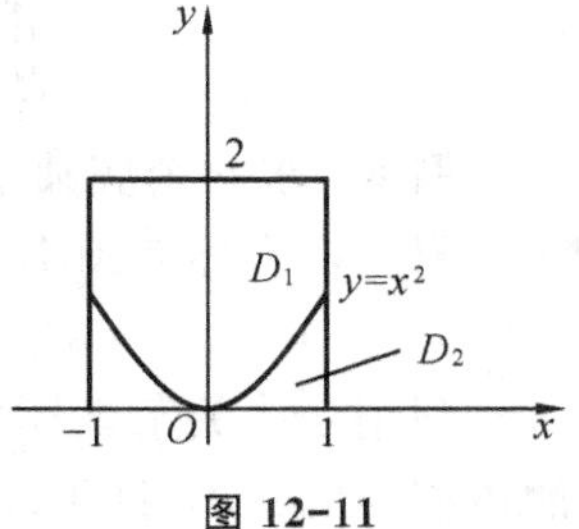

图 12-11

解 先画出区域 D 的图形(见图 12-11).

因为

$$|y-x^2|=\begin{cases}y-x^2, & y\geqslant x^2,\\ x^2-y, & y<x^2,\end{cases}$$

所以在区域 D 内，用抛物线 $y=x^2$ 将区域 D 分割为上、下两部分 D_1 及 D_2，且均取成 X 型区域，即

$$D_1:\begin{cases}-1\leqslant x\leqslant 1,\\ x^2\leqslant y\leqslant 2,\end{cases}\quad D_2:\begin{cases}-1\leqslant x\leqslant 1,\\ 0\leqslant y\leqslant x^2.\end{cases}$$

于是有

$$\begin{aligned}\iint\limits_D \sqrt{|y-x^2|}\,\mathrm{d}x\mathrm{d}y &= \iint\limits_{D_1}\sqrt{y-x^2}\,\mathrm{d}x\mathrm{d}y+\iint\limits_{D_2}\sqrt{x^2-y}\,\mathrm{d}x\mathrm{d}y\\ &=\int_{-1}^{1}\mathrm{d}x\int_{x^2}^{2}\sqrt{y-x^2}\,\mathrm{d}y+\int_{-1}^{1}\mathrm{d}x\int_0^{x^2}\sqrt{x^2-y}\,\mathrm{d}y\\ &=\int_{-1}^{1}\frac{2}{3}(2-x^2)^{\frac{3}{2}}\mathrm{d}x+\int_{-1}^{1}\frac{2}{3}|x|^3\mathrm{d}x=\frac{\pi}{2}+\frac{1}{3}.\end{aligned}$$

由于将二重积分化为累次积分时有两种积分顺序，有时对已给定的累次积分，为了计算上的方便需要将它的积分顺序进行交换.

例 5　设 $f(x,y)$ 为连续函数，改变累次积分

$$I=\int_0^1\mathrm{d}x\int_0^{3\sqrt{x}}f(x,y)\mathrm{d}y+\int_1^{\sqrt{10}}\mathrm{d}x\int_0^{\sqrt{10-x^2}}f(x,y)\mathrm{d}y$$

的积分次序.

解　首先将所给的累次积分看成函数 $f(x,y)$ 在区域 D 上的二重积分，积分区域 $D=D_1+D_2$；然后由 $D_1=\{(x,y)\mid 0\leqslant y\leqslant 3\sqrt{x},0\leqslant x\leqslant 1\}$ 和 $D_2=\{(x,y)\mid 0\leqslant y\leqslant\sqrt{10-x^2},1\leqslant x\leqslant\sqrt{10}\}$ 在同一坐标系中画出 D_1 和 D_2 的图形(见图 12-12).

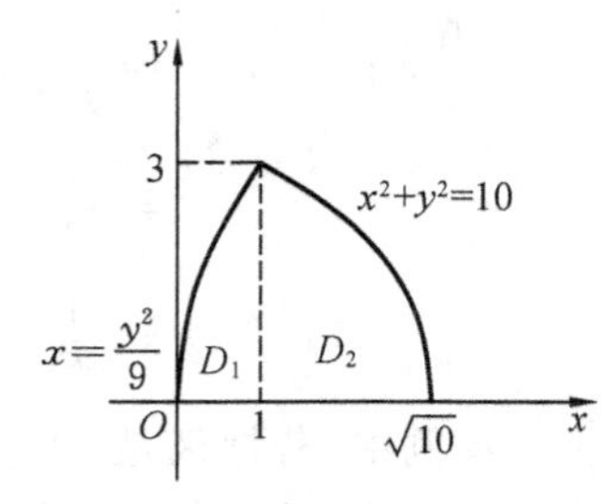

图 12-12

考虑交换积分顺序，选择先对 x 后对 y 的积分顺序，则推出

$$I=\iint\limits_D f(x,y)\mathrm{d}x\mathrm{d}y=\int_0^3\mathrm{d}y\int_{\frac{y^2}{9}}^{\sqrt{10-y^2}}f(x,y)\mathrm{d}x.$$

例 6　求两个底圆半径都等于 R 的直交圆柱面所围成的立体的体积.

解　取坐标如图 12-13 所示，则两个圆柱面的方程分别为

$$x^2+y^2=R^2,\ x^2+z^2=R^2.$$

利用立体关于坐标平面的对称性，只要算出它在第一卦限部分(见图 12-13a)的体积，再乘以 8 即可.

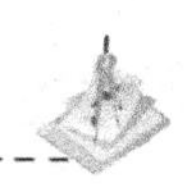

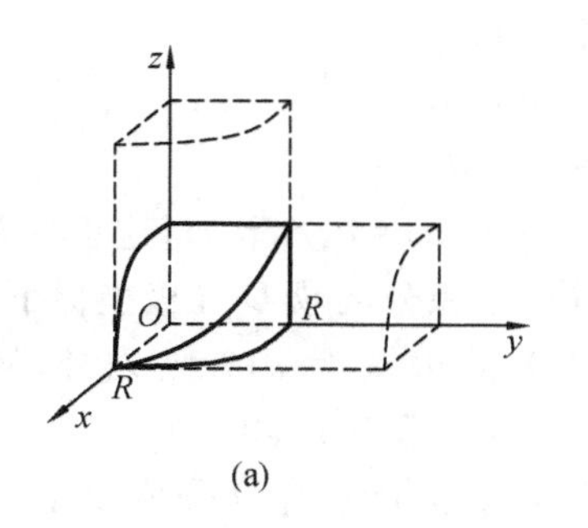

(a)

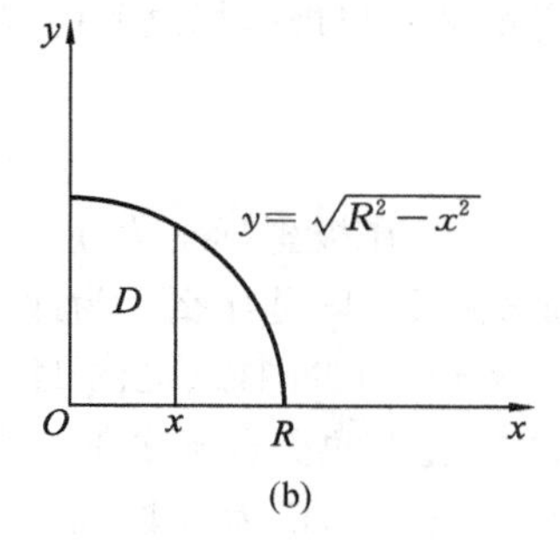

(b)

图 12-13

所求立体在第一卦限部分可以看成是一个曲顶柱体，它的底是两柱面交线在 xOy 坐标面上的投影曲线和 x 轴、y 轴围成的区域 D. 因此 D 是由圆 $x^2+y^2=R^2$ 及 x 轴、y 轴围成的在第一象限的部分，即

$$\begin{cases} 0\leqslant x\leqslant R, \\ 0\leqslant y\leqslant \sqrt{R^2-x^2}, \end{cases}$$

如图 12-13b 所示. 这个立体的曲顶是柱面 $z=\sqrt{R^2-x^2}$，于是

$$V_1=\iint_D \sqrt{R^2-x^2}\,\mathrm{d}\sigma.$$

利用公式(1)得

$$\begin{aligned} V_1 &= \iint_D \sqrt{R^2-x^2}\,\mathrm{d}\sigma = \int_0^R \left[\int_0^{\sqrt{R^2-x^2}} \sqrt{R^2-x^2}\,\mathrm{d}y\right]\mathrm{d}x \\ &= \int_0^R \left[y\sqrt{R^2-x^2}\right]_0^{\sqrt{R^2-x^2}}\,\mathrm{d}x = \int_0^R (R^2-x^2)\,\mathrm{d}x = \frac{2}{3}R^3. \end{aligned}$$

从而所求立体体积为

$$V=8V_1=\frac{16}{3}R^3.$$

12.2.2 利用极坐标计算二重积分

前面介绍了二重积分在直角坐标下的两种计算方法，下面介绍在极坐标下的二重积分计算方法.

1) 二重积分在极坐标下的表示法

由于某些被积函数或某些积分区域，用直角坐标系来计算往往很困难，而用极坐标来计算就较为简便，下面介绍极坐标系下的二重积分的计算方法. 为此先介绍在极坐标下的二重积分的表示形式.

已知直角坐标与极坐标之间的变换关系

$$\begin{cases} x = r\cos\theta, \\ y = r\sin\theta, \end{cases}$$

于是函数 $f(x,y)$ 在极坐标下为 $f(x,y)=f(r\cos\theta, r\sin\theta)$，这里的关键问题是在极坐标下面积微元 $d\sigma$ 是什么？为此，首先设积分区域 D 在极坐标下由射线 $\theta=\alpha$，$\theta=\beta$ 以及曲面 $r=r(\theta)$ 围成（见图 12-14a）. 除边界 $\theta=\alpha$，$\theta=\beta$ 之外，从极点 O 引出的射线与 D 的边界的交点不多于 2 个，并且总假定 $r\geqslant 0$.

用 $r=C$ 及 $\theta=C$（C 为常数）的两组坐标线把区域 D 分成 n 个小区域 $\Delta\sigma_i$，除了包含边界线的小区域之外，绝大多数小区域的形状都是圆扇形之差（如图 12-14 所示），其中任意一个小区域的面积 $\Delta\sigma_i$，利用圆扇形面积公式可得

$$\begin{aligned}\Delta\sigma_i &= \frac{1}{2}(r_i+\Delta r_i)^2\Delta\theta_i - \frac{1}{2}r_i^2\ \Delta\theta_i = \left(r_i + \frac{1}{2}\Delta r_i\right)\Delta r_i\Delta\theta_i \\ &= r_i\Delta r_i\Delta\theta_i + \frac{1}{2}\Delta r_i^2\Delta\theta.\end{aligned}$$

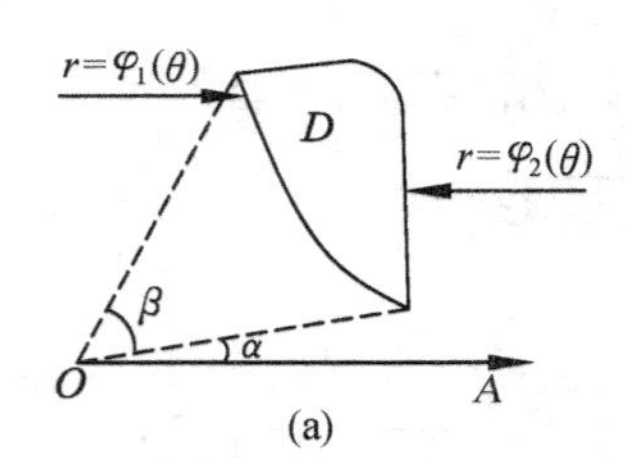

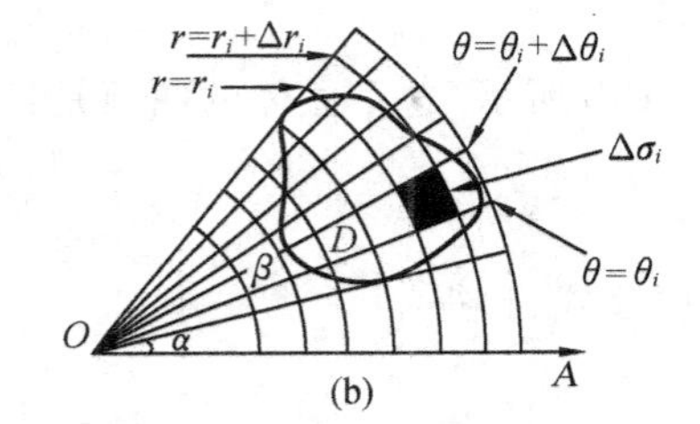

图 12-14

由此可见，$\frac{1}{2}\Delta r_i^2\Delta\theta$ 是一个比 $r_i\Delta r_i\Delta\theta_i$ 高阶的无穷小，利用微分概念可得 $d\sigma = r dr d\theta$.

这样得到在极坐标下二重积分的表达式为

$$\iint_D f(x,y)dxdy = \iint_D f(r\cos\theta, r\sin\theta)r dr d\theta. \tag{4}$$

故在极坐标系下面积元素为 $d\sigma = r dr d\theta$.

公式(4)表明，要把二重积分中的积分变量从直角坐标变换为极坐标，只要把被积函数中的 x，y 分别换成 $r\cos\theta$，$r\sin\theta$，并把直角坐标系中的面积元素 $dxdy$ 换成极坐标系下的面积元素 $r dr d\theta$.

由二重积分的定义可知，二重积分的值与积分区域 D 的分割法无关，因此无论是用直角坐标系中的分割方法，还是用极坐标系中的分割方法，所得到的二重积分的值都是一样的.

2) 极坐标系下的累次积分

和直角坐标系下二重积分的计算方法一样，极坐标系下二重积分的计算同样是化为累次积分来做，只不过是对变量 r 和 θ 的累次积分. 确定累次积分的上下限的方法也与直角坐标不同. 它是按极坐标的极点 O 和积分区域 D 的关系来确定的，而且对变量的积分次序一般是先 r 后 θ. 假设区域 D 的边界线 $r=r(\theta)$ 与任意的一条射线 $\theta=\theta_0(\alpha\leqslant\theta_0\leqslant\beta)$ 的交点不多于 2 个.

(1) 极点在区域 D 内部.

区域 D 由不等式 $0\leqslant r\leqslant r(\theta)$，$0\leqslant\theta\leqslant 2\pi$ 表示(图 12-15)，于是

$$\iint_D f(r\cos\theta,r\sin\theta)r\mathrm{d}r\mathrm{d}\theta=\int_0^{2\pi}\mathrm{d}\theta\int_0^{r(\theta)}f(r\cos\theta,r\sin\theta)r\mathrm{d}r.$$

(2) 极点在区域 D 的边界上.

这时，区域 D 用不等式 $0\leqslant r\leqslant r(\theta)$，$\alpha\leqslant\theta\leqslant\beta$ 表示(见图 12-16)，则有

$$\iint_D f(r\cos\theta,r\sin\theta)r\mathrm{d}r\mathrm{d}\theta=\int_\alpha^{\beta}\mathrm{d}\theta\int_0^{r(\theta)}f(r\cos\theta,r\sin\theta)r\mathrm{d}r.$$

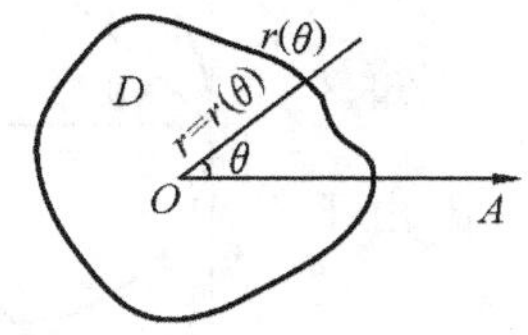

图 12-15

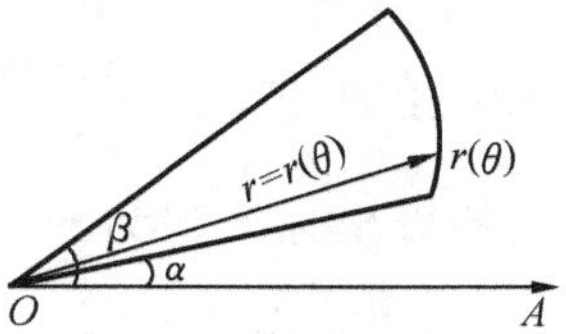

图 12-16

(3) 极点在区域 D 的外部.

设极点 O 在区域 D 的外部，则区域 D 用不等式

$$r_1(\theta)\leqslant r\leqslant r_2(\theta),\ \alpha\leqslant\theta\leqslant\beta$$

表示(见图 12-17)，于是有

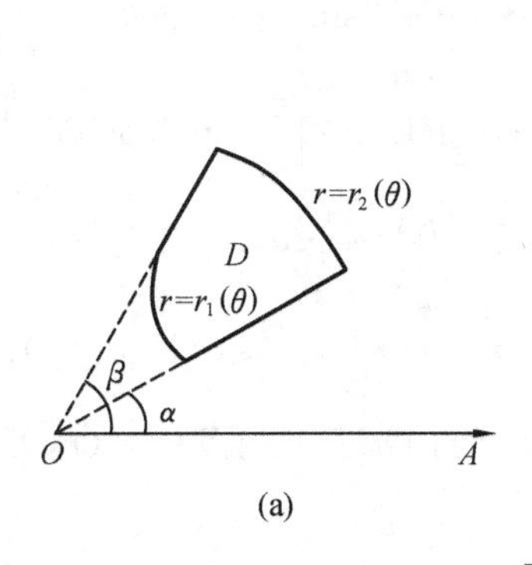

(a)

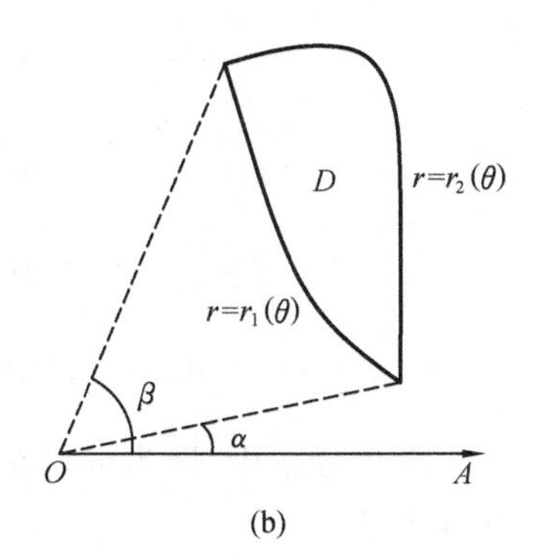

(b)

图 12-17

$$\iint_D f(r\cos\theta, r\sin\theta) r\mathrm{d}r\mathrm{d}\theta = \int_\alpha^\beta \mathrm{d}\theta \int_{r_1(\theta)}^{r_2(\theta)} f(r\cos\theta, r\sin\theta) r\mathrm{d}r. \tag{5}$$

例 7 利用极坐标计算二重积分 $\iint_D (1-x^2-y^2)\mathrm{d}x\mathrm{d}y$，其中 D 是由单位圆 $x^2+y^2=1$ 围成的区域内部.

解 这时极点在 D 内而区域 D 在极坐标系下表示为 $0\leqslant r\leqslant 1, 0\leqslant\theta\leqslant 2\pi$，将

$$x=r(\theta)\cos\theta,\ y=r(\theta)\sin\theta,\ \mathrm{d}x\mathrm{d}y=r\mathrm{d}r\mathrm{d}\theta$$

代入所给的二重积分，有

$$\iint_D (1-x^2-y^2)\mathrm{d}x\mathrm{d}y = \iint_D (1-r^2) r\mathrm{d}r\mathrm{d}\theta = \int_0^{2\pi}\mathrm{d}\theta\int_0^1 (1-r^2) r\mathrm{d}r$$

$$=2\pi\cdot\left[\frac{1}{2}r^2-\frac{1}{4}r^4\right]_0^1=\frac{\pi}{2}.$$

例 8 求 $\iint_D (x+2y)\sqrt{x^2+y^2}\mathrm{d}x\mathrm{d}y$，其中 D 是由圆 $x^2+y^2-2ax=0(a>0)$ 围成的区域.

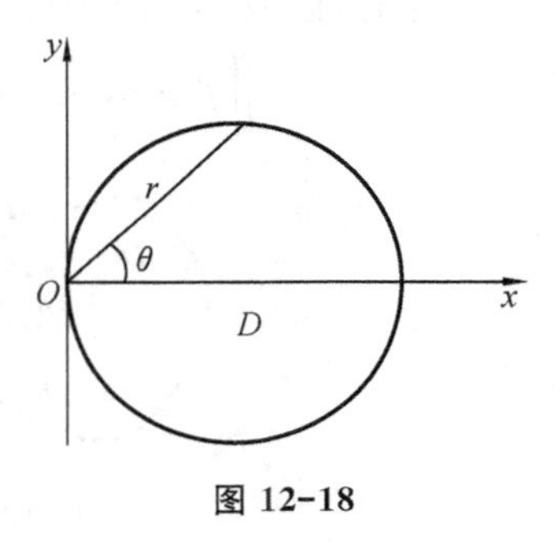

图 12-18

解 如图 12-18 所示，由 $\begin{cases} x=r(\theta)\cos\theta, \\ y=r(\theta)\sin\theta \end{cases}$ 知区域 D 的边界曲线的极坐标方程为 $r=2a\cos\theta$. 由于极点在边界上且 D 由 $\begin{cases} -\frac{\pi}{2}<\theta<\frac{\pi}{2}, \\ 0\leqslant r\leqslant 2a\cos\theta \end{cases}$ 表示，所以

$$\iint_D (x+2y)\sqrt{x^2+y^2}\mathrm{d}x\mathrm{d}y = \iint_D (r\cos\theta+2r\sin\theta) r^2\mathrm{d}r\mathrm{d}\theta$$

$$= \int_{-\frac{\pi}{2}}^{\frac{\pi}{2}}\mathrm{d}\theta\int_0^{2a\cos\theta}(\cos\theta+2\sin\theta) r^3\mathrm{d}r$$

$$= 4a^4\int_{-\frac{\pi}{2}}^{\frac{\pi}{2}}(\cos\theta+2\sin\theta)\cos^4\theta\mathrm{d}\theta$$

$$= 4a^4\left[2\int_0^{\frac{\pi}{2}}\cos^5\theta\mathrm{d}\theta+2\int_{-\frac{\pi}{2}}^{\frac{\pi}{2}}\sin\theta\cos^4\theta\mathrm{d}\theta\right]$$

$$= 8a^4\left(\frac{4\times 2}{5\times 3}+0\right)=\frac{64}{15}a^4.$$

例 9 计算 $\iint_D \mathrm{e}^{-x^2-y^2}\mathrm{d}x\mathrm{d}y$，其中 $D=\{(x,y)\mid x^2+y^2\leqslant a^2\}$ $(a>0)$.

解 在极坐标系中，因为极点在区域 D 的内部且区域 $D=\{(r,\theta)\mid 0\leqslant r\leqslant a, 0\leqslant\theta\leqslant 2\pi\}$，于是

$$\iint_D e^{-x^2-y^2}\,dxdy = \iint_D e^{-r^2} r dr d\theta = \int_0^{2\pi} d\theta \int_0^a e^{-r^2} r dr$$

$$= 2\pi \cdot \left[-\frac{1}{2}e^{-r^2}\right]_0^a = \pi(1-e^{-a^2}).$$

注意 由于 e^{-x^2} 的原函数不是初等函数,所以本例在直角坐标系下是求不出来的.

例 10 计算广义积分 $\int_0^{+\infty} e^{-x^2}\,dx$ 的值.

解 由于 e^{-x^2} 不能用初等函数表示,直接计算困难较大,利用例 9 的结果及重积分的性质,设

$$D_1 = \{(x,y)\,|\,x^2+y^2 \leqslant R^2, x \geqslant 0, y \geqslant 0\}\ (R>0),$$
$$D = \{(x,y)\,|\,0 \leqslant x \leqslant R, 0 \leqslant y \leqslant R\},$$
$$D_2 = \{(x,y)\,|\,x^2+y^2 \leqslant 2R^2, x \geqslant 0, y \geqslant 0\},$$

如图 12-19 所示,则有 $D_1 \subset D \subset D_2$. 又由于

$$e^{-x^2-y^2} > 0,$$

故 $\iint_{D_1} e^{-x^2-y^2}\,dxdy \leqslant \iint_D e^{-x^2-y^2}\,dxdy \leqslant \iint_{D_2} e^{-x^2-y^2}\,dxdy,$

代入例 9 结果可得

$$\frac{\pi}{4}(1-e^{-R^2}) \leqslant \int_0^R e^{-x^2}\,dx \int_0^R e^{-y^2}\,dy \leqslant \frac{\pi}{4}(1-e^{-2R^2}).$$

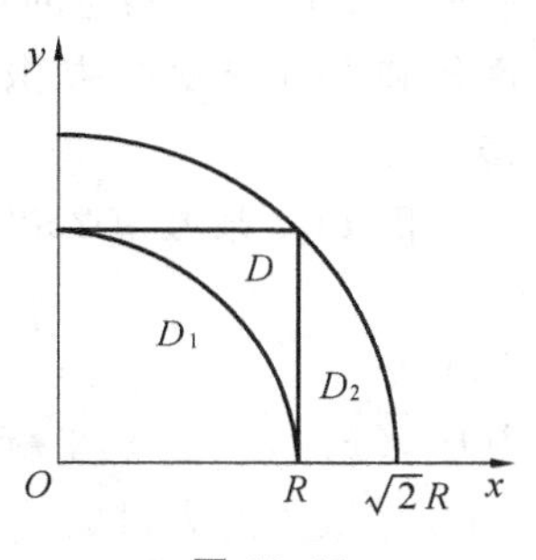

图 12-19

令 $R \to +\infty$,由于公式两端极限均为 $\frac{\pi}{4}$,由夹逼准则,得

$$\int_0^{\infty} e^{-x^2}\,dx \int_0^{\infty} e^{-y^2}\,dy = \left(\int_0^{\infty} e^{-x^2}\,dx\right)^2 = \frac{\pi}{4}.$$

因此

$$\int_0^{+\infty} e^{-x^2}\,dx = \frac{\sqrt{\pi}}{2}.$$

此例在概率统计研究正态分布时会用上,它是一个很重要的结果. 由上面的例题可以看到当被积函数 $f(x,y)$ 是 x^2+y^2 的函数且积分区域由圆围成时,二重积分用极坐标来计算是比较方便的.

12.2.3 二重积分在经济管理中的应用

$$\iint_D f(x,y)\,d\sigma = \lim_{d\to 0} \sum_{i=1}^{n} f(x_i, y_i)\Delta\sigma_i.$$

从定义可以看出:二元函数在区域 D 上的二重积分实际上是一个和式的极限.

再具体一些分析：

(1) 分割　即把区域 D 分成 n 部分.

(2) 近似代替　用每个小区域的面积与该区域内某点处的函数值相乘，以平顶代曲.

(3) 求和　把 n 个区域的乘积值相加.

(4) 取极限　小区域中直径最大的 $d\to 0$ 时，求上述和式的极限.

我们知道，当二元函数 $f(x,y)$ 的取值大于零时，二元函数的二重积分等于 $f(x,y)$ 向 xOy 面投影所对应的曲顶柱体的体积.

由此得到启示：如果所考察的经济变量是关于 x,y 的二元函数，即 $f(x,y)$ 为已知，所解决的问题又是关于积分元素的问题(类似于体积问题)，那么可以通过计算二重积分来解决问题.

以人口统计模型为例：如果已知人口密度函数 $f(x,y)$，其中(x,y)是以某中心城市为原点所构建的直角坐标系下的区域内的一点，考虑到人口总数是由区域面积和人口密度的乘积得到的，那么区域 D 内的人口总数可以通过以下积分得到.

例 11　某城市 2008 年的人口密度近似为

$$P(x,y)=\frac{20}{\sqrt{x^2+y^2+96}},$$

其中，(x,y)表示某坐标点，单位：km；人口密度单位：万人/km^2. 试求距市中心 2 km区域内的人口数.

解

$$\begin{aligned}\iint\limits_D P(x,y)\mathrm{d}\sigma &= \iint\limits_{x^2+y^2\leqslant 4}\frac{20}{\sqrt{x^2+y^2+96}}\mathrm{d}x\mathrm{d}y\\
&=20\times\int_0^{2\pi}\left[\int_0^2\frac{1}{\sqrt{r^2+96}}r\mathrm{d}r\right]\mathrm{d}\theta\\
&=20\times\int_0^{2\pi}\left[\int_0^2\frac{1}{2\sqrt{r^2+96}}\mathrm{d}(r^2+96)\right]\mathrm{d}\theta\\
&=20\times\int_0^{2\pi}\left(\sqrt{r^2+96}\Big|_0^2\right)\mathrm{d}\theta\\
&=20\times\int_0^{2\pi}(10-4\sqrt{6})\mathrm{d}\theta\\
&=20\times 2\pi\times(10-4\sqrt{6})\approx 25.4(\text{万人})\end{aligned}$$

答　距离该市中心 2 km 范围内的人口约为 25.4 万人.

分析　以坐标点(x,y)表示的人口密度函数 $f(x,y)$，在统计中比较难以获取数据. 在现实工作中，经常选取该点与市中心的距离 r 作为自变量，人口密度函数表示为 $p(r)$.

这是一个关于距离 r 的一元函数，如果仍要计算某区域内的人口总数，该如何进行呢？选择 $p(r)$ 为被积函数，选择 r 为积分变量行不行？

积分区域是平面内的一个区域，而非数轴上的一个区间，这个问题并非简单的一元函数定积分问题. 如果把此一元函数 $p(r)$ 当作被积函数，选 r 为积分变量，是没有意义的. 因为距离乘以人口密度无现实意义，仍需考虑面积乘以密度这个基本问题.

例 12 某城市人口密度函数为

$$P(r)=12\mathrm{e}^{-0.2r},$$

它表示距市中心 r km 处的人口密度，单位：万人/km². 试求距市中心 2 km 区域内的人口数.

$$\begin{aligned}\iint_D 12\mathrm{e}^{-0.2\sqrt{x^2+y^2}}\mathrm{d}x\mathrm{d}y &= 12\times\int_0^{2\pi}\left[\int_0^2 \mathrm{e}^{-0.2r}r\mathrm{d}r\right]\mathrm{d}\theta = 12\times\int_0^{2\pi}\left[\int_0^2 -5r\mathrm{d}\mathrm{e}^{-0.2r}\right]\mathrm{d}\theta\\ &= 12\times\int_0^{2\pi}\left[-5r\mathrm{e}^{-0.2r}\Big|_0^2-\int_0^2(-5)\mathrm{e}^{-0.2r}\mathrm{d}r\right]\mathrm{d}\theta\\ &= 12\times\int_0^{2\pi}\left[-10\mathrm{e}^{-0.4}+5(-5\mathrm{e}^{-0.2r})\Big|_0^2\right]\mathrm{d}\theta\\ &= 12\times\int_0^{2\pi}(-35\mathrm{e}^{-0.4}+25)\mathrm{d}\theta\\ &=12\times 2\pi\times(-35\mathrm{e}^{-0.4}+25)\\ &=-840\pi\mathrm{e}^{-0.4}+600\pi\approx 116.02(\text{万人}).\end{aligned}$$

*12.2.4 二重积分的变量代换

上面介绍了将直角坐标下的二重积分转成极坐标下的二重积分的转换公式：

$$\iint_D f(x,y)\mathrm{d}x\mathrm{d}y=\iint_D f(r\cos\theta,r\sin\theta)r\mathrm{d}r\mathrm{d}\theta,$$

其中用到直角坐标和极坐标的转换公式

$$\begin{cases}x=r\cos\theta,\\ y=r\sin\theta.\end{cases}$$

下面用另一种观点来解释上述现象，将 $\begin{cases}x=r\cos\theta,\\ y=r\sin\theta\end{cases}$ 看成是两个直角坐标平面 $rO\theta$ 和 xOy 间的一种变换，即 $M'(r,\theta)\xleftrightarrow{\begin{cases}x=r\cos\theta\\ y=r\sin\theta\end{cases}}M(x,y)$. 这里的点 M,M' 是同一个点，只是在不同的坐标系中用不同的方式表示出来. 将 D' 中的点 M' 和 D 中的点 M 建立一个一一对应的关系. 这种方法称为二重积分的换元法.

下面不加证明地给出二重积分换元法的一般表示式.

定理　若函数 $f(x,y)$ 在有界闭区域 D 上连续，设变换式 $x=x(u,v)$，$y=y(u,v)$ 把 uOv 平面上的有界闭区域 D' 一对一地变为 xOy 平面上的区域 D. 又设 $x=x(u,v)$，$y=y(u,v)$ 在区域 D' 上对 u，v 具有一阶连续的偏导数，且雅可比行列式

$$J=\frac{\partial(x,y)}{\partial(u,v)}=\begin{vmatrix}\frac{\partial x}{\partial u} & \frac{\partial x}{\partial v}\\ \frac{\partial y}{\partial u} & \frac{\partial y}{\partial v}\end{vmatrix}\neq 0,$$

则有
$$\iint_D f(x,y)\mathrm{d}x\mathrm{d}y=\iint_{D'} f[x(u,v),y(u,v)]\,|J|\,\mathrm{d}u\mathrm{d}v. \tag{6}$$

应当指出，在进行二重积分的变量代换时，选择变换式 $x=x(u,v)$，$y=y(u,v)$ 的依据有三条：其一，$x=x(u,v)$，$y=y(u,v)$ 对 u，v 有一阶连续的偏导数，并且雅可比行列式 $J\neq 0$（这个条件可以放宽到 J 只在 D' 内个别点或在某一条曲线上为零，而在其他点上不为零，则式(6)仍成立）；其二，变换式对新变量 u，v 的两个积分限比较容易确定；其三，变换后新变量 u，v 的积分比原来变量的积分更易于计算.

例 13　试用变量代换写出直角坐标变为极坐标的二重积分公式.

解　因为 $x=r\cos\theta$，$y=r\sin\theta$，且

$$J=\frac{\partial(x,y)}{\partial(r,\theta)}=\begin{vmatrix}\frac{\partial x}{\partial r} & \frac{\partial x}{\partial \theta}\\ \frac{\partial y}{\partial r} & \frac{\partial y}{\partial \theta}\end{vmatrix}=\begin{vmatrix}\cos\theta & -r\sin\theta\\ \sin\theta & r\cos\theta\end{vmatrix}=r.$$

除 $r=0$ 的点外，其他点均有 $J\neq 0$，所以

$$\iint_D f(x,y)\mathrm{d}x\mathrm{d}y=\iint_{D'} f(r\cos\theta,r\sin\theta)r\mathrm{d}r\mathrm{d}\theta.$$

例 14　求由抛物线 $y^2=x$，$y^2=2x$ 及双曲线 $xy=2$，$xy=3$ 所围成的闭区域 D 的面积(见图 12-20a).

解　作变换

$$\begin{cases}u=\dfrac{y^2}{x},\\ v=xy.\end{cases}$$

在这个变换下，平面 xOy 上的区域 D 变为平面 uOv 上的区域 D'(见图 12-20b).

区域 D' 是矩形区域：$1\leqslant u\leqslant 2$，$2\leqslant v\leqslant 3$，且

$$J=\frac{\partial(x,y)}{\partial(u,v)}=\frac{1}{\dfrac{\partial(u,v)}{\partial(x,y)}}=\frac{1}{-\dfrac{3y^2}{x}}=-\frac{1}{3u}\neq 0.$$

于是所求的面积

$$A=\iint_D 1\mathrm{d}x\mathrm{d}y=\iint_{D'}|J|\mathrm{d}u\mathrm{d}v=\frac{1}{3}\int_2^3\mathrm{d}v\int_1^2\frac{1}{u}\mathrm{d}u=\frac{1}{3}\ln 2.$$

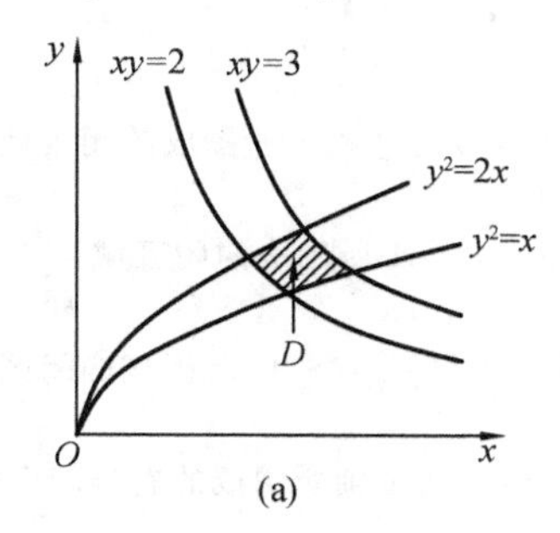

(a)

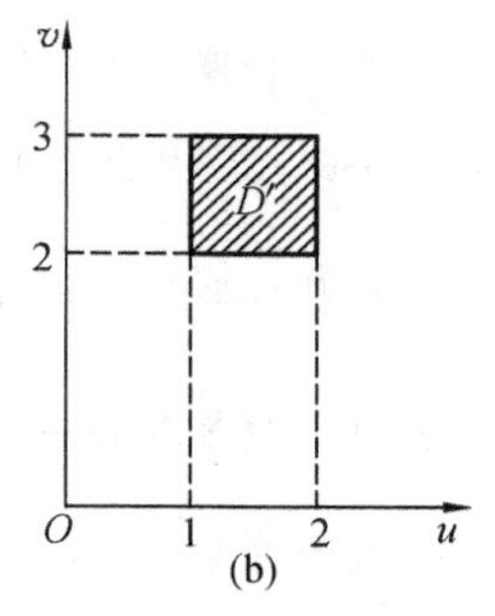

(b)

图 12-20

例 15 计算 $\iint_D\sqrt{1-\left(\frac{x^2}{a^2}+\frac{y^2}{b^2}\right)}\mathrm{d}x\mathrm{d}y$，其中 D 是由椭圆 $\frac{x^2}{a^2}+\frac{y^2}{b^2}=1(a>0,b>0)$ 围成的区域.

解 令 $\begin{cases}x=ra\cos\theta,\\ y=rb\sin\theta,\end{cases}$ 其中 $r\geqslant0,a>0,b>0,0\leqslant\theta\leqslant2\pi$.

在这个变换下，区域

$$D=\{(x,y)\mid\frac{x^2}{a^2}+\frac{y^2}{b^2}\leqslant1\}\Leftrightarrow D'\{(r,\theta)\mid0\leqslant r\leqslant1,0\leqslant\theta\leqslant2\pi\}.$$

又 $J(r,\theta)=\begin{vmatrix}\frac{\partial x}{\partial r}&\frac{\partial y}{\partial\theta}\\ \frac{\partial y}{\partial r}&\frac{\partial y}{\partial\theta}\end{vmatrix}=abr$，且 $J(r,\theta)$ 仅在 $r=0$ 处为零. 所以有

$$\begin{aligned}\iint_D\sqrt{1-\left(\frac{x^2}{a^2}+\frac{y^2}{b^2}\right)}\mathrm{d}x\mathrm{d}y&=\iint_{D'}\sqrt{1-r^2}\,abr\,\mathrm{d}r\mathrm{d}\theta\\&=\int_0^{2\pi}\mathrm{d}\theta\int_0^1\sqrt{1-r^2}\,r\mathrm{d}r=\frac{2}{3}\pi ab.\end{aligned}$$

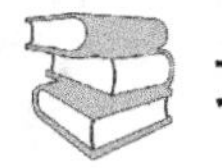

习题 12-2

1. 计算下列二重积分：

(1) $I=\iint_D xy\mathrm{d}x\mathrm{d}y$，其中 D 是由 $0\leqslant x\leqslant1,0\leqslant y\leqslant\pi$ 所围成的闭区域；

(2) $I=\iint_D \mathrm{e}^{x+y}\mathrm{d}x\mathrm{d}y$，其中 D 是由 $0\leqslant x\leqslant1,0\leqslant y\leqslant1$ 所围成的闭区域；

(3) $\iint\limits_D \cos(x+y)\mathrm{d}x\mathrm{d}y$,其中 D 是由 $x=0,y=\pi,y=x$ 所围成的闭区域；

(4) $\iint\limits_D \frac{x}{y+1}\mathrm{d}x\mathrm{d}y$,其中 D 是由 $y=x^2+1,y=2x$ 及 $x=0$ 所围成的闭区域.

2. 画出积分区域，并计算下列二重积分：

(1) $\iint\limits_D xy(x-y)\mathrm{d}x\mathrm{d}y$,其中 D 为 $0\leqslant x\leqslant a,0\leqslant y\leqslant b$ 所围成的闭区域；

(2) $\iint\limits_D \frac{x^2}{y^3}\mathrm{d}x\mathrm{d}y$,其中 D 是由 $x=2,y=x,xy=1$ 所围成的闭区域；

(3) $\iint\limits_D xy^2\mathrm{d}x\mathrm{d}y$,其中 D 是由 $y^2=2px$ 和 $x=\frac{p}{2}(p>0)$ 所围成的闭区域；

(4) $\iint\limits_D xy^2\mathrm{d}x\mathrm{d}y$,其中 D 是由圆周 $x^2+y^2=4$ 及 y 轴所围成的右半闭区域.

3. 将下列二重积分 $\iint\limits_D f(x,y)\mathrm{d}x\mathrm{d}y$ 化为二次积分(包括两种次序)，积分区域 D 如下：

(1) D 是由 $x+y=1,x-y=1,x=0$ 所围成的闭区域；

(2) D 是由 $y=x^2,y=4-x^2$ 所围成的闭区域；

(3) D 是由 $y=x,y=3x,x=1,x=3$ 所围成的闭区域；

(4) D 是由 $\frac{x^2}{a^2}+\frac{y^2}{b^2}=1$ 所围成的闭区域.

4. 证明：$\int_a^b \mathrm{d}x\int_a^x f(y)\mathrm{d}y=\int_a^b f(x)(b-x)\mathrm{d}x$.

5. 若 $f(x)$ 在 $[a,b]$ 上连续且恒大于零，试证：$\int_a^b f(x)\mathrm{d}x\int_a^b \frac{1}{f(x)}\mathrm{d}x\geqslant(b-a)^2$.

6. 画出对应于下列各累次积分的积分区域的图形，并更换累次积分的次序：

(1) $\int_0^1 \mathrm{d}y\int_y^{\sqrt{y}} f(x,y)\mathrm{d}x$；

(2) $\int_{-a}^0 \mathrm{d}x\int_{-x}^a f(x,y)\mathrm{d}y+\int_0^{\sqrt{a}}\mathrm{d}x\int_{x^2}^a f(x,y)\mathrm{d}y\ (a>0)$；

(3) $\int_0^1 \mathrm{d}x\int_{\sqrt{2+x^2}}^{\sqrt{4-x^2}} f(x,y)\mathrm{d}y$；

(4) $\int_1^e \mathrm{d}x\int_0^{\ln x} f(x,y)\mathrm{d}y$；

(5) $\int_{-1}^1 \mathrm{d}x\int_{x^2+x}^{x+1} f(x,y)\mathrm{d}y$；

(6) $\int_0^1 \mathrm{d}x\int_0^x f(x,y)\mathrm{d}y+\int_1^2 \mathrm{d}x\int_0^{2-x} f(x,y)\mathrm{d}y$.

7. 求曲线 $y=x^2,y=x+2$ 所围成的平面薄片，其上各点处的面密度 $u=1+x^2$，则此薄片的质量为多少？

8. 求由曲面 $z=x^2+2y^2$ 及 $z=6-2x^2-y^2$ 所围成的立体的体积.

9. 求旋转抛物面 $z=x^2+y^2$ 和平面 $z=a^2(a>0)$ 所围成的空间立体的体积.

10. 把下列二次积分化为极坐标系中的二次积分：

(1) $\int_0^R dx\int_0^{\sqrt{R^2-x^2}} f(\sqrt{x^2+y^2})dy$；　　(2) $\int_0^{2R} dy\int_0^{\sqrt{2Ry-y^2}} f(x,y)dx$；

(3) $\int_0^2 dx\int_x^{\sqrt{3}x} f(\sqrt{x^2+y^2})dy$；　　(4) $\int_0^1 dx\int_0^{1-x} f(x,y)dy$；

(5) $\int_0^1 dx\int_0^{x^2} f(x,y)dy$；　　(6) $\int_0^1 dx\int_{1-x}^{\sqrt{1-x^2}} f(x,y)dy$.

11. 用极坐标计算下列各二重积分：

(1) $\iint\limits_D e^{x^2+y^2} dxdy$，其中 $D=\{(x,y)\mid x^2+y^2\leqslant R^2\}$；

(2) $\iint\limits_D \sin\sqrt{x^2+y^2}dxdy$，其中 $D=\{(x,y)\mid \pi^2\leqslant x^2+y^2\leqslant 4\pi^2\}$；

(3) $\iint\limits_D \arctan\frac{y}{x}dxdy$，其中 $D=\{(x,y)\mid x^2+y^2\leqslant a^2\}$；

(4) $\iint\limits_D \ln(1+x^2+y^2)dxdy$，其中 D 是由圆周 $x^2+y^2=1$ 及坐标轴所围成的在第一象限内的闭区域；

(5) $\iint\limits_D \sqrt{x^2+y^2}dxdy$，其中 D 是由 $y=x$ 及 $y=x^2$ 所围成的闭区域；

(6) $\iint\limits_D (x^2+y^2)dxdy$，其中 D 是 $(x-a)^2+y^2=a^2$ 的上半圆周所围成的区域.

12. 选用适当的坐标系计算下列各题：

(1) $\iint\limits_D \sqrt{\frac{1-x^2-y^2}{1+x^2+y^2}}dxdy$，其中 D 是由 $x^2+y^2=1$ 及 $x=0,y=0$ 所围第一象限部分的闭区域；

(2) $\iint\limits_D \arctan\frac{y}{x}dxdy$，其中 D 是由 $x^2+y^2\geqslant 1, x^2+y^2\leqslant 9, y\geqslant\frac{x}{\sqrt{3}}$ 及 $y\leqslant\sqrt{3}x$ 所围成的闭区域；

(3) $\iint\limits_D (|x|+|y|)dxdy$，其中 $D=\{(x,y)\mid x^2+y^2\leqslant 1\}$.

13. 设平面薄片所占的闭区域 D 由螺线 $l=2\theta$ 上一段弧 $\left(0\leqslant\theta\leqslant\frac{\pi}{2}\right)$ 与射线 $\theta=\frac{\pi}{2}$ 所围成，它的面密度为 $\rho(x,y)=x^2+y^2$，求该薄片的质量.

14. 求锥面 $z=\sqrt{x^2+y^2}$，圆柱面 $x^2+y^2=1$ 及 $z=0$ 所围立体的体积.

*15. 作适当变换，计算下列二重积分：

(1) $\iint\limits_D x^2y^2dxdy$，其中 D 是由两条双曲线 $xy=1$ 和 $xy=2$，直线 $y=x$ 和 $y=4x$ 所围成的在第一象限内的闭区域；

(2) $\iint\limits_D e^{\frac{y}{x+y}}dxdy$，其中 D 是由 x 轴、y 轴和直线 $x+y=1$ 所围成的闭区域；

(3) $\iint\limits_D \left(\frac{x^2}{a^2}+\frac{y^2}{b^2}\right)dxdy$，其中 $D=\left\{(x,y)\,\middle|\,\frac{x^2}{a^2}+\frac{y^2}{b^2}\leqslant 1\right\}$；

(4) $\iint\limits_{D}\cos\dfrac{x-y}{x+y}\mathrm{d}x\mathrm{d}y$，其中 D 是由 $x+y=1,x=0,y=0$ 所围成的闭区域.

*16. 选取适当的变换，证明下列等式：

(1) $\iint\limits_{D}f(x+y)\mathrm{d}x\mathrm{d}y=\int_{-1}^{1}f(u)\mathrm{d}u$，其中 $D=\{(x,y)\mid |x|+|y|\leqslant 1\}$；

(2) $\iint\limits_{D}f(ax+by+c)\mathrm{d}x\mathrm{d}y=2\int_{-1}^{1}\sqrt{1-u^2}f(u\sqrt{a^2+b^2}+c)\mathrm{d}u$，其中 $D=\{(x,y)\mid x^2+y^2\leqslant 1\}$，且 $a^2+b^2\neq 0$.

12.3　三重积分及其计算法

二重积分的概念可直接推广到三重积分.

12.3.1　三重积分的概念及性质

定义　设 $f(x,y,z)$ 是定义在空间有界闭区域 Ω 上的有界函数，将 Ω 任意地分为 n 个小区域 $\Delta v_i(i=1,2,\cdots,n)$，且 Δv_i 又表示它的体积. 若把 Δv_i 的直径（即 Δv_i 中任意两点间距离的最大值）记为 λ_i，并记 $\lambda=\max\{\lambda_1,\lambda_2,\cdots,\lambda_n\}$. 在每个小区域 Δv_i 上任取一点 (ξ_i,η_i,ζ_i)，作乘积 $f(\xi_i,\eta_i,\zeta_i)\Delta v_i$，及和式 $\sum\limits_{i=1}^{n}f(\xi_i,\eta_i,\zeta_i)\Delta v_i$. 如果当 $\lambda\to 0$ 时，上述和式的极限存在，且与 Ω 的分割法及 $f(\xi_i,\eta_i,\zeta_i)$ 的取法无关，则称此极限值为函数 $f(x,y,z)$ 在 Ω 上的三重积分，记为 $\iiint\limits_{\Omega}f(x,y,z)\mathrm{d}v$，即

$$\iiint\limits_{\Omega}f(x,y,z)\mathrm{d}v=\lim_{\lambda\to 0}\sum_{i=1}^{n}f(\xi_i,\eta_i,\zeta_i)\Delta v_i,\tag{1}$$

其中，$f(x,y,z)$ 称为被积函数，$\mathrm{d}v$ 称为体积元素，$f(x,y,z)\mathrm{d}v$ 称为被积表达式，Ω 称为积分区域.

由于极限值与 Ω 的分割法无关，所以在直角坐标系中，可以用平行于坐标面的平面分割 Ω. 那么除了包含 Ω 的边界点的一些不规则小闭区域外，得到的小闭区域 Δv_i 为长方体. 设小长方体 Δv_i 的边长为 $\Delta x_i,\Delta y_i,\Delta z_i$，则 $\Delta v_i=\Delta x_i\Delta y_i\Delta z_i$. 因此在直角坐标系中，当 $\lambda\to 0$ 时，所有的 Δv_i 都可以视为小长方体，所以把体积元素 $\mathrm{d}v$ 记作 $\mathrm{d}x\mathrm{d}y\mathrm{d}z$，从而把三重积分记作

$$\iiint\limits_{\Omega}f(x,y,z)\mathrm{d}x\mathrm{d}y\mathrm{d}z,$$

其中，$\mathrm{d}x\mathrm{d}y\mathrm{d}z$ 称为直角坐标系中的体积元素.

当函数 $f(x,y,z)$ 在闭区域 Ω 上连续时，式(1)右端的和式极限必定存在，也就是函数 $f(x,y,z)$ 在闭区域 Ω 上的三重积分必定存在. 现总假定函数 $f(x,y,z)$ 在闭区域 Ω 上是连续的. 关于二重积分的一些术语也可相应地用于三重积分. 三重积分的性质与二重积分的性质类似，这里不再重复叙述.

如果 $f(x,y,z)$ 表示某物体在点 (x,y,z) 处的密度，Ω 表示该物体所占有的空间闭区域，$f(x,y,z)$ 在 Ω 上连续，则 $\sum\limits_{i=1}^{n} f(\xi_i,\eta_i,\zeta_i)\Delta v_i$ 是该物体质量 M 的近似值，当 $\lambda \to 0$ 时该值极限就是物体的质量 M，所以

$$M = \iiint\limits_{\Omega} f(x,y,z)\mathrm{d}v.$$

12.3.2 利用直角坐标计算三重积分

计算三重积分 $\iiint\limits_{\Omega} f(x,y,z)\mathrm{d}v$ 的基本方法是将三重积分化为三次单积分来计算，在直角坐标系下是将三重积分先化为一个二重积分与单积分的形式. 下面就不同类型的积分区域来讨论三重积分的计算法.

如果将积分区域 Ω 向 xOy 面投影得到投影到区域 D_{xy}，且 Ω 能够表示为

$$\Omega=\{(x,y,z)\,|\,z_1(x,y)\leqslant z\leqslant z_2(x,y),(x,y)\in D_{xy}\},$$

其中，$z_1(x,y)$ 和 $z_2(x,y)$ 是平面区域 D_{xy} 内的连续函数，这时称 Ω 为 XY 型空间区域，其特点为任何一条垂直于 xOy 面且穿过 Ω 的直线与 Ω 的边界曲面 Σ 交点不多于 2 个(见图 12-21).

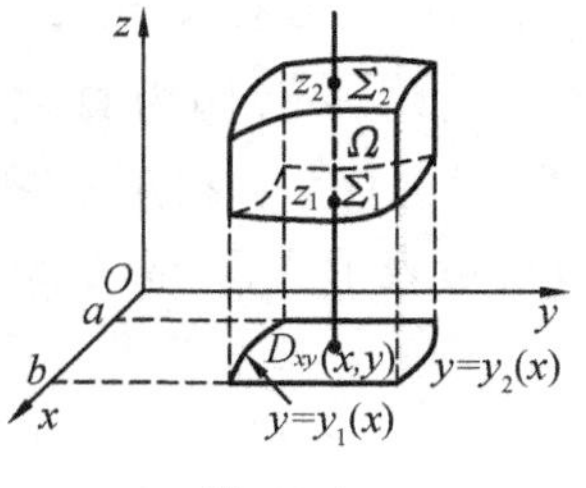

图 12-21

XY 型空间区域 Ω 对于 xOy 面的投影柱面把 Ω 的边界曲面 Σ 分割出下边界曲面 Σ_1 与上边界曲面 Σ_2 两部分，设它们的方程分别是

$$\Sigma_1: z=z_1(x,y),\ \Sigma_2: z=z_2(x,y),$$

且 $z_1(x,y)\leqslant z_2(x,y)$. 过 D_{xy} 内任一点 (x,y) 作平行于 z 轴的直线，该直线通过 Σ_1 穿入 Ω，然后通过 Σ_2 穿出 Ω，穿入点和穿出点的竖坐标分别是 $z_1(x,y)$ 与 $z_2(x,y)$. 于是先对固定的 $(x,y)\in D_{xy}$，在区间 $[z_1(x,y),z_2(x,y)]$ 上求定积分 $\int_{z_1(x,y)}^{z_2(x,y)} f(x,y,z)\mathrm{d}z$ (积分变量为 z)，当点 (x,y) 在 D_{xy} 上变动时，则该定积分是 D_{xy} 上的二元函数

$$\varphi(x,y) = \int_{z_1(x,y)}^{z_2(x,y)} f(x,y,z)\mathrm{d}z.$$

然后计算 $\varphi(x,y)$ 在 D_{xy} 上的二重积分

$$\iint\limits_{D_{xy}}\varphi(x,y)\mathrm{d}x\mathrm{d}y=\iint\limits_{D_{xy}}\left[\int_{z_1(x,y)}^{z_2(x,y)}f(x,y,z)\mathrm{d}z\right]\mathrm{d}x\mathrm{d}y.$$

这时

$$\iiint\limits_{\Omega}f(x,y,z)\mathrm{d}x\mathrm{d}y\mathrm{d}z=\iint\limits_{D_{xy}}\left[\int_{z_1(x,y)}^{z_2(x,y)}f(x,y,z)\mathrm{d}z\right]\mathrm{d}x\mathrm{d}y. \tag{2}$$

用式(2)计算三重积分时，在化为二重积分与单积分的形式后，将二重积分化为二次积分，例如当 D_{xy} 可表示为 $D_{xy}=\{(x,y)\mid y_1(x)\leqslant y\leqslant y_2(x),a\leqslant x\leqslant b\}$ 时，式(2)可进一步得

$$\iiint\limits_{\Omega}f(x,y,z)\mathrm{d}x\mathrm{d}y\mathrm{d}z=\int_a^b\mathrm{d}x\int_{y_1(x)}^{y_2(x)}\mathrm{d}y\int_{z_1(x,y)}^{z_2(x,y)}f(x,y,z)\mathrm{d}z.$$

这样三重积分最终化成了三次积分.

类似地，空间区域 Ω 还有 YZ 型和 ZX 型，当 Ω 是 YZ 型或 ZX 型空间区域时，都可以把三重积分按先“单积分”后“二重积分”的步骤来计算. 由于这一方法是先把积分区域 Ω 向坐标面作投影，且这里的二重积分是在 Ω 的投影区域上进行的，故称该方法为坐标面投影法.

例 1　计算三重积分 $\iiint\limits_{\Omega}xyz\,\mathrm{d}x\mathrm{d}y\mathrm{d}z$，其中 Ω 是由曲球面 $x^2+y^2+z^2=1$ 和三坐标面围成的在第一卦限内的区域(见图 12-22).

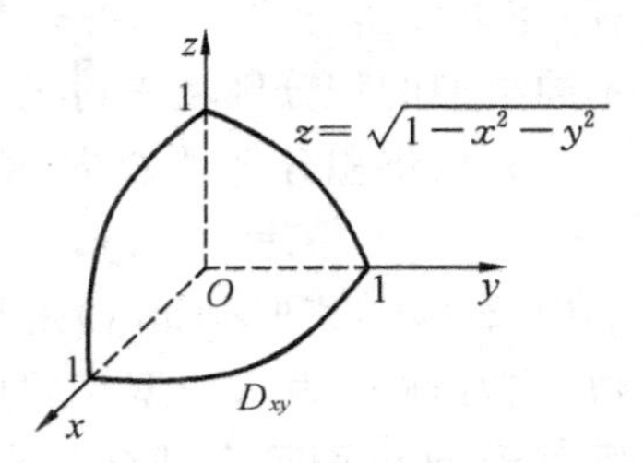

图 12-22

解　先对 z 积分. z 的变化范围是 $0\leqslant z\leqslant\sqrt{1-x^2-y^2}$. 因为 Ω 在 xOy 平面上投影区域 D_{xy} 为 $x^2+y^2=1$ 在第一象限内围成的闭区域，所以 D_{xy} 可表示成 X 型区域

$$D_{xy}:\begin{cases}0\leqslant x\leqslant 1,\\0\leqslant y\leqslant\sqrt{1-x^2}.\end{cases}$$

于是 Ω 可表示成

$$\begin{cases}0\leqslant z\leqslant\sqrt{1-x^2-y^2},\\0\leqslant y\leqslant\sqrt{1-x^2},\\0\leqslant x\leqslant 1,\end{cases}$$

则

$$\iiint\limits_{\Omega}xyz\,\mathrm{d}x\mathrm{d}y\mathrm{d}z=\iint\limits_{D}\mathrm{d}x\mathrm{d}y\int_0^{\sqrt{1-x^2-y^2}}xyz\,\mathrm{d}z=\int_0^1\mathrm{d}x\int_0^{\sqrt{1-x^2}}\mathrm{d}y\int_0^{\sqrt{1-x^2-y^2}}xyz\,\mathrm{d}z$$

$$=\frac{1}{2}\int_0^1\mathrm{d}x\int_0^{\sqrt{1-x^2}}xy(1-x^2-y^2)\mathrm{d}y=\frac{1}{8}\int_0^1x(1-x^2)^2\mathrm{d}x=\frac{1}{48}.$$

有时计算一个三重积分可以先化为计算一个二重积分，再计算一个定积分，即有下述的计算公式.

如果空间有界闭区域 Ω 向 z 轴作投影的投影区间为 $[c_1, c_2]$，且 Ω 能表示为 $\Omega=\{(x,y,z) \mid (x,y)\in D_z, c_1\leqslant z\leqslant c_2\}$，其中 D_z 是竖坐标为 z 的平面截闭区域 Ω 得到的平面闭区域(图 12-23)，就称 Ω 是 Z 型空间区域，则有

$$\iiint\limits_{\Omega} f(x,y,z)\mathrm{d}x\mathrm{d}y\mathrm{d}z=\int_{c_1}^{c_2}\mathrm{d}z\iint\limits_{D_z} f(x,y,z)\mathrm{d}x\mathrm{d}y. \tag{3}$$

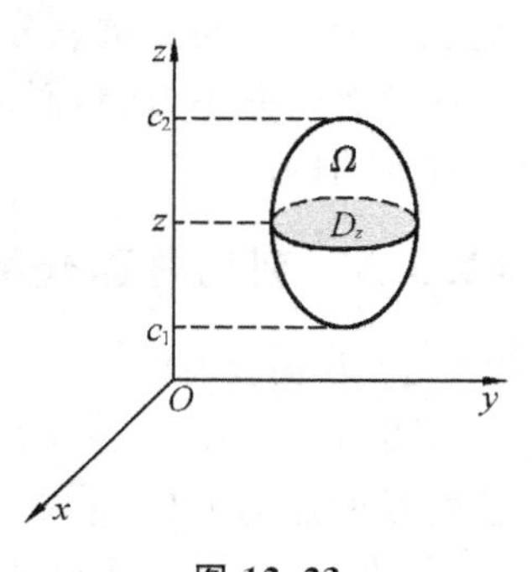

图 12-23

注意 如果二重积分 $\iint\limits_{D_z} f(x,y,z)\mathrm{d}x\mathrm{d}y$ 能比较容易地算出，其结果对 z 再进行积分也比较方便，那么就可以考虑使用式(3)来计算三重积分.

类似地，空间区域 Ω 还有 X 型和 Y 型. 当 Ω 是 X 型、Y 型空间区域时，都可以把三重积分按先“二重积分”后“单积分”的步骤来计算. 由于这一方法是先把积分区域 Ω 向坐标轴作投影，且这里的二重积分是在 Ω 的截面区域上进行的，故称该方法为坐标轴投影法(或截面法).

例 2 计算 $\iiint\limits_{\Omega} z^2\mathrm{d}x\mathrm{d}y\mathrm{d}z$，其中 Ω 为椭球体 $\frac{x^2}{a^2}+\frac{y^2}{b^2}+\frac{z^2}{c^2}\leqslant 1$.

解 将 Ω 表示成 Z 型空间区域 $\Omega=\{(x,y,z) \mid (x,y)\in D_z, -c\leqslant z\leqslant c\}$，其中

$$D_z=\left\{(x,y)\left|\frac{x^2}{a^2}+\frac{y^2}{b^2}\leqslant 1-\frac{z^2}{c^2}\right.\right\}\ (-c\leqslant z\leqslant c),$$

则

$$\iiint\limits_{\Omega} z^2\mathrm{d}x\mathrm{d}y\mathrm{d}z=\int_{-c}^{c}\mathrm{d}z\iint\limits_{D_z} z^2\mathrm{d}x\mathrm{d}y=\int_{-c}^{c} z^2\sigma(D_z)\mathrm{d}z.$$

这里 $\sigma(D_z)$ 表示 D_z 的面积. 利用椭圆面积的计算公式

$$\sigma(D_z)=\pi\left(a\sqrt{1-\frac{z^2}{c^2}}\right)\left(b\sqrt{1-\frac{z^2}{c^2}}\right)=\pi ab\left(1-\frac{z^2}{c^2}\right),$$

因此得

$$\iiint\limits_{\Omega} z^2\mathrm{d}x\mathrm{d}y\mathrm{d}z=\int_{-c}^{c}\pi ab\left(1-\frac{z^2}{c^2}\right)z^2\mathrm{d}z=\frac{4}{15}\pi abc^3.$$

如果把本题中的被积函数由 z^2 变为常数 1，则可求得半轴长为 a,b,c 的椭球体体积

$$V=\iiint\limits_{\Omega}\mathrm{d}x\mathrm{d}y\mathrm{d}z=\int_{-c}^{c}\mathrm{d}z\iint\limits_{D_z}\mathrm{d}x\mathrm{d}y=\int_{-c}^{c}\pi ab\left(1-\frac{z^2}{c^2}\right)\mathrm{d}z=\frac{4}{3}\pi abc.$$

更一般的结论是：$\iiint\limits_{\Omega}\mathrm{d}x\mathrm{d}y\mathrm{d}z$ 计算的结果其数值即为 Ω 围成的立体的体积. 三

重积分的计算与二重积分的计算一样，对某些函数 $f(x,y,z)$ 及区域 Ω 用直角坐标计算有时并不方便，而下面介绍的柱面坐标与球面坐标在三重积分的计算中是经常采用的.

12.3.3　利用柱面坐标计算三重积分

1）柱面坐标

设点 $M(x,y,z)$ 为空间中的一个点，它在 xOy 面上的投影点为 $P(x,y,0)$，在直角坐标系中，以 x 轴为极轴，在 xOy 平面上建立极角坐标系，再以 z 轴为竖轴，就构成了柱面坐标系（见图 12-24），并称 r,θ,z 这三个有序数为点 M 的柱面坐标，即 $M(r,\theta,z)$，其中 r 称为极径，θ 称为极角，z 称为竖坐标，r,θ,z 的变化范围为

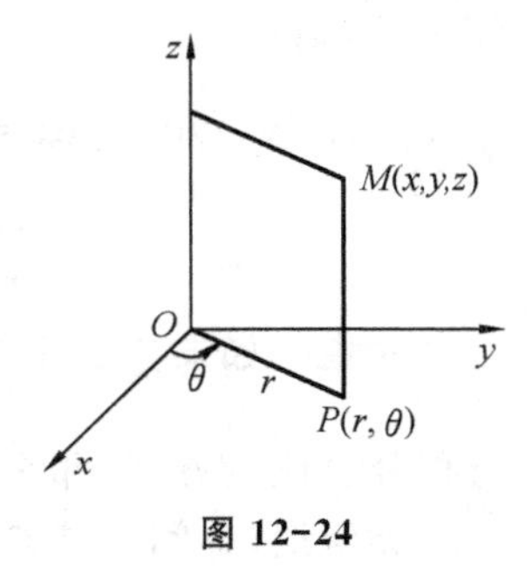

图 12-24

$$0\leqslant r<+\infty,$$
$$0\leqslant\theta\leqslant 2\pi,$$
$$-\infty<z<+\infty.$$

三组坐标面分别为：

$r=$常数，表示以 z 轴为中心轴的圆柱面；

$\theta=$常数，表示以 z 轴为一条边的半平面；

$z=$常数，表示与 xOy 坐标面平行的平面.

显然，点 M 的直角坐标与柱面坐标的变换关系为

$$\begin{cases}x=r\cos\theta,\\ y=r\sin\theta,\\ z=z.\end{cases}\tag{4}$$

2）计算方法

现讨论怎样把三重积分 $\iiint\limits_{\Omega}f(x,y,z)\mathrm{d}x\mathrm{d}y\mathrm{d}z$ 转换成柱面坐标下的三重积分，其中被积函数 $f(x,y,z)$ 直接利用两坐标系统的变换公式(4)即可完成 $f(r\cos\theta,r\sin\theta,z)$. 关键问题是体积元素 $\mathrm{d}x\mathrm{d}y\mathrm{d}z$ 在柱面坐标下如何表示. 为此，用 r,θ,z 分别为常数的三维坐标面把 Ω 分成许多小闭区域，除包含 Ω 的边界面的小闭区域之外，大部分的小区域都是如图 12-25 中所示的扇形柱体，并且体积 $\mathrm{d}v$ 等于小柱体的底面积与高的乘积（即极坐标系中的面积元素与 $\mathrm{d}z$ 之积），于是得 $\mathrm{d}v=r\mathrm{d}r\mathrm{d}\theta\mathrm{d}z$. 这就是柱面坐标系下的体积

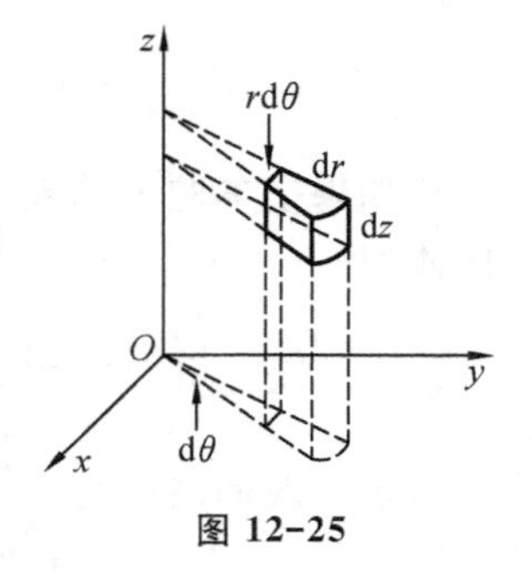

图 12-25

元素的表达式.由此得到将三重积分从直角坐标变换为柱面坐标的公式

$$\iiint_{\Omega} f(x,y,z)\mathrm{d}x\mathrm{d}y\mathrm{d}z = \iiint_{\Omega} f(r\cos\theta, r\sin\theta, z) r\mathrm{d}r\mathrm{d}\theta\mathrm{d}z.$$

变量变换为柱面坐标后的三重积分的计算还是要化为累次积分来做.化为累次积分时,积分限可根据 r,θ,z 在积分区域 Ω 中的变化范围来确定,下面通过例子说明计算方法.

例 3 利用柱面坐标计算 $\iiint_{\Omega} z\mathrm{d}x\mathrm{d}y\mathrm{d}z$,其中 Ω 是由上半球面 $x^2+y^2+z^2=4$ 与 $z=0$ 所围成的闭区域.

解 因为球面在 xOy 面上的投影区域 $D_{xy}=\{(x,y)\mid x^2+y^2\leqslant 4\}$,它在极坐标下表示为

$$D_{r\theta}:\begin{cases}0\leqslant\theta\leqslant 2\pi,\\ 0\leqslant r\leqslant 2.\end{cases}$$

所以 Ω 的表示法为

$$\begin{cases}0\leqslant\theta\leqslant 2\pi,\\ 0\leqslant r\leqslant 2,\\ 0\leqslant z\leqslant\sqrt{4-r^2}.\end{cases}$$

于是

$$\iiint_{\Omega} z\mathrm{d}x\mathrm{d}y\mathrm{d}z = \iiint_{\Omega} zr\,\mathrm{d}r\mathrm{d}\theta\mathrm{d}z = \int_0^{2\pi}\mathrm{d}\theta\int_0^2 r\mathrm{d}r\int_0^{\sqrt{4-r^2}} z\mathrm{d}z$$

$$= 2\pi\int_0^2 r\left[\frac{1}{2}(4-r^2)\right]\mathrm{d}r = 4\pi.$$

例 4 计算 $\iiint_{\Omega}(x^2+y^2)\mathrm{d}v$,其中 $\Omega=\{(x,y,z)\mid x^2+y^2=z, z=4\}$ 围成的闭区域(见图 12-26).

解 因为 Ω 在 xOy 面上的投影区域

$$D_{xy}=\{(x,y)\mid x^2+y^2\leqslant 4\},$$

所以在柱面坐标下 Ω 可表示成

$$\Omega:\begin{cases}0\leqslant\theta\leqslant 2\pi,\\ 0\leqslant r\leqslant 2,\\ \dfrac{r^2}{2}\leqslant z\leqslant 2.\end{cases}$$

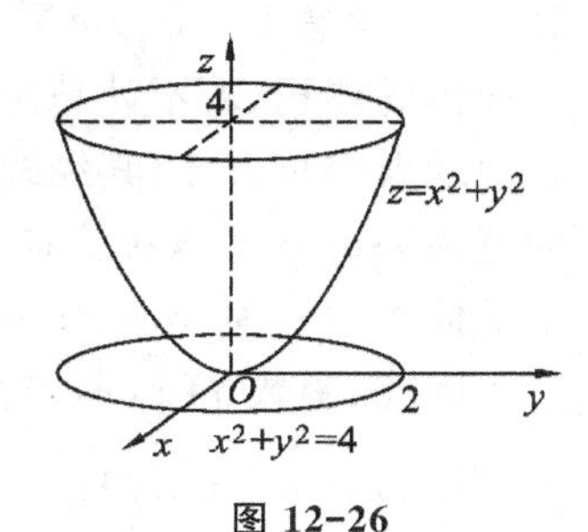

图 12-26

于是

$$\iiint_{\Omega}(x^2+y^2)\mathrm{d}v = \int_0^{2\pi}\mathrm{d}\theta\int_0^2 r^3\mathrm{d}r\int_{\frac{r^2}{2}}^2\mathrm{d}z = 2\pi\int_0^2 r^3\left(2-\frac{r^2}{2}\right)\mathrm{d}r = \frac{16}{3}\pi.$$

12.3.4　利用球面坐标计算三重积分

设点 $M(x,y,z)$ 为空间中的一点，r 为原点 O 与点 M 的距离，φ 为 OM 与 z 轴正向的夹角，P 为点 M 在 xOy 平面上的投影，记 x 轴的正向与射线 OP 的夹角为 θ（见图 12-27），则点 M 的位置可以用 r,φ,θ 这三个有序数确定，并称 $M(r,\varphi,\theta)$ 中的 r,φ,θ 三个有序数为点 M 的球面坐标，这里 r,φ,θ 的变化范围为

$$0\leqslant r<+\infty,\ 0\leqslant\varphi\leqslant\pi,\ 0\leqslant\theta<2\pi.$$

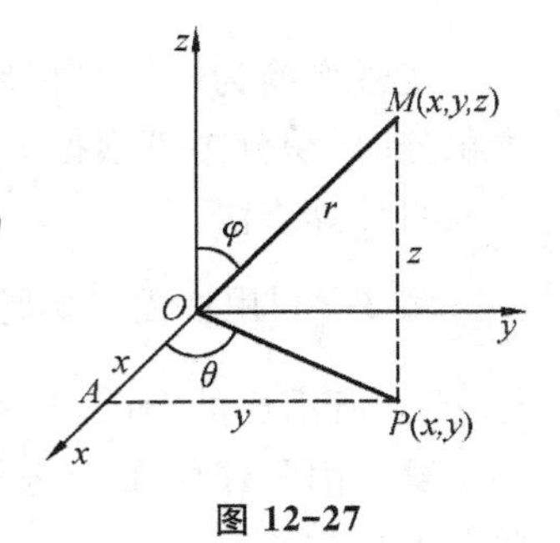

图 12-27

球面坐标的三组坐标面分别为：

$r=$常数，表示以坐标原点为中心的球面；

$\varphi=$常数，表示以原点为顶点，z 轴为中心轴的圆锥面；

$\theta=$常数，表示过 z 轴的半平面.

由图 12-27 可知，设点 M 在 xOy 面上的投影为 P，点 P 在 x 轴上的投影为 A，则 $OA=x,AP=y,PM=z$，所以 $x=OP\cos\theta,y=OP\sin\theta,z=OM\cos\varphi$，又因为 $OM=r,OP=r\sin\varphi$，所以可得点 M 的直角坐标与球面坐标的变换关系为

$$\begin{cases}x=r\sin\varphi\cos\theta,\\ y=r\sin\varphi\sin\theta,\\ z=r\cos\varphi.\end{cases}$$

下面讨论在球面坐标中的体积元素，为此分别用 r,φ,θ 为常数的三组坐标面把空间有界闭区域 Ω 分成许多小闭区域，除含有 Ω 的边界曲面的小闭区域外，大部分这样的小闭区域是“六面体”的形状（见图 12-28），考虑由 r,φ,θ 各取微小增量 $\mathrm{d}r,\mathrm{d}\varphi,\mathrm{d}\theta$ 所成的六面体的体积，若不计高阶无穷小，可以把这个六面体近似地看作长方体，其经线方向的长为 $r\mathrm{d}\varphi$，纬线方向的宽为 $r\sin\varphi\mathrm{d}\theta$，向径方向的高为 $\mathrm{d}r$，于是球面坐标系下的体积元素为 $\mathrm{d}v=r^2\sin\varphi\mathrm{d}r\mathrm{d}\varphi\mathrm{d}\theta$.

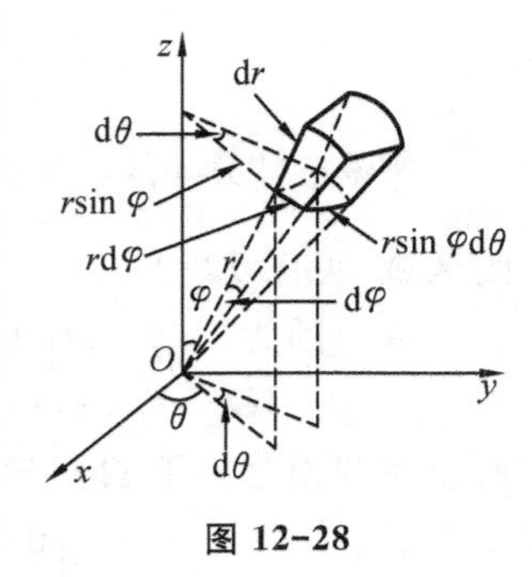

图 12-28

因此，函数 $f(x,y,z)$ 在有界闭区域 Ω 上的三重积分可以写为

$$\iiint\limits_{\Omega}f(x,y,z)\mathrm{d}x\mathrm{d}y\mathrm{d}z=\iiint\limits_{\Omega}f(r\sin\varphi\cos\theta,r\sin\varphi\sin\theta,r\cos\varphi)r^2\sin\varphi\mathrm{d}r\mathrm{d}\varphi\mathrm{d}\theta.$$

这个式子就是三重积分由直角坐标变换为球面坐标的公式.要具体计算球面坐标下的三重积分，可把它化为对 r,φ 及 θ 的三重积分.

若原点在积分区域 Ω 内，且 Ω 的边界曲面在球面坐标中的方程为 $r=(\varphi,\theta)$，则

$$\Omega:\begin{cases}0\leqslant\theta\leqslant 2\pi,\\ 0\leqslant\varphi\leqslant\pi,\\ 0\leqslant r\leqslant r(\varphi,\theta),\end{cases}$$

于是三重积分就可转化为球面坐标下的累次积分，即

$$\iiint\limits_{\Omega} f(r\sin\varphi\cos\theta,r\sin\varphi\sin\theta,r\cos\varphi)r^2\sin\varphi\mathrm{d}r\mathrm{d}\varphi\mathrm{d}\theta$$
$$=\int_0^{2\pi}\mathrm{d}\theta\int_0^{\pi}\sin\varphi\mathrm{d}\varphi\int_0^{r(\varphi,\theta)}f(r\sin\varphi\cos\theta,r\sin\varphi\sin\theta,r\cos\varphi)r^2\mathrm{d}r.$$

当积分区域 Ω 为球面 $r=a$ 所围成时，则

$$\iiint\limits_{\Omega} f(r\sin\varphi\cos\theta,r\sin\varphi\sin\theta,r\cos\varphi)r^2\sin\varphi\mathrm{d}r\mathrm{d}\varphi\mathrm{d}\theta$$
$$=\int_0^{2\pi}\mathrm{d}\theta\int_0^{\pi}\sin\varphi\mathrm{d}\varphi\int_0^{a}f(r\sin\varphi\cos\theta,r\sin\varphi\sin\theta,r\cos\varphi)r^2\mathrm{d}r.$$

特别地，当 $f(x,y,z)=1$ 时，上式为

$$\int_0^{2\pi}\mathrm{d}\theta\int_0^{\pi}\sin\varphi\mathrm{d}\varphi\int_0^{a}r^2\mathrm{d}r=2\pi\cdot 2\cdot\frac{a^3}{3}=\frac{4}{3}\pi a^3,$$

这就是人们熟知的球的体积计算公式.

例 5 计算三重积分 $\iiint\limits_{\Omega}\mathrm{d}x\mathrm{d}y\mathrm{d}z$，其中 Ω 由球面 $x^2+y^2+(z-R)^2=R^2$ 和圆锥面 $z=\sqrt{x^2+y^2}$ 围成（见图 12-29）.

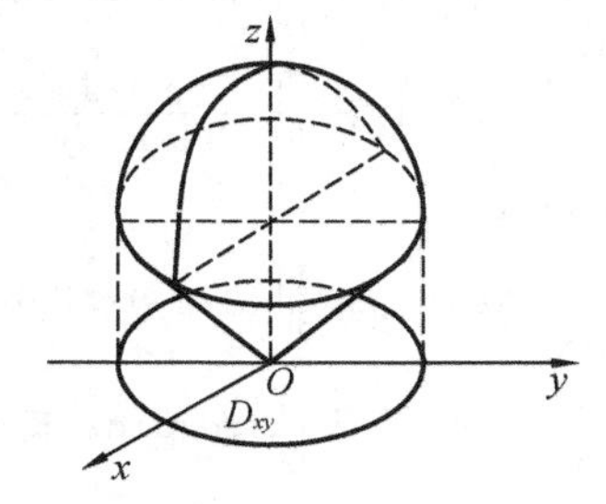

图 12-29

解 因为在直角坐标下的球面方程

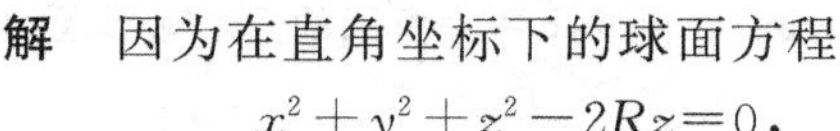

$$x^2+y^2+z^2-2Rz=0,$$

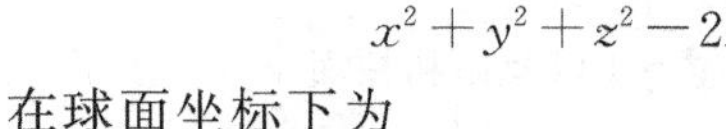

在球面坐标下为

$$r^2\sin^2\varphi\cos^2\theta+r^2\sin^2\varphi\sin^2\theta+r^2\cos^2\varphi-2Rr\cos\varphi=0,$$

化简后为

$$r^2-2Rr\cos\varphi=0.$$

所以推得在球面坐标系中，球心在 $(0,0,R)$，半径为 R 的球面方程为

$$r=2R\cos\varphi.$$

顶点在坐标原点的圆锥面方程为 $\varphi=\dfrac{\pi}{4}$，所以这里的区域 Ω 在球面坐标系中可表示为

$$\Omega:\begin{cases}0\leqslant\theta\leqslant 2\pi,\\ 0\leqslant\varphi\leqslant\dfrac{\pi}{4},\\ 0\leqslant r\leqslant 2R\cos\varphi.\end{cases}$$

于是

$$\iiint_{\Omega}\mathrm{d}x\mathrm{d}y\mathrm{d}z=\iiint_{\Omega}r^2\sin\varphi\mathrm{d}r\mathrm{d}\varphi\mathrm{d}\theta=\int_0^{2\pi}\mathrm{d}\theta\int_0^{\frac{\pi}{4}}\sin\varphi\mathrm{d}\varphi\int_0^{2R\cos\varphi}r^2\mathrm{d}r$$

$$=\int_0^{2\pi}\mathrm{d}\theta\int_0^{\frac{\pi}{4}}\sin\varphi\cdot\frac{r^3}{3}\Big|_0^{2R\cos\varphi}\mathrm{d}\varphi=\frac{16}{3}\pi R^3\int_0^{\frac{\pi}{4}}\cos^3\varphi\sin\varphi\mathrm{d}\varphi$$

$$=\frac{4}{3}\pi R^3\left(1-\cos^4\frac{\pi}{4}\right)=\pi R^3.$$

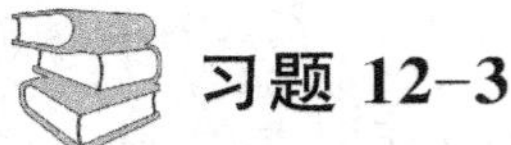

习题 12-3

1. 化三重积分 $z=\iiint_{\Omega}f(x,y,z)\mathrm{d}x\mathrm{d}y\mathrm{d}z$ 为三次积分，其中积分区域 Ω 分别是：

(1) 由曲面 $z=x^2+y^2$，$y=x^2$ 及平面 $y=1$，$z=0$ 所围成的闭区域；

(2) 由双曲抛物面 $xy=z$ 及平面 $x+y-1=0$，$z=0$ 所围成的闭区域；

(3) 由球面 $x^2+y^2+z^2=1$ 和坐标面所围成的第一卦限部分的闭区域；

(4) 由曲面 $z=x^2+2y^2$ 及 $z=2-x^2$ 所围成的闭区域.

2. 利用直角坐标计算下列三重积分：

(1) 计算 $\iiint_{\Omega}x\mathrm{d}x\mathrm{d}y\mathrm{d}z$，其中 Ω 是由三个坐标面与平面 $x+2y+z=1$ 所围成的闭区域；

(2) 计算 $\iiint_{\Omega}\frac{x\mathrm{d}x\mathrm{d}y\mathrm{d}z}{(1+x+y+z)^3}$，其中 Ω 是由平面 $x=0$，$z=0$ 和 $x+y+z=1$ 所围成的四面体；

(3) 计算 $\iiint_{\Omega}z\mathrm{d}x\mathrm{d}y\mathrm{d}z$，其中 Ω 为曲面 $x^2+y^2+z^2=1$，$z=0$ 所围的上半球形区域；

(4) 计算 $\iiint_{\Omega}xz\mathrm{d}x\mathrm{d}y\mathrm{d}z$，其中 Ω 是由平面 $z=0$，$z=y$，$y=1$ 以及抛物柱面 $y=x^2$ 所围成的闭区域；

(5) 计算 $\iiint_{\Omega}z^2\mathrm{d}x\mathrm{d}y\mathrm{d}z$，其中 Ω 是两个球 $x^2+y^2+z^2\leqslant R^2$ 和 $x^2+y^2+z^2\leqslant 2Rz(R>0)$ 的公共部分；

(6) 计算 $\iiint_{\Omega}x^3y^2\mathrm{d}v$，其中 Ω 是由双曲抛物面 $z=xy$，坐标平面 $z=0$，平面 $y=x$ 及 $x=a$ 所围成的闭区域.

3. 设有一物体，占有空间闭区域 $\Omega=\{(x,y,z)\mid 0\leqslant x\leqslant 1,0\leqslant y\leqslant 1,0\leqslant z\leqslant 1\}$，在点 (x,y,z) 处的密度为 $\rho(x,y,z)=x+y+z$，计算该物体的质量.

4. 如果三重积分 $\iiint_{\Omega}f(x,y,z)\mathrm{d}x\mathrm{d}y\mathrm{d}z$ 的被积函数 $f(x,y,z)$ 是三个函数 $f_1(x)$，$f_2(y)$，$f_3(z)$ 的乘积，即 $f(x,y,z)=f_1(x)f_2(y)f_3(z)$，积分区域 Ω 为 $a\leqslant x\leqslant b$，$c\leqslant y\leqslant d$，$l\leqslant z\leqslant m$，证明该三重积分等于三个单积分的乘积，即

$$\iiint_{\Omega} f_1(x) f_2(y) f_3(z) \mathrm{d}x\mathrm{d}y\mathrm{d}z = \int_a^b f_1(x)\mathrm{d}x \int_c^d f_2(y)\mathrm{d}y \int_l^m f_3(z)\mathrm{d}z.$$

5. 利用柱面坐标计算下面三重积分：

(1) 计算 $\iiint_{\Omega}(x^2+y^2)\mathrm{d}v$,其中 Ω 是由圆锥面 $x^2+y^2=z^2$ 与平面 $z=h(h>0)$ 所围成的闭区域；

(2) 计算 $\iiint_{\Omega} z\mathrm{d}v$,其中 Ω 是由曲面 $x^2+y^2+z^2=2$,$x^2+y^2=z$ 所围成的闭区域.

6. 利用球面坐标计算下列三重积分：

(1) $\iiint_{\Omega} z\sqrt{x^2+y^2}\mathrm{d}v$,其中 Ω 是由圆柱面 $x^2+y^2=2x(y\geqslant 0)$ 与平面 $z=0,z=a,y=0$ 所围成的闭区域；

(2) $\iiint_{\Omega} z\mathrm{d}v$,其中闭区域 Ω 由不等式 $x^2+y^2+(z-a)\leqslant a^2$,$x^2+y^2\leqslant z^2$ 所确定.

7. 选用适当坐标计算下列三重积分：

(1) $\iiint_{\Omega}(x+y+z)\mathrm{d}v$,其中 $\Omega=\{(x,y,z)\mid x\geqslant 0,y\geqslant 0,z\geqslant 0,x^2+y^2+z^2\leqslant R^2\}$；

(2) $\iiint_{\Omega}(x^2+y^2)\mathrm{d}v$,其中 Ω 是由旋转抛物面 $x^2+y^2=2z$ 与平面 $z=1,z=2$ 所围成的空间闭区域；

(3) $\iiint_{\Omega}\sqrt{x^2+y^2+z^2}\mathrm{d}v$,其中 Ω 为 $x^2+y^2+(z-1)^2\leqslant 1$ 所确定；

(4) $\iiint_{\Omega}(x^2+y^2)\mathrm{d}v$, 其中 Ω 是由两个半球面 $z=\sqrt{A^2-x^2-y^2}$,$z=\sqrt{a^2-x^2-y^2}$ $(A>a>0)$ 及平面 $z=0$ 所围成的闭区域.

8. 利用三重积分计算下列曲面所围立体的体积：

(1) $x^2+y^2=az$ 与 $z=2a-\sqrt{x^2+y^2}(a>0)$；

(2) $z=\sqrt{x^2+y^2}$ 及 $z=x^2+y^2$；

(3) $z=\sqrt{5-x^2+y^2}$ 及 $x^2+y^2=4z$.

9. 求球体 $x^2+y^2+z^2\leqslant 4z$ 被曲面 $z=4-x^2-y^2$ 所分成的两部分的体积.

12.4 重积分的应用

前面指出了平面薄片的质量与曲顶柱体的体积可以通过二重积分来计算，现进一步讨论几个应用重积分解决的几何与物理问题.

12.4.1 几何方面的应用

1) 封闭曲面所围立体的体积

例 1 求由三坐标面及平面 $x+y+z=1$ 围成的四面体 Ω 的体积.

解　如图 12-30 所示，四面体 Ω 在 xOy 面上的投影区域

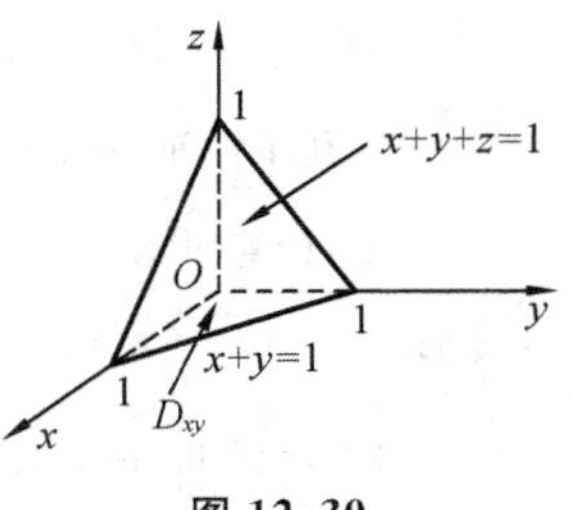

图 12-30

$$D_{xy}:\begin{cases}0\leqslant x\leqslant 1,\\ 0\leqslant y\leqslant 1-x.\end{cases}$$

所以 Ω 可表示成：

$$\begin{cases}0\leqslant x\leqslant 1,\\ 0\leqslant y\leqslant 1-x,\\ 0\leqslant z\leqslant 1-x-y.\end{cases}$$

于是 Ω 的体积

$$\begin{aligned}V&=\int_0^1\mathrm{d}x\int_0^{1-x}\mathrm{d}y\int_0^{1-x-y}\mathrm{d}z=\int_0^1\mathrm{d}x\int_0^{1-x}(1-x-y)\mathrm{d}y\\&=\int_0^1\left[(1-x)y-\frac{y^2}{2}\right]_0^{1-x}\mathrm{d}x=\int_0^1\left[(1-x)^2-\frac{1}{2}(1-x)^2\right]\mathrm{d}x\\&=\frac{1}{2}\int_0^1(1-x)^2\mathrm{d}x=-\frac{1}{6}(1-x)^3\Big|_0^1=\frac{1}{6}.\end{aligned}$$

2）曲面的面积

设曲面 Σ 由方程

$$z=z(x,y)\tag{1}$$

给出，D_{xy} 为曲面 Σ 在 xOy 面上的投影区域，函数 $z(x,y)$ 在 D_{xy} 上具有一阶连续的偏导数 z_x 和 z_y，求曲面 Σ 的面积 A.

在闭区域 D_{xy} 上任取一直径很小的闭区域 $\mathrm{d}\sigma$（$\mathrm{d}\sigma$ 同时也表示小闭区域的面积），在 $\mathrm{d}\sigma$ 上取一点 $P(x,y)$，对应地曲面 Σ 上有一点 $M(x,y,z(x,y))$，点 M 在 xOy 面上的投影即点 P. 点 M 处曲面 Σ 的切平面为 T（见图 12-31a）.

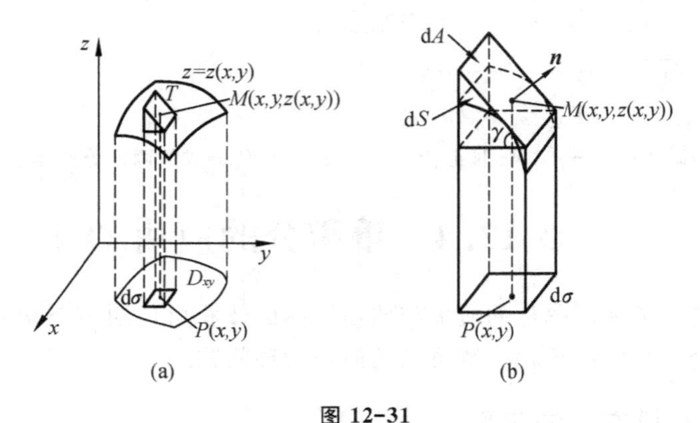

图 12-31

以小闭区域 $\mathrm{d}\sigma$ 的边界为准线作母线平行于 z 轴的柱面，该柱面在曲面 Σ 上截下一小片曲面 $\mathrm{d}S$，在切平面 T 上截下一小片平面 $\mathrm{d}A$（见图 12-31b）. 由于 $\mathrm{d}\sigma$ 的

直径很小,切平面 T 上的那小片平面的面积 $\mathrm{d}A$ 可以近似代替相应的那小片曲面的面积 $\mathrm{d}S$,设曲面 Σ 上点 M 处的法向量 $\boldsymbol{n}$(指向朝上)与 z 轴所成的角为 γ,则法向量

$$\boldsymbol{n}=(-z_x(x,y),-z_y(x,y),1).$$

故
$$\cos\gamma=\frac{1}{\sqrt{1+z_x(x,y)+z_y(x,y)}}.\tag{2}$$

因为
$$\mathrm{d}\sigma=\mathrm{d}A\cos\gamma$$

所以
$$\mathrm{d}A=\frac{\mathrm{d}\sigma}{\cos\gamma},\tag{3}$$

则
$$\mathrm{d}A=\sqrt{1+z_x^2(x,y)+z_y^2(x,y)}\,\mathrm{d}\sigma.\tag{4}$$

这就是曲面 Σ 的面积元素 $\mathrm{d}S$,以它作为被积表达式在闭区域 D 上积分,得到曲面 Σ 的面积

$$A=\iint_{D_{xy}}\sqrt{1+z_x^2(x,y)+z_y^2(x,y)}\,\mathrm{d}\sigma\tag{5}$$

或
$$A=\iint_{D_{xy}}\sqrt{1+\left(\frac{\partial z}{\partial x}\right)^2+\left(\frac{\partial z}{\partial y}\right)^2}\,\mathrm{d}x\mathrm{d}y.\tag{5'}$$

若设空间曲面 Σ 的方程为 $x=x(y,z)$(或 $y=y(x,z)$),可将曲面 Σ 投影到 yOz 面上(记投影区域为 D_{yz})或 zOx 面上(记投影区域为 D_{zx}),类似地有计算公式

$$A=\iint_{D_{yz}}\sqrt{1+\left(\frac{\partial x}{\partial y}\right)^2+\left(\frac{\partial x}{\partial z}\right)^2}\,\mathrm{d}y\mathrm{d}z\tag{6}$$

或
$$A=\iint_{D_{zx}}\sqrt{1+\left(\frac{\partial y}{\partial x}\right)^2+\left(\frac{\partial y}{\partial z}\right)^2}\,\mathrm{d}x\mathrm{d}z.\tag{7}$$

例 2 求半径为 R 的球的表面积.

解 将球的球心取在坐标原点,则球的方程为 $x^2+y^2+z^2=R^2$,由对称性可知整个球的表面积为上半球面的面积的两倍,上半球面的方程 $z=\sqrt{R^2-x^2-y^2}$,它在 xOy 坐标面上的投影闭区域

$$D_{xy}=\{(x,y)\mid x^2+y^2\leqslant R^2\}.$$

又由于
$$\sqrt{1+\left(\frac{\partial z}{\partial x}\right)^2+\left(\frac{\partial z}{\partial y}\right)^2}=\frac{R}{\sqrt{R^2-x^2-y^2}},$$

它在闭区域 D 的边界 $x^2+y^2=R^2$ 上不连续,因此不能直接用公式(5)去计算表面积. 为此,先取闭区域 $D_1=\{(x,y)\mid x^2+y^2\leqslant\rho^2\}(0<\rho<R)$ 为积分区域,计算出在 D_1 上的上半球面的面积 A_1 之后,再令 $\rho\to R$ 取 A_1 的极限就得到上半球面的面积. 上半球面方程在极坐标下的表示式为 $\begin{cases}0\leqslant\theta\leqslant2\pi,\\0\leqslant r\leqslant R,\end{cases}$ 则

$$A_1 = \iint\limits_{D_1} \frac{R}{\sqrt{R^2 - x^2 - y^2}} \mathrm{d}x\mathrm{d}y = R\int_0^{2\pi} \mathrm{d}\theta \int_0^{\rho} \frac{r\mathrm{d}r}{\sqrt{R^2 - r^2}}$$

$$= 2\pi R\int_0^{\rho} \frac{r}{\sqrt{R^2 - r^2}} \mathrm{d}r = 2\pi R(R - \sqrt{R^2 - \rho^2}).$$

于是

$$A = 2\lim_{\rho \to R} A_1 = 2\lim_{\rho \to R} 2\pi R(R - \sqrt{R^2 - \rho^2}) = 2 \cdot 2\pi R^2 = 4\pi R^2.$$

例 3　求平面 $z=1-x$ 被两柱面 $x=y^2$，$2x=y^2$ 截出的第一卦限部分平面的面积 A(见图 12-32a).

解　$D_{xy}=\{(x,y)\mid\sqrt{x}\leqslant y\leqslant\sqrt{2x},0\leqslant x\leqslant 1\}$为截出的平面在 xOy 平面上投影闭区域(见图 12-32b)，由于 $\sqrt{1+\left(\frac{\partial z}{\partial x}\right)^2+\left(\frac{\partial z}{\partial y}\right)^2}=\sqrt{2}$，因此

$$A = \iint\limits_{D_{xy}} \sqrt{1 + \left(\frac{\partial z}{\partial x}\right)^2 + \left(\frac{\partial z}{\partial y}\right)^2} \mathrm{d}x\mathrm{d}y = \iint\limits_{D_{xy}} \sqrt{2}\mathrm{d}x\mathrm{d}y$$

$$= \sqrt{2}\int_0^1 \mathrm{d}x \int_{\sqrt{x}}^{\sqrt{2x}} \mathrm{d}y = \sqrt{2}\int_0^1 (\sqrt{2} - 1)\sqrt{x}\mathrm{d}x$$

$$= \frac{2(2 - \sqrt{2})}{3}.$$

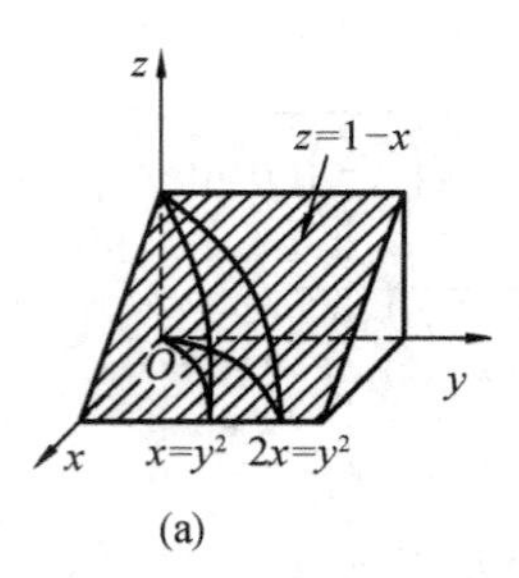

(a)

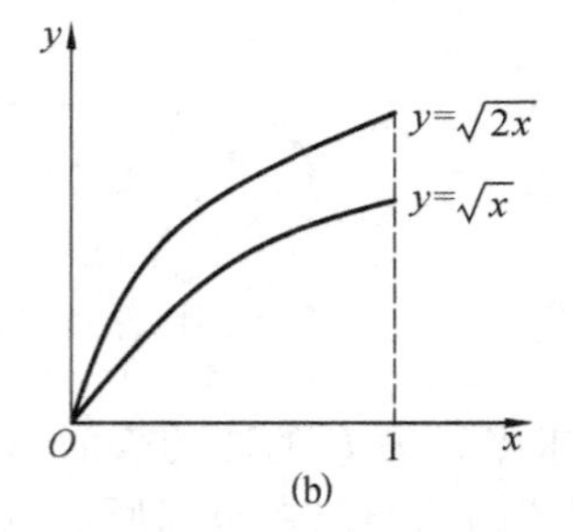

(b)

图 12-32

12.4.2　物理方面的应用

利用二重积分可以计算平面薄板的质量、质心(重心)、转动惯量等问题，利用三重积分可以计算空间物体同样的问题. 下面着重介绍平面薄板的情形，关于求空间物体质量、重心、转动惯量的方法与平面薄板的情形类似.

1) 物体的质量

由二重积分的概念知，面密度为 $\rho=\rho(x,y)$ 的平面薄板 D 的质量 M 为

$$M = \iint\limits_{D} \rho(x,y)\mathrm{d}\sigma. \tag{8}$$

由三重积分的概念知，体密度 $\rho(x,y,z)$ 的空间物体 Ω 的质量 M 为

$$M=\iiint_{\Omega}\rho(x,y,z)\mathrm{d}v. \tag{9}$$

2）物体的质心

先讨论平面薄片的情形.

设 xOy 平面上有 n 个质点，它们分别位于点 $(x_1,y_1),(x_2,y_2),\cdots,(x_n,y_n)$ 处，其质量分别为 $m_1,m_2,\cdots,m_n$，由力学知识知道，这个质点系的质心 $(\overline{x},\overline{y})$ 的坐标为

$$\overline{x}=\frac{\sum_{i=1}^{n}m_ix_i}{\sum_{i=1}^{n}m_i}=\frac{m_y}{m},\overline{y}=\frac{\sum_{i=1}^{n}m_iy_i}{\sum_{i=1}^{n}m_i}=\frac{m_x}{m}. \tag{10}$$

其中，$m_y=\sum_{i=1}^{n}m_ix_i$，$m_x=\sum_{i=1}^{n}m_iy_i$ 分别称为该质点系对 y 轴及 x 轴的静力矩，而 $m=\sum_{i=1}^{n}m_i$ 为质点系的总质量.

现在考虑平面薄片的情形，设此平面薄片在 xOy 平面上有界闭区域 D 围成，在点 (x,y) 处的面密度为 $\rho=\rho(x,y)$，并假定 $\rho(x,y)$ 为 D 上的连续函数. 现求此平面薄片 D 的质心坐标.

在闭区域 D 上任取一直径很小的闭区域 $\mathrm{d}\sigma$（$\mathrm{d}\sigma$ 也表示这小闭区域的面积），(x,y) 是这小闭区域上的一个点，由于直径很小，且 $\rho(x,y)$ 在 D 上连续，所以薄片中相应于 $\mathrm{d}\sigma$ 的部分的质量近似等于 $\rho(x,y)\mathrm{d}\sigma$，这部分质量可近似看作集中在点 (x,y) 上，于是可写出静力矩元素 $\mathrm{d}m_y$ 及 $\mathrm{d}m_x$：

$$\mathrm{d}m_y=x\rho(x,y)\mathrm{d}\sigma,\ \mathrm{d}m_x=y\rho(x,y)\mathrm{d}\sigma.$$

以这些元素为被积表达式，在闭区域 D 上积分，得到

$$m_y=\iint_{D}x\rho(x,y)\mathrm{d}\sigma,\ m_x=\iint_{D}y\rho(x,y)\mathrm{d}\sigma. \tag{11}$$

这样，薄片的质心坐标为

$$\overline{x}=\frac{m_y}{m}=\frac{\iint_{D}x\rho(x,y)\mathrm{d}\sigma}{\iint_{D}\rho(x,y)\mathrm{d}\sigma},\ \overline{y}=\frac{m_x}{m}=\frac{\iint_{D}y\rho(x,y)\mathrm{d}\sigma}{\iint_{D}\rho(x,y)\mathrm{d}\sigma}. \tag{12}$$

特别地，如果薄片是均匀的，即面密度为常数，则上式中可把 ρ 提到积分号外面，并从分子分母中约去，这样便得到均匀薄片的形心坐标为

$$\overline{x}=\frac{1}{A}\iint_{D}x\mathrm{d}\sigma,\ \overline{y}=\frac{1}{A}\iint_{D}y\mathrm{d}\sigma, \tag{13}$$

其中，$A=\iint\limits_{D}\mathrm{d}\sigma$ 为闭区域 D 的面积.

例 4　求位于两圆 $x^2+(y-1)^2=1$ 和 $x^2+(y-2)^2=4$ 之间的均匀薄片的形心(见图 12-33).

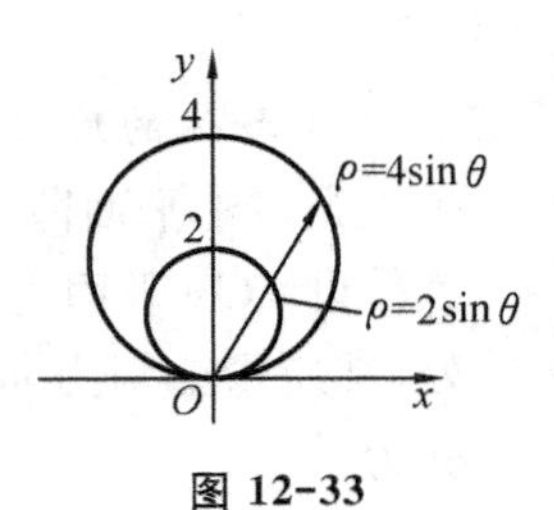

图 12-33

解　由图知区域 D 对称于 y 轴，所以形心 $C(x,y)$ 必位于 y 轴上，于是 $\overline{x}=0$. 再由公式 $\overline{y}=\dfrac{1}{A}\iint\limits_{D}y\mathrm{d}\sigma$ 计算 $\overline{y}$.

而薄片的面积 A 等于这两个圆的面积之差，即$A=3\pi$.

因为 $x^2+(y-1)^2=1$ 的极坐标方程为 $r=2\sin\theta$，$x^2+(y-2)^2=4$ 的极坐标方程为 $r=4\sin\theta$，其中 θ 满足 $0\leqslant\theta\leqslant\pi$. 所以利用极坐标计算积分，可得

$$\begin{aligned}\iint\limits_{D}y\mathrm{d}\sigma&=\iint\limits_{D}r^2\sin\theta\mathrm{d}r\mathrm{d}\theta=\int_0^{\pi}\sin\theta\mathrm{d}\theta\int_{2\sin\theta}^{4\sin\theta}r^2\mathrm{d}r\\&=\frac{56}{3}\int_0^{\pi}\sin^4\theta\mathrm{d}\theta=7\pi.\end{aligned}$$

所以 $\overline{y}=\dfrac{7\pi}{3\pi}=\dfrac{7}{3}$，因此所求形心坐标为 $\left(0,\dfrac{7}{3}\right)$.

把平面的情形推广到空间物体，设空间物体的范围是有界闭区域 Ω，其体密度为 $\rho=\rho(x,y,z)$，类似地可以得到空间物体的质心 $(\overline{x},\overline{y},\overline{z})$ 的坐标：

$$\overline{x}=\frac{\iiint\limits_{\Omega}x\rho(x,y,z)\mathrm{d}v}{\iiint\limits_{\Omega}\rho(x,y,z)\mathrm{d}v},\overline{y}=\frac{\iiint\limits_{\Omega}y\rho(x,y,z)\mathrm{d}v}{\iiint\limits_{\Omega}\rho(x,y,z)\mathrm{d}v},\overline{z}=\frac{\iiint\limits_{\Omega}z\rho(x,y,z)\mathrm{d}v}{\iiint\limits_{\Omega}\rho(x,y,z)\mathrm{d}v}.\tag{14}$$

这里 $\iiint\limits_{\Omega}\rho(x,y,z)\mathrm{d}v$ 表示空间物体的质量.

当 $\rho=\rho(x,y,z)=$ 常数时，公式(14)就给出物体的形心坐标.

例 5　求由旋转抛物面 $z=x^2+y^2$ 与平面 $z=1$ 所围成的质量分布均匀的物体 Ω 的质心.

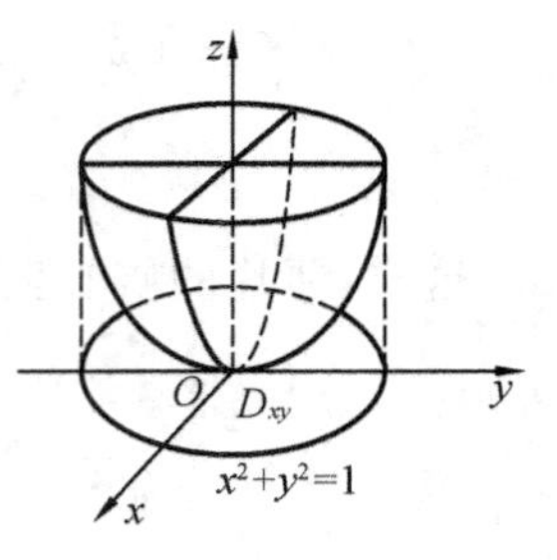

图 12-34

解　先画出 Ω 的图形(见图 12-34).

由于所给物体 Ω 关于 yOz 和 zOx 坐标面对称，而且质量分布均匀，所以质心在 z 轴上，故 $\overline{x}=\overline{y}=0$，下面计算 $\overline{z}$.

因为 $\rho=$ 常数，所以由式(14)得

$$\overline{z}=\frac{\iiint\limits_{\Omega} z\,\mathrm{d}v}{\iiint\limits_{\Omega}\mathrm{d}v}.$$

因为曲面在 xOy 坐标面上的投影区域 D_{xy} 由 $x^2+y^2=1$ 围成，于是 Ω 在柱面坐标下的表示法为

$$\Omega:\begin{cases}0\leqslant\theta\leqslant 2\pi,\\ 0\leqslant r\leqslant 1,\\ r^2\leqslant z\leqslant 1,\end{cases}$$

所以，

$$\iiint\limits_{\Omega} z\,\mathrm{d}v=\iint\limits_{D} r\mathrm{d}r\mathrm{d}\theta\int_{r^2}^{1} z\mathrm{d}z=\int_0^{2\pi}\mathrm{d}\theta\int_0^1\frac{1}{2}(r-r^5)\mathrm{d}r=\frac{\pi}{3},$$

$$\iiint\limits_{\Omega}\mathrm{d}v=\iint\limits_{D} r\mathrm{d}r\mathrm{d}\theta\int_{r^2}^{1}\mathrm{d}z=\int_0^{2\pi}\mathrm{d}\theta\int_0^1(r-r^3)\mathrm{d}r=\frac{\pi}{2},$$

所以

$$\overline{z}=\frac{\iiint\limits_{\Omega} z\,\mathrm{d}v}{\iiint\limits_{\Omega}\mathrm{d}v}=\frac{\frac{\pi}{3}}{\frac{\pi}{2}}=\frac{2}{3}.$$

于是所求的物体的质心在 $\left(0,0,\frac{2}{3}\right)$ 处.

3）物体的转动惯量

由力学知识可知，一个质点对一个轴的转动惯量等于质点的质量 m 与此质点到轴的距离的平方的乘积.

设在 xOy 平面上有 n 个质点，它们分别为 $m_1,m_2,\cdots,m_n$，由力学知识知该质点系对于 x 轴、y 轴以及坐标原点的转动惯量依次为

$$I_x=\sum_{i=1}^{n} y_i^2 m_i,\ I_y=\sum_{i=1}^{n} x_i^2 m_i,\ I_O=\sum_{i=1}^{n}(x_i^2+y_i^2)m_i. \tag{15}$$

现求平面薄片的转动惯量. 设一薄片，在 xOy 面上由闭区域 D 围成，在点 (x,y) 处的面密度为 $\rho(x,y)$，假定 $\rho(x,y)$ 在 D 上连续. 现在求该薄片对 x 轴、y 轴及原点的转动惯量.

在闭区域 D 上任取一直径很小的闭区域 $\mathrm{d}\sigma$（$\mathrm{d}\sigma$ 也表示该小区域的面积），$(x,y)\in\mathrm{d}\sigma$，因为 $\mathrm{d}\sigma$ 的直径很小，且 $\rho(x,y)$ 在 D 上连续，所以薄片中相应于 $\mathrm{d}\sigma$ 部分的质量近似等于 $\rho(x,y)\mathrm{d}\sigma$，且由于 $\mathrm{d}\sigma$ 很小所以这部分质量可近似看作集中在点 (x,y) 上，这样得到薄板对于 x 轴、y 轴以及坐标原点 O 的转动惯量元素：

$$\mathrm{d}I_x=y^2\rho(x,y)\mathrm{d}\sigma,\ \mathrm{d}I_y=x^2\rho(x,y)\mathrm{d}\sigma,\ \mathrm{d}I_O=(x^2+y^2)\rho(x,y)\mathrm{d}\sigma.$$

以这些元素为被积表达式,在闭区域 D 上积分,便得

$$I_x=\iint_D y^2\rho(x,y)\mathrm{d}\sigma,\ I_y=\iint_D x^2\rho(x,y)\mathrm{d}\sigma,\ I_O=\iint_D (x^2+y^2)\rho(x,y)\mathrm{d}\sigma. \tag{16}$$

例 6　求质量分布均匀的由心形线 $r=a(1+\cos\theta)$ $(a>0)$所围的平面薄片 D(见图 12-35)对坐标轴 x 轴和 y 轴的转动惯量.

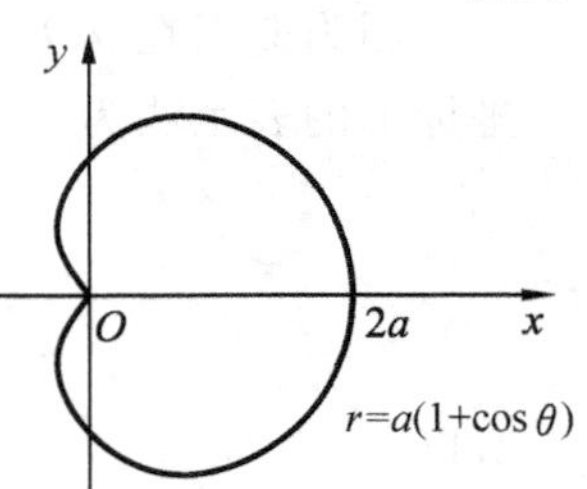

图 12-35

解　因为薄片 D 的质量分布均匀,所以不妨设密度 $\rho=\rho(x,y)=1$. 心形线所围的平面区域 $D=\{(r,\theta)\mid 0\leqslant r\leqslant a(1+\cos\theta),-\pi\leqslant\theta\leqslant\pi\}$. 于是有

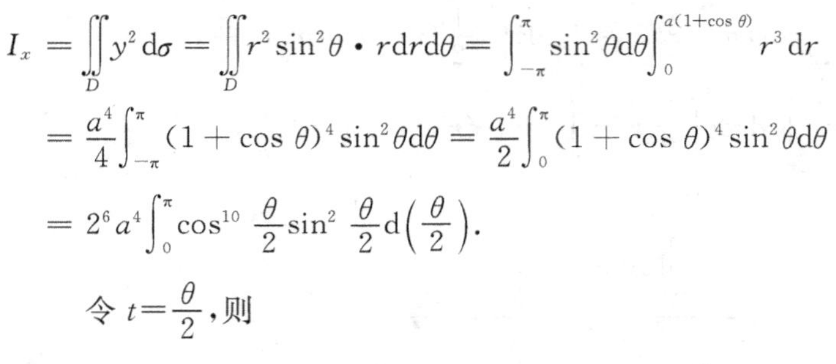

$$\begin{aligned}I_x&=\iint_D y^2\mathrm{d}\sigma=\iint_D r^2\sin^2\theta\cdot r\mathrm{d}r\mathrm{d}\theta=\int_{-\pi}^{\pi}\sin^2\theta\mathrm{d}\theta\int_0^{a(1+\cos\theta)}r^3\mathrm{d}r\\&=\frac{a^4}{4}\int_{-\pi}^{\pi}(1+\cos\theta)^4\sin^2\theta\mathrm{d}\theta=\frac{a^4}{2}\int_0^{\pi}(1+\cos\theta)^4\sin^2\theta\mathrm{d}\theta\\&=2^6a^4\int_0^{\pi}\cos^{10}\frac{\theta}{2}\sin^2\frac{\theta}{2}\mathrm{d}\left(\frac{\theta}{2}\right).\end{aligned}$$

令 $t=\dfrac{\theta}{2}$,则

$$\begin{aligned}I_x&=2^6a^4\int_0^{\frac{\pi}{2}}\cos^{10}t\sin^2t\mathrm{d}t=2^6a^4\int_0^{\frac{\pi}{2}}\cos^{10}t(1-\cos^2t)\mathrm{d}t\\&=2^6\cdot a^4\frac{9\cdot7\cdot5\cdot3\cdot1}{10\cdot8\cdot6\cdot4\cdot2}\left(1-\frac{11}{12}\right)\cdot\frac{\pi}{2}=\frac{21}{32}\pi a^4.\end{aligned}$$

又

$$\begin{aligned}I_y&=\iint_D x^2\mathrm{d}\sigma=\iint_D r^2\cos^2\theta\cdot r\mathrm{d}r\mathrm{d}\theta=\int_{-\pi}^{\pi}\cos^2\theta\mathrm{d}\theta\int_0^{a(1+\cos\theta)}r^3\mathrm{d}r\\&=\frac{a^4}{2}\int_0^{\pi}(1+\cos\theta)^4\cos^2\theta\mathrm{d}\theta=\frac{a^4}{2}\int_0^{\pi}(1+\cos\theta)^4\mathrm{d}\theta-\frac{21}{32}\pi a^4.\end{aligned}$$

令 $t=\dfrac{\theta}{2}$,则

$$I_y=2^4a^4\int_0^{\frac{\pi}{2}}\cos^8t\mathrm{d}t-\frac{21}{32}\pi a^4=\frac{70}{32}\pi a^4-\frac{21}{32}\pi a^4=\frac{49}{32}\pi a^4.$$

类似地,占有空间有界闭区域 Ω,在点(x,y,z)处的密度为 $\rho(x,y,z)$(假定 $\rho(x,y,z)$在 Ω 上连续)的物体对于 x,y,z 轴及坐标原点 O 的转动惯量为

$$\begin{aligned}&I_x=\iiint_\Omega(y^2+z^2)\rho(x,y,z)\mathrm{d}v,\ I_y=\iiint_\Omega(z^2+x^2)\rho(x,y,z)\mathrm{d}v,\\&I_z=\iiint_\Omega(x^2+y^2)\rho(x,y,z)\mathrm{d}v,\ I_O=\iiint_\Omega(x^2+y^2+z^2)\rho(x,y,z)\mathrm{d}v.\end{aligned}\tag{17}$$

例 7　求密度为 1 的均匀球体 $\Omega=\{(x,y,z)\mid x^2+y^2+z^2\leqslant1\}$对坐标轴 x,y,z

的转动惯量.

解 根据公式有

$$I_x=\iiint\limits_{\Omega}(y^2+z^2)\mathrm{d}v,\ I_y=\iiint\limits_{\Omega}(z^2+x^2)\mathrm{d}v,\ I_z=\iiint\limits_{\Omega}(x^2+y^2)\mathrm{d}v.$$

由对称性,知

$$I_x=I_y=I_z=I,$$

相加得

$$3I=\iiint\limits_{\Omega}2(x^2+y^2+z^2)\mathrm{d}v.$$

在球面坐标下,积分区域 $\Omega=\{(r,\varphi,\theta)\mid 0\leqslant r\leqslant 1,0\leqslant\varphi\leqslant\pi,0\leqslant\theta\leqslant 2\pi\}$. 这样

$$\begin{aligned}I&=\frac{2}{3}\iiint\limits_{\Omega}(x^2+y^2+z^2)\mathrm{d}v=\frac{2}{3}\iiint\limits_{\Omega}r^2\cdot r^2\sin\varphi\mathrm{d}r\mathrm{d}\varphi\mathrm{d}\theta\\&=\frac{2}{3}\int_0^{2\pi}\mathrm{d}\theta\int_0^{\pi}\sin\varphi\mathrm{d}\varphi\int_0^1 r^4\mathrm{d}r=\frac{2}{3}\cdot 2\pi\cdot 2\cdot\frac{1}{5}=\frac{8}{15}\pi.\end{aligned}$$

于是,对坐标轴 x,y,z 的转动惯量为

$$I_x=I_y=I_z=\frac{8}{15}\pi.$$

4) 引力

设一单位质量的质点位于空间的点 $P_0(x_0,y_0,z_0)$处,另有一质量为 m 的质点位于点 $P(x,y,z)$处,则由力学中的引力定律知该质点对单位质量质点的引力为

$$\boldsymbol{F}=\frac{Gm}{r^3}(x-x_0,y-y_0,z-z_0)=\frac{Gm}{r^3}\boldsymbol{r},\tag{18}$$

其中,G 为引力常数. 式中

$$\boldsymbol{r}=\overrightarrow{P_0P}=(x-x_0,y-y_0,z-z_0),$$

$$r=|\boldsymbol{r}|=\sqrt{(x-x_0)^2+(y-y_0)^2+(z-z_0)^2}.$$

现讨论空间一物体对于物体外一点 $P_0(x_0,y_0,z_0)$处单位质量的质点的引力问题.

设物体由空间有界闭区域 Ω 围成,它在点(x,y,z)处的密度为 $\rho(x,y,z)$,并假定 $\rho(x,y,z)$在 Ω 上连续,在物体内任取一直径很小的闭区域 $\mathrm{d}v$(该闭区域的体积也记作 $\mathrm{d}v$),(x,y,z)为这一小区域 $\mathrm{d}v$ 中的任一点,把这一小块物体的质量 $\rho(x,y,z)\mathrm{d}v$ 近似地看作集中在点(x,y,z)处,于是按两质点间的引力公式,可得这一小块物体对位于 $P_0(x_0,y_0,z_0)$处的单位质量的质点引力近似为

$$\begin{aligned}\mathrm{d}\boldsymbol{F}&=(\mathrm{d}F_x,\mathrm{d}F_y,\mathrm{d}F_z)\\&=\Big(G\frac{\rho(x,y,z)(x-x_0)}{r^3}\mathrm{d}v,G\frac{\rho(x,y,z)(y-y_0)}{r^3}\mathrm{d}v,\\&\quad G\frac{\rho(x,y,z)(z-z_0)}{r^3}\mathrm{d}v\Big).\end{aligned}$$

其中，$\mathrm{d}F_x$，$\mathrm{d}F_y$，$\mathrm{d}F_z$ 为引力元素 $\mathrm{d}\boldsymbol{F}$ 在三个坐标轴上的分量，$r=\sqrt{(x-x_0)^2+(y-y_0)^2+(z-z_0)^2}$，$G$ 为引力常数，将 $\mathrm{d}F_x,\mathrm{d}F_y,\mathrm{d}F_z$ 在 Ω 上分别积分，得到

$$\begin{aligned}\boldsymbol{F}&=(F_x,F_y,F_z)\\&=\left(\iiint_\Omega\frac{G\rho(x,y,z)(x-x_0)}{r^3}\mathrm{d}v,\iiint_\Omega\frac{G\rho(x,y,z)(y-y_0)}{r^3}\mathrm{d}v,\right.\\&\qquad\left.\iiint_\Omega\frac{G\rho(x,y,z)(z-z_0)}{r^3}\mathrm{d}v\right).\end{aligned}\tag{19}$$

应该指出的是，在具体计算引力时常常不是三个分量都需通过积分求出，利用物体形状的对称性，可直接得到某个方向上的分量为零.

如果考虑平面薄板对薄板外一点 $P_0(x_0,y_0,z_0)$ 处单位质量质点的引力，设平面薄片由 xOy 平面上的有界闭区域 D 围成，其面密度为 $\rho(x,y)$，将 Ω 上的三重积分换成 D 上的二重积分，就可得到相应的计算公式.

例 8　求半径为 R 的均匀球体 $x^2+y^2+z^2\leqslant R^2$（体密度为常数 ρ）对于 z 轴上一点 $(0,0,a)$ 处单位质点的引力（$a>R$）.

解　由球体的对称性及质量分布的均匀性知

$$F_x=F_y=0.$$

引力沿 z 轴的分量为

$$\begin{aligned}F_z&=\iiint_\Omega\frac{G(z-a)\rho}{[x^2+y^2+(z-a)^2]^{\frac{3}{2}}}\mathrm{d}x\mathrm{d}y\mathrm{d}z\\&=G\rho\int_{-R}^{R}\mathrm{d}z\iint_{D_z}\frac{z-a}{[x^2+y^2+(z-a)^2]^{\frac{3}{2}}}\mathrm{d}x\mathrm{d}y,\end{aligned}$$

其中，$D_z=\{(x,y)\,|\,x^2+y^2\leqslant R^2-z^2\}$，由于

$$\begin{aligned}\iint_{D_z}\frac{z-a}{[x^2+y^2+(z-a)^2]^{\frac{3}{2}}}\mathrm{d}x\mathrm{d}y&=(z-a)\int_0^{2\pi}\mathrm{d}\rho\int_0^{\sqrt{R^2-z^2}}\frac{r}{[r^2+(z-a)^2]^{\frac{3}{2}}}\mathrm{d}r\\&=2\pi\left(-1-\frac{z-a}{\sqrt{R^2+a^2-2az}}\right).\end{aligned}$$

故

$$\begin{aligned}F_z&=2\pi G\rho\int_{-R}^{R}\left(-1-\frac{z-a}{\sqrt{R^2+a^2-2az}}\right)\mathrm{d}z\\&=2\pi G\rho\left[-2R+\frac{1}{a}\int_{-R}^{R}(z-a)\mathrm{d}\sqrt{R^2+a^2-2az}\right]\\&=2\pi G\rho\left[-2R+2R-\frac{2R^3}{3a^2}\right]=-G\frac{M}{a^2},\end{aligned}$$

其中，$M=\frac{4\pi R^3}{3}\rho$ 为均匀球体的质量.

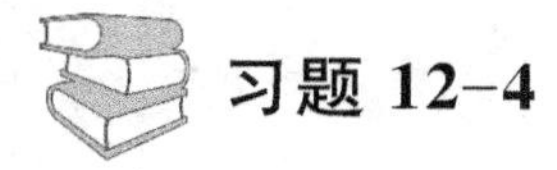

习题 12-4

1. 求以 R 为半径的半球面的面积.

2. 求球面 $x^2+y^2+z^2=a^2$ 含在柱面 $x^2+y^2=ax(a>0)$ 内部的面积.

3. 求由半球面 $z=\sqrt{3a^2-x^2-y^2}$ 及旋转抛物面 $x^2+y^2=2az$ 所围成的立体的表面积.

4. 求由两个圆 $\rho=\cos\theta,\rho=2\cos\theta$ 所围成的平面均匀平板的重心.

5. 设平面薄片所占的闭区域 D 由抛物线 $y=x^2$ 及直线 $y=x$ 所围成，它在点 (x,y) 处的面密度 $\rho(x,y)=x^2y$，求该薄片的质心.

6. 设有质量均匀分布的半椭球体 $\frac{x^2}{a^2}+\frac{y^2}{b^2}+\frac{z^2}{c^2}\leqslant 1, z\geqslant 0$，求它的质心坐标.

7. 利用三重积分计算由下列曲面所围立体的质心（设密度 $\rho=1$）：

(1) $z^2=x^2+y^2, z=1$；

(2) $z=x^2+y^2, x+y=a, x=0, y=0, z=0$；

(3) $z=\sqrt{A^2-x^2-y^2}, z=\sqrt{a^2-x^2-y^2}\ (A>a>0), z=0$.

8. 设物体占有空间区域 $\Omega=\{(x,y,z)\mid 0\leqslant x\leqslant 1, 0\leqslant y\leqslant 1, 0\leqslant z\leqslant 1\}$，其密度 $\rho(x,y,z)=x+y+z$，计算物体的重心.

9. 求密度为 1 的均匀球体对直径的转动惯量（球半径为 R）.

10. 求由 $y^2=ax$ 及直线 $x=a(a>0)$ 所围成的图形对直线 $y=-a$ 的转动惯量.

11. 一均匀物体（密度 ρ 为常量）占有的闭区域 Ω 由曲面 $z=x^2+y^2$ 和平面 $z=0, |x|=a, |y|=a$ 所围成. 求：

(1) 物体的体积；

(2) 物体的质心；

(3) 物体关于 z 轴的转动惯量.

12. 设均匀柱体密度 ρ，占有闭区域 $\Omega=\{(x,y,z)\mid x^2+y^2\leqslant R^2, 0\leqslant z\leqslant h\}$，求它对位于点 $M_0(0,0,a)(a>b)$ 处的单位质量的质点的引力.

*12.5 含参变量的积分

设 $f(x,y)$ 是矩形闭区域 $R=[a,b]\times[\alpha,\beta]$ 上的连续函数，在 $[a,b]$ 上任意取定一个值 x，于是 $f(x,y)$ 是变量 y 在 $[\alpha,\beta]$ 上的连续函数，则积分 $\int_\alpha^\beta f(x,y)\mathrm{d}y$ 存在，但这个积分值依赖于取定的 x 值. 当 x 的值改变时，该积分值也随着改变. 该积分确定了一个定义在 $[a,b]$ 上的 x 函数，把它记作 $\varphi(x)$，即

$$\varphi(x)=\int_\alpha^\beta f(x,y)\mathrm{d}y\ (a\leqslant x\leqslant b). \tag{1}$$

变量 x 在积分过程中看作一个常量，通常称它为参变量，因此式(1)右端是一个含参变量 x 的积分，下面进一步讨论关于 $\varphi(x)$ 的一些性质.

定理 1　如果函数 $f(x,y)$ 在矩形 $R=[a,b]\times[\alpha,\beta]$ 上连续，那么 $\varphi(x)=\int_\alpha^\beta f(x,y)\mathrm{d}y$ 在 $[a,b]$ 上连续.

证　设 $x,x+\Delta x$ 为 $[a,b]$ 上的两点，则

$$\varphi(x+\Delta x)-\varphi(x)=\int_\alpha^\beta[f(x+\Delta x,y)-f(x,y)]\mathrm{d}y. \tag{2}$$

因为 $f(x,y)$ 在闭区域 R 上连续，从而一致连续. 因此对于任意取定的 $\varepsilon>0$，存在 $\delta>0$，使得对于 R 内的任意两点 (x_1,y_1) 和 (x_2,y_2)，只要它们之间的距离小于 δ，即 $\sqrt{(x_2-x_1)^2+(y_2-y_1)^2}<\delta$，就有 $|f(x+\Delta x,y)-f(x,y)|<\varepsilon$，于是

$$|\varphi(x+\Delta x)-\varphi(x)|\leqslant\int_\alpha^\beta|f(x+\Delta x,y)-f(x,y)|\mathrm{d}y<\varepsilon(\beta-\alpha).$$

因此，$\varphi(x)$ 在 $[a,b]$ 上连续.

既然函数 $\varphi(x)$ 在 $[a,b]$ 上连续，那么它在 $[a,b]$ 上的积分存在，这个积分可以写为

$$\int_a^b\varphi(x)\mathrm{d}x=\int_a^b\left[\int_\alpha^\beta f(x,y)\mathrm{d}y\right]\mathrm{d}x=\int_a^b\mathrm{d}x\int_\alpha^\beta f(x,y)\mathrm{d}y.$$

右端积分是函数 $f(x,y)$ 先对 y 后对 x 的二次积分，当 $f(x,y)$ 在矩形 R 上连续时，$f(x,y)$ 在 R 上的二重积分 $\iint\limits_R f(x,y)\mathrm{d}x\mathrm{d}y$ 是存在的，这个二重积分化为二次积分计算时，如果先对 y 后对 x 积分，就是上面的二次积分. 二重积分 $\iint\limits_R f(x,y)\mathrm{d}x\mathrm{d}y$ 也可化为先对 x 后对 y 的二次积分 $\int_\alpha^\beta\left[\int_a^b f(x,y)\mathrm{d}x\right]\mathrm{d}y$，因此有下面定理 2.

定理 2　如果函数 $f(x,y)$ 在矩形 $R=[a,b]\times[\alpha,\beta]$ 上连续，则

$$\int_a^b\left[\int_\alpha^\beta f(x,y)\mathrm{d}y\right]\mathrm{d}x=\int_\alpha^\beta\left[\int_a^b f(x,y)\mathrm{d}x\right]\mathrm{d}y, \tag{3}$$

或写成

$$\int_a^b\mathrm{d}x\int_\alpha^\beta f(x,y)\mathrm{d}y=\int_\alpha^\beta\mathrm{d}y\int_a^b f(x,y)\mathrm{d}x.$$

下面考虑由积分(1)确定的函数 $\varphi(x)$ 的微分问题.

定理 3　如果函数 $f(x,y)$ 及其偏导数 $\frac{\partial f(x,y)}{\partial x}$ 都在矩形 $R=[a,b]\times[\alpha,\beta]$ 上连续，那么由积分(1)确定的函数 $\varphi(x)$ 在 $[a,b]$ 上可导，并有

$$\varphi'(x)=\frac{\mathrm{d}}{\mathrm{d}x}\int_\alpha^\beta f(x,y)\mathrm{d}y=\int_\alpha^\beta\frac{\partial f(x,y)}{\partial x}\mathrm{d}y. \tag{4}$$

证 因为 $\varphi'(x)=\lim\limits_{\Delta x\to 0}\dfrac{\varphi(x+\Delta x)-\varphi(x)}{\Delta x}$，为了求 $\varphi'(x)$，先利用公式(2)作出增量之比

$$\frac{\varphi(x+\Delta x)-\varphi(x)}{\Delta x}=\int_\alpha^\beta \frac{f(x+\Delta x,y)-f(x,y)}{\Delta x}\mathrm{d}y.$$

利用拉格朗日中值定理以及$\dfrac{\partial f}{\partial x}$的一致连续性，有

$$\frac{f(x+\Delta x,y)-f(x,y)}{\Delta x}=\frac{\partial f(x+\theta\Delta x,y)}{\partial x}=\frac{\partial f(x,y)}{\partial x}+\eta(x,y,\Delta x),$$

其中，$0<\theta<1$，$\lim\limits_{\Delta x\to 0}\eta(x,y,\Delta x)=0$. 于是得到

$$\frac{\varphi(x+\Delta x,y)-\varphi(x)}{\Delta x}=\int_\alpha^\beta \frac{\partial f(x,y)}{\partial x}\mathrm{d}y+\int_\alpha^\beta \eta(x,y,\Delta x)\mathrm{d}y.$$

令 $\Delta x\to 0$ 取上式的极限，即得要证的公式.

例 1 计算下列积分

$$\int_0^{\frac{\pi}{2}}\ln(a^2\sin^2 x+b^2\cos^2 x)\mathrm{d}x.$$

解 由于

$$\begin{aligned}\int_0^{\frac{\pi}{2}}\ln(a^2\sin^2 x+b^2\cos^2 x)\mathrm{d}x&=\int_0^{\frac{\pi}{2}}\ln[a^2+(b^2-a^2)\cos^2 x]\mathrm{d}x\\&=\int_0^{\frac{\pi}{2}}\ln(a^2+c\cos^2 x)\mathrm{d}x=F(c),\end{aligned}$$

其中，$c=b^2-a^2$. 于是

$$\begin{aligned}F'(c)&=\int_0^{\frac{\pi}{2}}\frac{\cos^2 x}{a^2+c\cos^2 x}\mathrm{d}x=\frac{1}{c}\int_0^{\frac{\pi}{2}}\left(1-\frac{a^2}{a^2+c\cos^2 x}\right)\mathrm{d}x\\&=\frac{1}{c}\left[\frac{\pi}{2}-\frac{|a|}{\sqrt{a^2+c}}\arctan(\tan x)\Big|_0^{\frac{\pi}{2}}\right]\\&=\frac{\pi}{2c}\left(1-\frac{|a|}{\sqrt{a^2+c}}\right)=\frac{\pi}{2\sqrt{a^2+c}}\cdot\frac{1}{\sqrt{a^2+c}+|a|},\end{aligned}$$

$$\begin{aligned}F(c)-F(0)&=\int_0^c F'(c)\mathrm{d}c=\pi\int_0^c\frac{\mathrm{d}(\sqrt{a^2+c}+|a|)}{\sqrt{a^2+c}+|a|}\\&=\pi\ln(\sqrt{a^2+c}+|a|)-\pi\ln|2a|.\end{aligned}$$

因为 $c=b^2-a^2$，故 $\sqrt{a^2+c}=|b|$，且 $F(0)=\pi\ln|a|$，所以

$$F(c)=\int_0^{\frac{\pi}{2}}\ln(a^2\sin^2 x+b^2\cos^2 x)\mathrm{d}x=\pi\ln\frac{|a|+|b|}{2}.$$

在积分(1)中积分限 α 与 β 都是常数，但在实际应用中还会遇到对于参变量 x 的不同值，积分限也有不同的情形，这时积分限也是参变量 x 的函数，这样积分

$$\Phi(x)=\int_{\alpha(x)}^{\beta(x)} f(x,y)\mathrm{d}y \tag{5}$$

也是参变量 x 的函数，下面讨论这种依赖于参变量的积分的某些性质.

定理 4 如果函数 $f(x,y)$ 在矩形 $R=[a,b]\times[\alpha,\beta]$ 上连续，函数 $\alpha(x)$ 与 $\beta(x)$ 在区间 $[a,b]$ 上连续，且 $\alpha\leqslant\alpha(x)\leqslant\beta, \alpha<\beta(x)\leqslant\beta(a\leqslant x\leqslant b)$，则函数 $\Phi(x)=\int_{\alpha(x)}^{\beta(x)} f(x,y)\mathrm{d}y$ 在 $[a,b]$ 上也连续.

证 设 x 和 $x+\Delta x$ 是 $[a,b]$ 上的两点，则

$$\Phi(x+\Delta x)-\Phi(x)=\int_{\alpha(x+\Delta x)}^{\beta(x+\Delta x)} f(x+\Delta x,y)\mathrm{d}y-\int_{\alpha(x)}^{\beta(x)} f(x,y)\mathrm{d}y.$$

而

$$\int_{\alpha(x+\Delta x)}^{\beta(x+\Delta x)} f(x+\Delta x,y)\mathrm{d}y=\int_{\alpha(x+\Delta x)}^{\alpha(x)} f(x+\Delta x,y)\mathrm{d}y+\int_{\alpha(x)}^{\beta(x)} f(x+\Delta x,y)\mathrm{d}y+\int_{\beta(x)}^{\beta(x+\Delta x)} f(x+\Delta x,y)\mathrm{d}y.$$

所以

$$\Phi(x+\Delta x)-\Phi(x)=\int_{\beta(x+\Delta x)}^{\alpha(x)} f(x+\Delta x,y)\mathrm{d}y+\int_{\beta(x)}^{\beta(x+\Delta x)} f(x+\Delta x,y)\mathrm{d}y+\int_{\alpha(x)}^{\beta(x)}[f(x+\Delta x,y)-f(x,y)]\mathrm{d}y. \tag{6}$$

当 $\Delta x\to 0$ 时，式(6)右端最后一个积分的积分限不变，根据证明定理 1 时同样的理由，这个积分趋于零，又

$$\left|\int_{\alpha(x+\Delta x)}^{\alpha(x)} f(x+\Delta x,y)\mathrm{d}y\right|\leqslant M\mid\alpha(x+\Delta x)-\alpha(x)\mid,$$

$$\left|\int_{\beta(x)}^{\beta(x+\Delta x)} f(x+\Delta x,y)\mathrm{d}y\right|\leqslant M\mid\beta(x+\Delta x)-\beta(x)\mid,$$

其中，M 是 $|f(x,y)|$ 在矩形 R 上的最大值. 由于 $\alpha(x)$ 和 $\beta(x)$ 在 $[a,b]$ 上连续，并由以上两式可知，当 $\Delta x\to 0$ 时，式(6)右端的前两个积分都趋于零，于是当 $a\leqslant x\leqslant b$ 时，

$$\lim_{\Delta x\to 0}[\Phi(x+\Delta x)-\Phi(x)]=0,$$

所以，函数 $\Phi(x)$ 在 $[a,b]$ 上连续.

关于函数 $\Phi(x)$ 的导数，有下述定理.

定理 5 如果函数 $f(x)$ 及其偏导数 $\dfrac{\partial f(x,y)}{\partial x}$ 都在矩形 $R=[a,b]\times[\alpha,\beta]$ 上连续，函数 $\alpha(x)$ 与 $\beta(x)$ 都在区间 $[a,b]$ 上可导，且 $\alpha\leqslant\alpha(x)\leqslant\beta, \alpha\leqslant\beta(x)\leqslant\beta\ (a\leqslant x\leqslant b)$. 则 $\Phi(x)=\int_{\alpha(x)}^{\beta(x)} f(x,y)\mathrm{d}y$ 在 $[a,b]$ 上可导，且

$$\Phi'(x)=\frac{\mathrm{d}}{\mathrm{d}x}\int_{\alpha(x)}^{\beta(x)}f(x,y)\mathrm{d}y$$
$$=\int_{\alpha(x)}^{\beta(x)}\frac{\partial f(x,y)}{\partial x}\mathrm{d}y+f[x,\beta(x)]\beta'(x)-f[x,\alpha(x)]\alpha'(x). \tag{7}$$

证 由式(6)有

$$\frac{\Phi(x+\Delta x)-\Phi(x)}{\Delta x}=\int_{\alpha(x)}^{\beta(x)}\frac{f(x+\Delta x,y)-f(x,y)}{\Delta x}\mathrm{d}y+$$
$$\frac{1}{\Delta x}\int_{\beta(x)}^{\beta(x+\Delta x)}f(x+\Delta x,y)\mathrm{d}y-\frac{1}{\Delta x}\int_{\alpha(x)}^{\alpha(x+\Delta x)}f(x+\Delta x,y)\mathrm{d}y. \tag{8}$$

当 $\Delta x\to 0$ 时,上式右端的第一个积分的积分限不变,根据证明定理 3 时同样的理由,有

$$\int_{\alpha(x)}^{\beta(x)}\frac{f[(x+\Delta x,y)-f(x,y)]}{\Delta x}\mathrm{d}y\to\int_{\alpha(x)}^{\beta(x)}\frac{\partial f(x,y)}{\partial x}\mathrm{d}y\ (\Delta x\to 0).$$

对于式(8)右端的第二项,应用积分中值定理得

$$\frac{1}{\Delta x}\int_{\beta(x)}^{\beta(x+\Delta x)}f(x+\Delta x,y)\mathrm{d}y=\frac{1}{\Delta x}[\beta(x+\Delta x)-\beta(x)]f(x+\Delta x,\eta),$$

其中,η 介于 $\beta(x)$ 与 $\beta(x+\Delta x)$ 之间,于是有

$$\lim_{\Delta x\to 0}\frac{1}{\Delta x}[\beta(x+\Delta x)-\beta(x)]=\beta'(x),$$
$$\lim_{\Delta x\to 0}f(x+\Delta x,\eta)=f(x,\beta(x)).$$

这样

$$\lim_{\Delta x\to 0}\frac{1}{\Delta x}\int_{\beta(x)}^{\beta(x+\Delta x)}f(x+\Delta x,y)\mathrm{d}y=f(x,\beta(x))\beta'(x).$$

类似地,可以证明

$$\lim_{\Delta x\to 0}\frac{1}{\Delta x}\int_{\alpha(x)}^{\alpha(x+\Delta x)}f(x+\Delta x,y)\mathrm{d}y=f(x,\alpha(x))\alpha'(x).$$

所以,当取 $\Delta x\to 0$ 时,取式(8)的极限即得公式(7).

有时也将公式(7)称为莱布尼兹公式.

例 2 设 $\Phi(x)=\int_{x}^{x^2}\frac{\cos(xy)}{y}\mathrm{d}y$,求 $\Phi'(x)$.

解 应用莱布尼兹公式,有

$$\Phi'(x)=\int_{x}^{x^2}(-1)\sin(xy)\mathrm{d}y+\frac{\cos x^3}{x^2}\cdot 2x-\frac{\cos x^2}{x}\cdot 1$$
$$=\left[\frac{\cos(xy)}{x}\right]_{x}^{x^2}+\frac{2\cos x^3}{x}-\frac{\cos x^2}{x}=\frac{3\cos x^3-2\cos x^2}{x}.$$

例 3 求 $I=\int_0^1 \frac{x^b-x^a}{\ln x}dx\ (0<a<b)$.

解 由于

$$\int_a^b x^y dy=\left[\frac{x^y}{\ln x}\right]_a^b=\frac{x^b-x^a}{\ln x},$$

因此

$$I=\int_0^1 dx\int_a^b x^y dy.$$

根据定理 2，函数 $f(x,y)=x^y$ 在矩形 $R=[0,1]\times[a,b]$ 上连续，利用交换积分次序，得到

$$I=\int_a^b dy\int_0^1 x^y dx=\int_a^b\left[\frac{x^{y+1}}{y+1}\right]_0^1 dy=\int_a^b \frac{1}{y+1}dy=\ln\frac{b+1}{a+1}.$$

*习题 12-5

1. 求下列含参变量的积分所确定的函数的极限：

(1) $\lim\limits_{x\to 0}\int_x^{1+x}\frac{dy}{1+x^2+y^2}$； (2) $\lim\limits_{x\to 0}\int_{-1}^1\sqrt{x^2+y^2}\,dy$.

2. 求下列函数的导数：

(1) $\Phi(x)=\int_{\sin x}^{\cos x}(y^2\sin x-y^3)dy$； (2) $\Phi(x)=\int_0^x\frac{\ln(1+xy)}{y}dy$；

(3) $\Phi(x)=\int_{x^2}^{x^3}\arctan\frac{y}{x}dy$； (4) $\Phi(x)=\int_x^{x^2}e^{-xy^2}dy$.

3. 设 $F(x)=\int_0^x(x+y)f(y)dy$，其中 $f(y)$ 为可微分的函数，求 $F''(x)$.

4. 计算积分 $I=\int_0^{\frac{\pi}{2}}\ln(\cos^2 x+a^2\sin^2 x)dx\,(a>0)$.

5. 计算下列积分：

(1) $\int_0^1\frac{\arctan x}{x}\cdot\frac{dx}{\sqrt{1-x^2}}$； (2) $\int_0^1\sin\left(\ln\frac{1}{x}\right)\frac{x^b-x^a}{\ln x}dx\,(0<a<b)$.

本章小结

1. 主要内容

(1) 二重积分的概念、性质及计算方法(化为二次积分计算).

① 在直角坐标系下的计算方法：

这里采取的方法是累次积分法. 也就是先把 x 看成常量，对 y 进行积分，然后再对 x 进行积分，或者是先把 y 看成常量，对 x 进行积分，然后再对 y 进行积分. 其积分公式为

$$\iint_D f(x,y)\mathrm{d}x\mathrm{d}y=\int_a^b\left[\int_{\varphi_1(x)}^{\varphi_2(x)}f(x,y)\mathrm{d}y\right]\mathrm{d}x=\int_a^b\mathrm{d}x\int_{\varphi_1(x)}^{\varphi_2(x)}f(x,y)\mathrm{d}y,$$

或
$$\iint_D f(x,y)\mathrm{d}x\mathrm{d}y=\int_c^d\left[\int_{\psi_1(y)}^{\psi_2(y)}f(x,y)\mathrm{d}x\right]\mathrm{d}y=\int_c^d\mathrm{d}y\int_{\psi_1(y)}^{\psi_2(y)}f(x,y)\mathrm{d}x.$$

② 在极坐标系$\begin{cases}x=r\cos\theta,\\y=r\sin\theta\end{cases}$下的计算方法：

如果二重积分的被积函数和积分区域 D 的边界方程用极坐标的形式表示比较简单，就用极坐标系中二重积分的计算公式.

若极点 O 在 D 的外部，区域 D 的边界方程为 $r_1(\theta)\leqslant r\leqslant r_2(\theta)$，$\alpha\leqslant\theta\leqslant\beta$，则积分公式为

$$\iint_D f(r\cos\theta,r\sin\theta)r\mathrm{d}r\mathrm{d}\theta=\int_\alpha^\beta\mathrm{d}\theta\int_{r_1(\theta)}^{r_2(\theta)}f(r\cos\theta,r\sin\theta)r\mathrm{d}r;$$

若极点 O 在 D 的内部，区域 D 的边界方程为 $0\leqslant r\leqslant r(\theta)$，$0\leqslant\theta\leqslant 2\pi$，则积分公式为

$$\iint_D f(r\cos\theta,r\sin\theta)r\mathrm{d}r\mathrm{d}\theta=\int_0^{2\pi}\mathrm{d}\theta\int_0^{r(\theta)}f(r\cos\theta,r\sin\theta)r\mathrm{d}r;$$

若极点 O 在 D 的边界上，边界方程为 $0\leqslant r\leqslant r(\theta)$，$\theta_1\leqslant\theta\leqslant\theta_2$，则积分公式为

$$\iint_D f(r\cos\theta,r\sin\theta)r\mathrm{d}r\mathrm{d}\theta=\int_{\theta_1}^{\theta_2}\mathrm{d}\theta\int_0^{r(\theta)}f(r\cos\theta,r\sin\theta)r\mathrm{d}r.$$

(2) 三重积分的概念及计算方法(化为三次积分或一个二重积分和一个单积分计算).

① 直角坐标系下又有两种情形：

若积分区域 $\Omega=\{(x,y,z)\mid z_1(x,y)\leqslant z\leqslant z_2(x,y),(x,y)\in D_{xy}\}$，则积分公式为

$$\iiint_\Omega f(x,y,z)\mathrm{d}x\mathrm{d}y\mathrm{d}z=\iint_{D_{xy}}\left[\int_{z_1(x,y)}^{z_2(x,y)}f(x,y,z)\mathrm{d}z\right]\mathrm{d}x\mathrm{d}y.$$

若积分区域 $\Omega=\{(x,y,z)\mid(x,y)\in D_z,c_1\leqslant z\leqslant c_2\}$，则积分公式为

$$\iiint_\Omega f(x,y,z)\mathrm{d}x\mathrm{d}y\mathrm{d}z=\int_{c_1}^{c_2}\mathrm{d}z\iint_{D_z}f(x,y,z)\mathrm{d}x\mathrm{d}y.$$

② 柱面坐标系$\begin{cases}x=r\cos\theta,\\y=r\sin\theta,\\z=z\end{cases}$下其积分公式为

$$\iiint_\Omega f(x,y,z)\mathrm{d}x\mathrm{d}y\mathrm{d}z=\iiint_\Omega f(r\cos\theta,r\sin\theta,z)r\mathrm{d}r\mathrm{d}\theta\mathrm{d}z.$$

③ 球面坐标系$\begin{cases}x=r\sin\varphi\cos\theta,\\y=r\sin\varphi\sin\theta,\\z=r\cos\varphi\end{cases}$下其积分公式为

$$\iiint_{\Omega} f(x,y,z)\mathrm{d}x\mathrm{d}y\mathrm{d}z = \iiint_{\Omega} f(r\sin\varphi\cos\theta, r\sin\varphi\sin\theta, r\cos\varphi) r^2 \sin\varphi \mathrm{d}r\mathrm{d}\varphi\mathrm{d}\theta.$$

(3) 二重积分、三重积分的应用.

① 二重积分的应用.

面积：设曲面 Σ 由方程 $z=z(x,y)$ 给出，D 为曲面 Σ 在 xOy 面上的投影区域，函数 $z(x,y)$ 在 D 上具有一阶连续的偏导数 z_x,z_y，则曲面 Σ 的面积为

$$A = \iint_{D} \sqrt{1+z_x^2(x,y)+z_y^2(x,y)}\mathrm{d}\sigma.$$

体积：以 xOy 面上的闭区域 D 为底，以曲面 $z=f(x,y)(f(x,y)\geqslant 0)$ 为顶的曲顶柱体的体积为

$$V = \iint_{D} f(x,y)\mathrm{d}\sigma.$$

质量：设平面薄片占有 xOy 平面上的有界闭区域 D，在点 (x,y) 处的面密度为 $\rho=\rho(x,y)$，则该平面薄片的质量 M 为

$$M = \iint_{D} \rho(x,y)\mathrm{d}\sigma.$$

质心：设平面薄片占有 xOy 平面上的有界闭区域 D，在点 (x,y) 处的面密度为 $\rho=\rho(x,y)$，并假定 $\rho(x,y)$ 为 D 上的连续函数，则该平面薄片的质心 $(\overline{x},\overline{y})$ 为

$$\overline{x} = \frac{M_y}{M} = \frac{\iint_{D} x\rho(x,y)\mathrm{d}\sigma}{\iint_{D} \rho(x,y)\mathrm{d}\sigma}, \overline{y} = \frac{M_x}{M} = \frac{\iint_{D} y\rho(x,y)\mathrm{d}\sigma}{\iint_{D} \rho(x,y)\mathrm{d}\sigma}.$$

转动惯量：设平面薄板占有 xOy 平面上的有界闭区域 D，在点 (x,y) 处的面密度为 $\rho=\rho(x,y)$，并假定 $\rho(x,y)$ 为 D 上的连续函数，则该平面薄片对 x，y 轴及原点 O 的转动惯量分别为

$$I_x = \iint_{D} y^2\rho(x,y)\mathrm{d}\sigma,\ I_y = \iint_{D} x^2\rho(x,y)\mathrm{d}\sigma,\ I_O = \iint_{D} (x^2+y^2)\rho(x,y)\mathrm{d}\sigma.$$

② 三重积分的应用.

体积：空间闭区域 Ω 的体积为

$$V = \iiint_{\Omega} \mathrm{d}v.$$

质量：设立体占有空间闭区域 Ω，体密度 $\rho(x,y,z)$ 在 Ω 上连续，则该立体的质量为

$$M = \iiint_{\Omega} \rho(x,y,z)\mathrm{d}v.$$

质心：设立体占有空间闭区域 Ω，体密度 $\rho(x,y,z)$ 在 Ω 上连续，则该立体的质

心$(\overline{x},\overline{y},\overline{z})$为

$$\overline{x}=\frac{\iiint\limits_{\Omega}x\rho(x,y,z)\mathrm{d}v}{\iiint\limits_{\Omega}\rho(x,y,z)\mathrm{d}v},\overline{y}=\frac{\iiint\limits_{\Omega}y\rho(x,y,z)\mathrm{d}v}{\iiint\limits_{\Omega}\rho(x,y,z)\mathrm{d}v},z=\frac{\iiint\limits_{\Omega}z\rho(x,y,z)\mathrm{d}v}{\iiint\limits_{\Omega}\rho(x,y,z)\mathrm{d}v}.$$

转动惯量:设立体占有空间闭区域Ω,体密度$\rho(x,y,z)$在Ω上连续,则该立体对各个坐标面及坐标原点O的转动惯量分别为

$$I_x=\iiint\limits_{\Omega}(y^2+z^2)\rho(x,y,z)\mathrm{d}v,\ I_y=\iiint\limits_{\Omega}(z^2+x^2)\rho(x,y,z)\mathrm{d}v,$$

$$I_z=\iiint\limits_{\Omega}(x^2+y^2)\rho(x,y,z)\mathrm{d}v,\ I_O=\iiint\limits_{\Omega}(x^2+y^2+z^2)\rho(x,y,z)\mathrm{d}v.$$

2. 基本要求

(1) 理解二重积分、三重积分的概念,了解重积分的性质.

(2) 掌握二重积分的计算方法(直角坐标、极坐标),了解三重积分的计算方法(直角坐标、柱面坐标、球面坐标).

本章重要概念英文词汇

(1) 二重积分	double integral
(2) 重积分	multiple integral
(3) 区域	domain
(4) 积分区域	domain of integration

自我检测题 12

1. 选择题.

(1) 设D由$x=0,y=0,x+y=\frac{1}{2},x+y=1$围成,若$I_1=\iint\limits_D[\ln(x+y)]^7\mathrm{d}x\mathrm{d}y,I_2=\iint\limits_D\ln(x+y)^7\mathrm{d}x\mathrm{d}y,I_3=\iint\limits_D\sin(x+y)^7\mathrm{d}x\mathrm{d}y$,则$I_1,I_2,I_3$之间的关系是(　　).

(A) $I_1<I_2<I_3$;　(B) $I_3<I_2<I_1$;　(C) $I_1<I_3<I_2$;　(D) $I_3<I_1<I_2$.

(2) 设$I=\iint\limits_D|xy|\mathrm{d}x\mathrm{d}y$,其中$D$为$x^2+y^2\leqslant a^2$,则$I=$(　　).

(A) $\frac{a^4}{4}$;　(B) $\frac{a^4}{3}$;　(C) $\frac{a^4}{2}$;　(D) a^4.

(3) 设$I=\iiint\limits_{\Omega}(x^2+y^2+z^2)\mathrm{d}v$,其中$\Omega=\{(x,y,z)|\ x^2+y^2+z^2\leqslant1\}$,则$I=$(　　).

(A) $\iiint\limits_{\Omega} \mathrm{d}v = \Omega$ 的体积；　　(B) $\int_0^{2\pi}\mathrm{d}\theta\int_0^{2\pi}\mathrm{d}\varphi\int_0^1 r^4\sin\theta\mathrm{d}\theta$；

(C) $\int_0^{2\pi}\mathrm{d}\theta\int_0^{\pi}\mathrm{d}\varphi\int_0^1 r^4\sin\varphi\mathrm{d}r$；　　(D) $\int_0^{\pi}\mathrm{d}\varphi\int_0^{2\pi}\mathrm{d}\theta\int_0^1 r^4\sin\theta\mathrm{d}r$.

(4) 已知$\int_0^1 f(x)\mathrm{d}x = \int_0^1 xf(x)\mathrm{d}x$，则$\iint\limits_{D} f(x)\mathrm{d}x\mathrm{d}y = ($　　$)$，其中 D：$x+y\leqslant 1, x\geqslant 0, y\geqslant 0$.

(A) 2；　　(B) 0；　　(C) $\dfrac{1}{2}$；　　(D) 1.

2. 填空题.

(1) 交换二次积分的积分次序：$\int_{-1}^{0}\mathrm{d}y\int_{1-y}^{2} f(x,y)\mathrm{d}x =$ ____________.

(2) 将积分 $I = \int_0^1\mathrm{d}y\int_0^y f(x^2+y^2)\mathrm{d}x$ 化为极坐标下的二次积分为____________.

(3) $\iiint\limits_{x^2+y^2+z^2\leqslant 1} f(x)\mathrm{d}x\mathrm{d}y\mathrm{d}z$ 可用球面坐标的累次积分表示为____________.

(4) 由椭圆抛物面 $z=x^2+2y^2$ 与抛物柱面 $z=2-x^2$ 所围立体的体积=____________.

3. 计算下列各题：

(1) 计算$\iint\limits_{D} x\mathrm{d}\sigma$，其中 D 是由曲线 $y=x^2-1$ 和直线 $y=-x+1$ 所围成的平面闭区域.

(2) 计算 $\iiint\limits_{\Omega}(x+z)\mathrm{d}v$，其中 Ω 是曲面 $z=x^2+y^2$ 与平面 $z=1$ 所围立体.

(3) 计算 $I = \int_0^1\mathrm{d}x\int_x^1 f(x)\mathrm{d}y$，其中 $f(x)$ 在$[0,1]$上连续且$\int_0^1 f(x)\mathrm{d}x = A$.

4. 求 $\iiint\limits_{\Omega}\left(\dfrac{x^2}{a^2}+\dfrac{y^2}{b^2}+\dfrac{z^2}{c^2}\right)\mathrm{d}v$，其中 $\Omega=\left\{(x,y,z)\,\middle|\,\dfrac{x^2}{a^2}+\dfrac{y^2}{b^2}+\dfrac{z^2}{c^2}\leqslant 1\right\}$.

5. 计算 $I = \iint\limits_{D}(|x|+|y|)\mathrm{d}x\mathrm{d}y$，其中 $D=\{(x,y)\mid x^2+y^2\leqslant 1\}$.

6. 设 $f(x)$连续，$\Omega=\{(x,y,z)\mid 0\leqslant z\leqslant h, x^2+y^2\leqslant t^2\}(t\geqslant 0)$，而 $F(t) = \iiint\limits_{\Omega}[z^2+f(x^2+y^2)]\mathrm{d}v$，求 $\lim\limits_{t\to 0^+}\dfrac{F(t)}{t^2}$.

7. 计算$\iint\limits_{D}\mathrm{e}^{(|x|+|y|)}\mathrm{d}x\mathrm{d}y$，其中 D 为$|x|+|y|\leqslant 1$ 所围成的闭区域.

8. 设 Ω 是由曲线$\begin{cases} y^2=2z, \\ x=0 \end{cases}$绕 z 轴旋转一周而成的曲面与平面 $z=4$ 所围成的闭区域，求三重积分 $I = \iiint\limits_{\Omega}(x^2+y^2+z^2)\mathrm{d}v$.

9. 设 $f(x)$为闭区间$[a,b]$上的连续函数，证明：$\left[\int_a^b f(x)\mathrm{d}x\right]^2 \leqslant (b-a)\int_a^b f^2(x)\mathrm{d}x$.

复习题 12

1. 选择题.

(1) 设 $D=\{(x,y)\mid 1\leqslant x^2+y^2\leqslant 4\}$，$f$ 是 D 上的连续函数，则二重积分 $\iint\limits_D f(\sqrt{x^2+y^2})\mathrm{d}x\mathrm{d}y$ 在极坐标下等于(　　).

(A) $2\pi\int_1^2 rf(r^2)\mathrm{d}r$；　　(B) $2\pi\left[\int_0^2 rf(r)\mathrm{d}r-\int_0^1 rf(r)\mathrm{d}r\right]$；

(C) $2\pi\int_1^2 rf(r)\mathrm{d}r$；　　(D) $2\pi\left[\int_0^2 rf(r^2)\mathrm{d}r-\int_0^1 rf(r^2)\mathrm{d}r\right]$.

(2) 设平面区域 D 由 $x=0,y=0,x+y=\frac{1}{4},x+y=1$ 围成，若 $I_1=\iint\limits_D[\ln(x+y)]^3\mathrm{d}x\mathrm{d}y$，$I_2=\iint\limits_D(x+y)^3\mathrm{d}x\mathrm{d}y$，$I_3=\iint\limits_D[\sin(x+y)]^3\mathrm{d}x\mathrm{d}y$，则 I_1,I_2,I_3 的大小顺序为(　　).

(A) $I_1<I_2<I_3$；　　(B) $I_3<I_2<I_1$；

(C) $I_1<I_3<I_2$；　　(D) $I_3<I_1<I_2$.

2. 计算下列二重积分：

(1) $\int_0^1\mathrm{d}x\int_x^1\mathrm{e}^{-y^2}\mathrm{d}y$；

(2) $\iint\limits_D xy\mathrm{d}x\mathrm{d}y$，其中 D 由 $y=x,y=0,x=1$ 所围成的闭区域；

(3) $\iint\limits_D yx^2\mathrm{e}^{xy}\mathrm{d}x\mathrm{d}y$，其中 $D=\{(x,y)\mid 0\leqslant x\leqslant 1,0\leqslant y\leqslant 1\}$；

(4) $\iint\limits_D(y^2+3x-6y+9)\mathrm{d}x\mathrm{d}y$，其中 $D=\{(x,y)\mid x^2+y^2\leqslant R^2\}$.

3. 交换下列二次积分的次序：

(1) $\int_0^a\mathrm{d}x\int_x^{2ax-x^2}f(x,y)\mathrm{d}x$；　　(2) $\int_{-1}^1\mathrm{d}x\int_{-\sqrt{1-x^2}}^{1-x^2}f(x,y)\mathrm{d}y\mathrm{d}x$；

(3) $\int_0^1\mathrm{d}y\int_{\frac{y^2}{3}}^{\sqrt{3-y^2}}f(x,y)\mathrm{d}x$.

4. 将二次积分 $\int_0^a\mathrm{d}x\int_0^x\sqrt{x^2+y^2}\mathrm{d}y$ 化为极坐标形式的二次积分，并求积分值.

5. 若 $f(x)$ 在$[a,b]$上连续且恒大于零，试证：$\int_a^b f(x)\mathrm{d}x\int_a^b\frac{1}{f(x)}\geqslant(b-a)^2$.

6. 把积分 $\iiint\limits_\Omega f(x,y,z)\mathrm{d}x\mathrm{d}y\mathrm{d}z$ 化为三次积分，其中 Ω 是由曲面 $z=x^2+y^2$，$y=x^2$ 及平面 $y=1,z=0$ 所围成的闭区域.

7. 计算下列三重积分：

(1) $\iiint\limits_\Omega xy\mathrm{d}v$，其中 Ω 是由柱面 $x^2+y^2=1$ 与平面 $z=1,z=0,x=0,y=0$ 所围成的第一卦限内的区域；

(2) $\iiint\limits_{\Omega} z\sqrt{x^2+y^2}\,\mathrm{d}v$，其中 Ω 是由曲线 $y=\sqrt{2x-x^2}$，$z=1$，$z=a\ (a>0)$，$y=0$ 所围成的区域；

(3) $\iiint\limits_{\Omega}(x^2+y^2)\,\mathrm{d}v$，其中 Ω 是由曲线 $\begin{cases} y^2=2z, \\ x=0 \end{cases}$ 线 z 轴旋转而成的曲面和平面 $z=2$，$z=8$ 所围成的区域.

8. 求平面 $\dfrac{x}{a}+\dfrac{y}{b}+\dfrac{z}{c}=1$ 被三坐标面所割出的有限部分的面积.

9. 试求由球面 $x^2+y^2+z^2=2$ 及锥面 $z=\sqrt{x^2+y^2}$ 围成的较小部分的物体的质量，已知物体密度与点到球心的距离平方成正比且在球面处为 1.

10. 求高为 h 底面半径为 a 的圆柱体关于圆柱底面直径的转动惯量.

11. 设在 xOy 面上有一质量为 m_1 的匀质半圆形薄片，占有平面闭区域 $D=\{(x,y)\mid x^2+y^2\leqslant R^2, y\geqslant 0\}$，过圆心 O 垂直于薄片的直线上有一质量为 m_2 的质点 P，$OP=a$，求半圆形薄片对质点 P 的引力.

数学家简介

傅里叶

——一首数学的诗

傅里叶(Jean Baptiste Joseph Fourier),法国数学家、物理学家,1768 年 3 月 12 日出生于法国奥塞尔,1830 年 5 月 16 日卒于巴黎.傅里叶出生于平民家庭,父亲是位裁缝.他 9 岁时父母双亡,被当地教堂收养,12 岁由教会送入地方军事学校就读,表现出对数学的特殊爱好.他 17 岁回乡教数学,1794 年到巴黎,成为高等师范学校的首批教员.1798 年傅里叶随拿破仑远征埃及时任军中文书和埃及研究院秘书,1801 年回国后任伊泽尔省地方长官,1817 年当选为科学院院士,1822 年任该院终身秘书.

傅里叶的科学成就主要在于对热传导问题的研究,他建立了热传播时的一套数学理论.在这方面的所有工作差不多都写进了他的著作《热的解析理论》之中,这部划时代的经典性著作解决了热在非均匀加热固体中的分布传播问题,是分析学在物理学中应用的最早例证之一,对 19 世纪数学和物理学的发展产生了深远影响.书中推导出著名的热传导方程,并在求解该方程时发现解函数可以由三角函数构成的级数形式表示,从而提出任一函数都可以展成三角函数的无穷级数.它是记载着傅里叶级数和傅里叶积分的诞生经过的重要历史文献.书中给出了以他的名字命名的傅里叶级数、傅里叶积分和傅里叶变换等.

傅里叶一生为人正直,他曾对许多年轻的数学家和科学家给予无私的支持和真挚的鼓励,从而得到他们的忠诚爱戴,并成为他们的至交好友.傅里叶坚信数学是解决实际问题的最卓越的工具,他认为“对自然界的深刻研究是数学发现的最富饶的源泉”.傅里叶的研究成果又是表现数学的美的典型.恩格斯把傅里叶的数学成就与他所推崇的哲学家黑格尔的辩证法相提并论,他写道:傅里叶是一首数学的诗,黑格尔是一首辩证法的诗.

习题参考答案

第 9 章

习题 9-1

1. (1) 一阶； (2) 二阶； (3) 三阶； (4) 一阶； (5) 三阶； (6) 二阶.

2. 是，特解； 否； 是，通解； 否； 是，通解.

4. (1) $y=x^2+C$； (2) $y=x^2+3$； (3) $y=x^2+4$； (4) $y=x^2+\frac{5}{3}$.

5. $m\frac{\mathrm{d}v}{\mathrm{d}t}=k_1v+k_2t$. 6. $\frac{\mathrm{d}y}{\mathrm{d}x}=2\frac{y}{x}$.

习题 9-2

1. (1) $-\frac{1}{1+y}=x^3+C$； (2) $y=\frac{1}{1+\ln|1+x|}$；
   (3) $2\mathrm{e}^{3x}-3\mathrm{e}^{-y^2}=C$； (4) $y=2(1+x^2)$.

2. (1) $\arctan\frac{y}{x}+\ln\sqrt{x^2+y^2}=0$； (2) $y^2=2x^2\ln x$；
   (3) $y^2=2x^2(C-\ln x)$； (4) $1+\ln\frac{y}{x}=Cy$.

3. (1) $2y=C(x+1)^2+(x+1)^4$； (2) $y=x^2(1+C\mathrm{e}^{\frac{1}{x}})$；
   (3) $y=\mathrm{e}^{x^2}+\frac{1}{2}x^2$； (4) $y=\frac{1}{x}+\frac{x^3}{4}$；
   (5) $y^{-1}=(C+x)\cos x$； (6) $x=Cy+\frac{1}{2}y^3$.

4. $y=(1+x)\mathrm{e}^x$. 5. $y=2(\mathrm{e}^x-x-1)$.

6. (1) $y=\tan(x+C)$； (2) $y=\arctan(x+y)+C$；
   (3) $x^2+y^2-2xy+4y+10x=C$.

习题 9-3

1. (1) $y=C_1x-\frac{3}{4}x^2+\frac{1}{2}x^2\ln x+C_2$； (2) $y=C_1\mathrm{e}^x-\frac{1}{2}x^2-x+C_2$；
   (3) $C_1y^2-1=(C_1x+C_2)^2$； (4) $\frac{1}{2}y^2=C_1x+C_2$.

2. (1) $y=\frac{1}{8}\mathrm{e}^{2x}-\frac{1}{4}\mathrm{e}^2x^2+\frac{1}{4}\mathrm{e}^2x-\frac{1}{8}\mathrm{e}^2$； (2) $y=x^3+3x+1$；
   (3) $y=-\frac{1}{a}\ln|ax+1|$； (4) $y=\sqrt{2x-x^2}$.

3. $y=\frac{x^4}{12}+\frac{x}{6}+\frac{11}{4}$.

习题 9-4

1. (1),(2),(5)线性无关;(3),(4)线性相关.

2. $y=(C_1+C_2x)e^{x^2}$.

3. $x=\cos 2t+\frac{1}{2}\sin 2t$.

5. $y=\cos 3x+\frac{9}{32}\sin 3x+\frac{1}{32}(4x\cos x+\sin x)$.

习题 9-5

1. (1) $y=C_1e^{-x}+C_2e^{-5x}$; (2) $y=C_1e^{2x}+C_2e^{-2x}$;
   (3) $y=(C_1+C_2x)e^{-2x}$; (4) $y=e^{-x}(C_1\cos 2x+C_2\sin 2x)$;
   (5) $y=C_1\cos 3x+C_2\sin 3x$; (6) $y=C_1e^{-x}+C_2e^{-x}+C_3e^{-2x}+C_4e^{-2x}$.

2. (1) $y=-e^{2x}+2e^{4x}$; (2) $y=(1-x)e^{3x}$;
   (3) $y=e^{-3x}(3\cos 2x+4\sin 2x)$.

3. $y=\cos 3x-\frac{1}{3}\sin 3x$.

4. (1) $y^*=(ax+b)e^{-x}$; (2) $y^*=x(ax^2+bx+c)e^{-x}$;
   (3) $y^*=x^2(ax+b)e^{2x}$; (4) $y^*=e^{2x}[(ax+b)\cos x+(cx+d)\sin x]$;
   (5) $y^*=xe^x[(ax+b)\cos 2x+(cx+d)\sin 2x]$.

5. (1) $-\frac{9}{8}(1-e^{2x})-\frac{x}{4}(x+5)$; (2) $y=C_1e^{-x}+C_2e^{-2x}+\left(\frac{3}{2}x^2-3x\right)e^{-x}$;
   (3) $y=-5e^x+\frac{7}{2}e^{2x}+\frac{5}{2}$; (4) $y=-\cos x-\frac{1}{3}\sin x+\frac{1}{3}\sin 2x$;
   (5) $y=C_1\sin x+C_2\cos x-2x\cos x$; (6) $y=C_1\cos x+C_2\sin x+\frac{e^x}{2}+\frac{x}{2}\sin x$.

6. $f(x)=-\frac{1}{2}(3\cos x+\sin x)+\frac{3}{2}e^x$.

7. $\varphi(x)=\frac{1}{2}(\cos x+\sin x+e^x)$.

8. $y=C_1e^{2x}+C_2e^{3x}-\frac{4}{3}-2x+3e^x$.

自我检测题 9

1. (1) $\sqrt{1-y^2}=\arcsin x+C$; (2) $x=y\left(1-\frac{1}{2}\ln|y|\right)^2$;
   (3) $y=\frac{e^{-x}}{x}(1+x^3)$; (4) $\frac{1}{y}=\frac{C}{x}+\frac{1}{x^2}$;
   (5) $y=\frac{C_1}{2}x^2+C_1^2x+C_2$; (6) $y=\tan\left(x+\frac{\pi}{4}\right)$;

2. $f(x)=\sqrt{x}$.

3. (1) $y=\frac{1}{5}e^{3x}+\frac{4}{5}e^{-2x}$; (2) $y=(C_1+C_2x)e^{-3x}$;
   (3) $a\neq 0$ 时，$y=C_1e^x+C_2e^{-x}-\frac{1}{a^2}(x+1)$；$a=0$ 时，$y=C_1+C_2x+\frac{1}{6}x^3+\frac{1}{2}x^2$;
   (4) $y=\frac{1}{6}x^3e^x$; (5) $y=C_1\cos 2x+C_2\sin 2x+\frac{1}{4}x\sin 2x$;
   (6) $y=e^x(C_1\cos x+C_2\sin x)+2xe^x\sin x$.

复习题 9

1. (1) 3；(2) ① $y=Ce^{-\int P(x)dx}$；② $y=e^{-\int P(x)dx}\left(\int Q(x)e^{\int P(x)dx}dx+C\right)$；(3) 1；

(4) $y=C_1(x-1)+C_2(x^2-1)+1$.

2. (1) $\frac{y}{x}+\frac{1}{2}y^2=C$；　(2) $x-\sqrt{xy}=C$；

(3) $(e^y-1)(e^x+1)=C$；　(4) $y=C\cos x+\sin x$；

(5) $y=(x-2)(C+x^2-4x)$；　(6) $y=Ce^{-f(x)}+f(x)-1$；

(7) $y=\frac{1}{x}e^{Cx}$；　(8) $y^{-2}=Ce^{x^2}+x^2+1$；

(9) $y=\frac{C_1e^{C_1x+C_2}}{1-e^{C_1x+C_2}}$；

(10) $y=C_1+C_2e^x+C_3e^{-2x}+\left(\frac{1}{6}x^2-\frac{4}{9}x\right)e^x-x^2-x$；

(11) $y=e^{-x}(C_1\cos 2x+C_2\sin 2x)-\frac{4}{17}\cos 2x+\frac{1}{17}\sin 2x$；

(12) $y=(C_1+C_2x)e^{2x}+C_3e^{-2x}+\frac{1}{4}+e^x+\frac{1}{2}x^2e^{2x}$.

3. (1) $x(1+2\ln y)-y^2=0$；　(2) $y=\frac{5}{2}e^x-2e^{2x}+\frac{1}{2}e^{3x}$；

(3) $y=2\arctan e^x$；　(4) $y=xe^{-x}+\frac{1}{2}\sin x$.

4. $f(x)=\cos x+\sin x$.　5. $s=\frac{mg}{k}\left(t+\frac{m}{k}e^{\frac{k}{m}t}-\frac{m}{k}\right)$.

第 10 章

习题 10-1

1. (1) 有两个分量为零；(2) 有一个分量为零；(3) $y=\pm 3$；(4) $z=\pm 5$.
2. A 位于 xOz 面上；B 位于 yOz 面上；C 位于 z 轴上；D 位于 y 轴上.
3. A 在Ⅳ卦限；B 在Ⅴ卦限；C 在Ⅷ卦限；D 在Ⅲ卦限.
4. P 点：(1) $(2,-3,1),(-2,-3,-1),(2,3,-1)$；

(2) $(2,3,1),(-2,-3,1),(-2,3,-1)$；(3) $(-2,3,1)$.

M 点：(1) $(a,b,-c),(-a,b,c),(a,-b,c)$；

(2) $(a,-b,-c),(-a,b,-c),(-a,-b,c)$；(3) $(-a,-b,-c)$.

5. 提示：$|CA|=|CB|=\sqrt{6}$.　6. $(0,1,-2)$.
7. $x^2+y^2+z^2-2x-6y+4z=0$.　8. 球心为$(-1,2,0)$；半径为 3.

习题 10-2

1. $4\boldsymbol{e}_1+\boldsymbol{e}_3$；$-2\boldsymbol{e}_1+4\boldsymbol{e}_2-3\boldsymbol{e}_3$；$-3\boldsymbol{e}_1+10\boldsymbol{e}_2-7\boldsymbol{e}_3$.
2. 提示：$\overrightarrow{AB}+\overrightarrow{BC}+\overrightarrow{CD}=2\boldsymbol{a}+10\boldsymbol{b}=2\overrightarrow{AB}$.　3. $B(-2,4,-3)$.
4. $\overrightarrow{P_1P_2}=(-2,-2,-2)$；$5\overrightarrow{P_1P_2}=(-10,-10,-10)$.

5. $|\boldsymbol{a}|=\sqrt{3},|\boldsymbol{b}|=\sqrt{38},|\boldsymbol{c}|=3$；$\boldsymbol{a}^{\circ}=\left(\frac{\sqrt{3}}{3},\frac{\sqrt{3}}{3},\frac{\sqrt{3}}{3}\right),\boldsymbol{b}^{\circ}=\left(\frac{2}{\sqrt{38}},\frac{-3}{\sqrt{38}},\frac{5}{\sqrt{38}}\right)$，

$\boldsymbol{c}^{\circ}=\left(\frac{-2}{3},\frac{-1}{3},\frac{2}{3}\right)$；$\boldsymbol{a}=\sqrt{3}\boldsymbol{a}^{\circ},\boldsymbol{b}=\sqrt{38}\boldsymbol{b}^{\circ},\boldsymbol{c}=3\boldsymbol{c}^{\circ}$.

6. $A(-1,2,4)$；$B(8,-4,-2)$.

7. (1) $3,5\boldsymbol{i}+\boldsymbol{j}+7\boldsymbol{k}$； (2) $-18,10\boldsymbol{i}+2\boldsymbol{j}+14\boldsymbol{k}$；

(3) $\cos(\widehat{\boldsymbol{a},\boldsymbol{b}})=\frac{3}{2\sqrt{21}}$，$\sin(\widehat{\boldsymbol{a},\boldsymbol{b}})=\frac{5}{2\sqrt{7}}$，$\tan(\widehat{\boldsymbol{a},\boldsymbol{b}})=\frac{5\sqrt{3}}{3}$.

8. (1) $l=10$； (2) $l=-2$.

9. (1) $-8\boldsymbol{j}-24\boldsymbol{k}$； (2) $-\boldsymbol{j}-\boldsymbol{k}$.

10. (1) $3\sqrt{6}$； (2) $\frac{3\sqrt{21}}{7},\frac{3\sqrt{6}}{\sqrt{77}}$.

习题 10-3

1. $3x-7y+5z-4=0$.

2. $11x-17y-13z+3=0$.

3. 平行于 x 轴的平面：$z=1$； 平行于 y 轴的平面：$z=1$；
平行于 z 轴的平面：$x+y-1=0$.

4. (1) 平行于 z 轴的平面； (2) 过原点的平面；
(3) 平行于 yOz 的平面； (4) 通过 y 轴的平面.

5. (1) $\left(\frac{2}{7},\frac{3}{7},\frac{6}{7}\right),\cos\alpha=\frac{2}{7},\cos\beta=\frac{3}{7},\cos r=\frac{6}{7}$；

(2) $\left(\frac{1}{3},-\frac{2}{3},\frac{2}{3}\right),\cos\alpha=\frac{1}{3},\cos\beta=-\frac{2}{3},\cos r=\frac{2}{3}$.

6. (1) $\frac{\pi}{4}$； (2) $\arccos\frac{8}{21}$.

7. (1) $l-3m-9=0$； (2) $m=3,l=-4$.

8. (1) $\frac{1}{3}$； (2) 0； (3) $\frac{16}{\sqrt{14}}$.

9. (1) $x=-y=z$； (2) $\frac{x-2}{3}=\frac{y-5}{5}=\frac{z-8}{5}$；

(3) $\frac{x-2}{1}=\frac{y+8}{2}=\frac{z-3}{-3}$； (4) $\frac{x-1}{1}=\frac{y}{1}=\frac{z+2}{2}$.

10. $\frac{x-\frac{11}{3}}{1}=\frac{y+\frac{7}{3}}{-1}=\frac{z}{-1}$.

11. $\arccos\frac{72}{77}$.

12. $\frac{x-1}{1}=\frac{y}{\frac{5}{2}}=\frac{z+2}{1}$.

13. $16x-14y-11z-65=0$.

14. $\frac{\pi}{6}$.

15. $x-y-3z-7=0$.

16. $-x+y+z+2=0$.

习题 10-4

1. $3x^2+3y^2+3z^2-8x-14y+4z-21=0$.

2. (1) 椭圆柱面； (2) 抛物柱面； (3) 双曲柱面； (4) 平面.

3. (1) $\frac{x^2}{4}+\frac{y^2+z^2}{9}=1$；　(2) $x^2+y^2-z^2=1$；

(3) $y^2+z^2=5x$；　(4) $4(x^2+z^2)-9y^2=36$.

4. (1) 直线；　(2) 双曲线.

5. (1) $\begin{cases}x=3z+1,\\ y=\left(\frac{z}{2}+1\right)^2\end{cases}$；　(2) $\frac{x^2}{18}+\frac{y^2}{50}+\frac{z^2}{16}=1$.

6. (1) $\begin{cases}x=\frac{3}{\sqrt{2}}\cos t,\\ y=\frac{3}{\sqrt{2}}\cos t,\\ z=3\sin t\end{cases}(0\leqslant t\leqslant 2\pi)$；　(2) $\begin{cases}x=1+\sqrt{3}\cos\theta,\\ y=\sqrt{3}\sin\theta,\\ z=0\end{cases}(0\leqslant\theta\leqslant 2\pi)$.

7. 在 xOy 面上的投影柱面的方程为 $2x^2+4y^2-7x-8y+5xy+1=0$；

在 xOy 面上的投影曲线的方程为 $\begin{cases}2x^2+4y^2-7x-8y+5xy+1=0,\\ z=0;\end{cases}$

在 yOz 面上的投影柱面的方程为 $y^2+2z^2+3z-yz-4=0$；

在 yOz 面上的投影曲线的方程为 $\begin{cases}y^2+2z^2+3z-yz-4=0,\\ x=0;\end{cases}$

在 xOz 面上的投影柱面的方程为 $x^2+4z^2-2x+3xz-3=0$；

在 xOz 面上的投影曲线的方程为 $\begin{cases}x^2+4z^2-2x+3xz-3=0,\\ y=0.\end{cases}$

8. (1) 椭球面；(2) 单叶双曲面；(3) 双叶双曲面；(4) 抛物面；

(5) 双叶双曲面；(6) 双曲抛物面.

9. (1) 椭圆；(2) 圆；(3) 双曲线；(4) 圆.

自我检测题 10

1. (1) (1,4,4)；　(2) $|\overrightarrow{AB}|=\sqrt{13}$；(3) $\overrightarrow{AB}^{\circ}=\left(0,\frac{2}{\sqrt{13}},\frac{3}{\sqrt{13}}\right)$.

2. (1) $(-1,-16,3)$；　(2) $\boldsymbol{a}\cdot\boldsymbol{b}=11$，$\boldsymbol{a}\times\boldsymbol{b}=(-7,-5,-1)$；(3) -21.

3. $\frac{\sqrt{2}}{2}$.　4. $x-3y+4z-13=0$.　5. $9y-z-2=0$.

6. $\frac{x-1}{1}=\frac{y-1}{2}=\frac{z-1}{-1}$.　7. $(-3,-3,-3)$.

8. (1) 圆柱面；(2) 单叶双曲面；(3) 椭球面；(4) 抛物面；

(5) 双曲线；(6) 空间直线.

9. 在 xOy 面上的投影曲线的方程为 $\begin{cases}3x^2+4y^2-2x-2y+2xy=0,\\ z=0;\end{cases}$

在 yOz 面上的投影曲线的方程为 $\begin{cases}5y^2+3z^2-4y-4z+4yz+1=0,\\ x=0;\end{cases}$

在 xOz 面上的投影曲线的方程为 $\begin{cases}5x^2+4z^2-6x-6z+6xz+2=0,\\ y=0.\end{cases}$

复习题 10

2. (1) $(3,-2,0)$；　(2) $\left(\frac{2}{\sqrt{14}},\frac{-3}{\sqrt{14}},\frac{-1}{\sqrt{14}}\right)$.

3. (1) $\boldsymbol{a}\cdot\boldsymbol{b}=11, \boldsymbol{a}\times\boldsymbol{b}=8\boldsymbol{i}-6\boldsymbol{j}-2\boldsymbol{k}, (\boldsymbol{a}+\boldsymbol{b})\cdot(\boldsymbol{a}-\boldsymbol{b})=-16$；

　(2) $\left(\frac{4}{\sqrt{26}},\frac{-3}{\sqrt{26}},\frac{-1}{\sqrt{26}}\right)$.

4. $S_{\triangle ABC}=2\sqrt{10}$；$AB$ 边上的高$=\frac{4\sqrt{10}}{\sqrt{11}}$.　5. $V=\frac{58}{3}$, $h=\frac{29}{7}$.　6. $3x+26y+5z-2=0$.

7. (1) $k=1$；　(2) $k=-\frac{7}{3}$.

8. (1) $\begin{cases}z=2y,\\x=0;\end{cases}$　(2) $\frac{x-3}{4}=\frac{y+3}{1}=\frac{z-2}{17}$.

9. (1) $\left(-4,\frac{9}{2},\frac{3}{2}\right)$；　(2) $(1,0,1)$.

10. $\frac{x+1}{9}=\frac{y}{5}=\frac{z-4}{-7}$.　11. $x^2+y^2+z^2=9$.

12. (1) 球面；(2) 圆柱面；(3) 双曲抛物面；(4) 双叶双曲面.

13. (1) 投影柱面 $x^2+y^2=1$，投影曲线 $\begin{cases}x^2+y^2=1,\\z=0;\end{cases}$

　(2) 投影柱面 $x^2+y^2=2y$，投影曲线 $\begin{cases}x^2+y^2=2y,\\z=0.\end{cases}$

第 11 章

习题 11-1

1. (1) 有界区域；(2) 有界闭区域；(3) 有界闭区域；(4) 无界区域.

2. (1) $\{(x,y)\mid x^2+y^2>1\}$；(2) $\{(x,y)\mid 1\leqslant x^2+y^2\leqslant 7\}$；(3) $\{(x,y)\mid \sqrt{y}\leqslant x, 0\leqslant y<+\infty\}$；

　(4) $\{(x,y)\mid 2k\pi\leqslant x^2+y^2\leqslant(2k+1)\pi, k=0,1,2,\cdots\}$；

　(5) $\{(x,y)\mid y-x>0, x>0, x^2+y^2<1\}$；(6) $\{(x,y)\mid r^2<x^2+y^2\leqslant R^2\}$.

3. $f(-y,x)=\frac{x^2-y^2}{2xy}$, $f\left(\frac{1}{x},\frac{1}{y}\right)=\frac{-x^2+y^2}{2xy}$, $f[x,f(x,y)]=\frac{4x^4y^2-(x^2-y^2)^2}{4x^2y(x^2-y^2)}$.

4. $f(x)=x(x+2)$；$z=\sqrt{y}+x-1$.

5. (1) 0；(2) $-\frac{1}{4}$；(3) 0；(4) ∞；(5) e^k；(6) 0.

7. $f(x)$在定义域内连续.　8. $x^2+y^2=\left(k+\frac{1}{2}\right)\pi, k=0,\pm1,\pm2,\cdots$.

9. $f(x,y)$在$(0,0)$点连续.　10. 不存在.

习题 11-2

1. (1) $z'_x=y+\frac{1}{y}, z'_y=x-\frac{x}{y^2}$；　(2) $z'_x=\frac{y^2}{(x^2+y^2)^{\frac{3}{2}}}, z'_y=\frac{-xy}{(x^2+y^2)^{\frac{3}{2}}}$；

　(3) $z'_x=\frac{1}{1+(x-y^2)^2}, z'_y=\frac{-2y}{1+(x-y^2)^2}$；

(4) $z'_x=\sin(x+y)+x\cos(x+y),z'_y=x\cos(x+y)$;

(5) $z'_x=\frac{2x}{y}\sec^2\frac{x^2}{y},z'_y=-\frac{x^2}{y^2}\sec^2\frac{x^2}{y}$;

(6) $z'_x=y^2(1+xy)^{y-1},z'=(1+xy)^y\left[\ln(1+xy)+\frac{xy}{1+xy}\right]$;

(7) $u'_x=yz(xy)^{z-1},u'_y=xz(xy)^{z-1},u'_2=(xy)^z\ln xy$;

(8) $u'_x=\frac{z}{y}\left(\frac{x}{y}\right)^{z-1},u'_y=-\frac{z}{y^2}\left(\frac{x}{y}\right)^{z-1},u'_z=\left(\frac{x}{y}\right)^z\ln\left(\frac{x}{y}\right)$;

(9) $u'_x=e^{x(x^2+y^2+z^2)}(3x^2+y^2+z^2),u'_y=e^{x(x^2+y^2+z^2)}2xy,u'_z=e^{x(x^2+y^2+z^2)}2xz$;

(10) $u'_x=\frac{z(x-y)^{z-1}}{1+(x-y)^{2z}},u'_y=\frac{-z(x-y)^{z-1}}{1+(x-y)^{2z}},u'_z=\frac{(x-y)^z\ln(x-y)}{1+(x-y)^{2z}}$.

2. $1,\frac{1}{2},\frac{1}{2}$.　　4. $\frac{x}{\sqrt{1+x^2}}$.　　5. $\frac{\pi}{6}$.

6. (1) $\frac{\partial^2 z}{\partial x^2}=\frac{-y}{(\sqrt{2xy+y^2})^3},\frac{\partial^2 z}{\partial y^2}=\frac{-x^2}{(y+2xy)^{\frac{3}{2}}},\frac{\partial^2 z}{\partial x\partial y}=\frac{xy}{(2xy+y^2)^{\frac{3}{2}}}$;

(2) $\frac{\partial^2 z}{\partial x^2}=\frac{2x}{(1+x^2)^2},\frac{\partial^2 z}{\partial y^2}=\frac{2y}{(1+y^2)^2},\frac{\partial^2 z}{\partial x\partial y}=0$;

(3) $\frac{\partial^2 z}{\partial x^2}=y^x(\ln y)^2,\frac{\partial^2 z}{\partial y^2}=x(x-1)y^{x-2},\frac{\partial^2 z}{\partial x\partial y}=xy^{x-1}\ln y$;

(4) $\frac{\partial^2 z}{\partial x^2}=2a^2\cos 2(ax+by),\frac{\partial^2 z}{\partial y^2}=2b^2\cos 2(ax+by),\frac{\partial^2 z}{\partial x\partial y}=2ab\cos 2(ax+by)$.

7. $\frac{\partial^3 u}{\partial x\partial y\partial z}=\alpha\beta\gamma x^{\alpha-1}y^{\beta-1}z^{\gamma-1}$.

9. (1) $dz=2xy^3dx+3x^2y^2dy$;　　(2) $dz=\frac{4xy}{(x^2+y^2)^2}(ydx-xdy)$;

(3) $dz=y^2x^{y-1}dx+x^y(1+y\ln x)dy$;　　(4) $dz=\sin 2xdx-\sin 2ydy$;

(5) $dz=0$;

(6) $dz=\left(xy+\frac{x}{y}\right)^{z-1}\left[\left(y+\frac{1}{y}\right)zdx+\left(1-\frac{1}{y^4}\right)xzdy+\left(xy+\frac{x}{y}\right)\ln\left(xy+\frac{x}{y}\right)dz\right]$.

10. $df(3,4,5)=\frac{1}{25}(5dz-4dy-3dx)$.　　11. $\Delta z\approx 0.028\,252$; $dz\approx 0.027\,778$.

12. $du\big|_{(1,1,1)}=dx-dy$.　　13. (1) 108.972; (2) 2.95.

14. (1) $f_x(x,y)=2x\sin\frac{1}{\sqrt{x^2+y^2}}-\frac{x}{\sqrt{x^2+y^2}}\cos\frac{1}{\sqrt{x^2+y^2}}$,

$f_y(x,y)=2y\sin\frac{1}{\sqrt{x^2+y^2}}-\frac{y}{\sqrt{x^2+y^2}}\cos\frac{1}{\sqrt{x^2+y^2}}$;

(2) $f_x(x,y),f_y(x,y)$在$(0,0)$处不连续;　　(3) $f(x,y)$在$(0,0)$处可微.

15. 7.6 m.　　16. 34 560 g.

19. $\frac{dz}{dt}=-e^t-e^{-t}$.

20. $\frac{\partial z}{\partial x}=3x^2\sin y\cos y(\cos y-\sin y)$,

$\dfrac{\partial z}{\partial y}=-2x^3\sin y\cos y(\sin y+\cos y)+x^3(\sin^3 y+\cos^3 y)$.

21. $\dfrac{dz}{dx}=\dfrac{e^x(1+x)}{1+x^2e^{2x}}$.

23. (1) $\dfrac{\partial u}{\partial x}=2xf',\dfrac{\partial u}{\partial y}=-2f',\dfrac{\partial u}{\partial z}=2zf'$;

(2) $\dfrac{\partial u}{\partial x}=\dfrac{1}{y}f'_1,\dfrac{\partial u}{\partial y}=-\dfrac{x}{y^2}f'_1+\dfrac{1}{z}f'_2,\dfrac{\partial u}{\partial z}=-\dfrac{y}{z^2}f'_2$;

(3) $\dfrac{\partial u}{\partial x}=2xf'_1+yf'_2+yzf'_3,\dfrac{\partial u}{\partial y}=2yf'_1+xf'_2+xzf'_3,\dfrac{\partial u}{\partial z}=xyf'_3$.

24. (1) $\dfrac{\partial^2 z}{\partial x^2}=f''_{11}+\dfrac{2}{y}f''_{12}+\dfrac{1}{y^2}f''_{22},\dfrac{\partial^2 z}{\partial x\partial y}=-\dfrac{x}{y^2}\left(f''_{11}+\dfrac{1}{y}f''_{12}\right)-\dfrac{1}{y^2}f'_2,\dfrac{\partial^2 z}{\partial y^2}=\dfrac{2x}{y^3}f'_2+\dfrac{x^2}{y^4}f''_{22}$;

(2) $\dfrac{\partial^2 z}{\partial x^2}=2yf'_2+y^4f''_{11}+4xy^3f''_{12}+4x^2y^2f''_{22}$,

$\dfrac{\partial^2 z}{\partial x\partial y}=2yf'_1+2x^4f'_2+2xy^3f''_{11}+2x^3yf''_{22}+5x^2y^2f''_{12}$,

$\dfrac{\partial^2 z}{\partial y^2}=2xf'_1+4x^2y^2f''_{11}+4x^3yf''_{12}+x^4f''_{22}$.

28. $\dfrac{dy}{dx}=-\dfrac{x}{y},\dfrac{d^2y}{dx^2}=-\dfrac{y^2+x^2}{y^3}$.

29. $\dfrac{\partial z}{\partial x}=-\dfrac{z}{x},\dfrac{\partial z}{\partial y}=\dfrac{(2xyz-1)z}{(2xz-2xyz+1)y}$.

32. $\dfrac{dy}{dx}=\dfrac{-2x-24xz}{10y+36zy^2},\dfrac{dz}{dx}=\dfrac{-10x-3xy}{5+18zy}$.

33. $\dfrac{\partial z}{\partial x}=(v\cos v-n\sin v)e^{-u},\dfrac{\partial z}{\partial y}=(u\cos v+v\sin v)e^{-u}$.

34. $\dfrac{\partial z}{\partial x}=f'_x(x,y)+3x^2g'_u(u,v)+yx^{y-1}g'_v(u,v),\dfrac{\partial z}{\partial y}=f'_y(x,y)+x^y\ln x\cdot g'_v(u,v)$.

36. (1) $\dfrac{EQ_x}{EP_x}=-1,\dfrac{EQ_y}{EP_y}=-0.6$; (2) 0.75.

习题 11-3

1. $1+2\sqrt{3}$.

2. $\dfrac{98}{13}$.

3. $\dfrac{\partial f}{\partial l}=\cos\alpha-\sin\alpha$；当 $\alpha=\dfrac{\pi}{4}$ 时，$\dfrac{\partial f}{\partial l}$ 最大；当 $\alpha=\dfrac{5}{4}\pi$ 时，$\dfrac{\partial f}{\partial l}$ 最小；当 $\alpha=\dfrac{3}{4}\pi$ 或 $\dfrac{7}{4}\pi$ 时，$\dfrac{\partial f}{\partial l}$ 等于 0.

4. $\theta=\dfrac{\pi}{4}$ 时，$\left.\dfrac{\partial z}{\partial l}\right|_{(1,2)}=\dfrac{\sqrt{2}}{3}$；$\theta=\dfrac{5}{4}\pi$ 时，$\left.\dfrac{\partial z}{\partial l}\right|_{(1,2)}=\dfrac{\sqrt{2}}{3}$.

5. 当 $l^\circ=\dfrac{1}{\sqrt{14}}(1,2,3)$ 时，$\dfrac{\partial u}{\partial l}$ 取最大值 $\sqrt{14}$；

当 $l^\circ=-\dfrac{1}{\sqrt{14}}(1,2,3)$ 时，$\dfrac{\partial u}{\partial l}$ 取最小值 $-\sqrt{14}$.

6. $\left.\dfrac{\partial u}{\partial n}\right|_{(x_0,y_0,z_0)}=\pm\dfrac{x_0+y_0+z_0}{\sqrt{x_0^2+y_0^2+z_0^2}}$.

7. $\mathbf{grad}\,f(1,1,1)=6\boldsymbol{i}+3\boldsymbol{j},\mathbf{grad}\,f(2,2,2)=9\boldsymbol{i}+8\boldsymbol{j}+6\boldsymbol{k}$.

8. $|\mathbf{grad}\,u|=\dfrac{1}{\gamma_0^2},\cos(\mathbf{grad}\,u,x)=-\dfrac{x_0}{r_0},\cos(\mathbf{grad}\,u,y)=-\dfrac{y_0}{r_0},\cos(\mathbf{grad}\,u,z)=-\dfrac{z_0}{r_0}$.

习题 11-4

1. 切线方程$\frac{x-\frac{1}{2}}{1}=\frac{y-2}{-4}=\frac{z-1}{8}$,法平面方程 $2x-8y+16z-1=0$.

2. 切线方程$\frac{x-a\cos\alpha\cos t_0}{\cos\alpha\sin t_0}=\frac{y-a\sin\alpha\cos t}{\sin\alpha\sin t_0}=\frac{z-a\sin t_0}{-\cos t_0}$,

   法平面方程 $\cos\alpha\sin t_0(x-a\cos\alpha\cos t_0)+\sin\alpha\sin t_0(y-\sin\alpha\cos t_0)-\cos t_0(z-a\sin t_0)=0$.

3. $P_1(-1,1,-1)$或 $P_2\left(-\frac{1}{3},\frac{1}{9},-\frac{1}{27}\right)$.

4. 切线方程$\frac{x-1}{1}=\frac{y+2}{0}=\frac{z-1}{-1}$,法平面方程 $x-z=0$.

5. 点$(-3,-1,3)$处,法线方程$\frac{x+3}{1}=\frac{y+1}{3}=\frac{z-3}{1}$.

6. $\cos r=\frac{3}{\sqrt{22}}$.　7. $\left(\pm\frac{a^2}{\sqrt{a^2+b^+c^2}},\pm\frac{b^2}{\sqrt{a^2+b^2+c^2}},\pm\frac{c^2}{\sqrt{a^2+b^2+c^2}}\right)$.

8. $x+y+z=\sqrt{a^2+b^2+c^2}$或 $x-y-z=-\sqrt{a^2+b^2+c^2}$.

习题 11-5

1. 极小值 $f(2,-1)=-28$,极大值 $f(-2,1)=28$.　2. 极小值 $f(5,2)=30$.

3. 极大值 $f(-4,-2)=8e^{-2}$.　4. 极小值 $z\left(\frac{ab^2}{a^2+b^2},\frac{a^2b}{a^2+b^2}\right)=\frac{a^2b^2}{a^2+b^2}$.

5. $d=\frac{7}{8}\sqrt{2}$.　6. $\left(\frac{a}{\sqrt{3}},\frac{b}{\sqrt{3}},\frac{c}{\sqrt{3}}\right)$.　7. $r=\frac{1}{\sqrt[3]{2\pi}},h=\frac{2}{\sqrt[3]{2\pi}}$.

8. $\left(\frac{8}{5},\frac{16}{5}\right)$.　9. $a=6\left(\frac{qx}{py}\right)^y,b=6\left(\frac{py}{qx}\right)^x$.

10. $x=250,y=50$ 就是所求的,即当雇佣 250 个劳动力,其余的作为资本投入时可获得最大产量 $L(250,50)=16\ 719$.

* 习题 11-6

1. $f(x,y)=5+2(x-1)^2-(x-1)(y+2)-(y+2)^2$.

2. $f(x,y)=y+\frac{1}{2!}(2xy-y^2)+\frac{1}{3!}(3x^2y-3xy^2+2y^3)+\frac{1}{4!}e^{\theta x}\left[\ln(1+\theta)x^4+\frac{4}{1+\theta y}x^3y-\frac{6}{(1+\theta y)^2}x^2y^2+\frac{8}{(1+\theta y)^3}xy^3-\frac{6}{(1+\theta y)^4}y^4\right],0<\theta<1$.

3. $f(x,y)=1+(x+y)+\frac{1}{2!}(x^2+2xy+y^2)+\cdots+\frac{1}{n!}\left\{x^n+nx^{n-1}y+\frac{n(n-1)}{2!}x^{n-2}y^2+\cdots+y^n+\frac{1}{(n+1)!}e^{\theta x+y}[x^{n+1}+(n+1)x^ny+\cdots+y^{n+1}]\right\},0<\theta<1$.

自我检测题 11

1. (1) C;　(2) B;　(3) B.

2. (1) $x>0,y>1$ 或 $x<0,0<y<1$;　(2) $(3,-1)$;　(3) $y-z=2$;　(4) $\frac{\cos x}{1+e^z}$.

3. (1) $z'_x=(e^v\sin u+ue^v\cos u)y+ue^v+ue^v\sin u,z'_y=e^y(x\sin u+x u\cos u+u\sin u)$;

(2) $-\frac{1}{2}$； (3) $\frac{x-1}{1}=\frac{y+1}{-2}=\frac{z-1}{3}$或$\frac{x-\frac{1}{3}}{1}=\frac{y+\frac{1}{9}}{-\frac{2}{3}}=\frac{z-\frac{1}{27}}{\frac{1}{3}}$.

4. $f(x)=x^2+2x,z=\sqrt{y}+x-1$. 5. $z\left(\frac{ab^2}{a^2+b^2},\frac{a^2b}{a^2+b^2}\right)=\frac{a^2b^2}{a^2+b^2}$. 6. $\frac{\partial u}{\partial n}=\pm\sqrt{5}$.

7. $a=-\frac{11}{4}$或$a=\frac{13}{4}$. 8. $C_1e^u+C_2e^{-u}$(C_1,C_2 为任意常数).

复习题 11

1. (1) $x^2+y^2>1$； (2) 充分,必要. 2. (1) B； (2) D. 3. 0. 5. $-1,-1$.

6. (1) $z_x=y+\frac{x}{x^2+y^2},z_y=x+\frac{y}{x^2+y^2}$,

$$z_{xx}=\frac{y^2-x^2}{(x^2+y^2)^2},z_{xy}=1-\frac{2xy}{(x^2+y^2)^2},z_{yy}=\frac{x^2-y^2}{(x^2+y^2)^2};$$

(2) $u_x=yx^{y-1},u_y=x^y\ln x,u_{xx}=y(y-1)x^{y-2},u_{yy}=x^y\ln^2 x,u_{xy}=x^{y-1}(1+y\ln x)$.

7. (1) $dz=\frac{x^2+y^2}{(x^2-y^2)^2}(-ydx+xdy)$； (2) $du=(1+\ln x)dx+(1+\ln y)dy+(1+\ln z)dz$.

8. $\frac{dz}{dx}=\frac{\partial F}{\partial u}\varphi'(x)+\frac{\partial F}{\partial v}\psi'(x)+\frac{\partial F}{\partial x}$. 10. $\frac{\partial^2 z}{\partial x^2}=\frac{y^2}{x^3}f''+\frac{2}{y}\varphi''$;$\frac{\partial^2 z}{\partial x\partial y}=-\frac{y}{x^3}f''-\frac{2x}{y^2}\varphi''$.

11. $z_{极小}(2a-b,2b-a)=3(ab-a^2-b^2)$.

13. $\frac{x-8}{8}=\frac{y-1}{0}=\frac{z-2\ln 2}{1}$;$8(x-8)+(z-2\ln 2)=0$.

14. 最大值$\sqrt{14}$,最小值$-\sqrt{14}$. 15. $R=\sqrt{\frac{S}{3\pi}}$;$h=\frac{2}{3}\sqrt{\frac{3S}{\pi}}$.

16. $x=15$, $y=10$,15 千元 17. $p_1=80$, $p_2=120$.

第 12 章

习题 12-1

2. (1) $\geqslant$； (2) $\leqslant$. 3. 负号. 4. (1) $0\leqslant I\leqslant\pi^2$； (2) $36\pi\leqslant I\leqslant100\pi$.

习题 12-2

1. (1) $\frac{\pi^2}{4}$； (2) $(e-1)^2$； (3) -2； (4) $\frac{9}{8}\ln 3-\ln 2-\frac{1}{2}$.

2. (1) $\frac{1}{6}a^2b^2(a-b)$； (2) $2\frac{3}{5}$； (3) $\frac{1}{21}p^5$； (4) $\frac{64}{15}$.

3. (1) $\int_0^1dx\int_{x-1}^{1-x}f(x,y)dy=\int_{-1}^0dy\int_0^{1+y}f(x,y)dx+\int_0^1dy6\int_0^{1-y}f(x,y)dx$；

(2) $\int_{-\sqrt{2}}^{\sqrt{2}}dx\int_{x^2}^{4-x^2}f(x,y)dy=\int_0^2dy\int_{-\sqrt{y}}^{\sqrt{y}}f(x,y)dx+\int_2^4dy\int_{-\sqrt{4-y}}^{\sqrt{4-y}}f(x,y)dx$；

(3) $\int_1^3dx\int_x^{3x}f(x,y)dy=\int_1^3dy\int_1^yf(x,y)dx+\int_3^9dy\int_{\frac{y}{3}}^3f(x,y)dx$；

(4) $\int_{-a}^adx\int_{-\frac{b}{a}\sqrt{a^2-x^2}}^{\frac{b}{a}\sqrt{a^2-x^2}}f(x,y)dy=\int_{-b}^bdy\int_{-\frac{a}{b}\sqrt{b^2-y^2}}^{\frac{a}{b}\sqrt{b^2-y^2}}f(x,y)dx$.

6. (1) $\int_0^1 dx\int_{x^2}^{x} f(x,y)dy$；　(2) $\int_0^a dy\int_{-y}^{\sqrt{y}} f(x,y)dx$；

(3) $\int_{\sqrt{2}}^{\sqrt{3}} dy\int_0^{\sqrt{y^2-2}} f(x,y)dx+\int_{\sqrt{3}}^{2} dy\int_0^{\sqrt{4-y^2}} f(x,y)dx$；

(4) $\int_0^1 dy\int_{e^y}^{e} f(x,y)dx$；　(5) $\int_{-\frac{1}{4}}^{0} dy\int_{-\frac{1}{2}-\frac{1}{2}\sqrt{1+4y}}^{-\frac{1}{2}+\frac{1}{2}\sqrt{1+4y}} f(x,y)dx+\int_0^2 dy\int_{y-1}^{-\frac{1}{2}+\frac{1}{2}\sqrt{1+4y}} f(x,y)dx$；

(6) $\int_0^1 dy\int_y^{2-y} f(x,y)dx$.

7. $\frac{153}{20}$.　8. 6π.　9. $\frac{1}{2}\pi a^4$.

10. (1) $\int_0^{\frac{\pi}{2}} d\theta\int_0^R f(r)rdr$；　(2) $\int_0^{\frac{\pi}{2}} d\theta\int_0^{2R\sin\theta} f(r\cos\theta,r\sin\theta)rdr$；

(3) $\int_{\frac{\pi}{4}}^{\frac{\pi}{3}} d\theta\int_0^{2\sec\theta} f(r)rdr$；　(4) $\int_0^{\frac{\pi}{2}} d\theta\int_0^{\frac{1}{\cos\theta+\sin\theta}} f(r\cos\theta,r\sin\theta)rdr$；

(5) $\int_0^{\frac{\pi}{4}} dx\int_{\sec\theta\cdot\tan\theta}^{\sec\theta} f(r\cos\theta,r\sin\theta)rdr$；　(6) $\int_0^{\frac{\pi}{2}} d\theta\int_{\frac{1}{\cos\theta+\sin\theta}}^{1} f(r\cos\theta,r\sin\theta)rdr$.

11. (1) $\pi(e^{R^2}-1)$；　(2) $-6\pi^2$；　(3) π^2a^2；　(4) $\frac{\pi}{4}(2\ln 2-1)$；　(5) $\frac{2}{45}(\sqrt{2}-1)$；

(6) $\frac{3}{4}\pi a^4$.

12. (1) $\frac{\pi}{4}\left(\frac{\pi}{2}-1\right)$；　(2) $\frac{\pi^2}{6}$；　(3) $\frac{8}{3}$.　13. $\frac{\pi^5}{40}$.　14. $\frac{2}{3}\pi$.

*15. (1) $\frac{7}{3}\ln 2$；　(2) $\frac{e-1}{2}$；　(3) $\frac{1}{2}\pi ab$；　(4) $\frac{1}{2}\sin 1$.

习题 12-3

1. (1) $\int_{-1}^1 dx\int_{x^2}^1 dy\int_0^{x^2+y^2} f(x,y,z)dz$；　(2) $\int_0^1 dx\int_0^{1-x} dy\int_0^{xy} f(x,y,z)dz$；

(3) $\int_0^1 dx\int_0^{\sqrt{1-x^2}} dy\int_0^{\sqrt{1-x^2-y^2}} f(x,y,z)dz$；　(4) $\int_{-1}^1 dx\int_{-\sqrt{1-x^2}}^{\sqrt{1-x^2}} dy\int_{x^2+2y^2}^{2-x^2} f(x,y,z)dz$.

2. (1) $\frac{1}{48}$；　(2) $\frac{1}{2}\left(\ln 2-\frac{5}{8}\right)$；　(3) $\frac{\pi}{4}$；　(4) 0；　(5) $\frac{59}{480}\pi R^5$；　(6) $\frac{a^9}{36}$.

3. $\frac{3}{2}$.　5. (1) $\frac{\pi}{10}h^5$；　(2) $\frac{7}{12}\pi$.　6. (1) $\frac{8}{9}a^2$；　(2) $\frac{7}{6}\pi a^4$.

7. (1) $\frac{3}{16}\pi R^4$；　(2) $\frac{14}{3}\pi$；　(3) $\frac{8}{5}\pi$；　(4) $\frac{4}{15}\pi(A^5-a^5)$.

8. (1) $\frac{5}{6}\pi a^3$；　(2) $\frac{\pi}{6}$；　(3) $\frac{2\pi}{3}(5\sqrt{5}-4)$.　9. $\frac{27}{57}$.

习题 12-4

1. $2\pi R^2$.　2. $4a^2\left(\frac{\pi}{2}-1\right)$.　3. $\frac{16\pi}{3}a^2$.　4. $\left(\frac{7}{6},0\right)$.　5. $\bar{x}=\frac{35}{48},\bar{y}=\frac{35}{54}$.　6. $\left(0,0,\frac{3}{8}c\right)$.

7. (1) $\left(0,\ 0,\ \frac{3}{4}\right)$；　(2) $\left(\frac{2}{5}a,\ \frac{2}{5}a,\ \frac{7}{30}a^2\right)$；　(3) $\left(0,\ 0,\ \frac{3(A^4-a^4)}{8(A^3-a^3)}\right)$.

8. $\left(\frac{5}{9},\ \frac{5}{9},\ \frac{5}{9}\right)$.　9. $\frac{8}{15}\pi R^2$.　10. $\frac{8}{5}a^4$.

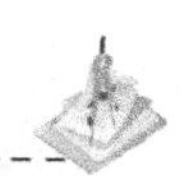

11. (1) $\frac{8}{3}a^4$； (2) $\overline{x}=\overline{y}=0, \overline{z}=\frac{7}{15}a^2$； (3) $\frac{112}{45}a^6\rho$.

12. $F_x=F_y=0$，$F_z=-2\pi G\rho[\sqrt{(h-a)^2+R^2}-\sqrt{R^2+a^2}+h]$.

*习题 12-5

1. (1) $\frac{\pi}{4}$； (2) 1.

2. (1) $\frac{1}{3}\cos x(\cos x-\sin x)(1+2\sin 2x)$； (2) $\frac{2}{x}\ln(1+x^2)$；

(3) $\ln\sqrt{\frac{x^2+1}{x^4+1}}+3x^2\arctan x^2-2x\arctan x$；

(4) $2xe^{-x^5}-e^{-x^3}-\int_x^{x^2}y^2e^{-xy^2}dy$.

3. $3f(x)+2xf'(x)$. 4. $\pi\ln\frac{1+a}{2}$. 5. (1) $\frac{\pi}{2}\ln(1+\sqrt{2})$； (2) $\arctan(1+b)-\arctan(1+a)$.

自我检测题 12

1. (1) C； (2) C； (3) C； (4) B.

2. (1) $\int_1^2 dx\int_{1-x}^0 f(x, y)dy$； (2) $\int_0^{\frac{\pi}{4}}d\theta\int_0^{\sec\theta}f(r^2)rdr$；

(3) $\int_0^{2\pi}d\theta\int_0^{\pi}\sin\varphi d\varphi\int_0^1 f(r\cos\theta\cdot\sin\varphi)r^2dr$； (4) π.

3. (1) $-\frac{9}{4}$； (2) $\frac{\pi}{3}$； (3) $\frac{1}{2}A^2$. 4. $\frac{4}{5}\pi abc$.

5. $\frac{8}{3}$. 6. $\pi\left[\frac{h^3}{3}+hf(0)\right]$. 7. 4. 8. $\frac{256}{3}\pi$.

复习题 12

1. (1) C； (2) C.

2. (1) $\frac{1}{2}\left(1-\frac{1}{e}\right)$； (2) $\frac{1}{8}$； (3) $e-2$； (4) $\frac{\pi}{4}R^4+9\pi R^2$.

3. (1) $\int_0^a dy\int_{a-\sqrt{a^2-y^2}}^{y}f(x,y)dx$； (2) $\int_{-1}^0 dy\int_{-\sqrt{1-y^2}}^{\sqrt{1-y^2}}f(x,y)dx+\int_0^1 dy\int_{-\sqrt{1-y}}^{\sqrt{1-y}}f(x,y)dx$；

(3) $\int_0^{\frac{1}{3}}dx\int_0^{\sqrt{3x}}f(x,y)dy+\int_{\frac{1}{3}}^{\sqrt{2}}dx\int_0^1 f(x,y)dy+\int_{\sqrt{2}}^{\sqrt{3}}dx\int_0^{\sqrt{3-x^2}}f(x,y)dy$.

4. $\int_0^{\frac{\pi}{4}}d\theta\int_0^{a\sec\theta}r^2dr=\frac{a^3}{6}[\sqrt{2}+\ln(\sqrt{2}-1)]$. 6. $\int_{-1}^1 dx\int_{x^2}^1 dy\int_0^{x^2+y^2}f(x,y,z)dz$.

7. (1) $\frac{1}{8}$； (2) $\frac{8}{9}a^2$； (3) 336π. 8. $\frac{1}{2}\sqrt{a^2b^2+b^2c^2+a^2c^2}$.

9. $\frac{4\pi}{5}(\sqrt{2}-1)$. 10. $\frac{\pi ha^2}{12}(3a^2+4h^2)$.

11. $F_x=0, F_y=\frac{4Gm_1m_2}{\pi R^2}\left(\ln\frac{R+\sqrt{R^2+a^2}}{a}-\frac{R}{\sqrt{R^2+a^2}}\right)$,

$F_z=\frac{2Gm_1m_2}{R^2}\left(1-\frac{a}{\sqrt{R^2+a^2}}\right)$.

参 考 文 献

[1] Finney Ross L，Weir Maurice D，Giordano Frank R：《托马斯微积分》，叶其孝，王耀东，唐兢译，高等教育出版社，2003 年.

[2] 朱宝彦，戚中：《高等数学：建筑与经济类》，北京大学出版社，2007 年.

[3] 刘坤，许定亮：《高等数学》，南京大学出版社，2009 年.

[4] 林益，刘国钧：《微积分：经管类》，武汉理工大学出版社，2010 年.

[5] 吴赣昌：《微积分：经管类》(上册)，中国人民大学出版社，2011 年.

[6] 蔡光兴，李德宜：《微积分：经管类》，科学出版社，2004 年.

[7] Simon Carl P，Blume Lawrence：《经济学中的数学》，杨介棒，何辉译，中国人民大学出版社，2012 年.

[8] 朱来义：《微积分》，高等教育出版社，2004 年.

[9] 许文雄：《高等数学》(上册)，高等教育出版社，2004 年.

[10] 隋如彬：《微积分：经管类》，科学出版社，2007 年.

[11] 同济大学数学系：《高等数学》(上、下册)，高等教育出版社，2007 年.

[12] 田立新：《高等数学》(上、下册)，江苏大学出版社，2007 年.